计算机技术基础

主　编　庄伟明　王　萍

U0257419

上海大学出版社
·上海·

内 容 摘 要

本书分为 8 章,主要内容包括计算机基础课程体系、计算机系统概述、网络基础应用、计算思维、程序设计初步、数据统计与分析、工具软件、信息安全与计算机新技术。

本书的特点是内容取材新颖、重点突出、逻辑性强,注重系统性、科学性和实用性,符合当今计算机科学技术发展趋势。本书可作为全日制本科各大类专业的计算机基础课程的教材。

图书在版编目(CIP)数据

计算机技术基础/庄伟明,王萍主编.—上海:
上海大学出版社,2017.8
ISBN 978 - 7 - 5671 - 2896 - 5

Ⅰ.①计… Ⅱ.①庄… ②王… Ⅲ.①电子计算机-
高等学校-教材 Ⅳ.①TP3

中国版本图书馆 CIP 数据核字(2017)第 185801 号

编辑/策划 孟庆勋 许 铭 江振新
封面设计 缪炎栩
技术编辑 章 斐 金 鑫

计算机技术基础

主编 庄伟明 王 萍
上海大学出版社出版发行
(上海市上大路 99 号 邮政编码 200444)
(http://www.press.shu.edu.cn 发行热线 021 - 66135112)
出版人 戴骏豪
*
南京展望文化发展有限公司排版
叶大印务发展有限公司印刷 各地新华书店经销
开本 787mm×1092mm 1/16 印张 26.5 字数 645 千字
2017 年 9 月第 1 版 2017 年 9 月第 1 次印刷
印数:1~5100
ISBN 978 - 7 - 5671 - 2896 - 5/TP·066 定价 49.00 元

前　　言

　　《计算机技术基础》是高等学校面向大一新生开设的第一门计算机公共基础课程用书,旨在引导刚刚入学的大学生了解计算机基础课程体系、掌握必要的计算机基础知识,为后续课程的学习做好必要的知识准备,使学生在各自的专业中能够有意识地借鉴、引入计算机科学中的一些理念、技术和方法,能在一个较高的层次上利用计算机,认识并处理计算机应用中可能出现的问题。

　　本书共分为 8 章,主要介绍计算机课程体系、计算机软硬件系统、操作系统应用与设置、网络应用、计算思维与信息编码、程序设计、信息安全与计算机新技术等内容。

　　第1章　计算机基础课程体系,主要介绍计算机基础课程体系的架构,课程体系中每门核心课程的主要内容及作品展示,使学生了解每门课程教什么,学了该门课程后能干什么,以便学生根据自己的实际情况、个人爱好、专业发展需要选择相应的课程进行学习。

　　第2章　计算机系统概述,主要介绍计算机软件系统的概念及组成,包括计算机软件系统的概念及组成、操作系统的基本原理、Windows 系统的基本操作及系统维护、Linux 系统的基本操作命令、云计算技术介绍,以及计算机硬件系统的组成及工作原理,新一代计算机的研究及其未来等。

　　第3章　网络基础应用,主要介绍计算机网络的基本概念和操作以及常用网络工具的使用。

　　第4章　计算思维,本章内容适合理工类学生学习,主要介绍计算思维的概念、不插电的计算机案例及生活中的计算思维,信息的编码与解码、条形码、二维码等编码方法。其目的是使学生能够运用计算机科学概念去思考问题和解决问题。

　　第5章　程序设计初步,本章内容适合理工类学生学习,主要介绍程序设计的基本概念、常用算法,以及应用可视化程序设计工具 RAPTOR 编写一些简单的程序。

　　第6章　数据统计与分析,本章内容适合经管类学生学习,主要介绍数据统计与分析的基本概念和常用的统计分析软件。

　　第7章　工具软件,本章内容适合人文类学生学习,主要介绍一些常用的电子阅读器、媒体工具、光盘工具及系统安全工具的使用方法。

　　第8章　信息安全与计算机新技术,主要介绍计算机病毒、防火墙技术、系统漏洞与补丁、系统备份与还原等方面的知识,以及云计算、物联网和电子商务等计算机新技术的基本概念及应用实例。

　　为了强调理论联系实际,提高学生的动手能力,本书还附录了 Windows 操作与系统维护、虚拟机实验、云主机体验及 Linux 系统使用、网络应用、常用应用程序安装及使用、信息的编码、微型计算机的安装与设置、可视化程序设计、工具软件安装及使用、统计分析软件 10 个实验,并且配置了相应的实验录像。

　　本书的编著者分别是庄伟明(第 1 章、第 8 章、实验 1、实验 7);朱宏飞(第 2 章 2.1、2.2、2.5 和实验 2);单子鹏(第 2 章 2.3、2.4 和实验 3);马剑峰(第 3 章、实验 4);王萍(第 4 章、第 6 章、实验 6、实验 10);邹启明(第 5 章、实验 8);严颖敏(第 6 章、实验 9);高珏(实验 5),最后由庄伟明负责统稿。在本书编写过程中,上海大学计算中心的陈章进、杨利明、宋兰华、佘俊、高鸿皓、马骄阳、陶媛、王文、张军英、钟宝燕等老师提出了许多宝贵意见,在此一并感谢。

　　由于计算机科学技术在不断发展,计算机学科知识不断更新,加之作者水平有限,书中难免存在疏漏和不足之处,敬请读者批评指正。

编　　者

2017 年 7 月于上海

目　　录

第1章 计算机基础课程体系

在教育部《关于进一步加强高等学校计算机基础教学的意见暨计算机基础课程教学基本要求(试行)》的基础上,结合计算机课程和上海大学大类招生的特点,确定了上海大学计算机基础教学的计算机课程体系,包含 4 个层次 5 个课程群。其功能定位是"面向应用、突出实践",目的是培养大学生信息素养的能力,即以信息技术为工具的理解、发现、评估和利用的认知能力。

1.1 计算机课程体系介绍

计算机基础课程的课程体系如图 1-1 所示,包含 4 个层次 5 个课程群。

图 1-1 计算机基础课程的课程体系

1. 计算机基础层面及对应课程

(1) 通识类课程。

课程"社会化网络与生活"主要介绍:社会化网络的概念、形成和发展,社会化网络的属性分析(小世界现象、强连接与弱连接);互联网环境下社会化网络服务的主要类型、特点分析与应用(微博、微信、人人网、QQ、知乎、标签、博客等);社会化网络与个人日常生活、学习与行为习惯;

技术影响下的心理与人际关系(亲密与孤独);群体的智慧、社会化网络对经济与社会的影响;口碑传播,网络舆情,社会化网络的信息传播模式;意见领袖的力量,社会化网络的影响力分析。

(2)新生研讨课。

开源软件是当今互联网、云计算、物联网等新技术发展的必然趋势。开源软件可以提升信息安全,并不受先进的垄断国家牵制,有利推进开放标准,促进市场公平竞争。

课程"开源软件与中国软件产业"内容包括:开源技术国内外现状、开源技术与信息化建设以及开源平台在信息化建设中的案例介绍等。

(3)计算机技术基础课。

课程"计算机技术基础"是计算机基础学习的公共课程,按学生的专业及基础大类分为理工类 A、理工类 B、人文类 A、人文类 B、经管类 A 和经管类 B,总共 6 个子课程。A 类课程学习对象主要是计算机基础较好的同学,B 类课程学习对象主要是计算机基础较差或零基础的同学。A 类课程的主要内容包括:计算机课程体系的介绍、计算机软硬件系统概述、操作系统应用与设置、网络应用、计算思维与信息编码、常用算法及实现、计算机安全、计算机发展新技术等内容。B 类课程的主要内容包括:计算机课程体系的介绍、计算机软硬件系统概述、信息的编码与解码、操作系统应用与设置、网络应用、Word、Excel、PowerPoint 软件的基本应用、计算机安全、计算机发展新技术等内容。理工类 A 和理工类 B 还包括 Word 中的域、样式、大纲、目录及宏等高级应用;Excel 中数据分析工具、宏在 Excel 中的应用、VBA 程序设计等方面的内容。

2. 计算机核心课程层面

计算机基础的核心可选模块包括 9 门课程,分别对应到 5 个课程群。人文类和经管类学生从 9 门课程中选修 1 至 3 门。各课程介绍及主要内容见 1.2 节。

(1)计算机网络基础。

(2)计算机多媒体基础。

(3)数据库技术基础。

(4)高级办公自动化与宏应用。

(5)计算机硬件技术基础。

(6)程序设计及应用(Java)。

(7)程序设计及应用(Python)。

(8)程序设计及应用(C#)。

(9)程序设计及应用(VB.NET)。

3. 计算机大类基础课程

学生专业大类需进一步学习的计算机基础课程是"程序设计(C/C++语言)",该课程针对理工大类与理工类基础班开设。

4. 课外能力培养课程模块

学生在学习基础课程后,可以进一步选修学习课外能力培养的课程,以提高学生实际的计算机应用及开发能力。

5. 计算机相关实训室

为提高学生计算机的创新实践能力,计算中心建立 3 个计算机实训室,供实践类课程以及基础课程实践使用。

　　(1) 网络实训室,供网络课程群使用。

　　(2) 多媒体实训室,供多媒体课程群使用。

　　(3) 多功能实训室,供"计算机技术导论"及其他等课程使用。

1.2　核心课程简介与作品展示

　　计算机核心课程包括"计算机多媒体基础""高级办公自动化与宏应用""计算机网络基础""数据库技术基础""计算机硬件技术基础""程序设计及应用(Java)""程序设计及应用(Python)""程序设计及应用(C#)"和"程序设计及应用(VB.NET)"。人文类和经管类学生从9门课程中选修1至3门,各课程介绍及主要内容如下。

1.2.1　计算机多媒体基础

　　"计算机多媒体基础"是一门理论知识与实际应用紧密结合的课程,注重创新能力、创业能力、实践能力和自学能力等各种应用能力的培养。本课程旨在从需求出发,让学生亲历多媒体采集、加工与作品创作的全过程,利用多媒体表现创意、表达思想、实现直观有效的交流。

　　本课程理论与实践性结合较强。在掌握基本概念、基本原理等理论知识后,注重学生动手能力的培养,使学生掌握一些实用软件的使用方法和技巧的同时,能进行多媒体综合应用开发与制作。

　　1. 内容简介

　　"计算机多媒体基础"课程教学内容主要分为多媒体基础理论知识、多媒体信息采集、多媒体信息加工、综合应用等模块。通过理论与实践的结合,在掌握了多媒体基本知识后,让学生掌握常用多媒体实用软件(Audition、Photoshop、Flash、3ds Max、Premiere、AE、Director)的使用方法和技巧,并利用"开放式多媒体综合实验室"进行多媒体综合应用开发与制作。

　　"计算机多媒体基础"课程教学内容主要分为4大模块。

　　(1) 理论部分。

　　理论部分内容主要包括:多媒体基本概念、多媒体的基本体系结构、多媒体原理基础、各种媒体信息的表示和编码方法、多媒体系统关键技术、多媒体作品素材的制备、多媒体作品开发应用。

　　(2) 多媒体信息采集部分。

　　运用操作演示的方法,让学生了解多媒体信息采集的设备和方法。通过实践,如使用数码相机、扫描仪等采集图像信息;使用多媒体计算机录制声音;使用数码摄像机采集视频素材等,让学生亲历信息采集的过程,同时提高学生的动手能力。

　　(3) 多媒体信息加工部分。

　　本模块是相应教学内容的延续和拓展,在教学中根据信息需求,结合典型实例,运用有关专业工具,处理各种媒体信息。

　　在本模块的教学中,可以根据实际情况选用多媒体信息处理工具,如使用 Audition 处理音频素材,使用 Photoshop 处理图像,利用 Coreldraw 进行矢量化的平面设计,使用 Flash 制作二维动画，使用 3ds Max（或 Maya）制作三维动画，使用 Premiere（或会声会影、After Effect）处理视频，使用 Director 制作交互式平台。

① 音频处理软件——Audition。

Adobe Audition 是一款功能强大的数字音频处理软件，其前身为 Cool Edit Pro。2003 年 Adobe 公司收购了 Syntrillium 公司的全部产品，用于充实产品线中音频编辑软件的空白。Adobe Audition 功能强大，控制灵活，使用它可以录制、混合、编辑和控制数字音频文件，也可轻松创建音乐、制作广播短片、修复录制缺陷。

② 图像处理软件——Photoshop。

Adobe Photoshop 是目前最流行的图像处理软件之一，它由 Adobe 公司在 1990 年首次推出，之后随着公司的发展，Photoshop 的功能也被不断地完善，使用户更方便地利用 Photoshop 编辑和处理图像。

Photoshop 被广泛应用于平面设计、广告制作、数码照片的处理、网页开发和动画制作等领域。其基本功能包括：图像编辑、图像合成、校色调色、特效制作、文字处理、动画制作和 3D 功能等。

③ 平面设计软件——Coreldraw。

Coreldraw 是 Corel 公司推出的一款深受欢迎的矢量图形创作软件，它集绘图、排版、图像编辑、网页及动画制作为一体，其超强的功能和独特的魅力吸引了众多的电脑美术爱好者和平面设计人员。目前，Coreldraw 被广泛地应用于插画绘制、特效字设计、文字处理和排版、平面广告设计、VI 设计、包装设计、书籍装帧设计等众多领域。

④ 二维动画制作软件——Flash。

Flash 是目前非常流行的二维动画制作软件，具有强大的动画制作功能，可以生动地表现各种动画效果，广泛应用于网页设计、动画短片制作、游戏开发等领域。

Flash 制作的动画是矢量格式的，动画内容丰富，数据量小，特别适合在网络中传播。Flash 动画表现形式多样，可以包含图片、声音、文字、视频等内容。Flash 具有强大的交互功能，开发人员可以轻松地为动画添加交互效果，使观众可以参与或控制动画。

⑤ 三维动画制作软件——3ds Max 和 Maya。

3ds Max 是 Autodesk 公司开发的三维物体建模和动画制作软件，它具有强大、完美的三维建模功能，是当今世界上最流行的三维建模、动画制作及渲染软件。3ds Max 有多种建模的方式，通过各种方式的组合可以建立与现实世界基本相同的三维模型结构。为了使模型更加逼真，还可以对模型进行贴图和材质处理，然后再进行光线处理。最后对建立好的模型设置动画效果。在建立三维模型时，其处理过程涉及数学、材料学、动力学等多种学科知识。3ds Max 通过计算机内部算法为用户提供了简单的处理方法。为了较好地模拟现实世界的运动，3ds Max 除了支持关键帧动画，还支持动力学动画、运动学动画等多种产生动画的方法，为此 3ds Max 提供了空间扭曲与粒子系统，用于模拟爆炸、喷火等效果。3ds Max 被广泛地应用于广告的片头字幕、影视特效、虚拟现实、建筑装潢、三维动画以及游戏开发等领域。

Maya 是美国 Autodesk 公司出品的世界顶级的三维动画软件，应用对象是专业的影视广告，角色动画，电影特技等。Maya 功能完善，工作灵活，易学易用，制作效率极高，渲染真实感极强,是电影级别的高端制作软件。Maya 声名显赫,是制作者梦寐以求的制作工具,掌握了 Maya,会极大地提高制作效率和品质,调节出仿真的角色动画,渲染出电影一般的真实效果,向世界顶级动画师迈进。Maya 集成了 Alias、Wavefront 最先进的动画及数字效果技术。它不仅包括一般三维和视觉效果制作的功能,而且还与最先进的建模、数字化布料模拟、毛发渲染、运动匹配技术相结合。Maya 可在 Windows NT 与 SGI IRIX 操作系统上运行。在目前市场上用来进行数字和三维制作的工具中,Maya 是首选解决方案。

⑥ 视频处理软件——Premiere、会声会影和 After Effect。

Adobe Premiere 是 Adobe 公司推出的一款面向广大视频制作专业人员和爱好者的非线性编辑软件。它具有兼容性较好的操作界面以及强大的视音频编辑功能,能对视频、声音、动画、图像、文本进行编辑加工,满足大多数低端和高端用户的需要,并可以最终生成电影文件。

会声会影是 Corel 公司出品的视频编辑软件,使用户能快速编辑高品质的视频文件,利用软件提供的启动影片向导或者通过捕获、编辑和共享三大步骤,创建高清或标清影片、相册和 DVD 光盘。

After Effects 是 Adobe 公司开发的完全着眼于高端视频系统的专业型非线性编辑软件,汇集了当今许多优秀软件的编辑思想和现代非线性编辑技术,融合了影像、声音和数码特技的文件格式,并包括了许多高效、精确的工具插件,可以帮助用户制作出各种赏心悦目的动画效果。After Effects 具有优秀的跨平台能力,很好地兼容了 Windows 和 Mac OS X 两种操作系统。After Effects 可以直接调用 PSD 文件的层,同时也与传统的视频编辑软件 Premiere 具有很好的融合,另外还有第三方插件的大力支持。After Effects 具有高度灵活的 2D 与 3D 合成功能,数百种预设的效果和动画影视制作,可以同时进行剪辑编辑和后期视觉特技制作。

⑦ 交互处理软件——Director。

Director 是一款非常优秀的多媒体创作软件,被广泛地应用于制作交互式多媒体教学演示、网络多媒体出版物、网络电影、网络交互式多媒体查询系统、动画片、企业的多媒体形象展示和产品宣传、游戏和屏幕保护程序等。另外,Director 还提供了强大的脚本语言 Lingo,使用户能够创建复杂的交互式应用程序。

Director 的基本功能主要体现在以下几个方面:

(a) 支持 40 多种文字、图形、图像、声音、动画和视频格式,可以方便地将这些多媒体元素集成起来。

(b) 近 100 个设置好的 Behaviors(行为),只要拖放 Behaviors 就可实现交互功能,同时支持 JavaScript 和 Lingo 编程语言,使多媒体开发人员能够创作出具有更加复杂交互功能的多媒体作品,如游戏程序。

(c) 最多可设置 1 000 个通道,也就是说在舞台上同时可有 1 000 个演员在表演,可以制作场面十分壮观的多媒体作品。

(d) 强大的声音控制能力。在时间轴有 2 个声道,再通过 Lingo 语言,最多可以同时控制 8 个声音。

(e) 支持大量的第三方插件 Xtras,极大地提高了 Director 的创作功能,如数据库查询。

(f) 可以跨平台发布多媒体作品,Director 同时支持 Windows 和 Macintosh 两种操作系统平台。

（4）综合应用实验部分。

本模块内容是利用"开放式多媒体综合实验室"，由学生课外按学习团队组队，通过围绕贴近学生生活实际的主题，利用所学的音频、图像、视频和动画等软件制作一份健康、有意义、主题明确的多媒体作品，在制作过程中让学生经历并体验多媒体作品的一般创作流程——规划、设计、采集、制作、集成、调试等，掌握多媒体技术的综合运用能力。

同时，根据多媒体作品制作过程撰写一篇1500字左右的论文。

2. 作品展示——虚拟节目主持人

虚拟节目主持人就是预先在蓝幕背景前将主持人的相关视频录制好，然后结合片头、欢迎词、倒计时、题目视频、回答正确（错误）等视频制作一个完整的视频，再通过计算机与工控机配合，根据现场观众实际答题情况进行程序控制，从而达到观众与主持人现场问答题目的模拟真实效果。预先制作的视频完整序列如图1-2所示。

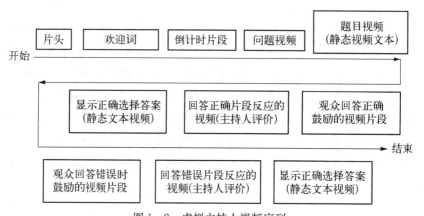

图1-2 虚拟主持人视频序列

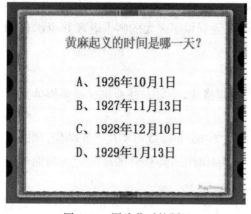

图1-3 图片化后的题目

（1）题目准备。

① 根据项目所涉及的内容准备题目，将每道题目制作成卡片，以方便主持人阅读。

② 利用 Photoshop 将每道题目文字图片化，作为显示在屏幕上的内容，如图1-3所示。

（2）蓝幕拍摄。

在展示现场，主持人单独进行节目拍摄，主持人在拍摄的过程中要感觉旁边有参与观众的存在，这样拍摄的结果展示在虚拟表演现场就比较逼真。

（3）后期制作。

① 利用 Audition 制作声音，利用 Photoshop、Premiere、Flash、3ds Max 等制作片头。

② 利用 Premiere 制作主持人问答视频（正题—视频）。

③ 利用 Premiere 制作主持人给观众题目回答的判定（对或错视频）。

④ 利用 Audition 制作声音，利用 Photoshop、Premiere、Flash、3ds Max 等制作结果视频。

⑤ 利用 Premiere 进行综合合成。

（4）实时合成效果。

现场实时抠像合成的捕捉视频打印的结果如图 1 - 4 所示。用户可以使用自己的视频或照片素材替换图片中的女孩。

1.2.2 高级办公自动化与宏应用

Office 是使用频率最高的办公软件，本课程主要通过案例来介绍 VBA 程序设计概述；Word 中的域、样式、大纲、目录及宏在 Word 中的应用；Excel 中数据分析工具、宏在 Excel 中的应用；宏在 PowerPoint

图 1 - 4 现场与虚拟主持人合成的效果

中的应用、专业图表制作工具软件 Visio 等方面的内容。

1. 内容简介

本课程各章节主要内容如下：

（1）Word 高级应用案例。

Word 是现代人都非常熟悉的文字处理软件，看似简单，实质却是"博大精深"。本节主要通过案例使读者系统地掌握 Word 软件功能，能够利用 Word 软件进行复杂版面的设计与排版，如毕业论文的排版。主要内容有：样式、目录、题注与交叉引用、批注与修订、域的使用、模板、长文档编辑、Word 宏、邮件合并、Word 控件、文档安全。

（2）Excel 高级应用案例。

Excel 是微软办公套装软件的一个重要的组成部分，它可以进行各种数据的处理、统计分析和辅助决策操作，广泛地应用于管理、统计财经、金融等众多领域。本节主要通过案例使读者掌握使用 Excel 中的各种数据分析工具。主要内容有：可调图形操作、Excel 中宏的应用、数据透视表与透视图、单变量求解、模拟运算表、规划求解、方案管理器、数据分析工具。

（3）VBA 程序设计概述。

在 Microsoft Office 办公软件中，除了常用的应用功能外，还提供了可以供用户进行二次开发的平台和工具。通过二次开发，用户可以根据不同的需要，定制出各种不同的应用程序。

本节主要介绍 Office VBA 应用程序开发的基本知识，包括宏与 VBA、OfficeVBA 开发环境、Office 控件与用户窗体、对象、属性、方法和事件、VBA 编程基础、流程控制语句、过程、Function 过程、用户窗体及窗体控件。

（4）PowerPoint 高级应用案例。

在录制宏与 VBA 编程过程中，经常会用到 PowerPoint 应用程序对象，这些对象是 Office 在应用程序中提供给用户访问或进行二次开发使用的。

本节主要通过案例介绍 PowerPoint 中的一些常用的应用程序对象，其中 DocumentWindow 对象、SlideShowWindow 对象、Slide 对象、Shape 对象在课件制作过程中会经常用到。

(5) 专业图表制作工具软件 Visio。

随着计算机技术的发展,越来越多的人使用数字化、电子化的信息来提高工作效率,数字化图形也随之成为一种越来越重要的传达信息的有效方式,但是绘制专业水准的数字化图形对于没有学过绘图艺术的人来讲是比较困难的。Visio 软件的出现解决了这一难题。Visio 面向需要绘制专业水准的图形而又缺乏绘图基础的人群,它具有丰富的模板、模具库,能够辅助用户将难以理解的复杂文本和表格转换为清晰直观的 Visio 图形,从而有助于用户实现轻松的可视化、分析和交流复杂信息。

本节主要通过案例介绍 Visio 的基本操作及综合应用。

2. 作品展示

(1) 毕业论文排版。

毕业论文排版是一个长文档编辑的典型应用案例,一篇论文内容再好,但如果排版效果很差,论文的质量就会大打折扣。怎样又快又好地完成专业级的毕业论文排版,是每个学生必须面对的问题。

图 1-5 是学生学习本课程以后,完成毕业论文排版后的部分页面。

(2) 数据综合分析。

考试结束后,教师都会对学生的考试成绩进行统计分析,如总分、平均分、排名以及各分数段学生人数的统计等。通过对成绩的分析,可以促进对学生学习情况的了解。

图 1-6 是对某班级期末考试成绩进行综合分析后的结果,其中包括了计算总分、各门课程成绩排名及总分排名、平均分、最高分、最低分、及格率、优秀率、相关系数及直方图等。

(a) 目录页   (b) 正文页 1

上海大学学士学位论文

的生产能力，核对主生产计划的可执行性；并且编制出企业物料需求计划表。

1.3 论文的研究内容

随着客户需求的不断变化，客户订单提前期的不断缩短以及原材料采购周期的不断延长，企业在市场上的竞争变得更加激烈。如何解决这些的问题成为各个企业的热点和难点。本文对温州 BA 汽配有限公司从生产计划与控制的角度研究如何解决以上问题。本文的主要研究内容如下:

1) 对 BA 汽配生产现状进行分析,研究 BA 汽配生产计划与控制存在的问题；

2) 制定 BA 汽配的主生产计划；

3) 对 BA 汽配的生产能力进行核算,核对主生产计划的可行性；

4) 编制物料需求计划；

第2章 生产计划与控制基本理论

2.1 国内外研究的现状

生产计划与控制(Production Planning And Control，PPC)是工业企业最基本的一项管理职能，正是通过这项职能，使各项生产要素组织成为现实生产力，创造出物质产品或服务为企业带来盈利。自从泰勒倡导的科学管理运动开展以来，生产管理和其它管理理论一样，经过近百年的发展，逐渐从经验型走上了科学化的轨道。特别是 20 世纪 70 年代以来，制造资源计划 MRPII(Manufacturing Resource Planning，简称 MRPII)系统为代表的计算机辅助生产管理技术，以及准时生产制 JIT(Just-In-Time)、最优化生产技术(Optimized Production Technology，OPT)等一系列新的管理原理和方法，使 PPC 发生了根本性的革新，从而进入了一个新阶段。

关于 PPC 系统理论的研究，从其发展过程来看，大致可以分为两个阶段。

第一阶段：传统阶段(20 世纪 70 年代以前)

该阶段 PPC 理论领域的研究比较少，PPC 技术和方法发展比较缓慢。在计算机产生及用于管理之前，甘特图及网络计划技术一直是企业编制计划的方法，这些方法既不准确，效率也不高；生产控制大多数情况下是人为控制，主要是依靠经验或“催”、“促”、“督”、“查”等较粗放的控制模

(c) 正文页 2

第 2 章　生产计划与控制基本理论

生产进度计划是完成生产计划指标的条件下，确保在每一时间段中由生产订单引起的能力总负荷不超过在这个时间段内可用的能力。它的目标是使计划在一个时间范围内有效，但不产生每个工作中心各个工作任务的顺序。而生产作业计划则是为了产生每个工作中心的详细的工作顺序，以最小的生产成本来最大地满足客户的需求。

制造企业的生产计划一般由三部分构成：综合生产计划；主生产计划(Master Production Schedule，简称 MPS)；物料需求计划(Material Requirement Planning，简称 MRP)。其关系如图 2-1 所示：

图 2-1 制造型企业的分层计划体系

1)、综合生产计划是根据企业所拥有的生产能力和需求与预测，对未来较长一段时间内的产出内容、产出量、劳动力水平、库存投资等所做的决策性描述。其主要目标可概括如下：

(1)．成本最小／利润最大；

(2)．顾客服务最大化(最大限度地满足客户需求)；

(3)．最小库存费用；

(4)．生产率稳定(变动最小)；

(5)．人员水平变动最小；

(6)．设施、设备的有效利用。

可见综合生产计划并不具体制定每一个品种的生产数量，生产时间，每一车间、人员的具体工作任务，而只是对产品、时间和人员做出总量安排。

2)、主生产计划是确定订单中每一个具体产品在某一个具体时间段内的生产计划。主生产计划的对象通常是企业的最终产品或部件，也常称为

(d) 正文页 3

图 1-5　毕业论文的排版

学生成绩表

学号	姓名	语文	语文排名	数学	数学排名	外语	外语排名	总分	总分排名
201601018	陈美凤	98	1	95	6	96	1	289	1
201601003	宋三木	89	5	97	3	96	1	282	2
201601006	张园	92	3	98	1	89	9	279	3
201601008	季晓	95	2	89	8	92	6	276	4
201601017	刘群	87	7	98	1	85	11	270	5
201601014	秦辞	85	8	87	9	92	6	264	6
201601015	李皮特	74	10	97	3	93	4	264	6
201601011	周志	69	13	96	5	96	1	261	8
201601005	石舒心	69	13	90	7	93	4	252	9
201601010	赵素平	89	5	86	10	74	14	249	10
201601004	赵莉	82	9	85	12	79	12	246	11
201601007	金妮	74	10	68	15	89	9	231	12
201601002	李雷	68	15	78	13	79	12	225	13
201601012	蔡玛丽	73	12	**59**	16	91	8	223	14
201601009	杨伞	90	4	69	14	**57**	17	216	15
201601013	董时忠	**48**	17	86	10	**58**	15	192	16
201601001	牛犇	66	16	**47**	18	**58**	15	171	17
201601016	何慧	**37**	18	**57**	17	**56**	18	150	18

	语文	数学	外语
平均分	76.94	82.33	81.83
最高分	98	98	96
最低分	37	47	56
及格率	89%	83%	78%
优秀率	22%	39%	44%
相关系数	0.52859		

接收	频率	累积 %
59	2	11.11%
69	4	33.33%
79	3	50.00%
89	5	77.78%
100	4	100.00%
其他	0	100.00%

59
69
79
89
100

分布	人数
0~59	2
60~69	4
70~79	3
80~89	5
90~100	4

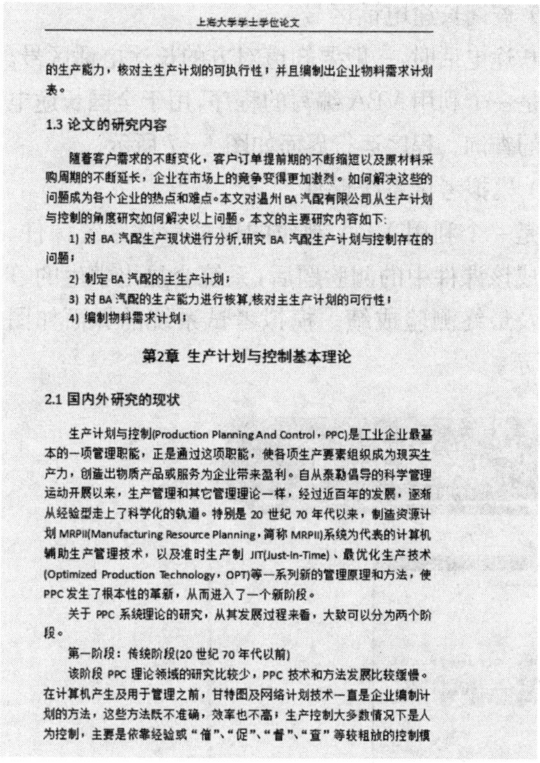

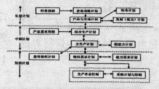

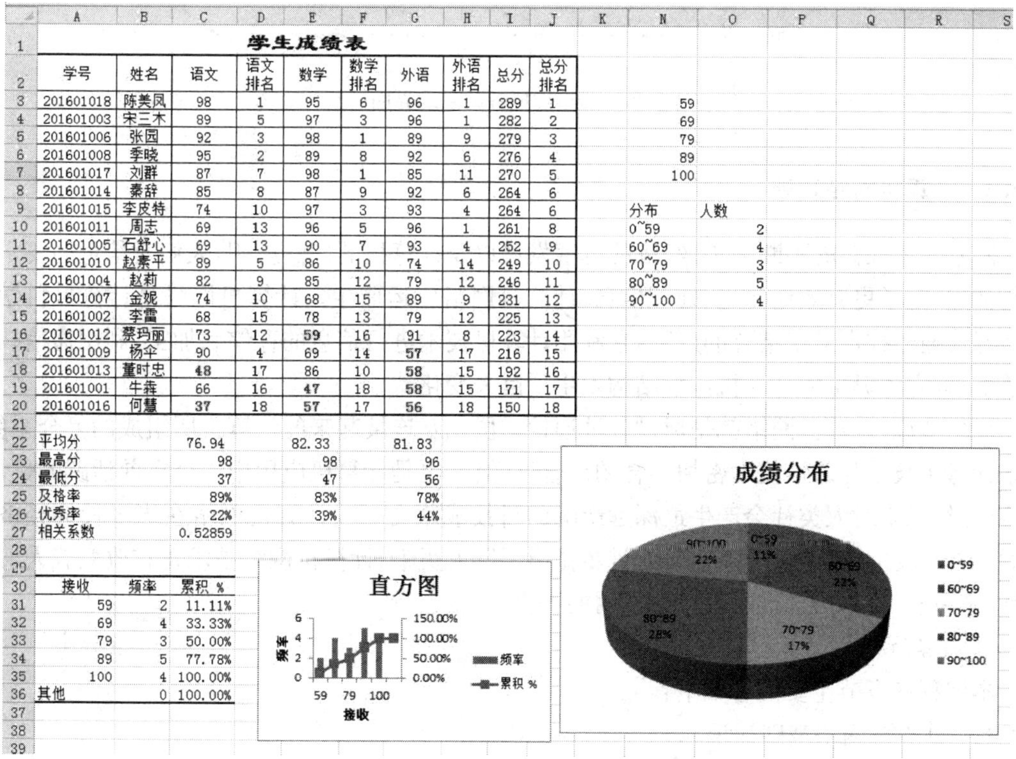

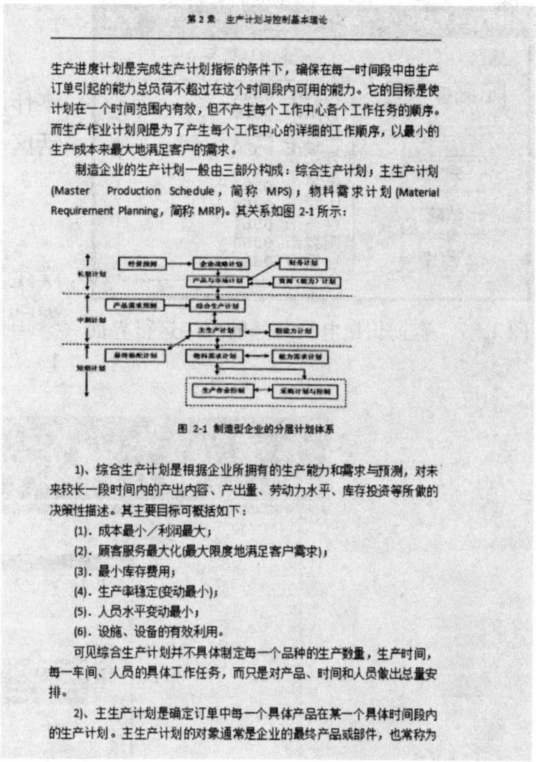

图 1-6　某班级期末考试成绩的数据综合分析

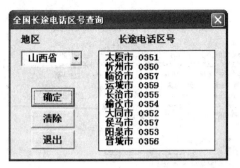

图1-7　查询长途电话区号的程序运行界面

（3）查询长途电话区号。

打长途电话时，一般要知道对方的长途电话区号。本作品是一个利用VBA编写的程序，用于全国长途电话区号的查询。程序运行界面如图1-7所示。

（4）模拟考试系统课件。

这是一个利用VBA制作的模拟考试系统课件。学生完成该课件中的测验题后，系统会显出学生的答案情况及最终测验成绩。模拟考试系统的界面如图1-8所示。

图1-8　模拟考试系统界面

1.2.3　计算机网络基础

随着人类社会的不断进步、经济的迅猛发展以及计算机的广泛应用，人们对信息的要求越来越强烈，为了更有效地传送、处理信息，计算机网络应运而生。计算机网络是计算机科学技术与现代通信技术紧密结合的产物，它利用计算机技术进行信息的存储和加工，利用通信技术传播信息，它的诞生使计算机体系结构发生了巨大变化。

概略地说，计算机网络就是通过各种通信手段相互连接起来的计算机所组成的复合系统，它是计算机技术与通信技术密切结合的综合性学科，也是计算机应用中一个空前活跃的领域，是20世纪以来对人类社会产生最深远影响的科技成就之一。计算机网络在当今社会经济中起着非常重要的作用，对人类社会的进步做出了巨大贡献，计算机网络技术正在改变着人们的生活、学习和工作方式，推动着社会文明的进步。

1. 内容简介

本课程各章节主要内容如下：

（1）计算机网络基础知识。

在Internet上冲浪是现代人生活中不可缺少的一项内容，用手机浏览、更新微博是大多数年轻人都做过的事,在方便、快捷地访问网络应用的背后到底隐藏着哪些知识,遵循着什么原理,到底是如何实现的呢? 这些问题可以通过这部分计算机网络基础知识的学习找到答案,原来计算机网络并没有我们想象的那么神秘。

(2) 联网方式与局域网,无线网络。

例如:在家里,爸爸需要一台电脑上网炒股,妈妈也需要一台电脑用来玩游戏,你的笔记本也需要连上学校的课程网站进行学习,妹妹新买的 IPAD 也要联网才会比较好用,大家有时又会用手机看看微博,或者去人家的微博"串串门",可是家里只有一条 ADSL 线路,能不能让大家都能上网呢? 答案当然是可以的。稍微咨询一下懂计算机的老师、朋友或同学,他们会告诉你去买一个无线路由器装到家里就行。

可是问题又来了,无线路由器买是买来了,但不会设置呀,什么 ADSL、FTTB、FTTH、HFC 上网,完全没有概念啊,只能请会摆弄的人来设置,这些可能是很多人都经历过的吧。通过这一章的学习之后,我们完全有能力组建小型企业网或者家庭无线网络,即使组个局域网也不在话下,轻松就能搞定互联网接入的问题。

(3) TCP/IP 协议。

怎么有些网站是通过域名访问的,而有些是输入一串类似 202.120.127.78 的数字来访问的呢? 为什么有个网站不能访问时学长会让你在命令行中输入"ping www.xxx.com"呢? 为什么让你告诉他"tracert www.xxx.com"的结果,然后说是你家里的路由器死掉了,关闭路由器的电源过 5 分钟后再开即可?

要搞明白这些事儿,那么就不得不提到最著名的 ISO 制定的 OSI 模型和 TCP/IP 协议了。了解 TCP/IP 协议后,那些原先需要计算机专业毕业的学长才能解决的网络问题你也能解决了。你爸爸在家里打电话过来说怎么今天股票软件中的数据老是出来得那么慢? 哈哈,你可立马打开电脑,登录到家里的路由器上看个究竟,哦,原来是妈妈今天在看网络视频占用了太多的带宽,那你就把爸爸炒股的优先级提高一点吧。

(4) 互联网应用。

现在的网络应用真是五花八门,上网找资料更是现代人的必修课,有什么不会的都可以上网查一查,连妈妈要烧个新菜品她都上网查怎么个烧法,还可以由她远在哈尔滨的姐姐远程视频指导。大夏天的太热了,想买条今夏流行的裙子却又不愿出去逛街,直接上购物网站 Shopping,用不了多久就有快递员送货到家。忽然想起来上周还问他人借了 800 元钱没还,直接登录网银转账给他,还可以自动发短信提示……

网络带给我们的不仅仅是一些概念,而是一种全新的生活方式,网络给我们的生活带来了史无前例的便捷。这一章通过对传统网络应用以及对现行网络应用的介绍,可以使我们能更好地发挥网络的作用,能把网络这个 20 世纪最伟大的工具在生活中运用得淋漓尽致。

(5) 网络服务配置。

网络服务配置其实和大部分人没什么关系,这些应该都是网管员的事情。今天公司的邮件服务器发不出邮件了,碰巧网管员昨天生病住院了,老板又急着要发一封重要的邮件出去,而且也需要收一些重要的邮件。如果这些服务器的事你也懂个七七八八,在这个关键时刻,你打电话咨询网管员,在他的简单指导下就把问题解决了,老板是不是会对你刮目相看啊? 其实很多网络服务都是非常容易配置的,通过这一章的学习,可以让我们学会 WWW 服务、FTP

服务、EMAIL 服务、DHCP 服务等网络服务的简单配置,为我们今后可能遇到的网络故障的解决提供技术保证。

(6) 网页设计与制作。

最近中学同学聚会,有人提议要做一个班级网站,纪念这过去的美好时光,大家把这个艰巨的任务交给了班长——你,这可难倒你了,请人做吧,需要付出大量的金钱,随便用类似 QQ 空间这类现成的东西整一个吧,又太没有特色……,还好有门课中介绍网站制作的,学习一下,自己整一个吧……在岁末的再次聚会上,同学们都用诧异眼神看着你,称赞你说:"真看不出来,你小子能整出这么好看的一个网站来,啥时候学的,这个悬浮条怎么实现的?"

(7) 信息安全。

怎么今天整个公司的电脑上网都那么慢?为什么一打开邮件,小红伞就报警?银行里的钱怎么都被转走了?"魔兽争霸"中的装备怎么都不见了?某大学招生办的主页被篡改了?这些问题在现实生活中可能经常会听到,这些问题有些是由于蠕虫造成的,有些是由于病毒或者木马造成的,有些是黑客造成的。这些问题都归根到信息安全这一个有了互联网之后才出现的新概念,信息社会中信息安全是必然出现的问题,如何保护自己的隐私不被窃取,如何保护网络银行交易的安全等?通过这章的学习,我们基本可以做到防患于未然,能够尽可能减少信息泄露,确保信息系统安全。

2. 作品展示

"梦里江南"网站设计。

图 1-9 是利用 Dreamweaver 网页设计工具制作的"梦里江南"网站。

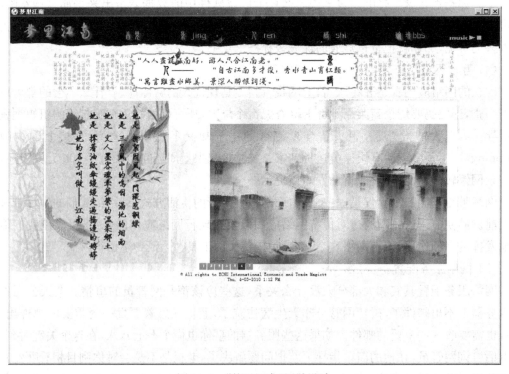

图 1-9 "梦里江南"网站设计

1.2.4 数据库技术基础

随着社会信息化进程的推进,尤其是大数据时代的到来,数据库管理技术已经成为现代计算环境中数据管理的基础技术。本课程将培养学生利用数据库技术对数据和信息进行管理、加工和利用,并培养学生利用 EXCEL 来做数据运算、数据分析和数据可视化,最后还将介绍大数据的特性、发展趋势及涉及的具体技术。通过学习本课程,可以使学生掌握用计算机对数据和信息进行存储、管理、加工、分析、显示的技术和方法,使学生能够根据具体的需求来处理数据,为今后的学习和工作打下良好的基础。

本课程内容包括数据库的基本理论、数据库的设计、数据库的创建、SQL 语句操作数据、DBMS 的基本操作;EXCEL 数据计算与数据分析、数据可视化显示;大数据的前世今生、发展趋势和具体技术等。

1.2.5 计算机硬件技术基础

计算机技术包含软件技术与硬件技术两大部分,随着移动设备与智能终端的普及,硬件技术与嵌入式系统的应用越来越受到人们的重视。在计算机教育中,除掌握必要的软件及其应用外,还需要对计算机硬件的相关技术有更多的了解与认识。课程"计算机硬件技术基础"包含以下一些内容。

1. 控制电路的模块化

计算机硬件在本质上是个复杂的电路系统,由于硬件控制的多样性,出于灵活性和规模效应考虑,电路设计需要模块化。图 1-10 表示一个常规的电路去掉电源、地与电阻后模块化的过程。

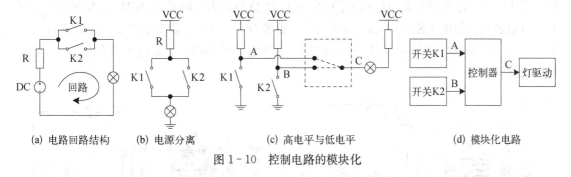

(a) 电路回路结构　　(b) 电源分离　　(c) 高电平与低电平　　(d) 模块化电路

图 1-10　控制电路的模块化

(1) 图 1-10(a)是个常规的控制电路,开关 K1 与 K2 并联,控制灯亮或暗,该电路强调电路的回路特性,用于分析电路中的电压与电流值等。

(2) 图 1-10(b)将电源与地分开表示,强调电流的流通或关断等特性,弱化电源与地对电路的影响,用于分析控制对象(开关)对受控对象(灯)的作用。

(3) 图 1-10(c)与(a)、(b)功能一致,表面看起来电路变得更复杂了,这是模块化过程中的关键一步,强调控制与受控的独立性,使用控制点电压值的高或低对应控制效果,引入高电平与低电平概念,为二进制控制打下基础。具体分析一下电路功能,先将虚框部分隐藏起来,余下 3 个互不相连的子电路(电源与地的相连除外)。

① 分析 K1 子电路,当开关 K1 闭合时,A 点接地,电压值为零,称 A 为低电平;当 K1 断

开时,A 点与地隔开,而与电源 VCC 通过电阻相连,在孤立情况下,A 点的电压值为 VCC,称 A 为高电平。

② 分析 K2 子电路,开关 K2 对应 B 点电平,K2 闭合则 B 为低电平,否则 B 为高电平。

③ 分析灯子电路(从 VCC 到 C 点),当 C 点为低电平时(即 C 点与地相通),则灯上电流通过,灯亮,当 C 点为高电平时(即 C 点不与地相通),则灯两端电压值相等,没有电流通过,灯暗。

④ 当 3 个子电路通过虚框将 A、B、C 相连(短路)时,若开关 K1 或 K2 闭合,则 A 点或 B 点低电平,由 A、B、C 短路连接,C 点为低电平,故灯亮。反之,若 K1 与 K2 均断开,则 A 点与 B 点均为高电平,C 也为高电平,灯暗。整个电路的功能等价并联电路。

(4) 在图 1-10(c)的基础上,将 3 个子电路与虚框部分抽象出来,得到图 1-10(d),强调控制与受控对象的独立性与地位,淡化控制与受控对象的具体电路,消除电源、地、电阻等对电路功能没有直接关联的电路器件,同时突出中间控制器的核心作用。

电路的模块化设计具有优点:

(1) 便于电路设计者从高层分析电路目标与功能,并设计顶层电路模块,即电路设计者可以采用自顶向下方式设计电路,便于从总体上把握设计,避免过早陷于电路细节。

(2) 模块的控制状态通过电压值传递,便于扩充电路规模与电路功能,即易于"做大"电路,如能否让开关 K1 参与控制多个灯,而不仅仅只用于一个回路中。

(3) 关键控制点的电平只有高低两种状态,电路回路也只有流通或关断两种状态,便于分析电路功能,也为二进制的引入与控制打开大门。

2. 数字电路概要

(1) 继电器原理。

图 1-11 为继电器控制电路示意图,其 A、B、C、D 分别表示电磁铁、衔铁、弹簧和触点。图 1-11(a)表示控制电路断开时,A 无电流通过,由弹簧 C 作用,衔铁 B 弹起,触点 D 连接至上方。图 1-11(b)表示控制电路通电时,电磁铁 A 通电,吸住衔铁 B,触点 D 连接至下方,使电机通电运转。

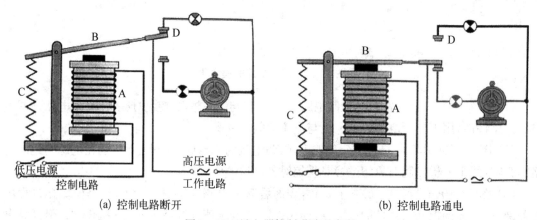

(a) 控制电路断开　　　　　　　　　　　　(b) 控制电路通电

图 1-11　继电器控制电路示意图

(2) 开关特性。

继电器的电磁铁 A 受控制电路的开关控制,继电器带多路常开或常闭触点,可在不同电路回路中做开关使用,即继电器可由一个受控开关得到多个控制开关,称继电器具有开关特性。具有开关特性的器件还有电子管、晶体管、CMOS 管等。开关特性是计算机器件中的最主要特性。

（3）开关电路。

图 1-12 所示为等效的开关电路,其中图（a）为原始的并联连接的电路,图（b）将 K1 与 K2 等效为一个虚拟开关,当 K1 与 K2 均断开时,虚拟开关 Kv 断开,否则 Kv 闭合,图（c）使用虚拟开关代替原并联开关,灯的亮或暗取决于虚拟开关的状态,控制器即是设计符合要求的虚拟开关,电路核心就是从开关到开关。

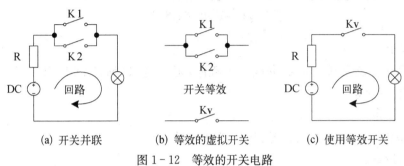

(a) 开关并联　　　　(b) 等效的虚拟开关　　　　(c) 使用等效开关

图 1-12　等效的开关电路

（4）门电路。

将开关的闭合与断开转换为电平的高与低,再进一步转换为二进制的 0 与 1,从开关到开关的开关电路等效为从二进制到二进制的门电路,开关之间有串联、并联、旁路等多种连接方式。门电路具有与门、或门和非门 3 种基本方式,如图 1-13 所示。

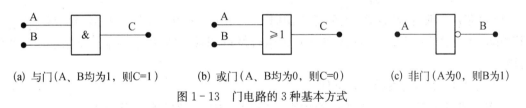

(a) 与门（A、B均为1,则C=1）　　(b) 或门（A、B均为0,则C=0）　　(c) 非门（A为0,则B为1）

图 1-13　门电路的 3 种基本方式

（5）组合电路。

多个门电路相互连接组成的电路网络,输入端控制状态发生变化,输出端的电平也随之改变。通过门电路可以设计二进制加法器、乘法器、门禁、电梯控制等计算或控制功能。

（6）时序电路。

在组合电路的基础上增加时钟控制,使电路带有时间特性,可以计数与计时,使控制更加有序化,以完成更复杂电路功能,如设计计算机的处理器（CPU）。

3. 电路系统的一般结构

一般情况下,数字电路的电路结构如图 1-14 所示。

（1）电路核心。

电路核心也称为控制器,控制器可以是一般的数字电路,也可以使用处理器作为核心控制器（如单片机、数字信号处理器 DSP 或 ARM 系列嵌入式处理器等）,也可以直接使用一台计算机或微系统作为控制器。

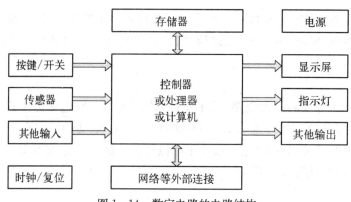

图 1-14　数字电路的电路结构

（2）存储器。

存储器用于存储系统中的数据或运行程序，可以是 RAM、ROM、EEPROM、Flash、SD卡、USB 存储、硬盘等。

（3）输入设备。

输入设备包括时钟晶振、复位键、开关、温度传感器等。

（4）输出设备。

输出设备包括板级指示灯、LED 数字码、外部显示屏等。

（5）其他设备。

包括网络连接、USB 连接、串行口连接等。

4. 电路系统器件

（1）PLD（可编程逻辑器件）。

PLD 芯片一般有 20 或 24 个引脚，采用 EEPROM 写入方式，芯片内部包含"与—或—非门"矩阵，可通过编程方式自由设定阵列中的组合逻辑，即可以通过硬件编程定制逻辑芯片的功能。

（2）CPLD（复杂可编程逻辑器件）。

CPLD 芯片一般具有 44 到 240 个引脚，与 PLD 相比，可编程的功能更多。

（3）FPGA（现场可编程门阵列）。

FPGA 芯片一般具有 44 到近 2 000 个引脚，采用 RAM 写入方式，可能包含内部 RAM、内部乘法器、内部时钟锁相环 PLL、LVDS 高速串行连接等，甚至包含内部 32 位处理器功能，处理功能更加强大。

（4）单片机。

单片机有 8 或 16 位两种类型，芯片内部集成处理器、RAM、程序 ROM、定时/计数器、串行口、看门狗等，可由单个芯片组成系统，故称单片机，常用单片机为 Intel 的 8051 系列。

（5）DSP 处理器（数字信号处理器）。

DSP 处理器有 16 或 32 位两种类型，处理器包括浮点运算、信号处理相关运算指令等。

（6）ARM 系列处理器。

ARM 系列处理器是 32 位处理器，集成液晶显示输出、USB 连接、网络连接等，是嵌入式系统、移动智能设备的主要处理器。

5. 硬件开发工具与语言概要

（1）Verilog 语言。

Verilog 语言是一种硬件描述语言，用于 CPLD/FPGA 芯片设计。

（2）QuartusII 软件工具。

QuartusII 软件工具是 Altera 公司的 CPLD/FPGA 芯片开发工具。

（3）ModelSim 软件工具。

ModelSim 软件工具是硬件 Verilog 语言运行仿真工具。

（4）C51 语言。

C51 语言是单片机上的软件开发语言。

6. 硬件设计体验

课程将完成两类实验：FPGA 与单片机实验。

（1）FPGA 实验。

以 Altera 的 EP2C8 为核心芯片，开发板带有 8M SDRAM、2M Flash、8 个 LED 八段码、6 个按键、红外接收、蜂鸣器、SD 卡座、液晶显示屏接口、VGA 输出接口等。FPGA 实验开发板如图 1-15 所示。

图 1-15　FPGA 实验开发板

（2）单片机实验（简易摇摇棒实验）。

摇摇棒又称魔棒、闪光棒、星光棒等，常用在明星演唱会等场所，歌迷不断快速摇晃手中发光的棒体，在其划过的轨迹上留下一幅发光的图案或文字，给人们以新奇而夺目的视觉效果。这看似神奇的东西原理很简单，发光部分仅仅是一排发光 LED 灯，控制核心是一块 8051 单片机，另有一个用于捕捉晃动位置的传感器。摇摇棒晃动时，发光部分可覆盖一块平面区域，通过传感器单片机可以计算出当前发光部分在显示区域中的相对位置，由此控制发光体显示单排，由于人眼视觉的暂留效应，在大脑里留下图案连贯的错觉。单片机焊接与演示效果如图 1-16 所示。

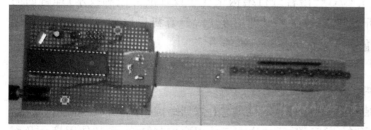

（a）样品

（b）演示效果

图 1-16　单片机焊接与演示效果

实验包含以下内容：

（1）摇摇棒控制器的基本原理。

（2）相关器件列表。

（3）Protel 原理图、印板图设计概览。

（4）印制板焊接，或面包板焊接与跳线。

（5）单片机控制程序概览。

（6）图案选择与程序的编译、下载。

（7）验证实验效果。

1.2.6 程序设计（C/C++语言）

计算机诞生初期，人们要使用计算机必须用机器语言或汇编语言编写程序。世界上第一种计算机高级语言是诞生于 1954 年的 FORTRAN 语言。之后出现了多种计算机高级语言，其中使用最广泛、影响最大的当推 BASIC 语言和 C 语言。BASIC 语言是 1964 年由 Dartmouth 学院 John G. Kemeny 与 Thomas E. Kurtz 两位教授在 FORTRAN 语言的基础上简化而成的，适用于初学者设计的小型高级语言；C 语言是 1972 年由美国贝尔实验室的 D.M.Ritchie所开发，采用结构化编程方法，遵从自顶向下的原则。

C 语言的设计目标是提供一种能以简易的方式编译、处理低级存储器、产生少量的机器码以及不需要任何运行环境支持便能运行的编程语言。

尽管 C 语言提供了许多低级处理的功能，但仍然保持着良好跨平台的特性，以一个标准规格写出的 C 语言程序可在许多电脑平台上进行编译，甚至包含一些嵌入式处理器（单片机或称 MCU）以及超级电脑等作业平台。

在操作系统和系统使用程序以及需要对硬件进行操作的场合，用 C 语言明显优于其他高级语言，但在编写大型程序时，C 语言仍面临着挑战。

1983 年，贝尔实验室的 Bjarne Stroustrup 在 C 语言基础上推出了 C++。C++进一步扩充和完善了 C 语言，是一种面向对象的程序设计语言，应用广泛；C++支持多种编程范式：面向对象编程、泛型编程和过程化编程。最新正式标准 C++于 2014 年 8 月 18 日公布。其编程领域众广，常用于系统开发，引擎开发等应用领域，是至今为止最受广大程序员受用的最强大编程语言之一，支持类：封装、继承、多态等特性。

本课程以 C/C++语言为载体，使学生了解编程语言的发展；理解和掌握结构化程序设计的基本思想和基本概念，掌握使用 C/C++语言进行结构化程序设计的方法和技术；理解面向对象的概念和掌握面向对象分析与设计；站在计算机角度培养计算机思维方式从而理解程序设计理念；培养学生良好的编程能力和严谨的逻辑思维能力。

本课程的主要内容如下：

1. 程序设计基础知识及结构化程序设计简介

本节主要讲解有关 C 程序结构的基础知识，编程理念：数据结构＋流程描述，常量、变量、数据类型、常用的运算符等概念简介，顺序、循环和分支三种程序控制结构，函数使用简介及面向过程的程序设计和面向对象的程序设计概念。

2. 数据类型和表达式

程序的主要部分是由数据和执行语句组成的，计算机处理的对象就是数据。程序中的数据具有不同的类型，例如有整型、实型和字符型等数据类型。数据的类型决定数据在内存中所占空间大小及存储方式。

本节主要讲解 C 语言的数据存储和基本数据类型、常量和变量、数据的输入和输出、数据类型转换和运算符和表达式。

3. 分支结构程序设计

计算机在执行程序时，一般按照语句的书写顺序执行，这就是顺序程序控制结构，但在很多情况下需要根据条件选择所要执行的语句，这就是分支程序控制结构。

本节主要讲解 if、if-else、else-if 三种 if 语句，以及多路分支语句 switch 语句。

4. 循环结构程序设计

在程序设计中，如果需要重复执行某些操作，就要用到循环程序控制结构。

本节主要讲解 C 语言中的循环语句（while、do-while、for）以及 break、continue 语句以及嵌套循环程序控制结构。

5. 函数

"函数"一词是从英文 function 翻译过来的，其中文意思为"功能"。从本质上讲函数就是完成一定功能的程序段。在 C 语言中，通常把程序需要实现的一些功能分别编写为若干个函数，然后把它们有机组合成一个完整的程序。

本节主要讲解函数定义、调用和说明、函数参数和返回值、局部变量和全局变量、变量生命周期和静态局部变量、函数嵌套调用、递归函数。

6. 数组和字符串

数组就是一组类型相同数据的有序集合，数组中的元素在内存中连续存放，用数组名和下标可以唯一确定数组元素。在 C 程序设计中经常根据需要定义数组，并且用循环来对数组中的元素进行操作，可以有效地处理大批量的数据，大大提高数据处理效率。

本节主要讲解一维数组的定义、初始化和引用，二维数组的定义、初始化和引用，字符串常量、变量及相关处理。

7. 指针

指针是 C 语言中一个非常重要的概念，也是 C 语言的特色之一。使用指针可以有效地表示复杂的数据结构，能动态分配内存，方便地使用字符串，有效而方便地使用数组，在函数调用中使用指针还可以返回多个值。

本节主要讲解地址和指针含义解析、指针变量定义、初始化、指针的基本运算、指针作函数参数、指针和数组、字符串和字符指针、用指针实现动态内存分配、指针进阶。

8. 结构、链表、类和对象

结构、链表、类都是一种数据结构，是在内存中存放数据的不同组织方式。

在程序设计中，有量需要将不同类型的数据组合成一个有机的整体，以便于引用，这就可以用结构来实现。结构与数组的主要区别是数组中所有元素的数据类型必须是相同的，而结构中各成员的数据类型可以不同。

链表的建立通用的方法是，先申请一块内存，然后给内存中的数据赋值，然后通过指针一块一块连接起来，链表中的数据在内存中是不连续的（不同于数组）。

类可以理解为将数据和操作封装在一起的一种类型，一个类可以派生出多个类，这个继承关系类似，总称→各分称，例如：父类（交通工具）→子类（汽车）。

本节主要讲解结构的概念和定义、结构变量的定义、初始化和应用、结构数组、结构指针、链表概念、单向链表的常用操作、类和对象。

9. 文件

所谓"文件",通常是指存储在外部存储器上的数据集合。在程序运行过程中,通常需要进行数据输入输出,对于输入输出数据量较少的情况,可以通过键盘和显示器来实现,当输入输出数据量较大时,则一般用文件来实现,而且存放在外部存储器的文件可以长期保存。

本节主要讲解文件概念、文件结构和文件类型指针、文件的打开和关闭、文件的输入和输出、C++的 I/O 流应用。

1.2.7 程序设计及应用(Java)

Java 语言是美国 SUN 公司 1995 年推出的面向对象的程序设计语言,该语言充分考虑了互联网时代的特点,在设计上具有跨平台性、面向对象、安全等特性,因此一经推出就受到 IT 界的广泛重视并大量采用,同时也成为教育界进行程序设计教学的一门重要编程语言。

课程内容包括:Java 概述、基础数据类型与运算符/表达式、数据处理的流程控制、面向对象编程、数据结构与语言基础、图形编程、多线程技术、Web 应用程序设计。

通过该课程的学习,让学生真正掌握面向对象程序设计技术,使用 awt 和 Swing 包开发图形用户界面和事件驱动的程序,并能从事 Java Applet 应用程序及网络通信等程序的开发;理解 Java 多线程概念,并可以利用多线程技术开发相应程序;能够以面向对象的角度思考和设计小型应用程序;初步具备一个优秀的软件开发人员所应有的基本能力。

1.2.8 程序设计及应用(Python)

Python 是目前国际上非常流行、应用很广泛的一种开源编程语言,它具有简单易学、功能强大、跨平台等优点,从而广泛应用于 Web 开发、数据库编程、网络编程、图像处理等计算机软件编程领域,是国内外计算机软件研发人员进行计算机软件研发的重要编程语言。本课程适合理工类或经管类学生学习。

课程内容包括 Python 语言概述,基础语法与程序控制结构,模块化编程,图形编程,简单算法设计分析等。

通过本课程的学习,学生能掌握一门终身受用的程序设计语言——Python,具有用 Python 进行简单程序设计的技能;培养他们的计算思维和利用计算机编程解决实际问题的能力,为学生今后的学习和工作打下良好的计算机基础。

1.2.9 程序设计及应用(C#)

C#(读作"C sharp")是微软公司发布的一种面向对象的、运行于.NET Framework 之上的高级程序设计语言,在微软职业开发者论坛(PDC)上登台亮相。C#是微软公司研究员 Anders Hejlsberg 的最新成果。C#看起来与 Java 有着惊人的相似,它包括了诸如单一继承、接口、与 Java 几乎同样的语法和编译成中间代码再运行的过程。但是 C#与 Java 有着明显的不同,它借鉴了 Delphi 的一个特点,与 COM(组件对象模型)是直接集成的,而且它是微软公司.NET windows 网络框架的主角。

C#是一种安全的、稳定的、简单的，由 C 语言和 C++衍生出来的面向对象的编程语言。它在继承 C 和 C++强大功能的同时去掉了一些它们的复杂特性（例如没有宏和模板，不允许多重继承）。C#综合了 VB 简单的可视化操作和 C++的高运行效率，以其强大的操作能力、优雅的语法风格、创新的语言特性和便捷的面向组件编程的支持成为.NET 开发的首选语言。

课程内容包括 C#语言概述，基础语法与程序控制结构，面向对象程序设计，Windows 窗口应用设计，图形图像编程，数据库访问技术与 Web 应用程序开发，简单算法设计分析等。

通过该课程的学习，学生可掌握面向对象的程序设计技术和方法，学会用 C#设计程序解决实际问题。学生通过了解.Net 平台环境和工具，提高调试程序和使用开发工具的能力，以便将来能胜任国内 IT 行业市场对应用软件程序和开发人员的工作。

1.2.10　程序设计及应用(VB.NET)

.NET 是微软核心的软件开发平台，它建立在 CLR(公共语言运行时)基础上，兼容各种主流的编程语言，提供了一致的核心类库和开发框架。VB 语言的特点是简单，方便，利于快速开发。新的 VB.NET 增加了大量的特性和改进，使利用 VB 进行 Windows 程序开发进入了一个新的时代。

课程内容主要包括 VB.NET 语言基础，常用组件的使用，文本编辑，高级界面设计，数据库的开发与应用等内容。本课程的任务是使学生具备使用 VB.NET 进行实用型应用程序开发的基本能力，并为后续课程的学习和职业能力的培养奠定必要的基础。

本课程以专业培养目标和专业教学计划为依据，遵循适用、实用、会用、通用的原则，着力培养学生 Windows 环境下可视化编程语言的应用能力。

第 2 章　计算机系统概述

2.1　计算机软件系统

一个完整的计算机系统包括硬件系统和软件系统两大部分。如果把计算机硬件系统看成是计算机的躯体,那么计算机软件系统就是计算机系统的灵魂。没有软件系统支持的计算机称为"裸机",在裸机上只能运行机器语言源程序,几乎不具备任何功能,无法完成任何任务。

2.1.1　计算机软件的定义

计算机软件是指在计算机系统中运行的程序、数据结构以及开发、使用和维护程序所需的所有文档的完整集合。程序由一系列的指令按一定的结构组成,是计算任务的处理对象和处理规则的描述;数据结构是计算机存储、组织数据的方式;文档是为了便于了解程序所建立的阐明性资料。程序是软件的主体,必须装入计算机中才能使用;文档一般是给用户的,不一定装入计算机。软件是用户与硬件之间的接口界面。用户主要是通过软件与计算机进行交流。为了方便用户,为了使计算机系统具有较高的总体效用,在设计计算机系统时,必须通盘考虑软件与硬件的结合,以及用户的要求和软件的要求。

软件的含义包括:

(1) 运行时,能够提供所要求功能和性能的指令或计算机程序集合。

(2) 程序能够满意地处理信息的数据结构。

(3) 描述程序功能需求以及程序如何操作和使用的文档。

2.1.2　计算机软件的发展

计算机软件技术发展很快。50 年前,计算机只能被少数专家所使用,今天,计算机已普及到千家万户;40 年前,文件不能方便地在两台计算机之间进行交换,甚至在同一台计算机的两个不同的应用程序之间进行交换也很困难,今天,随着网络的发展,网络提供了两个平台和应用程序之间无损的文件传输;30 年前,多个应用程序不能方便地共享相同的数据,今天,数据库技术使得多个用户、多个应用程序可以互相覆盖地共享数据。了解计算机软件的发展过程,对理解计算机软件在计算机系统中的作用至关重要。

计算机软件的发展大致经历了三个阶段:

第一阶段(20 世纪 40 年代至 20 世纪 50 年代中期)。在软件发展初期,软件开发采用低级语言,效率低下,应用领域局限于科学和工程的数值计算。人们不重视软件文档的编制,只注重代码的编写。

第二阶段(20 世纪 50 年代中期至 20 世纪 60 年代后期)。相继诞生了大量的高级语言,程序开发的效率显著提高,并产生了成熟的操作系统和数据库管理系统。在后期,由于软件规模不断扩大,复杂度大幅提高,产生了"软件危机",也出现了有针对性地进行软件开发方法的理论研究和实践。

第三阶段(20 世纪 70 年代至今)。软件应用领域和规模持续扩大,大型软件的开发成为一项工程性的任务,由此产生了"软件工程"并得到长足发展。同时软件开发技术继续发展,并逐步转向智能化、自动化、集成化、并行化和开发化。

2.1.3　计算机软件系统的组成

现在人们使用的计算机上都配备了各种各样的软件,软件的功能越强,使用起来越方便。计算机软件系统可分为两大类:一类是系统软件,另一类是应用软件。计算机软件系统的组成如图 2-1 所示。

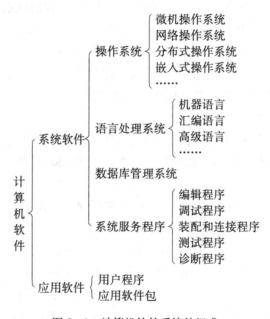

图 2-1　计算机软件系统的组成

1. 系统软件

系统软件是指用来管理、控制和维护计算机及其外部设备,协助计算机执行基本的操作任务的软件。系统软件主要包括操作系统、语言处理系统、数据库管理系统和系统服务程序。

(1)操作系统。

操作系统是系统软件的核心。计算机启动后,将自动把操作系统中最基本的内容调入内存,由它控制和支持在同一台计算机上运行的其他程序,并管理计算机的所有硬件资源,以控制基本的输入输出、设备故障检测、系统资源分配、存储空间管理、系统安全维护等,同时提供友好的操作界面,使用户能够方便地使用计算机。操作系统是硬件与软件的接口。

在计算机的发展过程中,出现过许多不同的操作系统,其中最为常用的操作系统有:DOS、OS/2、Windows、Mac OS、NetWare、Unix、Linux 等。

① DOS 操作系统。

DOS 最初是 Microsoft 公司为 IBM - PC 开发的操作系统，它对硬件平台的要求很低，因此适用性较广。DOS 是单用户、单任务、字符界面和 16 位的操作系统，它对于内存的管理仅局限于 640 KB 的范围内。

自从 DOS 在 1981 年问世以来，版本就不断更新，纯 DOS 的最高版本为 DOS 6.22，这以后的新版本 DOS 都是由其他操作系统所提供的，并不单独存在。常用的 DOS 有 3 种不同的品牌，分别是 Microsoft 公司的 MS - DOS、IBM 公司的 PC - DOS 和 Novell 公司的 DR - DOS，这 3 种 DOS 相互兼容，但仍有一些区别，3 种 DOS 中使用最多的是 MS - DOS。

② OS/2 操作系统。

1987 年 IBM 公司在激烈的市场竞争中推出了 PS/2 个人计算机。PS/2 系列计算机大幅度地突破了 PC 机的体系，采用了与其他总线互不兼容的微通道总线 MCA，并且 IBM 自行设计了该系统约 80% 的零部件，以防止其他公司仿制。OS/2 系统正是为 PS/2 系列机开发的一个新型多任务操作系统。OS/2 克服了 DOS 系统 640 KB 主存的限制，具有多任务功能。

OS/2 的特点是采用图形界面，它本身是一个 32 位系统，不仅可以处理 32 位 OS/2 系统的应用软件，也可以运行 16 位 DOS 和 Windows 软件。OS/2 系统通常要求在 4 MB 内存和 100 MB 硬盘或更高的硬件环境下运行。如果硬件更高档，则系统运行就更加稳定。由于 OS/2 仅限于 PS/2 机型，兼容性较差，故而限制了它的推广和应用。

③ Windows 操作系统。

Windows 操作系统是 Microsoft 公司开发的窗口化操作系统。采用了图形用户界面操作模式，比起从前的指令操作系统如 DOS 更为人性化。Windows 操作系统是目前世界上使用最广泛的操作系统。

第一个版本的 Windows 1.0 于 1985 年问世，它是第一代窗口式多任务系统，它使 PC 机开始进入了所谓的图形用户界面时代。1987 年 Microsoft 公司推出了 Windows 2.0 版，最明显的变化是采用了相互叠盖的多窗口界面形式。但这一切都没有引起人们的关注。直到 1990 年推出 Windows 3.0，它的功能进一步加强，具有强大的内存管理功能，且提供了数量相当多的 Windows 应用软件，因此成为 386、486 微机的新的操作系统标准，它以压倒性的商业成功确定了 Windows 系统在 PC 领域的垄断地位。现今流行的 Windows 窗口界面的基本形式也是从 Windows 3.0 开始基本确定的。1992 年，主要针对 Windows 3.0 的缺点推出了 Windows 3.1，为程序开发提供了功能强大的窗口控制能力，使 Windows 和在其环境下运行的应用程序具有了风格统一、操纵灵活、使用简便的用户界面。Windows 3.1 在内存管理上也取得了突破性进展。它使应用程序可以超过常规内存空间限制，不仅支持 16 MB 内存寻址，而且在 386 及以上的硬件配置上通过虚拟存储方式支持几倍于实际物理存储器大小的地址空间。Windows 3.1 还提供了一定程度的网络支持、多媒体管理、超文本形式的联机帮助设施等，对应用程序的开发有很大影响。

在 1995 年，Microsoft 公司推出了 Windows 95 操作系统。在此之前的 Windows 都是由 DOS 引导的，也就是说它们还不是一个完全独立的系统，而 Windows 95 是一个完全独立的操作系统，并集成了网络功能和即插即用功能。

在 1998 年，Microsoft 公司推出了 Windows 95 的改进版 Windows 98。Windows 98 的一

个最大特点就是把 Microsoft 公司的 Internet 浏览器技术集成到了 Windows 98 里面,使得访问 Internet 资源就像访问本地硬盘一样方便,从而更好地满足了人们越来越多地访问 Internet 资源的需求。Windows 95 和 Windows 98 操作系统是一种单用户、多任务、32 位的操作系统。

在 20 世纪 90 年代初期,Microsoft 推出了 Windows NT,相继有 Windows NT 3.0、3.5、4.0 等版本上市。Windows NT 与普通的 Windows 系统不同,它主要面向商业用户,有服务器版和工作站版之分。

2000 年,Microsoft 公司推出了 Windows 2000,它包括 4 个版本：Data Center Server 是功能强大的服务器版本,只随服务器捆绑销售,不零售；Advanced Server 和 Server 版是一般服务器使用；Professional 版是工作站版本的 NT 和 Windows 98 共同的升级版本。Windows 2000 是一个多用户、多任务的操作系统。

2001 年,Microsoft 发布了功能极其强大的 Windows XP,该系统采用 Windows 2000/NT 内核,运行非常可靠、稳定,用户界面焕然一新,使用起来得心应手。该版本优化了与多媒体应用有关的功能,内建了极其严格的安全机制,每个用户都可以拥有高度保密的个人特别区域,尤其是增加了具有防盗版作用的激活功能。

Windows Server 2003 是 Microsoft 公司于 2003 年推出的服务器操作系统。最初称为"Windows.NET Server",后改成"Windows.NET Server 2003",最终被改成"Windows Server 2003"。相对于 Windows 2000,Windows Server 2003 做了很多改进,如：改进的活动目录、改进的组策略操作和管理、改进的磁盘管理等。

Microsoft 公司于 2009 年正式发布 Windows 7,现今 Windows 7 是最流行的 Windows 版本。Windows 7 是具有革命性变化的操作系统,该系统旨在让人们的日常电脑操作更加简单和快捷,为人们提供高效易行的工作环境。Windows 7 可供家庭及商业工作环境、笔记本电脑、平板电脑、多媒体中心等使用。

Windows 8 是由微软公司于 2012 年 10 月 26 日正式推出的操作系统。Windows 8 支持来自 Intel、AMD 和 ARM 的芯片架构,被应用于个人电脑和平板电脑上。该系统具有更好的续航能力,而且启动速度更快、占用内存更少,并兼容 Windows 7 所支持的软件和硬件。

Windows 10 是微软发布的最后一个独立 Windows 版本,下一代 Windows 将作为更新形式出现。Windows 10 共有 7 个发行版本,分别面向不同用户和设备。2015 年 7 月 29 日起,微软向所有的 Windows 7、Windows 8.1 用户通过 Windows Update 免费推送 Windows 10,用户也可以使用微软提供的系统部署工具进行升级。

Windows Server 2016 是微软于 2016 年正式发布的最新服务器操作系统,它在整体的设计风格与功能上更加靠近了 Windows 10,可以理解为服务器版的 Windows 10。Windows Server 2016 带来一系列新功能,包括新的安全层保护用户数据、控制访问权限等。

④ Mac OS 操作系统。

Mac OS 操作系统是美国苹果计算机公司为它的 Macintosh 计算机设计的操作系统,是最早出现的图形界面的操作系统。该机型于 1984 年推出,在当时的 PC 还只是 DOS 枯燥的字符界面的时候,Mac 率先成功采用了一些新的技术。比如图形用户界面、多媒体应用、鼠标等,Macintosh 计算机在出版、印刷、影视制作和教育等领域有着广泛的应用。

苹果机现在的操作系统已经到了 Mac OS 10,代号为 Mac OS X(X 为 10 的罗马数字写法),Mac OS X 版本以大型猫科动物命名。10.0 版本的代号是猎豹(Cheetah),10.1 版本代号为美洲狮(Puma),10.2 版本命名为美洲虎(Jaguar),以及 10.3 相似地命名为黑豹(Panther),10.4 命名为老虎(Tiger),10.5 命名为豹子(Leopard),10.6 命名为雪豹(Snow Leopard)。10.7 命名为狮子(Lion)。从 OS X 10.8 Mountain Lion 升级至 OS X 10.9 后,苹果为桌面操作系统选择了全新命名规则,从 OS X 10.9 之后是各种加利福尼亚州的知名景点。

⑤ NetWare 操作系统。

NetWare 是 NOVELL 公司于 1983 年推出的网络操作系统。NetWare 最重要的特征是基于基本模块设计思想的开放式系统结构。NetWare 是一个开放的网络服务器平台,可以方便地对其进行扩充。NetWare 系统对不同的工作平台(如 DOS、OS/2、Macintosh 等),不同的网络协议环境如 TCP/IP 以及各种工作站操作系统提供了一致的服务。该系统内可以增加自选的扩充服务(如替补备份、数据库、电子邮件以及记账等),这些服务可以取自 NetWare 本身,也可取自第三方开发者。

NetWare 系统支持所有的主流台式计算机操作系统(DOS、Windows、OS/2、Unix 和 Macintosh)以及 IBM SAA 环境,为需要在多厂商产品环境下进行复杂的网络计算的企事业单位提供了高性能的综合平台。NetWare 是具有多任务、多用户的网络操作系统,它的较高版本提供系统容错能力(SFT)。使用开放协议技术(OPT),各种协议的结合使不同类型的工作站可与公共服务器通信。这种技术满足了广大用户在不同种类网络间实现互相通信的需要,实现了各种不同网络的无缝通信,即把各种网络协议紧密地连接起来,可以方便地与各种小型机、中大型机连接通信。NetWare 可以不用专用服务器,任何一种 PC 机均可作为服务器。NetWare 服务器对无盘工作站和游戏的支持较好,常用于教学网和游戏厅。

虽然现在 NetWare 的光彩与过去不能同日而语,其主导地位也让位于 Windows、Unix 和 Linux 系统网络,但它仍然是一个十分强大的网络文件服务器操作系统。

⑥ Unix 操作系统。

Unix 操作系统是美国 AT&T 公司贝尔实验室于 20 世纪 70 年代在 DEC 公司 PDP 计算机上推出的一种用 C 语言研制的多任务多用户交互式分时操作系统。经过几十年的发展,已经成为国际上目前使用最广泛、影响最大的操作系统之一。从大型机、小型机到工作站甚至微机都可以看到它的身影,很多操作系统都是它的变体,比如惠普公司的 HP-UX、SUN 公司的 Solaris、IBM 公司的 AIX 等,也包括著名的 Linux。

Unix 具有结构紧凑、功能强、效率高、使用方便和可移植性好等优点,尤其在网络功能方面,Unix 表现稳定,网络性能好,负载吞吐力大,易于实现高级网络功能配置,是 Internet 中服务器的首选操作系统。相对 Windows,Unix 的用户界面略有不足,操作设置不便。

⑦ Linux 操作系统。

Linux 是由芬兰赫尔辛基大学的一个大学生 Linus Torvalds 在 1991 年首次编写的,Linux 是一个免费的操作系统,用户可以免费获得其源代码,并能够随意修改。Linux 是一种类 Unix 系统,具有许多 Unix 系统的功能和特点,如开放性、多用户、多任务、良好的用户界面,设备独立性,提供丰富的网络功能,系统安全和良好的可移植性等。

Linux 凭借出色的性能和完全免费的特性,受到越来越多的用户的关注,在短时间内异军突起,对 Windows 构成了强有力的威胁,并被寄予突破 Windows 垄断地位的厚望。

相对 Windows 而言,Linux 最大的缺憾在于应用软件的不足,同时硬件厂商对 Linux 的支持也稍稍落后于 Windows。但随着 Linux 的发展,越来越多的软件厂商会支持 Linux,它应用的范围也会越来越广。

(2)语言处理系统。

随着计算机技术的发展,计算机经历了由低级向高级发展的历程,不同风格的计算机语言不断出现,逐步形成了计算机语言体系。用计算机解决问题时,人们必须首先将解决该问题的方法和步骤按一定序列和规则用计算机语言描述出来,形成计算机程序,然后输入计算机,计算机就可按人们事先设定的步骤自动地执行。

语言处理系统包括机器语言、汇编语言、高级语言和语言处理程序等,其中语言处理程序是为计算机语言进行有关处理(编译、解释及汇编)的程序。

① 机器语言。

计算机中的数据是用二进制表示的,机器指令也是用一串由"0"和"1"不同组合的二进制代码表示的。机器语言是采用二进制代码形式表达的计算机编程语言,是计算机硬件唯一可以直接识别、直接运行的语言,机器语言的执行效率高,但不易记忆和理解,编写的程序难于修改和维护。

机器语言依赖于计算机的指令系统,因此不同型号的计算机,其机器语言是不同的,存在互不兼容的问题。

② 汇编语言。

用能反映指令功能的助记符表达的计算机语言称为汇编语言,它是符号化的机器语言,例如:ADD 表示加法,MOV 表示移动数据。用汇编语言编写的程序称汇编语言源程序,机器无法直接执行,必须用计算机配置好的汇编程序把它翻译成机器语言目标程序,机器才能执行,这个翻译过程称为汇编过程。

相对于机器语言而言,汇编语言比机器语言在编写、修改、阅读方面均有很大改进,运行速度也快,但是汇编语言和机器语言存在着对应关系,仍然依赖于计算机的指令系统,兼容性问题依然存在。同时汇编程序代码的结构不清晰,理解和掌握起来仍然比较困难。

③ 高级语言。

机器语言和汇编语言都是面向机器的语言,缺乏通用性,称为低级语言。虽然执行效率较高,但编写效率很低。为了进一步提高效率,人们设计了接近自然语言的高级语言。高级语言是一种与具体的计算机指令系统表面无关,但是描述方法接近人们对求解过程或问题的表达方法(倾向自然性语言),易于掌握和书写,并具有共享性、独立性、通用性。这种语言所用的一套符号、标记更接近人们的日常习惯,便于理解记忆。比较流行的高级语言有 Basic、Pascal 和 C 等。

1980 年左右开始提出的"面向对象"概念是相对于"面向过程"的一次革命,所谓"面向对象"不仅作为一种语言,而且作为一种方法贯穿于软件设计的各个阶段。面向对象的程序设计语言主要包括 C++、Java、Visual Basic、Visual C 等。

另外,还有一些在运行时由其他的计算机程序进行解释执行的描述性语言,如访问数据库的 SQL(结构化查询语言),标记性语言(HTML、XML),丰富 WEB 显示的脚本语言(Perl、JavaScript、VBScript)等。

④ 语言处理程序。

语言处理程序提供对程序进行编辑、解释、编译和连接的功能。

如前所述,机器语言是计算机唯一能直接识别和执行的程序语言。如果要在计算机上运行高级语言程序就必须配备程序语言翻译程序。翻译程序本身是一组程序,不同的高级语言都有相应的翻译程序。

对于高级语言来说,有两种翻译方式:一种是编译方式,另一种是解释方式。编译是将整段程序进行翻译,把高级语言源程序翻译成等价的机器语言目标程序,然后连接运行即可。解释方式则不产生完整的目标程序,而是逐句进行的,边翻译、边执行,这种方式速度较慢,每次运行都要经过"解释",边解释边执行。

对源程序进行解释和编译任务的程序,分别称为编译程序和解释程序。例如,Fortran、Pascal 和 C 等高级语言,使用时需有相应的编译程序;Basic 等高级语言,使用时需用相应的解释程序。

(3) 数据库管理系统。

在信息社会里,社会和生产活动产生的信息很多,使得人工管理难以应付,人们希望借助计算机对信息进行搜集、存储、处理和使用。数据库系统就是在这种需求背景下产生和发展的。

数据库是指按照一定联系存储的数据集合,可为多种应用共享。数据库管理系统则是能够对数据库进行加工、管理的系统软件。其主要功能是建立、消除、维护数据库及对库中数据进行各种操作。数据库系统主要由数据库、数据库管理系统以及相应的应用程序组成。数据库系统不但能够存放大量的数据,更重要的是能迅速、自动地对数据进行检索、修改、统计、排序、合并等操作,以得到所需的信息。这一点是传统的文件无法做到的。

数据库技术是计算机技术中发展最快、应用最广的一个分支。可以说,在今后的计算机应用开发中大都离不开数据库。因此,了解数据库技术尤其是微机环境下的数据库应用是非常必要的。

(4) 系统服务程序。

系统服务程序能够提供一些常用的服务性功能,它们为用户开发程序和使用计算机提供了方便,像微机上经常使用的诊断程序、调试程序、编辑程序均属此类。

2. 应用软件

应用软件是为了解决计算机各类问题而编写的程序。应用软件分为应用软件包与用户程序。它是在硬件和软件系统的支持下,面向具体问题和具体用户的软件。随着计算机应用的日益广泛深入,各种应用软件的数量不断增加,质量日趋完善,使用更加方便灵活,通用性越来越强。有些软件已逐步标准化、模块化,形成了解决某类典型问题的较通用的软件,这些软件称为应用软件包。如字处理软件、表处理软件、会计电算化软件、多媒体处理软件、播放软件、网络通信软件和杀毒软件等。而用户程序是用户为了解决特定的具体问题而开发的软件,如工资管理程序、学籍管理程序、财务管理程序等。

(1) 应用软件包。

应用软件包是为实现某种特殊功能而精心设计、开发的结构严密的独立系统,是一套满足同类应用的许多用户所需要的软件。如 Microsoft 公司生产的 Office 应用软件包,它包含了

Word、Excel、PowerPoint 等软件,是实现办公自动化的很好的应用软件包。

（2）用户程序。

用户程序是用户为了解决特定的具体问题而开发的软件。

充分利用计算机系统的种种现成的软件,在系统软件和应用软件包的支持下可以更加方便、有效地研制用户专用程序,如各种票务管理系统、企业管理系统等。

2.1.4　操作系统基本原理

操作系统是管理、控制和监督计算机软、硬件资源协调运行的程序系统,由一系列具有不同控制和管理功能的程序组成,它是直接运行在计算机硬件上的最基本的系统软件,是系统软件的核心。

1. 操作系统的概述

计算机系统是一个由硬件系统和软件系统构成的有层次结构的系统。硬件系统处于计算机系统的最底层,除实际设备外,机器语言也属于硬件系统。硬件部分通常称为裸机。用户直接编程来控制硬件是很麻烦的,而且容易出错。为此在硬件基础上加一层软件,用以控制和管理硬件,起到隐藏硬件复杂性的作用,呈现给用户经过"包装"的计算机,可以使用户理解容易、使用方便。操作系统就是这层软件,操作系统是裸机的第一层扩充,是最重要的系统软件。

操作系统的主要功能是负责管理计算机系统中的硬件资源和软件资源,提高资源的利用率,同时为计算机用户提供各种强有力的使用功能和方便的服务界面。只有在操作系统的支持下,计算机系统才能正常运行,如果操作系统遭到破坏,计算机系统将无法正常工作。

（1）操作系统的作用。

操作系统的主要功能是对各类资源进行有效的管理。从资源管理的角度来看,计算机资源分为四大类,即处理器、存储器、I/O 设备和信息（文件）。前三类是硬件资源,信息是软件资源。处理器管理解决处理器的分配和控制,存储器管理解决内存资源的分配、回收和保护,I/O 设备管理解决 I/O 设备的分配与回收,信息管理解决文件的存取、共享和保护。

作为资源管理者,操作系统在资源管理过程中要完成如下工作。

① 监控资源状态。

时刻维护系统资源的全局信息,掌握系统资源的种类、数量以及分配使用情况。

② 分配资源。

处理对资源的使用请求,协调请求中的冲突,确定资源分配算法。

③ 回收资源。

用户程序对资源使用完毕后要释放资源,操作系统要及时回收资源,以便下次分配。

④ 保护资源。

操作系统负责对资源进行有效的保护,防止资源被有意或无意地破坏。

（2）操作系统的发展过程。

操作系统至今已有 50 多年的历史。回顾操作系统的发展历程,可以看到操作系统是随着计算机技术的发展和计算机的应用越来越广泛发展的。20 世纪 50 年代中期出现了单道批处理系统,20 世纪 60 年代中期发展为多道批处理系统,与此同时也诞生了用于工业控制和武器控制的实时操作系统,20 世纪 80 年代开始到 21 世纪初,是微型机、多处理器和计算机网络高速发展的年代,也是微机操作系统、多处理机操作系统、网络操作系统和分布式操作系统大发展的年代。

① 人工操作方式(1945—1955 年)。

20 世纪 40 年代中期,美国科学家采用冯·诺依曼使用电子管成功地建造了第一台电子数字计算机。这时的计算机由上万个电子管组成,运算速度仅为每秒数千次,但体积却十分庞大,且功耗非常高、价格昂贵,也没有操作系统。用户采用人工操作方式使用计算机,即由程序员事先将程序和数据写入纸带(卡片),再把纸带装入纸带输入机,将程序和数据输入计算机,然后启动计算机运行。当一个程序运行完毕后,才能让下一个用户使用计算机。可见,这种方式不但用户独占全机,而且要 CPU 等待人工操作。

② 单道批处理系统(1955—1965 年)。

20 世纪 50 年代,晶体管的发明使计算机硬件发生了革命性的变革,运算速度大幅度提高、功耗减少、可靠性大为提高。但采用人工操作方式,人机矛盾和 CPU 与 I/O 设备速度不匹配的矛盾也更为突出。为了解决这些矛盾,出现了单道批处理系统。

单道批处理系统采用脱机输入/输出方式。所谓脱机输入/输出方式,是指输入/输出操作都是通过磁带进行的,操作员使用一台相对便宜的专门用于输入/输出的外围机将纸带(卡片)上的用户作业信息存到磁带(输入带)上,然后把磁带从外围机的磁带机上取下,并装到主机的磁带机上,再执行称为监督程序的软件,从磁带上读入第一个作业并运行,其输出写到另一盘磁带(输出带)上。一个作业结束后,监督程序自动读入下一个作业并运行。当一批作业完全结束后,操作员取下输入和输出磁带,将输入磁带换成下一批作业,把输出磁带拿到一台外围机上进行脱机输出。这样,监督程序管理着用户作业的运行,还控制磁带机的输入/输出操作。

③ 多道程序系统(1965—1980 年)。

早期的批处理系统是单道顺序处理作业,每次只有一个作业调入内存运行。这样可能会出现两种情况:当运行以计算为主的作业时,输入/输出量少,I/O 设备空闲时间多;而当运行以输入/输出为主的作业时,CPU 又有较多空闲。于是,多道程序设计的思想应运而生。

多道程序设计的主要思想是,在内存中同时存放若干道用户作业,这些作业交替地运行。当一个作业由于 I/O 操作未完成而暂时无法继续运行时,系统就把 CPU 切换到另一个作业,从而使另一个作业在系统中运行。因此,从宏观上看,若干个用户作业,或者说若干道程序是同时在系统中运行的。

多道程序方式可以使 CPU 与 I/O 设备并行工作。在实际的系统中,往往不止两道程序在系统中运行,而且有许多台设备可供用户作业使用,因此系统资源的利用率是很高的。

把批处理系统同多道程序系统相结合,就形成了多道批处理系统。这种系统从 20 世纪 60 年代初出现以来得到了迅速的发展,目前大、中型机还在使用。

多道批处理系统适于进行大型科学计算和繁忙的商务数据处理,但其本质仍然是批处理系统。在作业运行过程中,用户无法干预,许多用户十分怀念第一代计算机的联机工作方式:用户可以自己控制程序的运行,调试程序十分方便。

这种需求导致了分时系统的出现,它实际是多道程序的一种变种。在分时系统中,一台计算机同时连接多个用户终端,每个用户通过终端使用计算机。CPU 的时间分割成很小的时间段,每个时间段称为一个时间片,系统将 CPU 的时间片轮流分配给上机的各个用户。计算机内存中存放着正在上机的终端用户的程序,它们轮流得到执行。由于时间片分割得很小,每个用户感觉自己独占着计算机。分时操作系统是联机的多用户交互式的操作系统,仍是当今大型计算机普遍使用的操作系统。

④ 现代操作系统(1980 年至今)。

20 世纪 80 年代以来,随着大规模集成电路技术的发展,微型机得到广泛应用,工作站也逐步取代了小型机。Windows、Linux 和 Unix 等现代操作系统成为微机、服务器、工作站的主流操作系统。

1969 年,第一个网络系统 ARPAnet 研制成功,经过几十年的发展,Internet 已经深入人们生活的每一个角落。各个独立的计算机通过网络设备和线路连接起来,实现了更大范围的通信和资源共享。网络操作系统在原来操作系统的基础上增加了网络功能模块,以实现各种网络应用和服务。常见的网络操作系统有 Windows、Linux、Unix 等。

在网络技术发展的基础上,人们正在研制分布式计算机系统,在用户眼里一个分布式系统像是一个传统的、单处理器的分时系统,用户无须知道网络中资源的位置即可使用它们。

嵌入式操作系统被固化在嵌入式计算机的 ROM 中,它的用户接口一般不提供操作命令,而是通过系统调用命令向用户程序提供服务。嵌入式操作系统被广泛应用于电器设备的控制中。

(3) 操作系统的分类。

当前计算机已经逐渐深入到人们生活的各个方面,办公自动化、图像处理、工业设计、自动控制、科学计算、数据处理、网络浏览等都是其主要应用。在如此广泛的应用领域里,人们对计算机的要求也各不相同,因此对计算机操作系统的性能要求、使用方式也各不相同,对操作系统的分类方法也很多。

按同时使用操作系统的用户数目,可把操作系统分为单用户操作系统和多用户操作系统。根据操作系统所依赖硬件的规模,可分为大型机、中型机、小型机和微型机操作系统。前面在介绍操作系统历史时提到的操作系统的三种基本类型,即批处理系统、分时系统和实时系统,分别适应于不同的环境。随着计算机技术的发展,又出现了网络操作系统、分布式操作系统、嵌入式操作系统和智能卡操作系统等。

① 批处理操作系统。

批处理系统的基本特征是具有成批处理作业的能力,批处理系统的主要目标是提高系统的处理能力,即作业的吞吐量,同时也兼顾作业的周转时间。在 20 世纪 50 年代中期出现了单道批处理系统,60 年代中期发展为多道批处理系统。

(a) 单道批处理系统。单道批处理系统是为了解决人工操作严重降低计算机资源利用率的问题,即 CPU 等待人工操作和高速 CPU 与低速 I/O 设备间的矛盾而产生的操作系统。对单道批处理系统的具体描述参见前面“操作系统的发展过程”一节,这种批处理系统不能很好地利用系统资源,故现在已很少使用。

(b) 多道批处理系统。多道程序设计的主要思想是,在内存中同时存放若干道用户作业,这些作业交替地运行。在批处理系统中采用多道程序设计技术,有以下优点:

(c) 如果将 I/O 操作较多的作业与占用 CPU 时间较长的作业(如数值计算)搭配执行,可使 CPU 和 I/O 设备都得到充分利用。

(d) 为了运行较大程序,系统内存空间配置较大,但大多数作业都为中、小程序,所以内存允许装入多道程序并允许它们并发执行,可提高内存空间利用率。

(e) 多道批处理系统可使单位时间内处理作业的数量(即吞吐量)增加。

② 分时操作系统。

批处理系统的出现虽然大大提高了计算机系统的资源利用率和吞吐量,但却是以脱机方式运行的,即程序的运行是在操作员的监控下进行的,程序员不能交互式地运行自己的程序。这种操作方式给程序员的开发工作带来了极大的不便。因为程序运行时,一旦系统发现其中有错误,就会中止该程序的运行,直到改正错误后,才能再次上机执行。而新开发的程序难免会有许多错误或不适当之处需要修改,这就需要程序员多次把修改后的程序送到机房运行。这样,增加了程序员的工作量,大大延缓了程序的开发进程。因此,人们希望有一种能够提供用户与程序之间交互作用的操作系统,分时系统应运而生。第一个分时系统是美国麻省理工学院于 20 世纪 60 年代初期研制的 CTSS,而 Unix 是当今最流行的一种多用户分时操作系统。

分时系统允许多个用户通过终端以交互方式使用计算机,共享主机中的资源。每个用户在自己所占用的终端上控制其作业的运行。

根据实现方法的不同,分时系统有如下两种:

(a) 单道分时系统。第一个分时系统是美国麻省理工学院研制的 CTSS,它是一个单道分时系统。在该系统中,内存中只驻留一道程序(作业),其余作业都存放在外存中。每次现行作业运行一个时间片后便停止运行,并被移到外存(调出);同时再从外存中选择一个作业装入内存(调入),作为下一个时间片的现行作业。在这种方式下,由于只有一道作业驻留在内存,在多个作业的轮流运行过程中,有很大一部分时间花费在内存与外存之间的对换上,故系统性能较差。

(b) 多道分时系统。在分时系统中引入多道程序设计技术后,可在内存中同时存放一个现行作业和多个后备作业,当现行作业运行完自己的时间片后,启动另一个后备作业。这种方法的优点是能大大减少等待时间、加快周转速度、提高系统效率。现在的分时系统都采用多道分时系统。

分时系统具有如下特点:

(a) 交互性。用户通过终端与系统进行人机对话,这是分时系统的主要属性。

(b) 同时性。多个用户同时在各自的终端上上机,共享 CPU 和其他资源,充分发挥系统的效率。

(c) 独立性。由于采用时间片轮转方式使一台计算机同时为多个终端服务,使用户感觉是在独自使用一台计算机。

(d) 及时性。用户请求能够在要求时间内得到响应。

③ 实时操作系统。

计算机不但广泛应用于科学计算、数据处理等方面,而且也广泛应用于工业生产中的自动控制、导弹发射控制、实验过程控制、票证预订管理等方面。应用于这些方面的操作系统,被称为实时操作系统。

所谓"实时",是指对随机发生的外部事件做出及时的响应并对其进行处理;所谓"外部",是指与计算机系统连接的设备所提出的服务请求和数据采集。这些随机发生的事件并非由人来启动或直接干预而引起的。

根据实时系统使用任务的不同,分为实时控制系统和实时信息处理系统两类:

(a) 实时控制系统。主要用于生产过程的自动控制,如实验数据的自动采集、高炉炉温控制、瓦斯浓度监测等。系统要求能实时采集现场数据,并对采集到的数据进行及时处理。实时系统也可用于对武器的控制,如导弹制导系统、飞机自动驾驶系统、火炮自动控制系统等,可以将实时系统写入各种类型的芯片,并把芯片嵌入到各种仪器和设备中。这种系统对响应时间及处理时间要求极其严格,一般为毫秒数量级。

(b) 实时信息处理系统。主要用于实时信息的自动处理,如飞机和火车订票系统、情报检索系统、图书管理系统等。计算机接收从远程终端发来的服务请求,根据用户的要求,对信息进行检索和处理,并在很短的时间里为用户做出正确的回答。这类系统中随机发生的外部事件是由人工通过终端启动,并进行对话而引起的。系统的响应时间是用户可以接受的秒数量级。

④ 多模式操作系统。

同时具有批处理、分时和实时处理能力的操作系统称为多模式操作系统。这种操作系统的规模更加庞大,构造更加复杂,功能也更加强大。多模式操作系统的目的是为用户提供更多的服务,进一步提高系统资源的利用率。

在多模式操作系统中,不同任务之间采用优先级调度算法。实时任务具有最高优先级,分时任务次之,批处理任务的优先级最低。

⑤ 微机操作系统。

微机操作系统是配置在微机上的操作系统。按照微机的字长来划分,可将其分为 8 位微机操作系统、16 位微机操作系统、32 位微机操作系统和 64 位微机操作系统。但更常见的是按用户数和任务数进行划分,可分为以下几类:

(a) 单用户单任务操作系统。顾名思义,单用户单任务操作系统同时只允许一个用户使用计算机,且同时只能有一个任务在运行。这种操作系统主要配置在 8 位机和 16 位机上。最具代表性的单用户单任务操作系统是 MS-DOS。

(b) 单用户多任务操作系统。单用户多任务操作系统同时只允许一个用户使用计算机,但允许用户同时运行多个任务,使它们并发执行,从而更加有效地改善系统的性能。目前,在32 位计算机上配置的操作系统基本上都是单用户多任务操作系统。单用户多任务操作系统的典型代表是 Microsoft 公司的 Windows 操作系统。

⑥ 网络操作系统。

计算机网络是一个数据通信系统,它把地理上分散的计算机和终端设备通过网络设备连接起来,以达到数据通信和资源共享的目的。

网络操作系统除具有通常操作系统所具备的处理器管理、存储管理、设备管理和信息管理的功能外,还应提供以下功能:

(a) 网络通信。这是网络操作系统最基本的功能,其任务是在源主机与目标主机之间,实现无差错的数据传输。

(b) 资源共享。计算机网络中的资源共享主要有硬盘共享、打印共享、信息资源共享等。网络操作系统的作用是实现网络资源的共享,协调诸用户对共享资源的使用,保证数据的安全性和一致性。

(c) 网络服务。主要的网络服务包括:电子邮件(E-mail)服务、文件传输(FTP)服务、远程登录(Telnet)服务、共享硬盘服务和共享打印服务等。

网络操作系统基于两种模式,即客户/服务器(Client/Server,C/S)模式和浏览器/服务器(Browser/Server,B/S)模式。

客户/服务器模式主要由客户机、服务器和网络系统三部分组成。在该种模式下,服务器端需安装服务器端软件,客户端需安装客户端软件,客户机需与服务器之间进行交互,共同完成对应用程序的处理。

浏览器/服务器模式:用户可以在 Internet 上进行"漫游",去访问 Internet 成千上万个各种类型的服务器。原理是:在客户端与数据服务器之间增加一个 Web 服务器,它相当于三层客户/服务器模式中的应用服务器。这时由 Web 服务器代理客户机去访问某个数据服务器,客户机只需配置浏览器软件(如 IE),便可以访问 Internet 中几乎所有允许访问的数据服务器,形成了 Web 浏览器、Web 服务器和数据服务器的三层结构。通常把这种三层结构的模式称为浏览器/服务器模式。

⑦ 分布式操作系统。

计算机网络较好地解决了系统中各主机的通信问题和资源共享问题,但是计算机网络并不是一个一体化的系统,它没有标准的、统一的接口。网上各站点的计算机有各自的系统调用命令、数据格式等。若某台计算机上的用户希望使用网上另一台计算机的资源,则必须指明是哪个站点上的哪一台计算机,并以该计算机上的命令、数据格式来请求才能实现资源共享。而且为完成一个共同的计算任务,分布在不同主机上的各合作进程的同步协作也难以自动实现。

大量的实际应用要求一个完整的、一体化的系统,而且又具有分布处理能力。例如,在分布事务处理、分布数据处理及办公自动化系统等实际应用中,用户希望以统一的界面、标准的接口使用系统的各种资源,实现所需要的各种操作,这就导致了分布式系统的出现。

分布式操作系统由若干台独立的计算机构成,整个系统给用户的印象就像一台计算机。实际上,系统中的每台计算机都有自己的处理器、存储器和外部设备,它们既可独立工作(自治性),亦可合作。在这个系统中各机器可以并行操作且有多个控制中心,即具有并行处理和分布式控制的功能。分布式系统是一个一体化的系统,在整个系统中有一个全局的操作系统,负责全系统(包括每台计算机)的资源分配和调度、任务划分、信息传输、控制协调等工作,并为用户提供统一的界面、标准的接口。

在系统结构上,分布式系统与网络系统有许多相似之处,但从操作系统的角度来看,分布式操作系统与网络操作系统存在较大的差别:

(a) 分布性。虽然分布式系统在地理上与网络系统一样是分布的,但处理上的分布性是分布式系统的最基本特征。网络系统虽有分布处理的功能,但其控制功能大多集中在某个主机或服务器上,控制方式是集中的。

(b) 透明性。分布式操作系统负责全系统的资源分配和调度、任务划分和信息传输协调工作。它很好地隐藏了系统内部的实现细节,如对象的物理位置、并发控制、系统故障等对用户都是透明的。例如,在分布式系统中要访问某个文件时,只需提供文件名,而无须知道它驻留在哪个站点上,即可对它进行访问。而在网络系统中,用户必须指明计算机,才能使用该计算机的资源。

(c) 统一性。分布式系统要求一个统一的操作系统,实现操作系统的统一性。而网络系统可以安装不同的操作系统,只要这些操作系统遵从一定的协议即可。

(d) 健壮性。由于分布式系统的处理和控制功能是分布的,因此任何站点上的故障不会给系统造成太大的影响。如果某设备出现故障,可以通过容错技术实现系统重构,从而保证系统的正常运行,因而系统具有健壮性,即具有较好的可用性和可靠性。而网络系统的处理和控制大多集中在主机或服务器上,而主机或服务器的故障会影响到整个系统的正常运行,系统具有潜在的不可靠性。

⑧ 嵌入式操作系统。

嵌入式操作系统过去主要应用于工业控制和国防系统领域,随着 Internet 技术的发展、信息家电的普及应用及嵌入式操作系统的微型化和专业化,嵌入式操作系统开始从单一的弱功能向高专业化的强功能方向发展,在系统实时高效性、硬件的相关依赖性、软件固态化以及应用的专用性等方面具有较为突出的特点。除具备一般操作系统最基本的功能,如任务调度、同步机制、中断处理、文件功能等外,还具有以下特点:

(a) 可装卸性。开放性、可伸缩性的体系结构。

(b) 强实时性。嵌入式操作系统实时性一般较强,可用于各种设备控制中。

(c) 统一的接口。

(d) 提供强大的网络功能,支持 TCP/IP 协议及其他协议,提供 TCP/UDP/IP/PPP 协议支持及统一的 MAC 访问层接口,为各种移动计算设备预留接口。

(e) 强稳定性,弱交互性。嵌入式系统一旦开始运行就不需要用户过多的干预,这就要求负责系统管理的嵌入式操作系统具有较强的稳定性。嵌入式操作系统的用户接口一般不提供操作命令,它通过系统调用命令向用户程序提供服务。

(f) 固化代码。在嵌入式系统中,嵌入式操作系统和应用软件被固化在嵌入式系统计算机的 ROM 中。

(g) 更好的硬件适应性,也就是良好的移植性。

⑨ 智能卡操作系统。

智能卡操作系统是最小的操作系统,主要用于接收和处理外界(如手机或者读卡器)发给 SIM 卡或信用卡的各种信息、执行外界发送的各种指令(如鉴权运算)、管理卡内的存储器空间、向外界回送应答信息等。一般来说,智能卡操作系统由四部分组成,即通信管理模块、安全管理模块、应用处理模块和文件管理模块。

外界信息(指令或数据)通过通信管理模块进入智能卡操作系统,由安全管理模块对其合法性进行认证检查,其后由应用处理模块根据外界信息的含义(执行、存储)进行解释,最后由文件管理模块根据应用处理模块的解释结果对文件进行操作。

如果智能卡操作系统需要对外界信息做出应答,则由文件管理模块读取文件数据并传送给应用处理模块,或直接由应用处理模块提取按照外界信息指令执行的结果,这些信息或数据经过安全管理模块的认证检查后,通过通信管理模块反馈给外界,从而完成一次完整的处理过程。

(4) 操作系统的特性。

多道程序系统使得 CPU 和 I/O 设备以及其他资源得到充分的利用,但由此也带来一些复杂问题和新的特点,主要表现在以下方面:

① 并发性。

并发性是指两个或多个事件在同一时间间隔内发生。从宏观上看,在一段时间内有多道程序在同时执行;而从微观上看,在一个单处理器系统中,每一时刻只能执行一道程序。由于并发,系统需要解决:如何从一个活动切换到另一个活动,保护一个活动不受其他活动的影响以及如何使相互协作的活动同步。

② 共享性。

并发的目的是共享资源和信息。例如,在多道程序系统中,多个进程对 CPU、内存和 I/O 设备的共享,还有多个用户共享一个数据库、共享一个程序代码等,这有利于消除重复、提高资源利用率。与共享相关的问题是资源分配、对数据的同时存取、程序的同时执行以及保护程序免遭破坏等。

共享有互斥共享和同时访问两种方式,主要是根据资源的类别不同而不同。例如,对打印机、磁带机等资源采用互斥共享的方式,而对 CPU、内存等资源则采用同时访问的共享方式。

③ 虚拟性。

所谓虚拟性是指通过某种技术把一个物理实体变成若干个逻辑对应物。物理实体是客观存在的,而逻辑对应物只是用户感觉。如分时系统中只有一台主机,而终端用户却感觉自己独自占有一台机器。这种利用多道程序技术把一台物理上的主机虚拟成多台逻辑上的主机,称为虚处理器。同样,也可以把一台物理上的 I/O 设备虚拟为多台逻辑上的 I/O 设备。

④ 异步性。

在多道程序环境下,多个程序并发执行,但由于资源等原因,它们的执行"走走停停"。内存中的各道程序何时执行、何时被挂起、以何种速度向前推进,都不可预知。很可能后进入内存的作业先完成,先进入内存的作业反而后完成,这就是异步方式。当然,同一作业多次执行,只要原始数据相同,计算结果会是相同的,但每次完成的时间却各不相同。

2. 操作系统的功能

如前所述,操作系统的主要功能有处理机管理、存储管理、文件管理、设备管理等。

(1) 处理机管理。

处理机管理又称 CPU 管理,主要任务是处理机的分配和调度。它根据程序运行的需要和任务的轻重缓急,合理地、动态地分配处理机时间,力求最大限度地提高 CPU 的工作效率。

进程是 CPU 调度和资源分配的基本单位,它可以反映程序的一次执行过程。进程管理主要是对处理机资源进行管理。由于 CPU 是计算机系统中最宝贵的资源,为了提高 CPU 的利用率,一般采用多进程技术。操作系统的进程管理就是按照一定的调度策略,协调多道程序之间的关系,解决 CPU 资源的分配和回收等问题,以使 CPU 资源得到充分的利用。

在计算机系统中,如有多个用户同时执行存取操作,操作系统就会采用分时的策略进行处理。分时的基本思想是把 CPU 时间划分为多个"时间片",轮流为多个用户服务。如果一个程序在一个时间片内没有完成,它将挂起,到下一次轮到时间片时继续处理。由于 CPU 速度很快,用户并不会感觉到与他人分享 CPU,好像个人独占 CPU 一样。

另外在多处理器系统中,操作系统还要具备协调、管理多个 CPU 的能力,以提高处理效率。

处理器管理的主要任务如下:

① 进程控制。

在多道程序环境下,要使作业运行,首先要为作业创建一个或几个进程,为其分配必要的资源。当进程运行结束后,立即撤销进程,并回收该进程所占用的各类资源。在进程运行期间,负责管理进程状态的转换。

② 进程同步。

进程的运行是以异步方式进行的,以不可预知的速度向前推进。为使进程协调一致地工作,系统中必须设置进程同步机制。

③ 进程通信。

相互合作的进程共同完成一个任务,或竞争资源的进程相互间需要协调一致地工作,进程之间就需要进行通信。

④ 调度。

调度包含两个层面的调度,即作业调度和进程调度。作业调度的任务是从作业后备队列中按一定的算法,选择若干个作业,把它们调入内存,创建进程,并按一定的进程调度算法将它们插入就绪队列。进程调度的任务是按照一定的调度算法,从进程就绪队列中选出一个进程,为其分配处理器,使其进入运行状态。

(2) 存储管理。

存储管理的主要任务是为多道程序的运行提供良好的环境、提高内存利用率、对多道程序进行有效的保护、从逻辑上对内存进行扩充。因此,存储管理主要有如下功能。

① 内存分配。

按照一定的算法为系统中的多个作业(进程)分配内存,并用合理的数据结构记录内存的使用情况。

② 内存保护。

每道程序都只在自己的内存区内运行,绝不允许用户程序访问操作系统的程序和数据,也不允许用户程序访问非共享的其他用户程序,确保内存中的信息不被其他程序有意或无意地破坏。

③ 地址映射。

由于是多道程序的运行环境,程序每次装入内存的位置都不相同。为确保程序能正常运行,需将地址空间中的逻辑地址转换为内存空间中与之对应的物理地址。

④ 内存扩充。

内存扩充的任务是对内存进行逻辑扩充,而不是物理扩充。逻辑扩充的方法是采用虚拟存储器技术,即仅把程序的一部分装入内存,而把其余部分装入外存。若程序在运行过程中发现所需部分未装入内存,则请求把该部分调入内存。若内存中已无足够的空间来装入需要调入的程序和数据,系统应将内存中暂时不用的部分程序和数据从内存中淘汰出去,再把所需的部分装入内存。

(3) 文件管理。

计算机系统的软件信息都是以文件的形式存储在各种存储介质中的。操作系统中对这部分资源进行管理的部分是文件系统。文件系统的任务是对用户文件和系统文件进行管理,以方便用户使用,并保证文件的安全性。文件管理主要包括如下功能。

① 文件存储空间的管理。

文件都是随机存储在磁盘上的。在多用户系统中,如果要求用户自己对文件的存取进行管理,将是十分低效且容易出错的。因此,文件系统应对文件的存储空间进行统一管理,其主要任务是为每个文件分配外存空间,提高外存利用率的同时,提高文件的存取速度。

② 目录管理。

文件系统为每个文件建立了一个目录项(通常称为文件控制块),以方便用户在外存上找到自己的文件。目录项主要包括文件名、文件属性、文件在外存中的存储位置等信息。目录管理的任务就是为每个文件建立目录项,并对众多文件的目录项加以有效地管理,以方便用户实现对文件的"按名存取"。

③ 文件共享。

文件系统还应提供文件共享功能。文件共享是指多个进程在受控的前提下共用系统中的同一个文件,该文件在外存中只保留一个文件副本。这样做的好处是无须为每个用户保存一个文件副本,节省了存储空间。

④ 文件保护。

文件保护是要防止用户有意或无意地对文件进行非法访问,如防止未经核准的用户存取文件、防止冒名顶替者存取文件、防止以不正确的方式使用文件等。

(4) 设备管理。

I/O 设备种类很多,使用方法各不相同。设备管理的主要任务是:完成用户提出的 I/O 请求;为用户进程分配其所需的 I/O 设备;提高 CPU 和 I/O 设备的利用率;提高 I/O 速度;实现虚拟设备;方便用户使用 I/O 设备。为实现上述任务,I/O 设备管理应具有如下功能。

① 缓冲管理。

CPU 的高速性和 I/O 设备的低速性的矛盾,导致 CPU 利用率的下降。如果在 CPU 与 I/O 设备之间引入缓冲,就可有效地缓解这个矛盾。在现代操作系统中,无一例外地在内存中设置了缓冲区,还可以通过增加缓冲区容量的方法进一步改善系统的性能。

② 设备分配。

其主要任务是按照用户进程的 I/O 请求、系统现有资源情况,按照某种算法为其分配所需的资源。为实现设备分配,系统中应设置系统设备表、设备控制表、控制器控制表和通道控制表等数据结构,用以记录设备、控制器和通道的使用情况,以供设备分配时参考。对于不同的设备,要采用不同的分配策略。

③ 设备处理。

设备处理程序就是通常所说的设备驱动程序,其作用是实现 CPU 和设备控制器之间的通信。

④ 虚拟设备。

虚拟设备是采用假脱机技术实现的,主要是为了缓解 CPU 与 I/O 设备速度不匹配的矛盾。输入时,利用一台外围机,将低速 I/O 设备上的数据传输到高速磁盘(输入井)上,形成输入队列;输出时,数据输出到高速磁盘(输出井)上,形成输出队列。系统按照某种算法进行调度,进行输入/输出操作。

(5) 用户接口。

操作系统除应具有上述资源管理功能外,还要为方便用户使用计算机提供接口。操作系统的用户接口分作业控制级接口和程序级接口两类。

① 作业控制级接口。

用户可以通过该接口发出命令以控制作业的运行,它又分为联机用户接口和脱机用户接口两类。

联机用户接口的用户通过一组键盘命令向计算机发布指令来控制作业的运行,常用于分时系统中。

脱机用户接口是为批处理用户提供的接口。该接口由一组作业控制语言组成,用户使用作业控制语言把需要对作业进行的控制和干预事先写在作业说明书上,连同作业一起提交给系统。如作业在运行过程中出现异常,系统将根据作业说明书上的指示进行干预。

② 程序级接口。

用户程序工作在用户态下,而系统软件工作在核心态下,系统的各类资源不允许用户直接使用。为使用户可以使用系统的各类资源,操作系统提供了一整套的系统调用,在用户程序中可使用这些系统调用向系统提出各种资源请求和服务请求。

3. 移动平台操作系统

移动平台就是电信运营商在原业务基础上为其用户提供的一个范围更广、使用更方便的信息交换平台;它把手机的功能从简单的通话扩展到了包括处理电子邮件等功能在内的互动沟通形式,从而使用户能够方便地进行各种信息的交流。简单地说,用户通过手机除了可以进行通常的通讯联络以外,还可以通过电信部门提供的特殊服务进行以前无法做到的电子信息的沟通。例如使用手机收发各种形式(文字、语音、表格、图片等格式)的电子邮件;使用手机直接与计算机实现实时信息传递;通过手机对不便记忆的信息进行检索;甚至把手机作为工作、生活中不可缺少的与他人进行交流的统一消息门户。

移动平台能够帮助用户解决许多实际问题。

(1) 可以比计算机更快捷地收发和处理电子邮件等信息,不受时间、空间及设备限制,真正实现实时处理邮件,解决了商务人士离开计算机后无法快捷处理电子邮件的难题。

(2) 可以最大限度地发挥集团办公优势,快速查询企业资料(如利用语音查询联系人功能直接拨通联系人的电话)。

(3) 作为统一门户平台享受各种移动信息服务。

从市场容量、竞争状态和应用状况上来看,现在主要的移动平台操作系统有:iOS、Android 和 Windows Phone,同时它们之间的应用软件互不兼容。

(1) iOS。

智能手机操作系统 iOS 作为苹果移动设备 iPhone 和 iPad 的操作系统,在 App Store 的推动之下,成为世界上引领潮流的操作系统之一。原本这个系统名为 iPhone OS,直到 2010 年6 月 7 日 WWDC 大会上宣布改名为 iOS。iOS 的系统架构分为四个层次:核心操作系统层(Core OS layer)、核心服务层(Core Services layer)、媒体层(Media layer)和可轻触层(Cocoa Touch layer)。系统大概占用 512 MB 的存储器空间。

① 用户界面。

在 iOS 用户界面上能够使用多点触控直接操作。控制方法包括滑动、轻触开关和按键。与系统交互包括滑动、轻按、挤压和旋转。此外，通过其内置的加速器，可以令其旋转设备改变其 y 轴以令屏幕改变方向，这样的设计令 iPhone 更便于使用。

屏幕的下方有一个 Home 按键，底部则是 Dock，有四个用户最经常使用的程序的图标被固定在 Dock 上。屏幕上方有一个状态栏能显示一些有关数据，如时间、电池电量和信号强度等。其余的屏幕用于显示当前的应用程序。启动 iPhone 应用程序的唯一方法就是在当前屏幕上点击该程序的图标，退出程序则是按下屏幕下方的 Home 键。在 iPhone 上，许多应用程序之间都是有联系的，这样，不同的应用程序能够分享同一个信息（如当你收到了包括一个电话号码的短信息时，你可以选择是将这个电话号码存为联络人或是直接选择这个号码打通电话）。

② 支持的软件。

从 iOS 2.0 开始，通过审核的第三方应用程序能够通过苹果的 App Store 进行发布和下载。

③ iOS 自带的应用程序。

iPhone 自带以下应用程序：SMS（短信）、日历、照片、YouTube、股市、地图（AGPS 辅助的 Google 地图）、天气、时间、计算机、备忘录、系统设置、iTunes（将会被链接到 iTunes Music Store 和 iTunes 广播目录）、App Store、Game Center 以及联络信息。还有四个位于最下方的常用应用程序包括有：电话、Mail、Safari 和 iPod。

除了电话、短信，iPod Touch 保留了大部分 iPhone 自带的应用程序。iPhone 上的："iPod"程序在 iPod Touch 上被分成了两个：音乐和视频。位于主界面最下方 dock 上的应用程序也根据 iPod Touch 的主要功能而改成了：音乐、视频、照片、iTunes、Game Center，第四代的 iPod Touch 有了相机和摄像功能。

iPad 只保留部分 iPhone 自带的应用程序：日历、通讯录、备忘录、视频、YouTube、iTunes Store、App Store 以及设置；4 个位于最下方的常用应用程序是：Safari、Mail、照片和 iPod。

④ 不被官方支持的第三方软件。

现在，iPhone 和 iPod Touch 只能从 App Store 用官方的方法安装完整的软件。然而，自从 1.0 版本开始，非法的第三方软件就能在 iPhone 上运行了。这些软件面临着被任何一次 iOS 更新而完全破坏的可能性，虽然苹果也曾经说明过它不会为了破坏这些第三方软件而专门设计一个系统升级（会将 SIM 解锁的软件除外）。这些第三方软件发布的方法是通过 Installer 或 Cydia utilities，这两个程序会在 iPhone 越狱之后被安装到 iPhone 上。

（2）Android。

Android 是基于 Linux 平台的开源手机操作系统。它包括操作系统、用户界面和应用程序，据称是首个为移动终端打造的真正开放和完整的移动软件。Google 与开放手机联盟合作开发了 Android（安卓），这个联盟由包括中国移动、摩托罗拉、高通、宏达电子和 T－Mobile 在内的 30 多家技术和无线应用的领军企业组成。

Android 机型数量庞大，简单易用，相当自由的系统能让厂商和客户轻松的定制各样的 ROM，定制各种桌面部件和主题风格。如今 Android 已经成为现在市面上主流的智能手机操作系统，随处都可以见到这个绿色机器人的身影。

Android 智能手机操作系统会如此大热的原因是：

① 开源。

这是 Android 能够快速成长的最关键因素。在 Android 之前，没有任何一个智能操作系统的开源程度能够像 Android 一样。

② 联盟。

联盟战略是 Android 能够攻城拔寨的另一大法宝。谷歌为 Android 成立的开放手机联盟（OHA）不但有摩托罗拉、三星、HTC、索尼爱立信等众多大牌手机厂商拥护，还受到了手机芯片厂商和移动运营商的支持，仅创始成员就达到 34 家。

③ 技术。

Android 系统的底层操作系统是 Linux，Linux 作为一款免费、易得、可以任意修改源代码的操作系统，吸收了全球无数程序员的精华。

可惜 Android 版本数量较多，市面上同时存在着各种版本的 Android 系统手机，同时 Android 没有对各厂商在硬件上进行限制，导致一些用户在低端机型上体验不佳；另一方面，因为 Android 的应用主要使用 Java 语言开发，其运行效率和硬件消耗一直是其他手机用户所诟病的地方。

（3）Windows Phone。

2008 年，在 iOS 和 Android 的冲击之下，微软重新组织了 Windows Mobile 的小组，并继续开发一个新的移动操作系统 Windows Phone。全新的 Windows 手机把网络、个人电脑和手机的优势集于一身，让人们可以随时随地享受到想要的体验。内置的 office 办公套件和 Outlook 使得办公更加有效和方便。在应用方面，虽然 Windows Phone 提供了很好的开发工具，而且微软为了规范智能手机操作系统 Windows Phone 7 的用户体验，对开发者开发应用进行了严格的约束，开发者必须严格遵循这些开发约束和条款来进行应用开发。例如，开发者不能开发涉及手机摄像头的应用程序；开发者不能对应用程序的界面进行私自的定制；涉及系统类的应用必须使用系统提供的界面来运行；开发者必须通过 Zune 同步功能将开发好的应用程序发送到手机上，但是目前 Windows Phone 的应用数量还很少。一方面，Windows Phone 的界面独特，可定制的地方很少，容易造成审美疲劳；另一方面，Windows Phone 7.5 版本虽然开始支持多任务处理，但是最多也只能运行 5 个程序，多任务处理显得力不从心。

2.2　Windows 系统设置与系统维护

2.2.1　Windows 系统设置

Windows 7 是现今最流行的 Windows 版本，Windows 7 系统为用户提供了方便的、有效的、友好的用户界面。本节首先介绍 Windows 7 的基本设置，包括系统属性的设置、账户设置、桌面个性化设置、鼠标键盘设置、字体和输入法设置以及打印机的设置等，使用户对 Windows 7 的使用有了一个初步的了解。在此基础上，本节接着介绍了 Windows 7 的程序管理，系统管理的基本操作，以使用户能逐渐掌握 Windows 7 操作系统的各项常用管理功能。

1. 系统属性设置

鼠标右键点击桌面上的"计算机"图标，在弹出的菜单中选择"属性"选项，就可以打开

图 2-2 Windows 7 系统的系统设置界面

Windows 7 系统的系统设置界面,如图 2-2 所示。系统设置包括"设备管理器""远程设置""系统保护""高级系统设置"四项功能。

点击"系统设置界面"中左侧的"设备管理器",打开设备管理器的界面如图 2-3 所示。"设备管理器"是 Windows 7 自带的管理工具之一,可以用它查看和更改设备属性、更新设备驱动程序、配置设备设置和卸载设备。图 2-3 所示即为右键点击某网卡时的弹出的菜单功

图 2-3 Windows 7 系统的"设备管理器"界面

能,用户可以通过这些菜单命令对该硬件设备进行操作。

点击图2-2系统设置界面中左侧的"远程设置",可以打开如图2-4所示的界面,用户可以根据实际需要勾选是否允许其他电脑远程协助或者通过远程桌面连接到此台电脑。例如,如果用户需要从其他电脑连接到此台电脑进行工作,可以选择允许远程桌面连接。

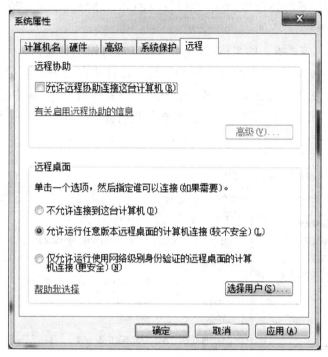

图2-4 Windows 7系统"远程设置"界面

点击图2-2系统设置界面中左侧的"系统保护",打开如图2-5所示的对话框。这

(a)"系统保护"界面　　　　　　　　(b)"创建还原点"界面

图2-5 Windows 7系统的系统保护设置

里有个系统还原很重要,建议打开对 C 盘即系统盘的保护,一旦系统出现故障,可以通过系统还原回到以前的某个还原点,系统就可以恢复正常使用。这里如果打开了系统盘的"系统保护"功能,那么可以在安装完操作系统或者某重要软件后创建系统还原点,选择下面红框内的"创建"按钮,并且在弹出的对话框中输入可以识别的描述来创建还原点。还原点创建成功后,以后就可以通过"系统还原"功能还原到以前的某个还原点了。还原方法参见 2.2.2 节中的"系统还原功能"。

网络上的计算机需要唯一的名称,以便可以相互进行识别和通信。大多数计算机都有默认名称,但最好进行更改以便于网络识别和通信。计算机名最好比较简短(15 个字符或更少)并且容易识别。更改的方法如下:先选择图 2-2"系统设置"界面中左侧的"高级系统设置",然后选择"计算机名"选项,再单击"更改"按钮进行修改,如图 2-6 所示。

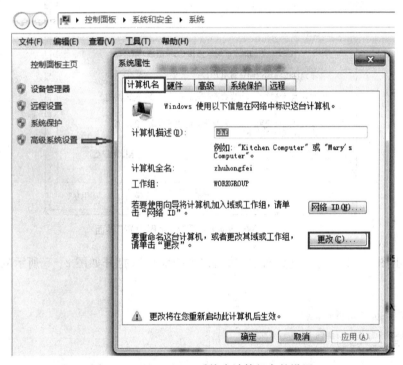

图 2-6　Windows 7 系统中计算机名的设置

2. 账户设置

当我们的电脑有多个人使用时,我们可以设置多个用户账户来区分各自的文件和所使用的软件。

增加用户账户的方法是:首先左键单击桌面左下角的"开始"菜单 ，打开"控制面板"窗口,然后在打开的界面中单击"添加和删除用户账户"选项,如图 2-7 所示。

在弹出的界面中单击"创建一个新账户",如图 2-8 所示:

接下来我们需要输入所创建账户的用户名,用户名根据自己的喜好命名;然后选择账户类型,一共有两种账户类型,分别为标准用户和管理员用户两种(可根据情况选择账户类型,如果是要创建一个新管理员账户,那么选择管理员,如果是来宾账户,那么选择标准用户即可);选好账户类型后直接单击右下角的"创建账户"按钮即可,如图 2-9 所示:

调整计算机的设置　　　　　　　　　　　　　　　　查看方式：类别 ▼

 系统和安全
查看您的计算机状态
备份您的计算机
查找并解决问题

 网络和 Internet
查看网络状态和任务
选择家庭组和共享选项

 硬件和声音
查看设备和打印机
添加设备
连接到投影仪
调整常用移动设置

 程序
卸载程序

 用户帐户和家庭安全
添加或删除用户帐户
为所有用户设置家长控制

 外观和个性化
更改主题
更改桌面背景
调整屏幕分辨率

 时钟、语言和区域
更改键盘或其他输入法

 轻松访问
使用 Windows 建议的设置
优化视频显示

图 2-7　Windows 7 系统的"控制面板"界面

创建一个新帐户

用户帐户是什么？

您能做的其他事

🖥 设置家长控制

转到主"用户帐户"页面

图 2-8　"创建新账户"界面

命名帐户并选择帐户类型

该名称将显示在欢迎屏幕和「开始」菜单上。

新帐户名

◉ 标准用户(S)
标准帐户用户可以使用大多数软件以及更改不影响其他用户或计算机安全的系统设置。

◎ 管理员(A)
管理员有计算机的完全访问权，可以做任何需要的更改。根据通知设置，可能会要求管理员在做出会影响其他用户的更改前提供密码或确认。

我们建议使用强密码保护每个帐户。

为什么建议使用标准帐户？

创建帐户　　　取消

图 2-9　创建账户的"命名账户并选择账户类型"界面

　　创建账户成功后即可以单击进入某个账户，选择"创建密码""更改图片""设置家长控制""更改账户类型""删除账户"等操作对该账户进行管理，如图 2-10 左边的菜单命令所示。

图 2-10　账户属性设置界面

3. 个性化设置

在桌面空白处右击鼠标,在弹出的菜单中选择"个性化",就可以进入控制面板的"外观和个性化"界面(见图 2-11)。可以选择 Aero 下的默认主题,也可以联机获取更多主题。

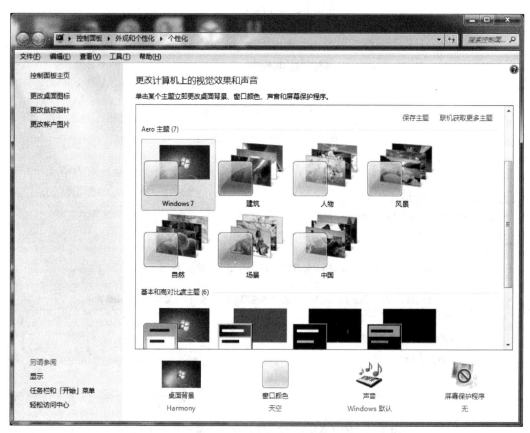

图 2-11　个性化设置界面

通过图 2-11 所示界面,还可以设置桌面背景,当前窗口、对话框、任务栏的颜色等。单击对应的图标即可设置,也可对声音和屏保图片进行设置。

4. 鼠标属性设置

鼠标是 Windows 环境下的主要输入设备之一,与键盘操作相比,鼠标的常用操作更简单、容易,具有快捷、准确、直观的屏幕定位和选择能力。对于具有双键的鼠标,一般来说主要有以下 6 种基本操作。

(1) 指向。在不按鼠标按钮的情况下,移动鼠标,将鼠标指针放在某一对象上。"指向"操作通常有两种用途:一是打开下级子菜单,例如当用鼠标指针指向"开始"菜单中的"程序"时,就会打开"程序"子菜单。二是突出显示某些文字说明,例如,当指针指向某些工具按钮时,会突出显示有关该按钮功能的文字说明。

(2) 单击(单击左键)。鼠标指向某个对象后,按下鼠标左键并立即释放。单击用来选择某一个对象或执行菜单命令。

(3) 双击。鼠标指向某个对象后,快速并连续按两下鼠标左键,通常用来打开某个对象。如打开文件、启动程序等。

(4) 拖动(左键拖动)。鼠标指向一个对象后,按住鼠标左键的同时移动鼠标到目的地。利用拖动操作可移动、复制所选对象。

(5) 右击(单击右键)。鼠标指向某个对象后,快速地按下右键并立即释放,通过右击可打开某对象的快捷菜单。

(6) 右键拖动。鼠标指向某对象后,按住鼠标右键的同时移动鼠标,右键拖动的结果会弹出一个菜单,供用户选择。

当用户握住鼠标并移动时,桌面上的鼠标指针就会随之移动。正常情况下,鼠标指针的形状是一个小箭头。但是,鼠标的形状还取决于它所在的位置以及和其他屏幕元素的相互关系。图 2-12 列出了 Windows 系统缺省方式下最常见的几种鼠标指针形状及其含义。

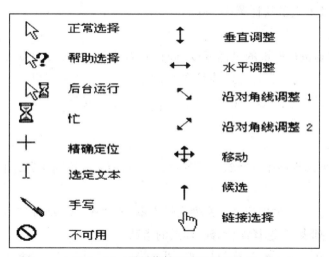

图 2-12　鼠标指针的形状及其含义

可以通过下面的方法对鼠标的各种属性进行设置。

单击电脑桌面左下角的开始按钮，单击打开"控制面板"窗口,然后点击弹出界面右上角的"查看方式",选择"小图标",并在"所有控制面板项"中单击"鼠标"选项,就可以打开"鼠标属性"窗口,如图 2-13 所示。

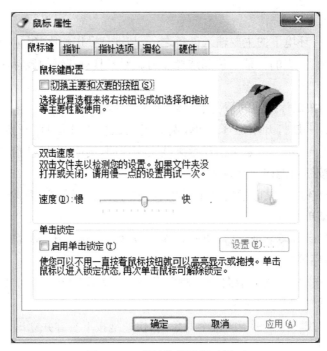

图 2-13 鼠标的属性设置界面

（1）鼠标键配置。

Windows 系统的缺省配置是使用鼠标左键做常规的单击、双击、选择和拖动动作，而使用右键做右击打开上下文相关的快捷菜单动作。若选中"切换主要和次要按钮"，则将设置做相反设置，方便使用左手操作的用户，即鼠标右键做常规的单击、双击、选择和拖动动作，而使用左键右击打开上下文相关的快捷菜单动作。

（2）双击速度。

用户可根据电脑鼠标按键的灵活程度，调整双击速度，如果按键慢，想要双击却经常被系统理解为两次单击，则"双击速度"应该向"慢"方向调整，如果相反，想两次单击却经常被系统理解为双击，则"双击速度"应该向"快"方向调整。调整时，可在"测试区域"做双击测试。

（3）指针方案。

单击图 2-13 所示界面中的"指针"标签页，可以选择系统不同状态时的指针样式（方案），如图 2-14 所示。

① 在"方案"下拉列表框中选择一系列指针方案，如，"Windows 标准（系统方案）"。

② 在"自定义"列表中，选择需要修改样式的指针。

③ 单击"浏览"按钮，打开"浏览"对话框，可为当前操作方式指定一种新的外观。

④ 选中"启用指针阴影"复选框，可以使鼠标带阴影。

⑤ 单击"另存为"按钮，可以保存指针方案。

⑥ 设置完成后，单击"确定"按钮关闭对话框。

（4）设置鼠标移动方式。

鼠标的移动方式指鼠标的移动速度和轨迹。默认情况下，鼠标以中等速度移动，并且在移

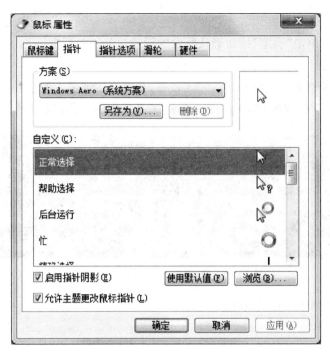

图 2-14 "指针"选项卡

图 2-15 指针选项设置界面

动过程中不显示轨迹。用户可以根据需要调整鼠标的移动速度。设置鼠标移动方式的操作如下：单击图 2-13 所示界面中的"指针选项"标签,弹出界面如图 2-15 所示。

① 在"移动"选项区域,用鼠标拖动滑块,可以设置指针移动速度的大小。

② 在"可见性"选项区域,如果选中"显示指针踪迹"复选框,可以显示鼠标移动的踪迹,拖

动滑块可以改变踪迹的长短。

③ 设置完成后，单击"确定"按钮确认所做的设置并关闭对话框。

5. 键盘属性设置

在 Windows 中，键盘是非常重要的输入设备，承担着按键输入的任务，很难完全被鼠标所替代，因此必须熟练掌握键盘的使用。Windows 7 系统中的屏幕键盘如图 2-16 所示。

图 2-16　Windows 7 系统的屏幕键盘

键盘部分常用功能键的主要功能如下：

(1) Esc 键：退出。

(2) F1 键：帮助。

(3) Shift 键：主要功能为上档切换、大小写转换（按住此键的同时再按字母键，可以转换字母的大小写）。

(4) ←键(BACK SPACE)：退格键。

(5) TAB 键：① 相当于按若干个空格键；② 主要功能用于表格的制作。

(6) ENTER 键：① 在命令状态下，表示命令结束；② 在编辑状态下，表示换行操作。

(7) CAPS LOCK 键：大小写锁定键，键灯灭为小写，键灯亮为大写。

(8) CTRL 和 ALT 键：单独按无作用，与其他按键组合应用可实现很多快捷功能。

(9) 窗口键（ win 键）：可以调出开始菜单。

(10) 图形键 ：相当于按一次鼠标右键。

(11) HOME 键：使光标跳到本行行首。

(12) END 键：使光标跳到本行行尾。

(13) PAGE UP 键：向上翻页。

(14) PAGE DOWN 键：向下翻页。

(15) DELETE 键：① 删除光标后面一个字符；② 全部删除选中的内容。

(16) INSERT 键：插入——改写转换。

(17) ←↑↓→键：光标方向键，使光标移动。

(18) PRINT SCREEN 键：屏幕拷贝键，当按下此键后，屏幕上所有的信息将被复制下来。

(19) SCROLL LOCK 键：卷动锁，当屏幕上的信息需要卷动显示时可以使用此键。

(20) PAUSE 键：暂停键，暂停屏幕显示或与 CTRL 键组合使用起中止执行作用。

在 Windows 7 系统的各操作中，会采用到多种形式的组合键、功能键。常用组合键及其功能如表 2-1 所示。

表 2-1　Windows 7 系统的组合键及其功能

组　合　键	作　用
Ctrl+ Shift +Esc	打开 Windows 7 任务管理器
Alt+Tab 或 Alt+Esc	在打开的各应用程序之间进行切换
Win+tab	在打开的各应用程序之间进行 3D 切换
Alt+F4	关闭应用程序
F1(功能键)	获取帮助

可以通过下面的方法对键盘的各种属性进行设置。

单击电脑桌面左下角开始按钮 ，单击并打开"控制面板"窗口,选择右上方的查看方式为"小图标",在"所有控制面板项"中单击"键盘"图标,打开"键盘属性"窗口,如图 2-17 所示。

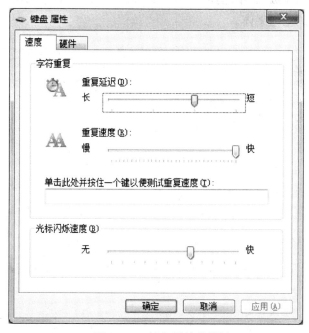

图 2-17　键盘属性的设置

(1) 字符重复。

在字符输入时,按下键盘的一个键可以输入一个字符,如果按住这个键不放,则过一段时间后,系统理解为连续按下该键,对应的字符连续输入,"重复延迟"选项即设置按下一个键后多少时间开始进入连续输入状态,"重复速度"选项调整在连续输入状态下字符重复输入的速度,在"单击此处并按住一个键以便测试重复率"可以进行字符重复的测试。

(2) 光标闪烁速度。

在文本输入时,一般会有"|"形的光标在闪烁,在"光标闪烁速度"可以调整光标闪烁的速度。

6. 字体和输入法设置

字体是与一组字符集相关联的字体要素。世界上许多语言的基本文本字符都对应一种或多种字体类型。安装中文版 Windows 时内带了几种汉字字体:宋体、新宋体、仿宋、楷体、黑体等,还有几十种英文字体。有时安装一些应用程序时会同时在系统中添加新字体,如安装 Office 后会安装隶书、幼圆等十多种字体。用户根据情况,还可以在系统中添加其他字体。

字体要素主要包括:

① 字体大小。是对一个字体字符在显示或打印时大小的定义,通常以点数来描述。

② 字形。包括粗体、斜体等,字形决定了字符如何被显示。

③ 字体效果。定义了颜色、下划线等特殊操作。

④ 字体间距。指字符间的空隙。分固定间距和均衡间距两种。

⑤ 字体宽度。表示各字符的宽度。这些宽度可以是固定的、正常的、压缩的或扩展的。

下面介绍字体和输入法设置的操作。

(1) 查看和打印字体示例。

单击屏幕左下角开始按钮 ,点击并打开"控制面板"窗口,选择右上方的查看方式为"小图标",在"所有控制面板项"中选择"字体"项,弹出如图 2-18 所示的字体文件夹窗口,可查看系统中已经安装的全部字体。

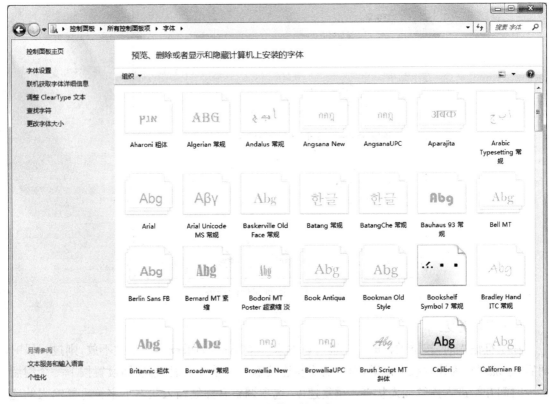

图 2-18　字体文件夹窗口

若要查看某字体的示例,可双击该字体图标,或右击该字体,在弹出的菜单中点击"预览",就可查看字体示例,如图 2-19 所示。

(2) 增加字体。

① 到字体网站下载字体文件,一般下载下来的是 zip 或 rar 格式的压缩文件,解压后就得到字体文件,一般为.ttf 格式。

图 2-19　"宋体 & 新宋体(TrueType)"界面

② 双击桌面的"计算机"图标,在地址栏输入 C:\WINDOWS\Fonts,打开 Windows 字体文件夹。复制前面下载解压的 ttf 格式字体文件,粘贴到 C:\WINDOWS\Fonts 文件夹里。字体即完成安装。如在百度、360 搜索等平台中搜索"方正喵呜体字体文件",找到相应网站下载字体压缩文件,释放后将其中的 ttf 文件拷贝到 C:\Windows\Fonts 文件夹中即可完成字体文件的安装。按上述步骤安装了"方正喵呜体"后,在文字处理软件中就可以选择该字体,例如在 Word 软件的"开始"选项卡的"字体"组中即可选择该字体,如下图 2-20 所示。

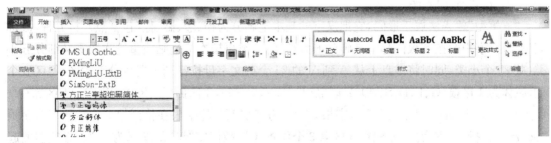

图 2-20　安装字体示例

（3）汉字输入法。

由于通常使用的键盘是为英语国家的用户所设计的,中文用户如要通过键盘将汉字输入到电脑,就需要使用汉字输入法,将键入的英文字母转换为汉字。由于键盘上的按键数目有限(常用键盘为一百多个键),而汉字数量很多(常用汉字为几千个),因此汉字必须要通过编码,用几个按键对应一个汉字的方法才能输入。汉字的编码方法,可以粗略分为以下几类。

① 对应码(流水码):这种输入方法以各种编码表作为输入依据,每个汉字只有一个编码,如区位码。

② 音码:按照拼音规定来进行输入汉字,只要会拼音就可以输入汉字。缺点是:同音字多、重码率高、发音要求高、难于处理不识的生字。主要有全拼、双拼、智能 ABC、微软拼音等。

③ 形码:形码是按汉字的字形来进行编码的。例如,"好"字是由"女"和"子"这两个字根组成,将字根规定为基本的输入编码,再由这些编码组成汉字。形码的优点是重码少、速度快、不受方言干扰。缺点是需要记忆的东西较多。常用的形码有五笔型、表形码等。

④ 音形码:音形码吸取了音码和形码的优点,将二者混合使用。常见的音形码有郑码、自然码等。相对于音码和形码,音形码使用的人还比较少。

常用的汉字输入法包括:

① 全拼输入法。

全拼输入法由汉语的拼音来进行输入,对于汉语拼音比较熟悉的人来说是非常容易的。输入拼音码后,用数字键、PgDn、PgUp、退格键"←"进行选字和重写。全拼输入法支持 GB2312 和 GBK 字符集。

② 双拼输入法。

双拼输入法是对全拼输入法的简化,每一个汉字只需用两个拼音字母来表示,这两个拼音字母分别表示声母和韵母。如 v 表示 zh,h 表示 ang,vh 可输入"章"字。

③ 智能 ABC 输入法。

该输入法分一般用户的标准输入和专业用户的双打输入两种,单击输入法窗口上的"标准"按钮可以在"标准"与"双打"之间切换。在标准方式中,既可以全拼输入,也可以简拼输入,甚至混拼输入;在双打方法中,类似双拼输入法,每个汉字只需击键两次,奇次为声母,偶次为韵母。如击键"ah",屏幕上显示的是对应的全拼"zhang",词语"章程"可使用:"aheg""z-eg"等。智能 ABC 输入法只支持 GB2312 字符集,不支持 GBK,也不支持编码查询。

④ "五笔型"输入法。

"五笔型"输入法属于形码,它把汉字的基本笔画分为横、竖、撇、捺(包括点)、折五种,故称五笔,选择字根时按字根的起笔笔画分五大类,每大类再按次笔笔画或重笔次数等又细分五小类,共 25 个小类,同时将键盘上从 A 到 Y 的 25 个英文字母按排列位置也分五大区,每区五个键,具体为 1 区横(G、F、D、S、A),2 区竖(H、J、K、L、M),3 区撇(T、R、E、W、Q),4 区捺(Y、U、I、O、P),5 区折(N、B、V、C、X),字根如"氵"为三个点分配字根在捺区第 3 个位置"I",字根"又"起笔为折,次笔为捺,分配在 5 区第 3 个位置"C",故汉字"汉"的编码为"ic"。五笔型的起步应该不难,但要真正熟练掌握,还是要记住有哪些字根及一些其他规则。为适应 GBK 大字符集的要求,王码五笔做了一些修改,所以分为"86 版"和"98 版"两种,两种的原理都是一样的,只是选择的字根略有差别。

⑤ 区位码输入法。

区位码输入法,也称内码输入法,只支持 GB2312 字符集,GB2312 字符集的每个字符都分配有一个区位码和机内码,区位码输入支持这两种码,如输入"1601"(区位码)或"B0A1"(内码)都是"啊"字。一般来说,除非是使用自造字,或者进行汉字研究,否则很少使用区位码输入。

输入法的设置方式如下:

单击屏幕左下角开始按钮 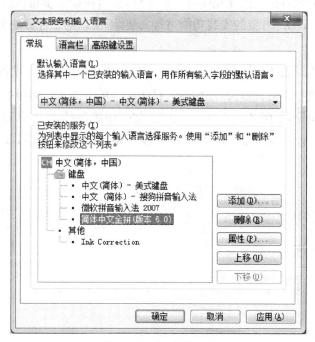 ,点击并打开"控制面板"窗口,选择右上方的查看方式为"小图标",在"所有控制面板项"中选择"区域和语言",选择"键盘和语言"选项卡,单击"更改键盘"按钮,打开如图 2 - 21 所示的"文本服务和输入语言"对话框,在"常规"标签页中,显示了系统当前的默认输入语言,并列出了当前 Windows 可选的输入法。

图 2 - 21　输入法设置

单击"添加"与"删除"按钮可以对已安装到硬盘的输入法进行添加或删除。每个输入法都有自己的"属性"窗口,选择一个输入法,单击"属性"按钮,即可对输入法进行更具有针对性的设置。

另外,输入法的切换和功能转换都可以使用快捷键,在图 2 - 21 中单击"高级键设置"标签页即可设置快捷键。Windows 系统已经定义了一些缺省的热键,用户也可以选中列表中还没定义快捷键的切换操作,单击"更改按键顺序"按钮,定义自己的快捷键。

在 Windows 系统中安装了多种中文输入法后,用户在使用过程中可随时利用键盘或鼠标选用其中任何一种中文输入法,或切换到英文输入法状态。

① 利用键盘切换。

在默认方式下。

Ctrl+Space:切换中文/英文输入方式。

Ctrl+Shift:在各种中文输入法及英文输入状态之间循环切换。

② 利用鼠标切换。

单击任务栏中右侧的输入法指示器 CH ,其中列出了当前系统已安装的所有中文输入法。单击某种要使用的中文输入法,就可切换到该中文输入法状态下;若单击其中的"中文",就关闭中文输入法。

7. 打印机设置

打印机是计算机的重要输出设备。不论是文字处理,还是画图、制表等实际工程应用,最终都要将它们打印出来。打印机操作主要包括安装,设置和打印管理。

(1) 安装打印机。

通常有两种方法安装打印机驱动程序,第一方法是使用打印机附带的软件进行安装,一般方法是双击安装盘中 Setup.exe(或 Install.exe)文件,然后按提示步骤执行,直到完成安装。第二种方法是使用 Windows 自带的安装功能进行安装,下面以第二种方法为例说明打印机的安装过程。

单击屏幕左下角开始按钮![开始按钮],点击"设备和打印机"命令,打开"设备和打印机"文件夹,来管理和设置现有的打印机,也可以添加新的打印机。单击该文件夹中的"添加打印机"按钮,启动"添加打印机"向导,如图 2-22 所示。在"添加打印机"向导的提示和帮助下,用户先选择端口、打印机型号、"从磁盘安装"驱动程序,一步步地完成安装工作,如图 2-23、图 2-24 所示。

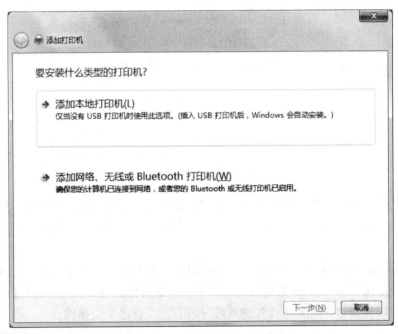

图 2-22　"添加打印机向导"界面

如果没有真实打印机,那么也可以安装一个虚拟的打印机。所要注意的就是在图 2-23 所示界面选择打印机端口时要选择"FILE 端口"类型,即将内容打印到文件而不是真实的打印机上。

(2) 设置打印机。

单击屏幕左下角开始按钮![开始按钮],点击"设备和打印机"命令,打开"设备和打印机"文件夹,如图 2-25 所示。在"打印机和传真"组中选中需配置的打印机图标,单击鼠标右键,选择"打

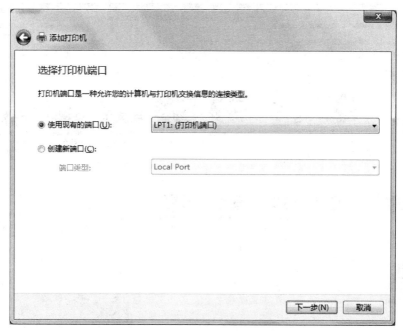

图 2-23　添加打印机的"选择打印机端口"界面

图 2-24　添加打印机的"安装打印机驱动程序"界面

印机属性"菜单,弹出窗口如图 2-26 所示。用户可通过"共享"页设置当前打印机为共享打印机或取消共享;"端口"页可更改打印机的接口设置。"高级"页提供了是否后台打印、优先级等高级设置。单击"常规"页下的"首选项"按钮,可以对打印机的纸张大小、方向、打印分辨率进行设置,具体的设定内容取决于打印机的类型和驱动程序。

图 2-25 "设备和打印机"管理界面

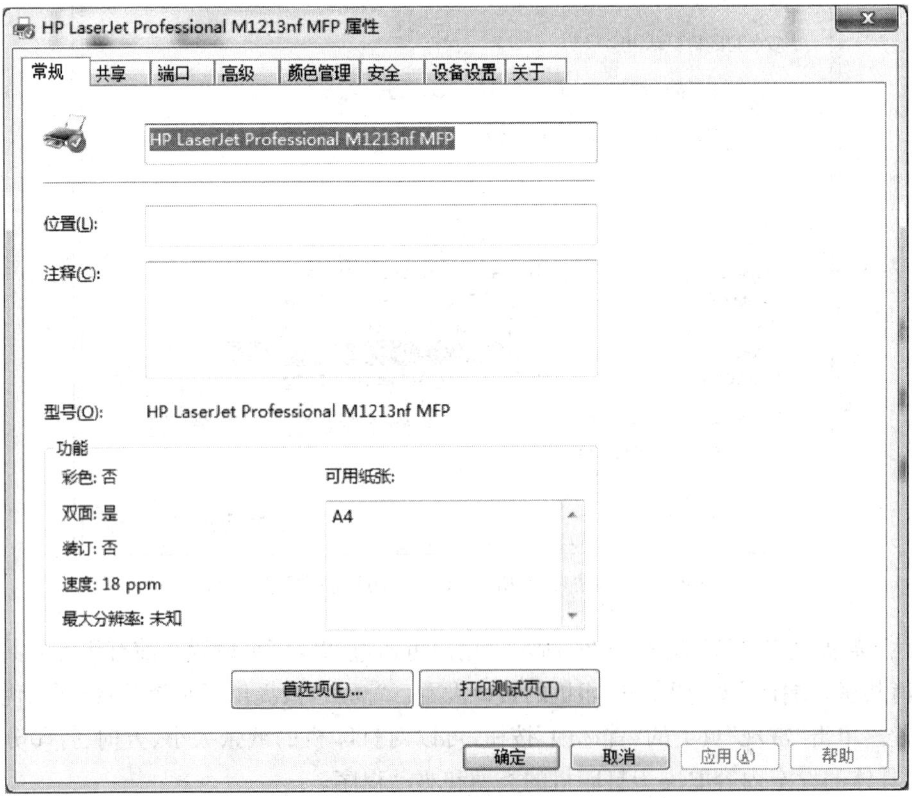

图 2-26 打印机属性设置界面

通常系统中第一台安装的打印机为默认打印机,图 2－26 所示界面中其图标左上角有一个绿色打勾标记,表示将该打印机设置为应用程序打印时的缺省打印机。打印作业一般总是发送到默认打印机,除非指定了其他打印机。若机器上安装了多台打印机,右击一台不是默认的打印机,快捷菜单中将出现一项"设为默认打印机",可以更改该打印机为默认打印机。

（3）打印管理。

Windows 为每一台安装的打印机提供了单独的打印管理器,通过打印管理器控制发送到打印机的打印作业。在"设备和打印机"文件夹中双击需要管理的打印机图标,即可打开其打印管理器窗口,从这里可以随时查看打印队列状态,改变打印状态,从而人工控制管理打印机。单击"文档"菜单下的"暂停""继续""取消""属性"等命令可以管理这些等待打印的文档以及设置文档的优先级等。

8. 回收站设置

右键单击桌面的"回收站"图标或者"资源管理器"左框中的"回收站",再选"属性",则得到如图 2－27 所示的"回收站 属性"设置对话框。回收站的属性设置项主要有以下三项。

图 2－27　"回收站 属性"对话框

"自定义大小":回收站满了以后,后来进入的被删文件会自动将最早进入的文件挤出。如果要多存储一些被删文件,可以扩大回收站空间。一般取磁盘总容量的 3％～10％。如果磁盘足够大,可以将回收站空间设得大一些。

"不将文件移入回收站":即文件将被直接删除,无法在回收站中重新恢复。注意一般不要勾选。

"显示删除确认对话框":删除时弹出对话框确认用户是否确实需要删除文件或文件夹,而非误操作。

9. 文件关联

Windows 打开文件时,使用扩展名来识别文件类型,并建立与之关联的程序。例如当双击一个 TXT 文件时,通常情况下系统会启动"记事本"打开这个文件。我们说,扩展名为"txt"

的文本文件和"记事本"这个应用程序之间建有关联。

文件关联就是将一种类型的文件与一个可以打开它的程序建立起一种关系。举个例子来说,位图文件(BMP 文件)在 Windows 中的默认关联程序是"画图",如果将其默认关联改为用 ACDSee 程序来打开,那么 ACDSee 就成了它的默认关联程序。我们可以根据需要新建文件关联,更改文件关联,删除文件关联,在有些软件中还可以恢复文件的关联。具体的操作方法如下:

(1) 利用"打开方式"新建文件关联。

用鼠标双击一个没有被任何程序关联的文件,桌面上就会弹出一个"打开方式"的对话框,如图 2-28 所示。在这里就可以根据不同文件的打开方式选择合适的程序来打开文件了。需要注意的是,如果在下面的"始终使用选择的程序打开这种文件"前打勾,就会默认以后双击这类文件时将自动启动那个被选中的程序来打开这类文件。

图 2-28 "打开方式"对话框

(2) 利用"设置默认程序"定制文件关联。

单击"开始"→"控制面板"→"默认程序",打开图 2-29 所示的界面,选择"设置默认程序",将弹出"设置默认程序"的界面,如图 2-30 所示。在该界面中列出了可供设置默认打开方式的程序列表。若要将某个程序设为它可以打开的所有文件类型和协议的默认程序,只需要单击选中该程序,并单击右侧"将此程序设为默认值"按钮即可。

(3) 更改文件关联。

要更改文件的关联程序,打开"控制面板"→"默认程序"→"将文件类型或协议与程序关联",如图 2-31 所示。这里双击需要更改关联方式的文件扩展名,就可在弹出的对话框中选择所需的程序作为此类文件的打开方式。如双击"HTTP"文件类型,可以选择打开 HTTP 文件的程序,如图 2-32 所示。

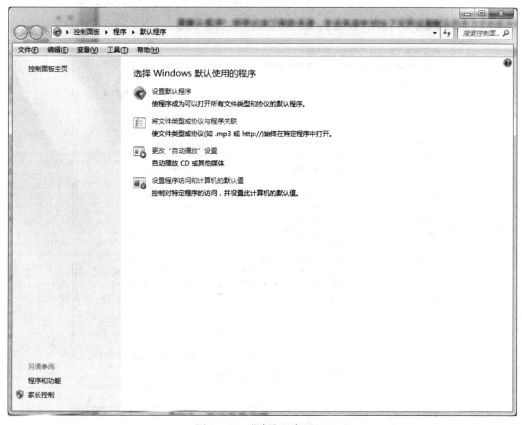

图 2-29 "默认程序"界面

图 2-30 "设置默认程序"界面

图 2-31 "设置文件关联"界面

图 2-32 选择打开"HTTP"类型文件的程序

(4) 删除误操作的文件关联选项。

用户有时可能会误把某类文件关联了用每种程序打开,这时可以通过修改注册表来删除误操作的文件关联项目。方法如下:在"开始"菜单的"运行"命令框中键入 regedit,然后回车,打开"注册表编辑器",找到[HKEY_CURRENT_USER\Software\Microsoft\Windows\CurrentVersion\Explorer\FileExts]子键,再选择要修改"打开方式"的扩展名的子项,然后选择该子项中的 OpenWithList,删除右侧窗口中误关联程序的键值后,重新启动电脑就可以了。

（5）恢复常用软件的文件关联。

当安装了一个新软件后，有可能原来熟悉的文件图标发生改变，打开它的程序也不是原来的了。此时，如果想要恢复原来的默认打开方式，可以用应用程序本身提供的文件关联的恢复功能。这里举例说明 ACDSee 如何恢复常用软件的文件关联。打开 ACDSee 程序界面"工具"菜单上的"文件关联"，会弹出一个"ACDSee 集成环境"窗口，在"图像文件"栏中可以恢复常用的图像文件与 ACDSee 的关联。

2.2.2　Windows 系统维护

系统维护的目的是维护 Windows 系统正常、高效地运行，主要包括磁盘管理、磁盘清理、系统还原与注册表管理等功能。

磁盘是计算机必备的外存储器，磁盘管理是一项使用计算机时的常规任务，掌握有关磁盘管理的基本知识，用户可以更加快捷、方便、有效地处理好计算机磁盘。

1. 磁盘分区

计算机中存放信息的主要的存储设备就是硬盘，但是新硬盘不能直接使用，为了便于管理，必须先对硬盘在逻辑上进行分割，分割成的区域就是磁盘分区。

（1）磁盘分区的类型。

在传统的磁盘管理中，磁盘分区有两大类：主分区和扩展分区。主分区是能够安装操作系统，能够进行计算机启动的分区，这样的分区可以直接格式化，然后安装系统，直接存放文件。受限于 Windows 系统的分区设计方案，目前在一个硬盘中最多只能存在 4 个主分区。如果一个硬盘上需要超过 4 个以上的磁盘分块的话，那么就需要使用扩展分区了。如果使用扩展分区，那么一个物理硬盘上最多只能有 3 个主分区和 1 个扩展分区。扩展分区不能直接使用，它必须经过第二次分割成为一个一个的逻辑分区，然后才可以使用。一个扩展分区中可以包含任意多个逻辑分区。

（2）磁盘分区的格式。

在计算机系统中，所有的程序和数据都是以文件的形式存放在计算机的外部存储器（如磁盘、光盘等）上。文件是有名称的一组相关信息的集合。一个计算机系统中所存储的文件数量十分庞大，为了提高应用与操作的效率，必须对这些文件进行适当的管理。Windows 系统管理文件的文件格式主要有：FAT16、FAT32、NTFS 等。

磁盘分区后，必须经过格式化才能够正式使用，Windows 系统磁盘格式化时可选的格式主要有：FAT16、FAT32、NTFS 等。

① FAT16（标准文件分配表）。

FAT16（标准文件分配表）是 MS DOS 和 Windows 操作系统用来组织和管理文件的文件系统之一。它采用 16 位的文件分配表，是目前应用最为广泛和获得操作系统支持最多的一种磁盘分区格式，几乎所有的操作系统都支持这一种格式，从 DOS、Windows 95、Windows 98、Windows 2000、Windows XP、Windows Vista、Windows 7 甚至 Linux 都支持这种分区格式。

但是 FAT16 分区格式有一个最大的缺点：磁盘利用效率低。因为在 DOS 和 Windows

系统中,磁盘文件的分配是以簇为单位的,一个簇只分配给一个文件使用,而不管这个文件占用了多少簇容量。这样,即使一个文件很小的话,它也要占用一个簇,剩余的空间便全部闲置在那里,形成了磁盘空间的浪费。由于分区表容量的限制,FAT16 支持的分区越大,磁盘上每个簇的容量也越大,造成的浪费也越大。所以为了解决这个问题,微软公司在 FAT16 之后又推出了一种磁盘分区格式 FAT32。

② FAT32(增强文件分配表)。

FAT32(增强文件分配表)是文件分配表(FAT16)文件系统的派生文件系统。这种格式采用 32 位的文件分配表,比 FAT16 支持更小的簇和更大的卷,这就使得 FAT32 卷的空间分配更有效率,从而大大增强了对磁盘的管理能力。同 FAT16 相比,FAT32 主要具有以下特点:

(a) 同 FAT16 相比 FAT32 最大的优点是可以支持的磁盘大小达到 2 TB(2 047 GB),但是不能支持小于 512 MB 的分区。基于 FAT32 的 Windows 2000 可以支持分区最大为 32 GB;而基于 FAT16 的 Windows 2000 支持的分区最大为 4 GB。

(b) 由于采用了更小的簇,FAT32 文件系统可以更有效率地保存信息。如两个分区大小都为 2 GB,一个分区采用了 FAT16 文件系统,另一个分区采用了 FAT32 文件系统。采用 FAT16 的分区的簇大小为 32 KB,而 FAT32 分区的簇只有 4 KB 的大小。这样 FAT32 就比 FAT16 大大地减少了磁盘空间的浪费,其存储效率要高很多,通常情况下可以提高 15%。

(c) FAT32 文件系统可以重新定位根目录和使用 FAT 的备份副本,另外 FAT32 分区的启动记录被包含在一个含有关键数据的结构中,减少了计算机系统崩溃的可能性。

但是,FAT32 分区格式也有它的缺点:首先,采用 FAT32 格式分区的磁盘,由于文件分配表的扩大,运行速度比采用 FAT16 格式分区的磁盘要慢;另外,由于 DOS 不支持这种分区格式,所以采用这种分区格式后,就无法再使用 DOS 系统。

③ NTFS。

NTFS 是在性能、安全、可靠性等方面都大大超过 FAT 版本功能的高级文件系统。例如,NTFS 通过使用标准的事务处理记录和还原技术来保证卷的一致性。如果系统出现故障,NTFS 将使用日志文件和检查点信息来恢复文件系统的一致性。在 Windows XP 和 Windows 7 等系统中,NTFS 还可以提供诸如文件和文件夹权限、加密、磁盘配额和压缩这样的高级功能。

NTFS 文件系统是一个基于安全性的文件系统,它是建立在保护文件和目录数据基础上,同时照顾节省存储资源、减少磁盘占用量的一种先进的文件系统。它的优点是安全性和稳定性极其出色,在使用中不易产生文件碎片。它能对用户的操作进行记录,通过对用户权限进行非常严格的限制,使每个用户只能按照系统赋予的权限进行操作,充分保护了系统与数据的安全。目前支持这种分区格式的操作系统已经很多,从 Windows 2000、Windows XP 直至 Windows Vista 及 Windows 7。

NTFS 磁盘也称 NTFS 卷,NTFS 与 FAT 同样有扇区、簇、根、树状、文件属性等概念,但 NTFS 与 FAT 在结构上仍有很大的不同,与 FAT 相比有以下一些特点:

（a）支持文件权限。NTFS 允许分配基于文件的权限，它使不同的用户对文件或文件夹有不同的访问权限，通过它，一个用户的文件才可能是安全的，才可能不被其他用户所访问。

（b）支持文件加密。加密使得哪怕硬盘被偷走而文件仍是安全的。

（c）支持文件压缩。可以选择对一个磁盘、一个文件夹或一个文件进行压缩，压缩对用户是透明的，用户不会感觉到压缩前后在使用上有何不同。

（d）支持磁盘配额限制。可以设定一个用户最多只能使用 NTFS 卷下的多少空间。

（e）支持挂装卷。可以将其他磁盘作为 NTFS 卷的子文件夹存在。比如子文件夹 G:\ext\sub 实际上是另一个 FAT 或 NTFS 磁盘，甚或是光盘。

（f）支持审计。作为对权限的补充，可以事后对所发生的事件进行跟踪审查。

（g）优化的结构。NTFS 在检索碎片等操作时效率更高。

（h）支持分布式文件系统。分布式文件系统可以将多个本地卷以及多个网络共享文件夹等全部纳入到同一个名字空间（如一个驱动器字母）下进行管理和使用。

（i）可扩展性和解析点。NTFS 允许扩展文件属性，解析点是带有专门属性标志的 NTFS 对象，用于触发文件系统中的附加功能，它与文件系统过滤器一起使用扩展了 NTFS 文件系统的功能。即 NTFS 允许添加新的特点和功能而无须重新设计文件系统。

（3）磁盘分区方法。

我们可以借助一些第三方的软件，如 Acronis Disk Director Suite、PQMagic、DM、FDisk 等来实现分区，也可以使用由 Windows 操作系统提供的磁盘管理平台来进行，如右键点击桌面的"计算机"图标，在弹出的界面中选择"管理"，再选择左边树中的"磁盘管理"，就可以打开图 2－33 所示的磁盘管理界面。这里可以对分区进行格式化和查看已有分区的属性，也可以

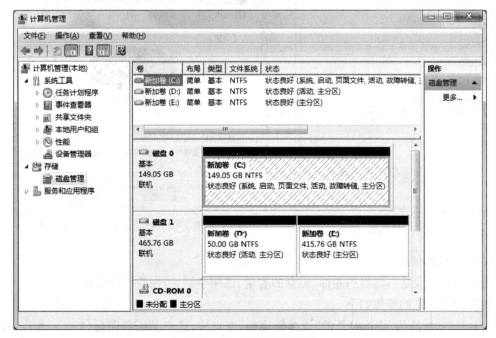

图 2－33　磁盘管理界面

对新的硬盘进行磁盘分区。

2. 磁盘格式化

格式化的任务是清除硬盘上的数据、生成引导区信息、初始化文件分配表、标注逻辑坏道等,还要根据操作系统的规定将若干扇区组织成一个"簇",并为其指定编号。

格式化磁盘的操作步骤如下:

(1)在图 2－33 所示的磁盘管理界面中选中要格式化的硬盘,单击鼠标右键,弹出快捷菜单。

(2)选择"格式化"命令,打开如图 2－34 所示的对话框,在其中选择磁盘的容量、文件系统,并为磁盘指定卷标。

① 容量:只有格式化软盘时才能选择磁盘的容量,现在一般使用的硬盘不需要选择。

② 文件系统:Windows 系统支持 FAT、FAT32 和 NTFS 文件系统。

③ 分配单元大小:这是指文件占用磁盘空间的基本单位。只有当文件系统采用 NTFS 时才可以选择,否则只能使用默认值。

④ 卷标:卷的名称,也称为磁盘名称。

⑤ 若选择"快速格式化"复选框,在格式化时不检查磁盘的损坏情况,格式化速度较快。

(3)单击"开始"按钮,磁盘开始格式化。注意格式化后会清除原有的数据,需要谨慎选择。

图 2－34 "格式化"磁盘

图 2－35 "磁盘属性"对话框

3. 查看磁盘信息

磁盘信息主要是指磁盘的卷标、磁盘的容量、已用空间、可用空间等信息。

查看磁盘信息的步骤如下:

(1)双击"计算机"图标打开的"资源管理器"窗口中,选中某磁盘图标(如 C:盘)。右击,选择弹出快捷菜单中的"属性"命令,打开如图 2－35 所示的"属性"对话框。

（2）单击"常规"选项卡，可查看该盘的总容量、已用空间、可用空间，还可更改磁盘卷标。

（3）单击"工具"选项卡，显示的界面如图2-36所示，可用来检查磁盘、备份磁盘文件、整理磁盘碎片。

4. 磁盘碎片整理

由于 Windows 系统的分区设计特点，磁盘经过长时间的使用后，由于反复写入和删除文件，磁盘中的空闲扇区会分散到整个磁盘中不连续的物理位置上，称为碎片。这样一来，文件就可能被分隔成若干"片"，被分散保存到整个磁盘的不同地方，而不是被保存在磁盘连续的空间中。这种情况对文件的完整性无影响，但由于过度的分散，计算机再读写文件时就需要到不同的地方去读取，增加了磁头的来回移动，降低了磁盘的访问速度。

图2-36 "磁盘属性"设置界面

磁盘碎片整理就是重新安排存储在硬盘上的文件与程序，使得那些未使用的空间连接起来形成较大的自由空间，以提高程序的运行速度及空间的使用效率。

磁盘碎片整理的操作步骤如下：

（1）在资源管理器中右击选中要整理的磁盘。

（2）在鼠标右键弹出的菜单中选择"属性"命令，在打开的"磁盘属性"对话框中选择"工具"选项卡，单击碎片整理区域的"立即进行碎片整理"按钮，打开"磁盘碎片整理程序"窗口，如图2-37所示。

一般应该先单击"分析磁盘"按钮，对磁盘碎片情况进行分析，只有在碎片较多时才需要整理。在确定需要整理后，单击"磁盘碎片整理"按钮，即开始整理磁盘。在整理过程中，如果单击"停止操作"按钮，可以终止整理过程，单击"关闭"按钮，可以退出磁盘碎片整理。

如果磁盘是固态硬盘，那么不需要做也不能做磁盘碎片整理。原因在于固态硬盘是通过电片选信号来访问硬盘上的不同区块，电信号不像磁头，寻道耗时几乎为零，即使数据再零碎，对于固态硬盘来说都是一样的，不会额外增加读取时间。因此文件碎片不会影响固态硬盘的效率，没必要做磁盘碎片整理。

另外再补充几点：

（a）固态硬盘写入次数有限，碎片整理会严重损耗固态硬盘寿命。

（b）固态硬盘还有许多磨损均衡，垃圾回收等算法，这些算法会与碎片整理冲突。

（c）Windows 8/Windows 10 的碎片整理程序针对固态硬盘做了特别设计，碎片整理操作不会对固态硬盘造成伤害，而其他版本的 Windows 最好不要用自带的碎片整理程序去整理固

图 2-37 "磁盘碎片整理"窗口

态硬盘。

5. 磁盘检查

在磁盘的使用过程中,或者因为受到外部强磁体及强磁场的影响,或者因为使用时间较长,磁盘盘片上的磁道及扇区信息可能会部分丢失,此时,硬盘就会产生逻辑坏道,可以通过软件方式修复。但是,如果硬盘确实发生了物理损伤,一般是不可修复的。

(1) 磁盘有坏道时的表现。

① 在打开或者运行文件时,硬盘速度明显变慢。

② 听到明显的"喀喀"声。

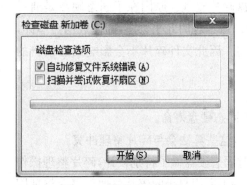

图 2-38 "磁盘检查"窗口

③ 系统提示无法读写文件。

④ 无法引导操作系统以致计算机无法启动。

(2) 磁盘的检查方法。

① Windows 系统提供的磁盘检查程序是解决硬盘逻辑坏道最常用的工具,它的功能还包括检查并修复文件系统错误。在资源管理器中鼠标右键选中要整理的磁盘;选择"属性"→"工具"→"开始检查",即可打开如图 2-38 所示的"检查磁盘"窗口。

② 在开始→命令行里输入"cmd"后回车,即可打

开命令提示符环境,这里用 chkdsk 命令也可以对磁盘进行检查。

③ 其他的一些检查硬盘的软件,如磁盘医生以及 pctools 等软件也是经常用到的工具。

6. 磁盘清理程序

系统经过一段时间的运行,会产生一些无用的文件,如临时文件、Internet 缓存文件等。磁盘清理的主要目的是回收磁盘存储空间,把不需要的垃圾文件从磁盘中删除掉,以便增加磁盘的可用存储空间。磁盘清理的主要手段有清空回收站、删除临时文件和不再使用的文件、卸除不再使用的软件等。

清理磁盘的方法很简单,只需要在"开始"菜单中,选择"所有程序"→"附件"→"系统工具"→"磁盘清理",就可以打开"选择驱动器"对话框。在这里选择需要清理的驱动器后,单击"确定"按钮,系统就开始计算可释放的磁盘空间,随后弹出如图 2-39 所示的"磁盘清理"窗口。其中有若干类可供删除的文件,包括 Internet 临时文件、已下载的程序文件、回收站中的文件、临时文件等。

在"要删除的文件"列表中勾选需要清理的磁盘文件,单击"确定"按钮,系统就开始清理磁盘了。

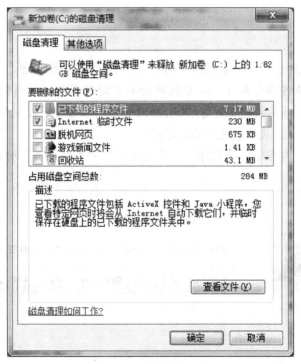

图 2-39 "磁盘清理"窗口

7. 查看系统信息

系统信息反映了计算机系统的各种信息,有利于人们对计算机的了解和控制,还可以帮助人们寻找系统中存在的问题。单击"开始"→"所有程序"→"附件"→"系统工具"→"系统信息",就可以查看系统信息,如图 2-40 所示。

"系统信息"窗口的左边一栏是类似资源管理器的目录结构,展开其中的各个分支,可以得到系统(包括硬件和软件)的各种详细信息。

图 2-40 "系统信息"窗口

8. 系统还原

Windows 7 系统提供了一种系统故障的应对机制,称为系统还原。在系统配置有所改变时(如新安装或删除软件等),Windows 系统将会对系统的参数进行备份,如果用户某天发现系统出了问题,而昨天或前天还是好好的,就可以把系统参数设置恢复到昨天或前天的状态,从而让系统恢复正常。这就是系统还原的原理。

单击"开始"→"所有程序"→"附件"→"系统工具"→"系统还原",弹出如图 2-41 所示的

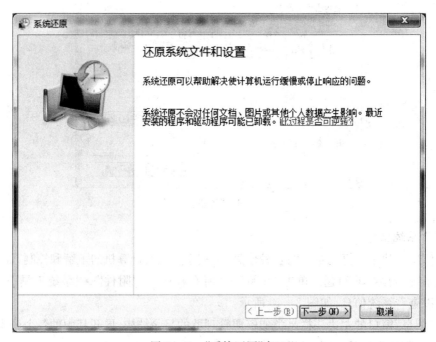

图 2-41 "系统还原"窗口

设置界面。点击下一步,选一个还原日期(如图 2－42 所示),再单击"下一步"按钮,计算机会按照还原日期的系统参数重新启动。

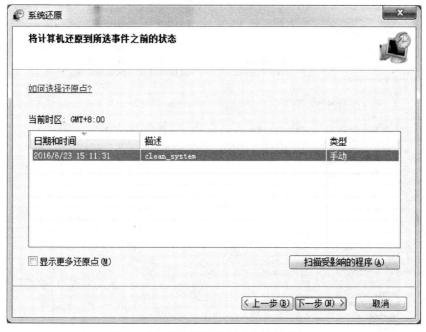

图 2－42　系统还原的"选择还原点"窗口

　　注意上述系统还原的前提是打开了对 C 盘即系统盘的保护并在系统能正常使用的时候创建过系统还原点,具体操作见 2.2.1 节"Windows 系统设置"中的 Windows"系统保护"设置内容。

　　9. 注册表

　　注册表(Registry)是 Windows 系统参数的核心数据库,它控制着系统的启动,硬件驱动程序的装载和各种应用程序的运行。它主要包括:

　　(1) 软、硬件的有关配置和状态信息。

　　(2) 计算机和各个用户的系统设置。

　　(3) 文件扩展名与应用程序的关联。

　　(4) 硬件的描述、状态和属性。

　　(5) 计算机性能纪录和底层的系统状态信息。

　　在 Windows 中,注册表由两个文件组成:System.dat 和 User.dat,保存在 Windows 所在的文件夹中。它们是由二进制数据组成。System.dat 包含系统硬件和软件的设置,User.dat 保存着与用户有关的信息,例如资源管理器的设置,颜色方案以及网络口令等。

　　Windows 为我们提供了一个注册表编辑器(Regedit.exe)的工具,它可以用来查看和维护注册表。注册表编辑器的打开方式如下图所示,点击开始按钮,在命令行里输入"regedit"后回车即可打开,注册表编辑器与资源管理器的界面相似,如图 2－43 所示。

　　注册表编辑器的左边窗格中,由"我的电脑"开始,以下是 5 个分支项,分别是文件类型、当前用户、本计算机、用户组和当前配置。每个分支名都以 HKEY 开头,称为主键(KEY),展开

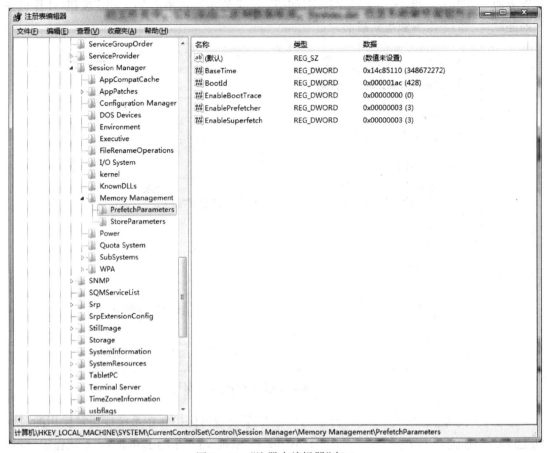

图 2 - 43 "注册表编辑器"窗口

后可以看到主键还包含次级主键(SubKEY)。主键中可以包含多级的次级主键,注册表中的信息就是按照多级的层次结构组织的。当单击某一主键或次级主键时,右边窗格中显示的是所选键内包含的一个或多个键值(value)。键值由键值名称(value Name)和数据(value Data)组成。

注册表中各分支的功能如下:

(1) HKEY - CLASSES - ROOT:文件扩展名与应用程序的关联及 OLE 信息。

(2) HKEY - CURRENT - USER:当前登录用户控制面板选项和桌面设置,以及映射的网络驱动器。

(3) HKEY - LOCAL - MACHINE:计算机硬件与应用程序信息。

(4) HKEY - USERS:所有登录用户的信息。

(5) HKEY - CURRENT - CONFIG:计算机硬件配置信息。

注册表通过键和子键的键值项数据来保存管理各种信息。在注册表编辑器右窗格中显示的都是键值项数据,这些键值项数据可以分为 3 种类型:

(1) 字符串值。

在注册表中,字符串值一般用来表示文件的描述和硬件的标识。通常由字母和数字组成,也可以是汉字,最大长度不能超过 255 个字符。

（2）二进制值。

在注册表中二进制值是没有长度限制的，可以是任意字节长。在注册表编辑器中，二进制以十六进制的方式表示。

（3）DWORD 值。

DWORD 值是一个 32 位（4 个字节）的数值。在注册表编辑器中也是以十六进制的方式表示。

如果注册表遭到破坏，Windows 将不能正常运行，为了确保 Windows 系统安全，我们必须对注册表进行备份。如果用户要对注册表进行修改，也必须对注册表进行人为的备份，一旦修改坏了可以恢复原状。

（1）注册表的备份。

可以利用 Windows 中的注册表编辑器（Regedit.exe）进行备份。在图 2-43 所示的"注册表编辑器"窗口中，选择菜单"文件"→"导出"命令，出现如图 2-44 所示的"导出注册表文件"对话框，选择好导出范围，保存的路径，输入文件名，单击"保存"按钮即可导出。选择保存的文件类型为"注册文件（*.reg）"，可以用任何文本编辑器进行编辑。

图 2-44　"导出注册表文件"对话框

（2）注册表的恢复。

当注册表损坏时，启动 Windows 时会自动尝试进行恢复工作，如果不能自动恢复，可以运行 Regedit.exe（它可以运行在 Windows 下或命令提示符界面下），选择菜单"文件"→"导入"命令导入 .reg 备份文件。

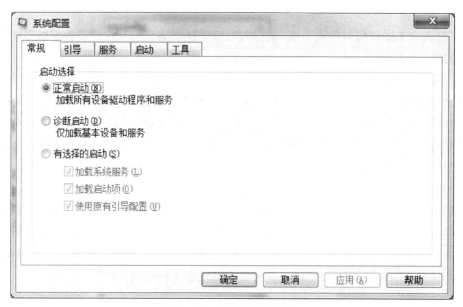

图 2-45 "系统配置"界面

图 2-46 "帮助和支持"窗口

10. 开机启动项

在 Windows 系统里,有个非常实用的命令程序:msconfig,即系统配置实用程序。该程序为系统启动和加载项设置,合理的配置可以大大提升系统的启动速度和运行效率。

首先点击 Windows 7 桌面左下角的"开始",在命令行中输入"msconfig",回车确认,进入系统配置实用程序,如图2-45所示。

建议大家在"启动"选项卡里去掉一些不需要开机启动的程序,对提升电脑开机速度有很大帮助。

大家也可以借助软件来优化,如360安全卫士里就有很全的开机加速优化功能,这里不介绍使用软件优化,因为软件优化比较简单,但对于爱动手用户建议还是自己靠优化电脑本身来优化了。

11. 联机帮助系统

当不知道如何完成某项任务时,用户可以通过 Window 系统提供的功能强大的帮助系统来获得帮助信息。按下 F1 键,会弹出如图 2-46 所示的"帮助和支持"窗口。在该界面中键入所需帮助的关键字,即可获得详细的帮助信息。

2.3　Linux 操作系统介绍与基本操作

Linux 是一个由芬兰赫尔辛基大学的大学生林纳斯·托瓦兹(Linus Torvalds)于 1991 年首次编写的操作系统内核。Linux 操作系统是一类"类 Unix"操作系统的总称,采用 Linux 作为操作系统的内核,这些操作系统具有许多 Unix 操作系统的特点,比如多用户、多任务、可移植性、丰富的网络功能、强大的安全机制等。Linux 是一个自由开源的操作系统内核,任何人都可以获得它的源代码,并能够随意修改它,因此许多程序员加入 Linux 社区参与 Linux 的开发,将 Linux 操作系统打造成了一类性能出色、稳定可靠的操作系统,与 Windows 等展开了激烈的竞争。

2.3.1　Linux 操作系统的诞生

在 Unix 出现之前,操作系统都是针对某个特定机器设计的。这些操作系统都是采用低级语言编写,尽管运行速度很快,但它们只局限于某个特定的机器,为某个特定机器设计的程序通常不能在另一个机器上运行。1969 年,美国电话电报公司贝尔实验室的肯·汤普森(Ken Thompson)和丹尼斯·里奇(Dennis Ritchie)用低级语言设计了一个操作系统,这个操作系统便是 Unix 操作系统的雏形。这个操作系统设计得非常精巧,但因它是用低级语言写的,因此移植起来非常困难。1973 年,他们用 C 语言重写了整个系统。C 语言是一种高级语言,由里奇本人发明。用 C 语言编写的 Unix 代码简洁紧凑、易移植、易读、易修改,为此后 Unix 的发展奠定了坚实基础。

1974 年,汤普森和里奇合作在 ACM 通信上发表了一篇关于 Unix 的文章,这是 Unix 第一次出现在贝尔实验室以外,引起了学术界的广泛关注并索取其代码用于教学和研究。Unix 第五版就以"仅用于教育目的"的协议,提供给各大学作为教学之用,成为当时操作系统课程中的范例教材。各大学、公司开始通过 Unix 代码对 Unix 进行了各种各样的改进和扩展。于是,Unix 开始广泛流行。

美国电话电报公司也开始注意到 Unix 所带来的商业价值。公司的律师开始寻找一些手段来保护 Unix,并让其成为一种商业机密。从 1979 年 Unix 的第七版开始,Unix 的许可证开始禁止大学使用 Unix 的代码,包括在授课中学习。

1981 年,对软件私有化感到气愤与无奈的理查德·斯托曼(Richard Stallman)离开了工作了十年的麻省理工大学人工智能实验室。他认为"不允许对软件进行共享或者修改"不仅"反社会",而且是"不道德"并且"错误"的。他于 1985 年发表了著名的 GNU 宣言,正式宣布要开始进行一项宏伟的计划:创造一套完全自由,兼容于 Unix 的操作系统 GNU。GNU 是 GNU's Not Unix 的递归式缩写。之后他又建立了"自由软件基金会"米协助该计划。1989 年,他与一群律师起草了广为使用的 GPL(General Public License)协议,用来保护以 GPL 授权的软件不被商业公司私有化。同时,GNU 计划中除了最关键的 Hurd 操作系统内核之外,其他绝大多数软件已经完成。

1991 年,芬兰赫尔基辛大学的本科生林纳斯·托瓦兹(Linus Torvalds)阅读了安德鲁·特纳鲍姆(Andrew Tanenbaum)教授所写的《操作系统:设计与实现》,并研究了书后所附的关于 Minix 约 12 000 行代码。Minix(Minimal unix)是特纳鲍姆教授所写的用于教学的小型 Unix 操作系统,它的设计启发了托瓦兹。和世界上其他黑客、程序员一样,他们都渴望一个自由开源的 Unix,但托瓦兹与其他人不同的是他不愿意再等了,他开始着手写自己的操作系统内核。10 月,他以完全自由开源的协议发布了 Linux 的第一个版本。尽管它并不完美,但它的发布依然振奋了一批黑客和程序员,他们采用 Linux 内核再加上各种 GNU 软件,组合成了一个能用的且完全自由开源的类 Unix 操作系统,这类操作系统被称为 GNU/Linux。这些黑客和程序员也加入托瓦兹的行列参与 Linux 的开发。借助社区的力量,Linux 迸发出了强大的生命力。

2.3.2　Linux 操作系统的应用领域

Linux 操作系统具有 Unix 的特性,如多用户、多任务、可移植、网络功能丰富,安全机制强大。而且,它性能出色、稳定可靠。同时,Linux 操作系统完全开放源代码,降低了对封闭软件潜在安全性的忧虑。因此,Linux 操作系统具有广泛的应用领域。

1. 桌面应用领域

虽然 Windows 操作系统在桌面应用中一直占有绝对的优势,但随着 Linux 操作系统的图形界面和桌面应用软件方面的发展,Linux 操作系统在桌面应用方面也得到了显著的提高,不少桌面用户转而使用 Linux 操作系统。一些国家的政府部门为了节省授权费用以及担心封闭软件的安全性,也开始使用 Linux 操作系统代替 Windows 操作系统。

2. 高端服务器领域

由于 Linux 内核稳定可靠且开放源代码,越来越多的企业选择了 Linux 操作系统。在 Linux 操作系统上,企业可以架构 Web 服务器、邮件服务器、DNS 服务器、负载均衡服务器等,大大降低了企业的运营成本,也无须考虑商业软件的版权问题。近几年来,Linux 系统已经渗透到了电信、金融、政府、教育、银行、石油等各个行业,超大型互联网企业也都在使用 Linux 操作系统作为其服务器端的程序运行平台。

3. 嵌入式应用领域

因为 Linux 内核支持大量的微处理体系结构、硬件设备、图形支持和通信协议,所以在嵌入式应用的领域里,从互联网设备(路由器、交换机、防火墙,负载均衡器等)到专用的控制系统(自动售货机、手机、PDA、各种家用电器等),Linux 操作系统都有广阔的应用市场。特别是经过近几年的发展,它已经成功地跻身于主流嵌入式开发平台。比如,采用 Linux 内核的安卓系统在智能手机领域牢牢占据了一席之地。

2.3.3　Linux 的发行版本

Linux 的发行版本是不同公司或者组织为许多不同目的而制作的,包括对不同计算机结构的支持、对一个具体区域或语言的本地化、对特殊应用环境的支持,甚至很多发行版本只选择那些开源的软件。Linux 的发行版本超过 300 个,这里主要介绍 4 个常用的版本。

1. CentOS

RHEL(Red Hat Enterprise Linux)是红帽公司推出的商业 Linux 发行版本,专注于企业级应用,并向购买它的企业提供全套技术支持。它不仅可靠稳定,而且支持大量的硬件,受到大中型企业的欢迎。根据 Linux 内核和 GNU 的要求,红帽公司不得不开放 RHEL 中除部分私有软件以外的所有源代码。社区便根据这些源代码重新编译,产生了一个与 RHEL 非常相似的 CentOS(Community Enterprise Operating System)的发行版本。CentOS 完全免费,而且拥有 RHEL 几乎所有的特性,因此受到大量中小企业的欢迎,也是学习者学习服务器管理的最佳发行版本。

下载地址:https://www.centos.org/download/

2. Ubuntu

"Ubuntu"一词起源于祖鲁和科萨的非洲语,被形容为"因为太美而难于翻译成英文",它在非洲语中的意思是"begin-with-others",即"对他人人道"。不同于其他 Linux 发行版本,是给专家用的,Ubuntu 的名称就表达了该系统是为普通人开发的。因此,Ubuntu 简单易用,支持大量硬件,拥有漂亮的图形界面和大量的应用软件,以及全面的多国语言支持,非常适合用于桌面应用领域。Ubuntu 和 Ubuntu 的衍生发行版本是世界上最流行的 Linux 发行版本。

下载地址:http://www.ubuntu.org.cn/download/desktop

3. Ubuntu Kylin

Ubuntu Kylin 是由中国 CCN 联合实验室主导的基于 Ubuntu 的一个发行版本。在 Ubuntu 的基础之上加入了更完善的中文本地化支持,包含更多本土的应用软件,如 WPS、搜狗输入法、农历等,给中文用户带来了良好的系统体验。

下载地址:http://www.ubuntu.org.cn/download/ubuntu-kylin

4. Deepin

Deepin 是我国另一个比较重要的 Linux 发行版本,它遵循"免除新手痛苦、节约老手时间",注重易用的体验和美观的设计。不仅包含大量中文本地化的内容,还免费内置了商业软件 Crossover,可以直接在上面运行一些 Windows 应用程序,给用户带来了极大地便利。

下载地址:https://www.deepin.org/download.html

2.3.4 内核与壳的概念

类 Unix 操作系统的一个比较重要的思想是将操作系统分成了内核与壳。内核(Kernel)负责与机器的硬件打交道,而壳(Shell)则负责与用户交道,如图 2 - 47 所示。严格地说,Linux 仅仅表示 Linux 内核,不是一个操作系统,但我们一般把采用 Linux 内核的操作系统都称为 Linux 操作系统。

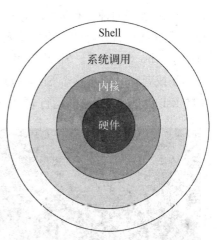

图 2 - 47 内核与 Shell 的关系

内核是操作系统的核心程序,它是一组用 C 语言编写的程序。当系统启动时,内核被加载到计算机的内存里,直接对硬件设备进行控制。需要访问硬件设备(如硬盘、打印机等)的用户程序(应用程序)需要利用内核提供的服务,间接地访问硬件设备。这些用户程序通过一组函数调用请求内核服务,这种函数调用被称为系统调用。类 Unix 内核的系统调用都完全一样,这个标准被称为 POSIX(Portable Operating System Interface,可移植操作系统接口）。Linux 与其他 Unix 内核一样都采用了 POSIX 标准。

除了为用户程序提供内核服务外，内核还要处理大量的日常事务。它负责管理内存，安排进程的运行时间表，决定进程的优先级等。因此，即使用户没有运行任何程序，内核仍然需要执行大量的操作。

计算机本身并不能理解用户输入的命令，它需要一个命令解释器负责解释用户输入的命令。命令解释就是由操作系统的外部程序——Shell 完成的。Shell 是用户和内核之间的接口。一个系统只能有一个内核在运行，但可以同时有多个 Shell 程序在运行，比如每个登录的用户都运行了一个不同的 Shell 程序。用户通过键盘输入命令，Shell 负责对键盘输入的每个命令进行检查，如果符合语法规范，Shell 会尝试理解命令的含义，然后执行相应的系统调用或者运行相应的程序并给予用户反馈，如图 2-48 所示。

```
[root@server ~]# whoami
root
[root@server ~]# pstree
init─┬─agetty
     ├─auditd───{auditd}
     ├─console-kit-dae───63*[{console-kit-da}]
     ├─crond
     ├─dbus-daemon
     ├─exim
     ├─httpd───9*[httpd]
     ├─6*[mingetty]
     ├─mysqld_safe───mysqld───15*[{mysqld}]
     ├─nginx───3*[nginx]
     ├─rsyslogd───3*[{rsyslogd}]
     ├─smbd───smbd
     ├─sshd───sshd───bash───pstree
     └─udevd───2*[udevd]
[root@server ~]#
```

图 2-48　Shell 和执行命令

Shell 程序的种类有很多，常见的有 bash、csh、ksh 等。当用户登录到系统后，必定有一个 Shell 程序在运行并等待用户的输入。如果用户想要知道自己用的是何种 Shell 程序，可以使用命令 echo \$0 查看。Shell 程序也是程序，你可以在一个 Shell 中运行另一个 Shell，当你输入 exit 或者 quit 退出这个 Shell 以后，你又回到了原来的 Shell，如图 2-49 所示。提示，示例中的 ksh 也是一种 shell，运行它之前需要安装和配置。

```
[root@server ~]# echo $0
-bash
[root@server ~]# ksh
# echo $0
ksh
# exit
[root@server ~]# ksh
# echo $0
ksh
# whoami
root
#
```

图 2-49　显示 Shell 类型和切换 Shell

2.3.5　Linux 文件系统的目录结构

Linux 的目录组织形式和 Windows 有很大的不同。首先，Linux 没有"盘符"的概念，即 Linux 下不存在所谓的 C 盘、D 盘。每个 Linux 文件系统有且只有一个最顶层目录，它是所有文件的参照点。这个顶层目录又被称为根目录，它用"/"表示。

根目录下面有许多子目录，子目录下面又有许多子目录和文件。比如 bin 和 usr 是根目录下面的两个子目录，而在 usr 目录下面又有一个 bin 目录。不同于 Windows 用反斜杠"\"来表示目录关系，Linux 用正斜杠来表示目录关系。比如 usr 目录表示为"/usr"，usr 目录下面的 bin 目录表示为"/usr/bin"，这些表示都是以根为参照点的，我们称为绝对路径。

除了绝对路径来表示文件或目录，Shell 也可以支持相对路径。Shell 存在一个"当前工作目录"，这是相对路径的参照点。你可以使用 pwd 命令来查看"当前工作目录"的绝对路径，使用 cd 命令可以用来切换"当前工作目录"。比如"cd/usr"表示切换到根目录下的 usr 目录，然后如果你想切换到"/usr/bin"（绝对路径），你可以使用"cd bin"，"bin"便是相对路径，它的参照点是当前工作目录（/usr），如图 2-50 所示。

图 2-50　pwd cd 命令示例

除此以外，Shell 也支持"."（一个英文句点），".."（两个英文句点），"～"（波浪线）这类表示目录的特殊语法。"."即相当于当前工作目录。"cd ."这条命令就相当于切换到当前工作目录（什么也没发生），如果要表示当前工作目录下面的子目录，你必须加上一个正斜杠，比如"./bin"，不加斜杠的".bin"是合法的子目录名或者子文件名，但单独的"."不是合法的文件名。".."即等于当前工作目录的父目录，和"."的用法类似，你可以用"../../../game"来表示父目录的父目录的父目录下面的 game 目录。"～"表示你的用户主目录，当你登录到 Linux 系统时，Shell 会自动把工作目录设为你的主目录，这是系统自动创建的，普通用户的主目录一般是"/home/{用户名}"，系统超级管理员 root 用户的主目录是特殊的"/root"，如图 2-51 所示。普通用户一般无权修改除自己的主目录外的其他目录。

Linux 根目录下面有许多不同的子目录，这些子目录都有专门的用途，它们自 Unix 时代就没有发生过大的变化。表 2-2 列出了典型的 Linux 根目录结构。

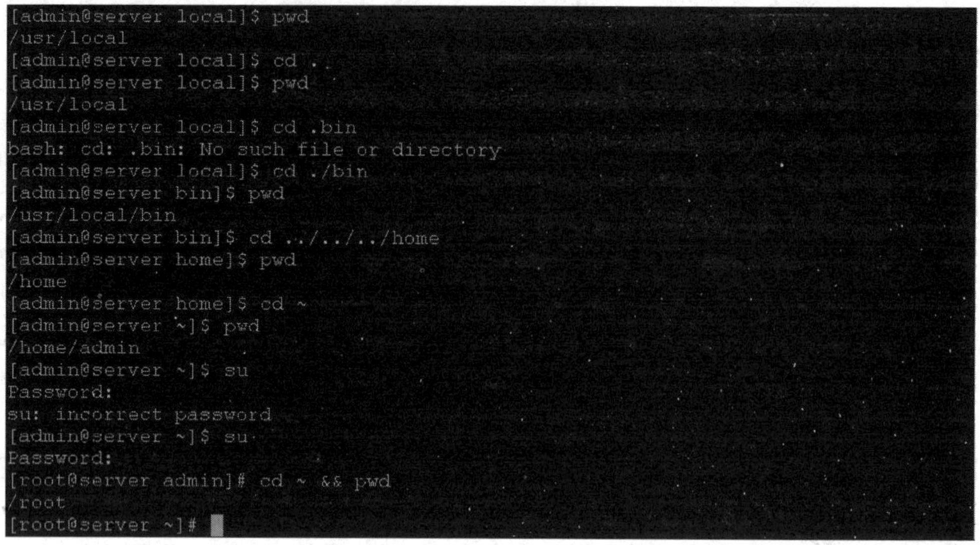

```
[admin@server local]$ pwd
/usr/local
[admin@server local]$ cd ..
[admin@server local]$ pwd
/usr/local
[admin@server local]$ cd .bin
bash: cd: .bin: No such file or directory
[admin@server local]$ cd ./bin
[admin@server bin]$ pwd
/usr/local/bin
[admin@server bin]$ cd ../../../home
[admin@server home]$ pwd
/home
[admin@server home]$ cd ~
[admin@server ~]$ pwd
/home/admin
[admin@server ~]$ su
Password:
su: incorrect password
[admin@server ~]$ su
Password:
[root@server admin]# cd ~ && pwd
/root
[root@server ~]#
```

图 2-51　目录特殊语法示例

表 2-2　典型的 Linux 根目录结构

绝对路径	英文描述	用　途
/bin	binary	二进制可执行文件
/boot	boot	系统启动时需要的内核等文件
/dev	device	设备的文件映像
/etc	editable text configuration	程序的配置文件
/home	home	普通用户的主目录
/lib	library	程序运行时需要用到的动态链接库
/mnt	mount	多用于可移动存储设备的挂载
/opt	optional	大型软件的安装位置
/root	root	root 用户主目录
/sbin	superuser-bin	仅可由 root 用户执行的系统管理程序
/tmp	temporary	临时文件夹
/usr	unix system resources	另一部分二进制可执行文件、动态链接库等
/var	variable	多用于网站根目录和数据库

2.3.6　常用命令与操作

Linux 命令是 Linux 操作系统的功能核心,利用命令就可以完成几乎所有的操作。但 Linux 命令很多,我们仅仅介绍几个常用的简单命令。

1. 帮助

man 命令　man 是 manual(手册)的缩写,是 Linux 系统中存储着的一部联机使用的手册,以供用户查阅。man 命令的使用格式为"man <要查看手册的命令>",如要查看 ps 命令的手册,就可以输入 man ps 按回车调出,man 命令实际是调用 less 来显示手册的,less 是一个分页显示文件的程序,可以使用 PageDown 和 PageUp 翻页,按 q 退出。

另一种查看帮助的方法是使用"＜命令＞ --help",这种方法适用于大部分程序,如要查看 ps 命令可以输入 ps --help,一般包含常用的参数和简易的解释。

2. 用户管理

passwd 命令 passwd 命令用于修改用户的密码,用户直接输入 passwd,输入旧密码,和新密码,并确认新密码就可以修改自己的密码,注意在 Linux 系统输密码是不回显任何东西的。如果是 root 用户,还可以通过"passwd ＜用户名＞"来修改某个用户的密码,比如要修改 jack 的密码,root 用户可以执行 passwd jack 重置 jack 的密码,root 用户修改密码不用输旧密码。

su 命令 su 命令是用来一个临时切换当前用户的命令,相当于以另一个用户的身份运行了一个 Shell,格式为"su ＜用户名＞",比如要切换到 jack 用户,只需输入 su jack,再输入 jack 用户的密码就可以切换到 jack 用户。如果你想切换到 root 用户,可以直接输入 su,再输入 root 的密码,就行了。如果你是 root 用户,切换到其他用户,不需要输入该用户的密码。

who 命令 who 命令可以查看当前登录到系统的所有用户,直接输入 who 回车,就可以查看。

last 命令 last 命令可以查看历史登录信息,直接输 last,如果登录信息太多可以使用 last | less,进行分页查看,使用 PageDown 和 PageUp 翻页,按 q 退出。

3. 系统管理

top 命令 top 命令可以用于监视系统资源和进程,输入 top 命令后,会显示系统负载,内存使用率,最活跃的若干进程等各种信息,相当于 Windows 任务管理器显示信息的部分,按 q 退出 top。

ps 命令 ps 命令可以查看系统中的进程信息,常用的用法是 ps aux,进程很多,可以使用 ps aux | less,分页查看,使用 PageDown 和 PageUp 翻页,按 q 退出。

kill 命令 kill 命令可以杀死进程,通过 top 和 ps 命令获取进程 id 后,可以使用"kill -9 ＜进程 id＞"来强制杀死进程,比如要杀死 id 为 1000 的进程,就可以使用 kill -9 1000 来强制结束进程。

reboot 命令 reboot 命令可以重启系统,只有 root 用户才可以重启系统。

halt 命令 halt 命令可以关闭系统,只有 root 用户才可以关闭系统。如果你只是想退出 Shell,只需要使用 exit 或者 quit。

4. 文件管理

ls 命令 ls 命令可以显示目录下的子目录和文件,使用方法为"ls ＜目录＞",比如要显示/usr 下面的文件和目录,则需输入 ls/usr,也可以加上-l 参数获取更多信息,如 ls -l/usr。如果省略＜目录＞则表示列出当前工作目录下的子目录和文件。

mkdir 命令 mkdir 可以创建一个新的目录,用法为"mkdir ＜目录＞",比如当前工作目录是/home/jack,如果要创建一个 code 目录,可以使用 mkdir code 或者 mkdir/home/jack/code。

rmdir 命令 rmdir 命令可以删除一个空的目录,用法为"rmdir ＜目录＞",如果目录非空则无法删除。

cp 命令 cp 命令用于复制一个文件,用法为"cp ＜文件＞ ＜新路径＞",如果要复制目录,可以使用"cp -R ＜目录＞ ＜新路径＞"。

touch 命令 touch 命令可以用来创建一个空的文件,用法为"touch ＜文件＞"。

rm 命令 rm 命令可以用来删除文件,用法为"rm ＜文件＞",注意 rm 命令无法直接删除目录,如果要删除连同目录和目录下的所有子目录和文件,可以使用"rm － rf ＜目录＞"。

mv 命令 mv 命令可以用来移动一个目录或文件,用法为"mv ＜文件/目录＞ ＜新路径＞",比如当前工作目录为/home/jack,有一文件 file,如果输入命令 mv file file2,实际上相当于将 file 重命名为 file2。

cat 命令 cat 命令用于将某个文件输出到终端,用法为"cat ＜文件＞",比如要显示/etc/passwd 文件的内容,可以使用 cat/etc/passwd,如果内容太多,可以使用 cat/etc/passwd | less 分页显示。

5. 其他命令

Linux 下的命令有很多,除了以上列出的基本命令外,还有更多的功能命令。而且,Linux 操作系统一般也会提供安装命令,来实现从互联网软件包源下载安装更多命令或软件。不同类型的 Linux 发行版本提供的安装命令也不同,比如 CentOS 下可以用 yum 命令,Ubuntu 下可以用 apt-get 命令等。

2.4 云计算技术

随着网络的不断普及,人们在日常的生活和学习中需要从 Internet 上获取大量的信息。同时,随着人们网络信息素养的不断提高,也对网络服务提出了更高的要求。Internet 每天要处理大量的数据,面对如此繁重的数据处理,如何快速和便捷地处理数据,为用户提供人性化的网络服务。成为网络发展急需解决的问题。

正是在这种需求背景下,诞生了一种新的网络计算模型——云计算。它是基于分布式计算,以用户为中心:数据存在于云海之中,用户可以在任何时间(Any time)、任何地点(Any where)以某种便捷的方式安全地获得它或与他人分享。云计算使得 Internet 变成每个人的数据存储中心、数据计算中心。它的出现,将会使用户以桌面为核心,转移到以 Web 为核心。使用网络存储与服务,云计算带领我们进入一个全新的信息化时代——云时代。

2.4.1 云计算简介

1. 云计算的定义

对于云计算的定义,目前尚未形成统一的结论。Google 认为,云计算就是以公开的标准和服务为基础,以互联网为中心,提供安全、快速、便捷的数据存储和网络计算服务。让互联网这片云成为每一个网民的数据中心和计算中心。IBM 认为,云计算是一个虚拟化的计算机资源池,一种新的 IT 资源提供模式。

虽然对云计算的定义不同,但认识较一致的地方是:云计算即"计算服务",将数据资源作为"服务"可以通过互联网来获取。

云计算是分布式处理、并行处理和网格计算的发展,或者说是这些计算机科学概念的商业实现。它的核心技术是分布式的计算方法,特别强调虚拟化技术的应用。简单地说,云计算就是网络计算,它是一种依托 Internet 的超级计算模型,将巨大的资源联系在一起为用户提供各种 IT 服务。云计算的一个核心理念就是通过不断提高"云"的处理能力,进而减少用户终端的处理负担,最终使用户终端简化为一个单纯的输入输出设备,并能够按需享受"云"的强大计算处理能力。

2. 云计算平台的模型

如图 2-52 所示,在云计算模型的基本结构中,核心部分是由多台计算机组成的服务器"云"。它将资源聚集起来,形成一个大的数据存储和处理中心。同时由服务器中的各种配置工具来支持"云"端的软件管理、数据收集和处理。服务器根据用户客户端提交的数据请求,来处理数据、返回检索结果。按照服务的分类,来实现监控和测量,保证服务的质量,合理地分配资源,达到资源效益的最大化,最终实现海量数据的存储和超级计算能力。

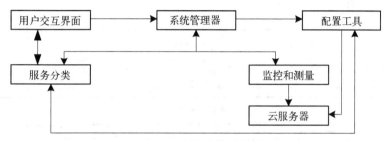

图 2-52　云计算模型的基本结构

届时,用户只需要一台能上网的电脑,不需关心存储或计算发生在哪朵"云"上。一旦有需要,用户可以在任何地点,用任何设备,如电脑、手机等,快速地获取资源,享受便捷的云服务。

3. 云计算的特点

(1) 以数据为中心。

数据是云计算最主要的方面,拥有了数据,就拥有了互联网。云计算依托分布式数据处理技术,有效地解决当前网络中海量信息的检索、存储和管理等问题,数据变得更加智能化。

(2) 以服务为中心。

优秀的云服务是吸引用户的关键,云计算一方面是技术的竞争,更重要的是安全、人性化的服务竞争。

(3) 以用户为中心。

用户是云服务的对象,让数据和服务围绕着用户。用户只要明白自己的意图,便可以把剩下的工作交给计算机或其他终端。

4. 云计算的优势

(1) 可靠、安全的数据存储中心。用户可以将数据存储在云端,不用再担心数据丢失,病毒入侵的麻烦,因为在"云"里有专业的团队来为用户提供后台系统保障。同时严格的权限管理策略可以帮助用户放心地与用户指定的人共享数据。这样,用户就可以花费较小的代价享受到最好、最安全的服务。

(2) 快速、便捷的云服务。无数的软件和服务置于云中,使用起来方便,快捷。软件在云端,无须下载。动态的升级。用户只需要一台连上 Internet 的电脑和浏览器,就可以随时随地获取云服务。

（3）经济效益。教育机构和企业不用购买昂贵的硬件设备，只需租用云端的设备，就能方便地构建自己的信息化教育平台，无论从硬件、软件上都可以达到效益的最大化。

（4）超强的计算能力。云服务中成千上万的计算机，形成众多超强的服务资源池，为用户提供强大的计算和数据处理能力，而这些在个人电脑上是难以实现的。

2.4.2 云计算的实现机制

由于云计算分为 IaaS、PaaS 和 SaaS 三种类型，不同的厂家又提供了不同的解决方案，目前还没有一个统一的技术体系结构，对读者了解云计算的原理构成了障碍。为此，本书综合不同厂家的方案，构造了一个供参考的云计算体系结构。这个体系结构如图 2-53 所示，它概括了不同解决方案的主要特征，每一种方案或许只实现了其中部分功能，或许也有部分相对次要的功能尚未概括进来。

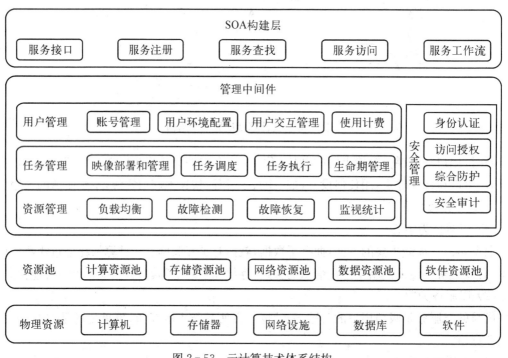

图 2-53 云计算技术体系结构

1. 云计算技术体系结构

云计算技术体系结构分为 4 层：物理资源层、资源池层、管理中间件层和 SOA（Service-Oriented Architecture，面向服务的体系结构）构建层，如图 2-53 所示。

物理资源层包括计算机、存储器、网络设施、数据库和软件等；资源池层是将大量相同类型的资源构成同构或接近同构的资源池，如计算资源池、数据资源池等。构建资源池更多的是物理资源的集成和管理工作，例如研究在一个标准集装箱的空间如何装下 2 000 个服务器、解决散热和故障节点替换的问题并降低能耗；管理中间件负责对云计算的资源进行管理，并对众多应用任务进行调度，使资源能够高效、安全地为应用提供服务；SOA 构建层将云计算能力封装成标准的 Web Services 服务，并纳入到 SOA 体系进行管理和使用，包括服务注册、查找、访问和构建服务工作流等。管理中间件和资源池层是云计算技术的最关键部分，SOA 构建层的功能更多依靠外部设施提供。

云计算的管理中间件负责资源管理、任务管理、用户管理和安全管理等工作。资源管理负责均衡地使用云资源节点,检测节点的故障并试图恢复或屏蔽之,并对资源的使用情况进行监视统计;任务管理负责执行用户或应用提交的任务,包括完成用户任务映象(Image)的部署和管理、任务调度、任务执行、任务生命期管理等;用户管理是实现云计算商业模式的一个必不可少的环节,包括提供用户交互接口、管理和识别用户身份、创建用户程序的执行环境、对用户的使用进行计费等;安全管理保障云计算设施的整体安全,包括身份认证、访问授权、综合防护和安全审计等。

2. 云计算的服务模式

基于上述体系结构,以 IaaS 云计算为例,简述云计算的服务模式,如图 2-54 所示。

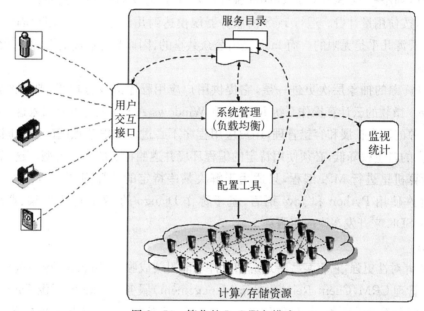

图 2-54 简化的 IaaS 服务模式

用户交互接口向应用层以 Web Services 方式提供访问接口,获取用户需求。服务目录是用户可以访问的服务清单。系统管理模块负责管理和分配所有可用的资源,其核心是负载均衡。配置工具负责在分配的节点上准备任务运行环境。监视统计模块负责监视节点的运行状态,并完成用户使用节点情况的统计。执行过程并不复杂:用户交互接口允许用户从目录中选取并调用一个服务。该请求传递给系统管理模块后,它将为用户分配恰当的资源,然后调用配置工具来为用户准备运行环境。

2.4.3 云计算的服务类型

云计算按照服务类型大致可以分为 3 类:将基础设施作为服务 IaaS、将平台作为服务 PaaS 和将软件作为服务 SaaS,如图 2-55 所示。

1. IaaS

IaaS 将硬件设备等基础资源封装成服务供用户使用,如 Amazon 云计算 AWS(Amazon Web Services)的弹性计算云 EC2 和简单存储服务 S3。在 IaaS 环境中,用户相当于在使用裸

图 2-55 云计算的服务类型

机和磁盘,既可以让它运行 Windows,也可以让它运行 Linux,因而几乎可以做任何想做的事情,但用户必须考虑如何才能让多台机器协同工作起来。AWS 提供了在节点之间互通消息的接口简单队列服务 SQS(Simple Queue Service)。IaaS 最大优势在于它允许用户动态申请或释放节点,按使用量计费。运行 IaaS 的服务器规模达到几十万台之多,用户因而可以认为能够申请的资源几乎是无限的。而 IaaS 是由公众共享的,因而具有更高的资源使用效率。

2. PaaS

PaaS 对资源的抽象层次更进一层,它提供用户应用程序的运行环境,典型的如 Google App Engine。微软的云计算操作系统 Microsoft Windows Azure 也可大致归入这一类。PaaS 自身负责资源的动态扩展和容错管理,用户应用程序不必过多考虑节点间的配合问题。但与此同时,用户的自主权降低,必须使用特定的编程环境并遵照特定的编程模型。这有点像在高性能集群计算机里进行 MPI 编程,只适用于解决某些特定的计算问题。例如,Google App Engine 只允许使用 Python 和 Java 语言、基于称作 Django 的 Web 应用框架、调用 Google App Engine SDK 来开发在线应用服务。

3. SaaS

SaaS 的针对性更强,它将某些特定应用软件功能封装成服务,如 Salesforce 公司提供的在线客户关系管理 CRM(Client Relationship Management)服务。SaaS 既不像 PaaS 一样提供计算或存储资源类型的服务,也不像 IaaS 一样提供运行用户自定义应用程序的环境,它只提供某些专门用途的服务供调用。

需要指出的是,随着云计算的深化发展,不同云计算解决方案之间相互渗透融合,同一种产品往往横跨两种以上类型。例如,Amazon Web Services 是以 PaaS 起家的,但新提供的弹性 MapReduce 服务模仿了 Google 的 MapReduce,简单数据库服务 SimpleDB 模仿了 Google 的 BigTable,这二者属于 PaaS 的范畴,而它新提供的电子商务服务 FPE 和 DevPay 以及网站访问统计服务 Alexa Web 服务,则属于 SaaS 的范畴。

2.4.4 云计算的发展现状

云计算已经在商业中得到了广泛的应用。如谷歌、微软、IBM、亚马逊、百度、阿里、腾讯等 IT 巨头都在进行云计算的研究,并推出了大量的云计算服务项目。

1. 国外的云计算发展

(1) Google。

Google 是最早推出云计算的公司之一,它拥有海量的数据处理能力和先进的数据采集系统,实力巨大,我们日常使用的 Google 搜索功能就是一种典型的云计算。同时 Google 也把云计算推入到大学中。2007 年 10 月,与 IBM 开始在美国大学校园,包括卡内基梅隆大学、麻省理工学院、斯坦福大学、加州大学柏克莱分校及马里兰大学等推广云计算的计划,这项计划希望能降低分布式计算技术在学术研究方面的成本,并为这些大学提供相关的软硬件设备及技术支援。

(2) IBM。

IBM 推出了"BlueCloud"计划,它包括一系列云计算技术的组合,通过架构一个分布的可全球访问的资源结构,蓝云使数据中心在类似互联网的环境下运行,蓝云技术将成为此后云计算中心及全新企业级数据中心的技术基础。

(3) Microsoft。

微软认为"云""端"共存,"云""端"互动是未来云计算架构的发展趋势。正在开发完全脱离桌面的互联网操作系统取代有 20 多年历史的 Windows 操作系统。目的是为了大规模应用云计算技术。微软在云时代的浪潮中,推出了一系列的云服务,如 Windows Azure,可以让用户在不必搭建自己服务器群的情况下,创建基于互联网的各种应用。还有 Office 365 云办公软件和最新的 Live Mesh 数据同步平台。微软所要做的就是将这些用户通过互联网更紧密地连接起来,并通过 Windwos live 向他们提供云计算服务。

2. 我国的云计算发展

在我国,云计算发展也非常迅猛。2008 年 6 月 24 日,IBM 在北京 IBM 中国创新中心成立了第二家中国的云计算中心——IBM 大中华区云计算中心;2008 年 11 月 28 日,广东电子工业研究院与东莞松山湖科技产业园管委会签约,广东电子工业研究院在东莞山湖投资 2 亿元建立云计算平台;2008 年 12 月 30 日,阿里巴巴集团旗下子公司阿里软件与江苏省南京市政府正式签订 2009 年战略合作框架协议,于 2009 年初在南京建立国内首个"电子商务云计算中心",首期投资额达上亿元人民币;世纪互联推出了 CloudEx 产品线,包括完整的互联网主机服务"CloudEx Computing Service",基于在线存储虚拟化的"CloudEx Storage Service",供个人及企业进行互联网云端备份的数据保全服务等系列互联网云计算服务;中国移动研究院做云计算的探索起步较早,已经完成了云计算中心试验。易度在线工作平台 everydo.com 在云计算领域发展也很快,旗下的多款云计算产品致力于满足中小企业的应用需求。

自 2010 年云计算被列入战略性新兴产业开始,中国云计算产业开始加速。短短的一年时间里,中国各地升起朵朵"白云",例如:北京的"祥云工程"、上海的"云海计划"、苏州的"风云在线"、镇江的"云神工程"……

"当前,我国云计算已经表现出良好的发展势头。"工信部总经济师周子学表示,"从事云计算研发、服务、基础网络设施提供和终端设备制造的企业数量呈现爆发式的增长,产业生态链正在构建,重点行业应用开始起步。"

周子学认为,云计算在我国还处于一个技术储备和概念推广阶段,它的发展依然面临着巨大的挑战,比如说标准和技术的选择,数据的安全性,资金、建设和运营模式等许多方面都有很多难题。

2011 年 6 月,为统筹产业布局、完善产业链、创新投融资模式、分享云计算平台建设和应用经验,从而助力产业快速发展,中国计算机行业协会宣布成立"云计算专业委员会"。

云计算专委会秘书长文芳在接受记者采访时表示,云计算专委会的特点是瞄准产业界,希望可以有效整合"官产学研用"各方资源,形成发展合力,推动政策与试点、技术与标准、研究与应用、基地与企业的无缝衔接和良性互动。

2.4.5 云计算的商用实例

国际上,Google、亚马逊和微软三家公司在不同时间陆续推出各自的云计算方案,在应用领域和赢利模式上,各家都独具特色。在国内,百度、阿里、腾讯等公司也推出了有竞争力的云计算服务,并逐渐发展得更加强大。

个人或企业用户在使用各种云计算方案时都要遵从一定的使用流程。各个公司提供的云计算方案从整体上来看基本的流程是一致的,但是具体的细节有所不同。特别需要指出的是,各个公司服务流程细节变化频繁,用户需要特别注意付费环节,在绑定支付信用卡后,避免因误操作而落入付费陷阱。

1. Google App Engine 的基本使用流程

(网址:http://appengine.google.com,国内用户可能需要专门方式接入)

(1) 注册 Google 账户,如果已注册,直接登录即可。

(2) 创建一个应用,一个账户可以创建 10 个应用,每个应用空间 500 MB。

(3) Google App Engine 需要进行验证,用户输入手机号码,等待一段时间,系统会向手机上发送一串数字,收到后输入数字即可。需要注意的是,在国内使用的话手机号前面需加上"+86"。

(4) 填写应用的详细信息,应用标示符注册完毕后是无法更改的,填写时一定要注意。

(5) 下载 App Engine SDK。

(6) 使用 Python 或 Java 语言在本地开发应用程序。

(7) 本地调试,确保程序正确运行。

(8) 将程序上传到 Google App Engine。

2. 亚马逊的 AWS(Amazon Web Service)使用步骤

(网址:http://aws.amazon.com)

(1) 注册一个亚马逊账户,这是使用所有 AWS 服务的前提。

(2) 根据需要选择合适的服务,每个服务在使用前还要单独地注册并完成相关信息的填写。

(3) 对于 EC2 这种 IaaS 类型的服务,使用前需要选定所需的资源数,比如需要使用的 CPU、内存等。而对于其他一些服务则需要对一些参数进行设置。

(4) 上传待处理的数据或文件等。对于不同的服务可以上传的数据类型可能有所不同,有时系统为了处理方便还会要求用户上传一些其他附加程序。

(5) 上传完毕后就开始系统的执行过程,这一过程对用户是完全透明的,用户不能也不需要知道具体的细节。

(6) 运行结束后,系统会向用户返回结果。

(7) 用户停止使用后就可以支付有关费用了,亚马逊的所有服务都是按实际使用量付费的。

3. 微软的 Azure 基本流程

(网址:http://www.microsoft.com/windowsazure)

(1) 从 Windows Azure 主站点上注册申请 Windows Azure 的开发许可。

（2）单击注册，填写必要信息，完成初步的申请过程。

（3）对邮箱中收到的邮件进行确认，整个申请过程完成。

（4）在申请获得审批后将会收到一个邀请码（Invitation Code）。

（5）应用的部署过程需要用到 Live ID 作为身份认证，所以开发前需要使用 Live ID 登录到 Windows Azure 的开发门户，单击 Account 进行许可管理，输入申请到得邀请码完成与 Live ID 的绑定。

（6）完成以上过程后建议下载 Windows Azure Platform Training Kit 进行学习，这是官方的教材，内容详尽，可以帮助初学者快速熟悉 Azure 平台。

（7）正式开发前需要下载有关的 SDK，和 Google App Engine 不同的是：Azure 平台的四个组成部分都有不同的 SDK，其中平台的核心部件 Windows Azure 比较特殊，它只支持 Windows 7、Windows Server 2008 和 Windows Vista 三个操作系统，其他 3 个部分则没有这种要求。

（8）根据自己的需要开发相应的应用程序，和在本地开发应用程序没有差别。

（9）利用 Live ID 将应用部署到 Windows Azure 平台。

国内的云计算平台，如百度开放云（https://bce.baidu.com）、阿里云（https://www.aliyun.com）、腾讯云（https://www.aliyun.com）、安畅云（http://www.51idc.com）等，操作步骤大同小异，不再赘述。

2.4.6　上海大学计算中心的云计算服务

如前所述，国际 GAM、国内 BAT 等云计算公司，提供的是基于国际互联网的云计算服务，主要面向公共运营领域，属于公有云的范畴。但是，针对个性化的私有环境，比如政府、企业、教育机构等，由于有自己特殊的安全、应用等需求，构建面向内部服务运营的私有云也是目前云计算平台构建方式的一种普遍选择。当然，私有云也并不总是完全封闭的，有时候我们也需要把公有云和私有云之间相互开放访问，或者把两者的计算资源相互调配，从而形成公私兼容的混合云模式。

为适应快速发展的云计算技术，配合教研改革和服务实验教学，上海大学计算中心研发部署了面向师生教学、研究、实验的多样化云计算服务平台，分别针对中长期、短期和即时应用提供云计算支持。

1. 上海大学云计算平台的系统架构概述

首先将物理服务器分类集群，采用 Xen 和 KVM 技术进行虚拟化，虚拟化的目的就是把物理硬件转化成可以被云计算操作系统调用的软件资源，从而形成包含众多计算节点的虚拟资源池。确定池主，以便通过中间层统一任务调度，实现计算节点上的负载均衡。

在完成服务器虚拟化的基础上，将基于 IPSAN（IP Based Storage Area Network）的存储资源通过 10 Gb 高速光通道网络采用 iSCSI（Internet Small Computer System Interface）方式接入计算节点。借助专业存储数万的 IOPS（Input/Output Operations Per Second）能力，对用户层提供 IaaS 类型的云主机或云桌面等云计算存储服务。

物理架构模型如图 2-56 所示。

在完成底层基础物理架构建设后，在作为中间层的云计算管理系统之上，就需要研发云计

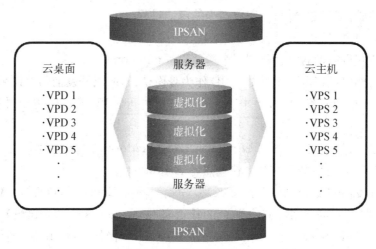

图 2-56　物理架构模型

算服务平台的第三层：面向用户的云操作平台，以应对不同的教学、科研、实验等需求。整体业务设计如图 2-57 所示。

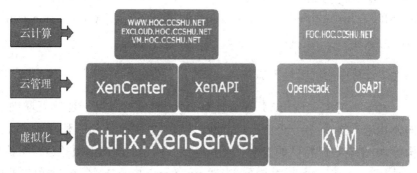

图 2-57　整体业务设计

上海大学云计算平台的设计思想是基于开源软件，以最小成本实现业务需求。应用系统的运行环境选择 Linux 的 CentOS 发行版以及开源数据库 MySql，整体框架采用 LAMP 与 MVC 技术相结合的模式，采用多种编程语言。前台 UI 界面更多地使用了 HTML5、JS、CSS 等技术，增强交互和适应性，后台服务主要采用 JSP、PHP 等技术实现。

所有系统都通过全校统一用户认证平台进行认证，在方便统一管理的同时，更方便用户使用。

2. 上海大学云计算平台的多种服务模式

（1）教研云平台（http://www.hoc.ccshu.net）。

面向教学和科研的自主管理云计算平台，教师和学生可以利用该平台申请长期使用云计算资源，进行教学和科研。平台提供可自由定制的系统模板，可以在数分钟内提供云计算环境，使用流程如图 2-58 所示。

（2）体验云平台（http://excloud.hoc.ccshu.net）。

面向教学短期试验的预约云计算体验平台，教师和学生可以利用该平台预约使用云计算资源，云计算资源快速提供并自动回收，以做到资源最大化利用，使用流程如图 2-59 所示。

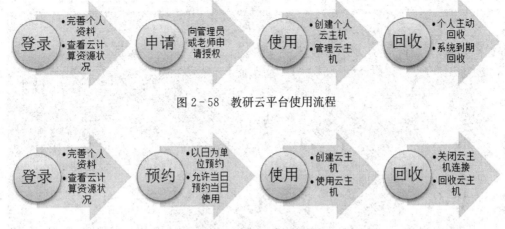

图 2-58 教研云平台使用流程

图 2-59 体验云平台使用流程

（3）虚拟云机房（http://cloudlab.hoc.ccshu.net）。

面向实验教学的虚拟云计算机房，教师和学生可以利用该平台即时获取计算资源，平台自身有自动供应和回收机制，做到了完全自动化的资源管理和云计算即时服务，使用流程如图 2-60 所示。

图 2-60 虚拟云机房使用流程

3. 上海大学云计算平台的云主机连接方法

（1）Windows 操作系统类型的云主机。

该种类型的云主机已经预先安装了 Windows 7、Windows 8、Windows 10、Windows server 2008 等操作系统，主要采用 RDP（Remote Desktop Protocol）协议进行远程桌面连接。可以在记下云主机的 IP、用户名（默认是超级用户 Administrator）和密码后启动本地计算机中远程桌面连接工具进行连接，也可以点击云主机管理界面中的云主机 IP，下载并执行连接脚本实现远程云主机的桌面连接，连接后如图 2-61 所示（以 Windows 10 类型的云主机为例）。特别需要注意的是，在输入远程云主机密码时，不允许直接使用鼠标右键进行粘贴，而必须使用 Ctrl＋V 或直接键盘输入方式。

（2）Linux 操作系统类型的云主机。

该种类型的云主机已经预先安装了 CentOS、Ubuntu、Debian 等操作系统，主要采用 SSH（Secure Shell）协议进行远程桌面连接。可以在记下云主机的 IP、用户名（默认是根用户 root）和密码后启动本地计算机中 SSH 连接工具（如 Putty、Xshell 等）进行连接，也可以点击云主机管理界面中的云主机 IP，下载并执行 Putty 工具实现远程云主机的 shell 登录，连接后如图 2-62 所示（以 CentOS 类型的云主机为例）。特别需要注意的是，在输入远程云主机密码时，可以直接使用鼠标右键进行粘贴（密码不显示），也可以使用 Ctrl＋V 或直接键盘输入方式。

图 2 - 61　Windows 10 系统类型的云主机连接桌面

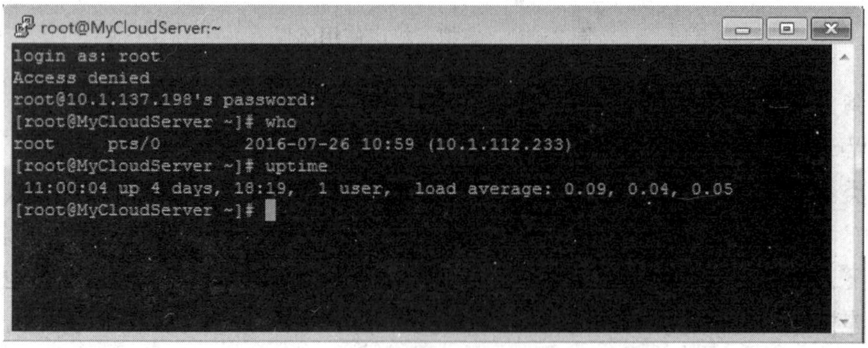

图 2 - 62　CentOS 类型的云主机连接 shell

登录成功后就可以利用 Linux 命令进行操作了。

2.5　计算机硬件系统

在 20 世纪,信息技术无疑是发展最迅速的技术之一,而计算机技术的发展尤为重要。20 世纪 90 年代以来,计算机新技术和大规模集成电路技术把计算机硬件的发展推向了新的高峰。不久的将来,随着新技术的发展,新一代计算机的研究将会使计算机的性能获得更大提升。

2.5.1　计算机的发展史

现代计算机问世之前，计算机的发展经历了机械式计算机、机电式计算机和萌芽期的电子计算机三个阶段。在这个过程中，科学家们经过了艰难的探索，发明了各种各样的"计算机"，这些"计算机"顺应了当时的历史发展，发挥了巨大的作用，推动了计算机技术的不断发展。

1. 机器计算的由来

今天的计算机有一个十分庞大的家谱。最早的计算设备可以追溯到古希腊、古罗马和中国古代。

算筹，又称筹、策、算子等，如图 2-63，是中国古代劳动人民用来记数、列式和进行各种数式演算的工具，如成语"运筹帷幄"中的"筹"指的就是算筹。算盘是由古代的算筹演变而来的，素有"中国计算机"之称。直到今天，算盘仍是许多人喜爱的计算工具。

1623 年，德国科学家契克卡德(Schickard)为天文学家开普勒(Kepler)制作了一台机械计算机，如图 2-64 所示。这台机械计算机能做 6 位数加减法，还能做乘除运算。契克卡德一共制作了两台原型机，遗憾的是现在不知在哪里，留给后人的只有契克卡德的设计示意图。法国科学家布

图 2-63　算筹

莱斯·帕斯卡(Blaise Pascal)是目前公认的机械计算机制造第一人。帕斯卡先后做了三个不同的模型，1642 年，他所做的第三个模型"加法器"获得成功。帕斯卡的"加法器"向人们揭示了：用一种纯粹的机械装置去代替人的思考和记忆是完全可以做到的。1971 年瑞士苏黎世联邦工业大学的尼克莱斯·沃尔斯(Niklaus Wirth)教授将自己发明的计算机通用高级程序设计语言命名为"Pascal 语言"，就是为了纪念帕斯卡在计算机领域中的卓越贡献。

图 2-64　世界上第一台机械式加法器

图 2-65　莱布尼兹发明的机械计算机

德国著名数学家戈特弗里德·威廉·莱布尼兹(Gottfried Wilhelm Leibniz)发现了帕斯卡一篇关于"加法器"的论文，激发了他强烈的发明欲望，决心把这种机器的功能扩大为乘除运算。在巴黎，莱布尼兹在一些著名机械专家和能工巧匠的协助下，于 1674 年制造出了一台功能更完善的机械计算机，如图 2-65。莱布尼兹为计算机增添了一种名叫"步进轮"的装置，使重复的加减运算转变为乘除运算。1700 年，莱布尼兹从中国的"易图"(八卦)中受到启发，系

统地提出了二进制的运算法则。虽然莱布尼兹自己的乘法器仍然采用十进制,但他率先为计算机的设计系统地提出了二进制的运算法则。

图 2-66 查理斯·巴贝奇

英国剑桥大学著名科学家查理斯·巴贝奇(Charls Babbage),如图 2-66,在 1822 年研制出了第一台差分机,1833—1835 年设计的分析机,具有齿轮式"存贮仓库"(Store),"运算室"即"作坊"(Mill),"控制器",以及在"存贮仓库"与"作坊"之间传输数据的输入/输出部件。巴贝奇以他天才的思想,划时代地提出了类似于现代计算机的五大部件的逻辑结构。1847—1849 年巴贝奇完成了 21 幅差分机改良版的构图,可以操作第七阶相差(7th order)及 31 位数字,可惜的是因为无人赞助,这台机器并没有最终完成。

艾达·奥古斯塔(Ada Augusta)是计算机领域著名的女程序员,她是著名诗人拜伦的女儿,但她没有继承父亲的浪漫,而是继承了母亲的数学天赋。艾达在 1843 年发表了一篇论文,指出机器将来有可能被用来创作音乐、制图和在科学研究中运用。艾达为如何计算"伯努利数"写了一份规划,首先为计算拟定了"算法",然后制作了一份"程序设计流程图",被人们认为是世界上"第一个计算机程序"。1979 年 5 月,美国海军后勤司令部的杰克·库帕(Jack Cooper)在为国防部研制的一种通用计算机高级程序设计语言命名时,将它起名为 Ada,以表达人们对艾达的纪念和钦佩。

19 世纪末,赫尔曼·霍列瑞斯(Herman Hollerith)首先用穿孔卡完成了第一次大规模的数据处理,制表机穿孔卡第一次把数据转变成二进制信息,这种用穿孔卡片输入数据的方法一直沿用到 20 世纪 70 年代,霍列瑞斯的成就使他成为"信息处理之父"。1890 年他创办了一家专业"制表机公司",后来 Flent 兼并了"制表机公司",改名为 CTR(C 代表计算机,T 代表制表,R 代表记时),1924 年 CTR 公司更名为 IBM 公司,专门生产打孔机、制表机等产品。

1873 年,美国人鲍德温(Baldwin)利用齿数可变齿轮设计制造了一种小型计算机样机(工作时需要摇动手柄),两年后专利得到批准,鲍德温便大量制造这种供个人使用的"手摇式计算机"。

1938,在 AT&T 贝尔实验室工作的斯蒂比兹(Stibitz)运用继电器作为计算机的开关元件,设计出用于复数计算的全电磁式计算机,使用了 450 个二进制继电器和 10 个闸刀开关,由三台电传打字机输入数据,能在 30 秒钟算出复数的商,1939 年,斯蒂比兹将电传打字机用电话线连接上纽约的计算机,异地操作进行复数计算,开创了计算机远程通信的先河。

1938 年,28 岁的楚泽(Zuse)完成了一台可编程数字计算机 Z-1 的设计,由于没法买到合适的零件,Z-1 计算机一直只是个实验用的模型,始终未能正式投入使用。1939 年,楚泽用继电器组装了 Z-2。1941 年,楚泽的电磁式计算机 Z-3 完成,如图 2-67 所示,共使用了 2 600 个继电器,用穿孔纸带输入,实现了二进制程序控制,1945 年建造了 Z-4,1949 年成立了"Zuse

图 2-67 Z-3 电磁式计算机

计算机公司",继续开发更先进的机电式程序控制计算机。

在计算机发展史上占据重要地位、计算机"史前史"中最后一台著名的计算机,是由美国哈佛大学的艾肯(H. Aiken)博士发明的"自动序列受控计算机",即电磁式计算机马克一号(Mark I)。

2. 以电子器件发展为主要特征的计算机的发展阶段

世界上第一台电子数字计算机于 1946 年 2 月诞生在美国宾夕法尼亚大学,它的名字叫 ENIAC(Electronic Numerical Integrator and Calculator),是由美国物理学家莫克利 (Mauchly)教授和他的学生埃克特(Eckert)为计算弹道和射击特性表而研制的。它共用了近 18 000 个电子管,6 000 个继电器,70 000 多个电阻,10 000 多只电容及其他器件,机器表面布满了电表、电线和指示灯,总体积约 90 m^3,重 30 t,耗电 174 kW,机器被安排在一排 2.75 m 高的金属柜里,占地 170 m^2,其内存是磁鼓、外存为磁带,操作由中央处理器控制,使用机器语言编程。ENIAC 虽然庞大无比,但它的运算速度达到了 5 000 次/s,可以在 3/1 000 s 时间内完成两个 10 位数的乘法,使原来近 200 名工程师用机械计算机需 7～10 h 的工作量,缩短到只需 30 s 便能完成。因此,人们公认,ENIAC 的诞生开创了电子数字计算机时代,在人类文明史上具有划时代的意义。

从第一台电子数字计算机诞生到今天,时间走过了六十个年头,计算机技术获得了迅猛的发展,包括功能不断增强,所用电子器件不断更新,可靠性不断提高,软件不断完善。人们回顾历史,列出了第一代、第二代、第三代、第四代计算机的特征,如表 2-3 所示。计算机的性能价格比遵循着著名的摩尔定律:芯片的集成度和性能每 18 个月提高一倍。

表 2-3 第一至第四代计算机主要特征

特 征	第一代 (1946—1956 年)	第二代 (1955—1964 年)	第三代 (1964—1970 年)	第四代 (1971 年以后)
逻辑元件	电子管	晶体管	中小规模 IC	VLSI
内存储器	汞延迟线、磁芯	磁芯存储器	半导体存储器	半导体存储器
外存储器	磁鼓	磁鼓、磁带	磁带、磁盘	磁盘、光盘
外部设备	读卡机、纸带机	读卡机、纸带机、 电传打字机	读卡机、打印机、 绘图机	键盘、显示器、 打印机、绘图机
处理速度	$10^3 \sim 10^5$ IPS	10^6 IPS	10^7 IPS	$10^8 \sim 10^{10}$ IPS
内存容量	数 KB	数十 KB	数十 KB～数 MB	数十 MB～数 GB
价格/性能比	1 000 美元/ IPS	10 美元/IPS	1 美分/IPS	10^{-3} 美分/ IPS
编程语言	机器语言	汇编语言、高级语言	汇编语言、高级语言	高级语言、第四代 语言
系统软件		操作系统	操作系统、实用程序	操作系统、 数据库管理系统
代表机型	ENIAC IBM 650 IBM 709	IBM 7090 IBM 7094 CDC 7600	IBM 360 系列 富士通 F230 系列	大型、巨型计算机 微型、超微型计算机

而第五代人工智能计算机,目前仍处在探索、研制阶段。第五代计算机指具有人工智能的新一代计算机,它用超大规模集成电路和其他新型物理元件组成,具有推论、联想、判断、决策、

学习、智能会话等功能,并能直接处理声音、文字、图像等信息,是一种更接近人的人工智能计算机。由于它能理解人的语言,文字和图形,人无须编写程序,靠讲话就能对计算机下达命令,驱使它工作。它能将一种知识信息与有关的知识信息连贯起来,作为对某一知识领域具有渊博知识的专家系统,成为人们从事某方面工作的得力助手和参谋。第五代计算机还是能"思考"的计算机,能帮助人进行推理、判断,具有逻辑思维能力。日本在 1981 年宣布要在 10 年内研制"能听会说、能识字、会思考"的第五代计算机,投资千亿日元并组织了一大批科技精英进行会战。但迄今为止,日本原来的研究计划只能说是部分地实现了,还没有哪一台计算机被宣称是第五代计算机。

3. 新一代计算机的发展方向

基于集成电路的计算机短期内还不会退出历史舞台,但许多科学家认为以半导体材料为基础的集成技术日益走向它的物理极限,要解决这个矛盾,必须采用新材料,开发新技术。于是,人们开始努力探索新的计算材料和计算技术,致力于研制新一代的计算机,如超导计算机、纳米计算机、光计算机、生物计算机和量子计算机等。

4. 奠定现代计算机基础的重要思想和人物

在计算机科学与技术的发展进程中,以下一些人物及其思想是不能不提的,正是这些科学家们的重要思想奠定了现代计算机科学与技术的基础。

(1) 英国数学家布尔(Boole)。布尔广泛涉猎著名数学家牛顿、拉普拉斯、拉格朗日等人的数学名著,并写下了大量笔记,这些笔记中的思想在 1847 年收录到他的第一部著作《逻辑的数学分析》中,1854 年,已经担任柯克大学教授的布尔又出版了《思维规律的研究——逻辑与概率的数学理论基础》,凭借这两部著作,布尔建立了一门新的数学学科:布尔代数,构思了关于 0 和 1 的代数系统,用基础的逻辑符号系统描述物体和概念,这为今后数字计算机开关电路的设计提供了重要的数学方法。

图 2 - 68　香农

(2) 美国数学家香农(Shannon)。香农(如图 2 - 68)于 1938 年第一次在布尔代数和继电器开关之间架起了桥梁,发明了以脉冲方式处理信息的继电器开关,从理论到技术彻底改变了数字电路的设计。1948 年,香农写作了《通信的数学基础》,由于香农在信息论方面的杰出贡献,他被誉为"信息论之父"。1956 年,香农参与发起了达特墨斯人工智能会议,率先把人工智能运用于计算机下棋,还发明了一个能自动穿越迷宫的电子老鼠,以此验证了计算机可以通过学习提高智能。

(3) 阿兰·图灵(Alan Turing)。1936 年,他在一篇具有划时代意义的论文——《论可计算数及其在判定问题中的应用》(On Computer Numbers With an Application to the Entsheidungs Problem)中,论述了一种假象的通用计算机,即理想计算机,被后人称为"图灵机"(Turing Machine,TM)。1939 年,图灵根据波兰科学家的研究成果,制作了一台破译密码的机器——"图灵炸弹"。1945 年,图灵领导一批优秀的电子工程师,着手制造自动计算引擎(Automatic Comuting Engineer,ACE)。1950 年 ACE 样机公开表演,被称为世界上最快、最强有力的计算机,ACE 由英国电气公司制造了约 30 台,它比 ENIAC 的存储器更为先进。1950 年 10 月,图灵发表了"计算机和智能"(Computing Machinery and Intelligence)的经典论文,图灵进一步阐明了计算机可以有智能的思想,并提出了测试机器是否有智能的方法,人们称之为"图灵测试",图灵也因此荣膺"人工智能之父"的称号。1954 年,42 岁的图灵英年早逝。从 1956 年起,每年由美国计算机学会(Association for Computing Machinery,ACM)向世界最优秀的计算机科学家颁发"图灵奖"(Turing Award),类似于科学界的诺贝尔奖,"图灵奖"是计算机领域的最高荣誉。

(4) 维纳(Wiener)。"控制论之父"。早在第一次世界大战期间,维纳曾来到阿贝丁试炮场为高射炮编制射程表。1940 年,维纳提出现代计算机应该是数字式的,应由电子元件构成,采用二进制,并在内部存储数据。1943 年,阿贝丁试炮场再次承担了美国陆军新式火炮的试验任务。由于人工计算弹道表不仅效率低还经常出错,因此美国陆军军械部听从了戈德斯坦等科学家的建议,投资进行 ENIAC 计算机的研制。

(5) 冯·诺依曼(Von Nouma)。冯·诺依曼(如图 2-69)是美籍匈牙利数学家,提出了著名的"存储程序"设计思想,被称为现代计算机体系的奠基人。1944 年夏的一天,负责研制 ENIAC 的戈德斯坦在阿贝丁火车站邂逅了冯·诺依曼,向他介绍了正在研制的 ENIAC 的情况。几天后冯·诺依曼专程去参观了尚未完成的 ENIAC,并参加了为改进 ENIAC 而举行的一系列专家会议。冯·诺依曼成了研制小组的实际顾问,逐步创建了电子计算机的系统设计思想。冯·诺依曼认为 ENIAC 致命的缺陷是程序与计算相分离,因为 ENIAC 的程序指令是存放在机器的外部电路里的,每次算题时,必须首先依靠人工改接数百条连线,需要几十人干好几天后,才可进行几分钟的运算。冯诺依曼决定重新设计一

图 2-69　冯·诺依曼

台计算机,他把新机器的方案命名为"电子式离散变量自动计算机"(electronic discrete variable automatic calculator,EDVAC),方案中明确规定出了计算机的五大部件,并用二进制替代十进制运算。EDVAC 最重要的意义在于"存储程序",以便使计算机能够自动依次执行指令。随后于 1946 年 6 月,冯·诺依曼等人提出了更为完善的设计报告《电子计算机装置逻辑结构初探》。同年 7 至 8 月间,他们又在莫尔学院为美国和英国二十多个机构的专家讲授了专门课程"电子计算机设计的理论和技术",推动了存储程序式计算机的设计与制造。然而研制小组中以冯·诺依曼为首的理论界人士和以埃克特·毛希利为首的技术界人士之间出现了严重的分歧和分裂,致使 EDVAC 无法立即研制,一直拖到 1950 年才勉强完成,EDVAC 只用了 3 536 只电子管和10 000只晶体二极管,以 1 024 个 44 比特水银延迟线来存储程序和数据,消耗的电力和占地面积只有 ENIAC 的 1/3。EDVAC 完成后应用于科学计算和信息检索,显示了"存储程序"的威力。

1946 年,英国剑桥大学威尔克斯(Wilkes)教授到宾夕法尼亚大学参加了冯·诺依曼主持的培训班,完全接受了冯·诺依曼的存储程序的设计思想。1949 年 5 月,威尔克斯研制成了一台由 3 000 只电子管为主要元件的计算机,命名为电子储存程序计算机(Electronic Delay Storage Automatic Calculator,EDSAC),他也因此获得了 1967 年度的"图灵奖"。这样,EDSAC 成了世界上第一台程序存储式计算机,以后的计算机都采用了程序存储的体系结构,采用这种体系结构的计算机被统称为冯·诺依曼型计算机。

2.5.2 现代计算机的分类和应用

计算机的种类很多,可以从不同的角度对其进行分类。

按照计算机的用途分类,可将计算机分为通用机和专用机两类。通用机能满足各类用户的需求,解决多种类型的问题,通用性强;专用机针对特定用途配备相应的软硬件,功能比较专一,但能高速、可靠地解决特定的问题,如工业控制机、银行专用机、超级市场收银机(POS)等。

按照计算机的实现原理分类,可以将计算机分为电子数字计算机和电子模拟计算机两类。电子数字计算机是指参与运算与存储的数据是用 0 和 1 构成的二进制数的形式表示的,基本运算部件是数字逻辑电路组成的计算机;电子模拟计算机是指用连续变化的模拟量表示数据,基本运算部件是运算放大器构成各类运算电路所组成的计算机。

按照计算机的规模,即运算速度、存储容量、软硬件配置等综合性能指标,人们又常常将计算机分为微型机、小型机、大型机、巨型机和服务器等几类。

1. 微型机(Microcomputer)

微型计算机的主体是个人计算机(Personal Computer,PC),它是企事业单位、学校包括家庭中最常见的计算机。可独立使用,也可连接在计算机网络中使用,通常只处理一个用户的任务。个人计算机有台式机、笔记本电脑和掌上电脑,掌上电脑的低端产品叫个人数字助理(PDA),其高端产品是 Pocket PC,商家把它叫做"随身电脑"。两者的主要区别是:Pocket PC 内装有开放式的操作系统,可以装入很多种应用软件,因此功能非常强,应用软件可以扩充或更新,而 PDA 的功能在出厂时已经固定好了,用户不能自行扩充功能。掌上电脑自然没有一百多键的标准键盘,但通信功能和多媒体功能可以做得不弱于台式机或笔记本电脑。

微型计算机中的高档机型称为工作站(Workstation),它的突出特点是图形功能,具有很强的图形交互与处理能力,在工程领域特别是在计算机辅助设计(CAD)领域得到广泛应用。工作站一般采用开放式系统结构,以鼓励其他厂商围绕工作站开发软硬件产品,因此其工作领域也已从早期的计算机辅助设计扩展到了商业、金融、办公等领域,还经常用作网络中的服务器。在服务器-客户机型(Severer/Client)的计算机网络中,常把客户机也叫做工作站,这里的"工作站"是指其在网络中的地位,本身可能是台低档微机。

微型计算机中还有单板机、单片机,它们往往和仪器设备紧密地结合成一个整体(嵌入),使仪器和设备具有某种智能化功能。

2. 小型机(Minicomputer)

小型机已可为多用户执行任务。它可以连接若干终端构成小型机系统。使用者在终端上用键盘、鼠标输入处理请求,从屏幕上观察处理结果,也可将处理结果打印输出。或者实时接收生产过程中各种传感器送来的信息,同时经过分析计算,把控制生产过程的一系列命令输出给执行机构。管理一家宾馆的事务或一家银行支行的事务,控制一个生产自动化过程等,是小型机的典型使用场合。

3. 大型机(Mainframe)

称大型机为 mainframe,大概是这类机器都装在机架内的缘故。这类机器的特点是大型、通用,装备有大容量的内、外存储器和多种类型的 I/O 通道,能同时支持批处理和分时处理等多种工作方式。近几年出现的新型主机还采取了多处理、并行处理等新技术,使整机处理速度高达 750 MIPS(每秒 750 百万条指令)，内存容量达到十几个 G,具有很强的处理和管理能力。大型机在大银行、大公司、大学和科研院所中曾占有统治地位,直至 20 世纪 80 年代 PC 机与局域网技术兴起,这种情况才发生改变。

4. 巨型机(Super Computer)

巨型机也称巨型计算机,是一种超大型电子计算机,它的主机由高速运算部件和大容量快速主存储器构成,主要特点表现为高速度和大容量,配有多种外部和外围设备及丰富的、高功能的软件系统。在现代科技领域,有一些数据量特大的应用要求计算机既有很高的速度,又有很大的存储容量。比如,一帧 $1\,024 \times 1\,024$ 的图像,包含了 10^6 个像素单元,如果要求实时处理(每秒数十帧),就得使用巨型机。巨型机采用高性能的器件,使其时钟周期达到数个纳秒,又采取多处理机结构,几十个到上千个处理器,形成大规模并行处理矩阵来提高整机的处理能力。对巨型计算机的指标一些国家这样规定:首先,计算机的运算速度平均每秒 1 000 万次以上;其次,存储容量在 1 000 万位以上。当前,巨型机多用于战略武器的设计,空间技术,石油勘探,中长期天气预报,以及社会模拟等领域。20 世纪 80 年代起,我国先后自行研制了银河-1、银河-2、银河-3、银河-Ⅳ 等巨型机,成为世界上少数几个能研制巨型机的国家之一。2000 年,由我校研制的集群式高性能计算机系统——自强 2000 - SUHPCS 在上海诞生,第三代集群式高性能计算机"自强 4000"系统总运算峰值约 70 万亿次/秒,也是我国著名的巨型计算机,具体进展参见网站 http://www.hpcc.shu.edu.cn。

5. 服务器

"服务器"一词更适合描述计算机在应用中的角色,而不是刻画计算机的档次。

随着互联网的普及,各种档次的计算机在网络中发挥着各自不同的作用,服务器是网络中最重要的一个角色。担任服务器的计算机可以是大型机、小型机或高档次的微型机。服务器可以提供信息浏览、电子邮件、文件传输、数据库、音视频流等多种服务业务。服务器的主要特点是:只在客户请求下才为其提供服务;服务器对客户是透明的,一个与服务器通信的用户面对的是具体的服务,可以完全不知道服务器采用的是什么机型、运行的是什么操作系统。服务器严格地说是一种软件的概念,一台作为服务器的计算机通过安装不同的服务器软件,可以同时扮演几种服务器的角色。

6. 超级计算机

超级计算机是指在计算速度或容量上领先世界的电子计算机。它的体系设计和运作机制都与人们日常使用的个人电脑有很大区别。现有的超级计算机运算速度大都可以达到每秒千兆次以上。因此无论在运算力及速度都是全球顶尖。

"超级计算机"一词并无明确定义,其含义随计算机业界的发展而发生变化。虽然早期的控制数据公司机器可速度大大高于竞争对手,但仍然是比较原始的标量处理器。到了 1970 年代,大部分超级计算机就已经是矢量处理器了,很多是新晋者自行开发的廉价处理器来攻占市场。1980 年代初期,业界开始转向大规模并行运算系统,这时的超级计算机由成千上万的普通处理器所组成。1980 年代中期,将适量的矢量处理器(一般由 8 个到 16 个不等)联合起来进行并行计算成为通用的方法。20 世纪 90 年代到 21 世纪初,超级计算机则主要由基于精简指令集(RISC)的处理器(譬如 PowerPC 或 PA - RISC)互联进行并行计算而实行。

2016 年 6 月 20 日,最新的全球超级计算机 500 强排行榜正式公布,排在榜首的是由中国国家超级计算无锡中心研制的"神威·太湖之光",浮点运算速度为每秒 9.3 亿亿次,"神威·太湖之光"的运算速度为此前 3 年处在该榜单首位的"天河二号"的两倍以上,大约是目前排名第三的美国领先超级计算机系统的 5 倍。中国超级计算机已经连续第七次荣登世界超级计算机 500 强的榜首,并且"神威·太湖之光"完全由中国自主设计的处理器,而并非是美国技术。

排名第二的也是来自中国广州的"天河二号",浮点运算速度为每秒 3.386 亿亿次。这次500 强榜单还有一个重大变化是,美国入围的超级计算机总数量首次被中国超越。中国现在入榜的超级计算机数量达到 167 台,美国则是 165 台。这份排行榜对中国的超级计算机发展而言是块新的里程碑,并进一步撼动了美国在该领域的统治地位。

这次榜单前十名除了"神威·太湖之光"与"天河二号"外,第 3 到第 10 名依次为,美国的"泰坦"与"红杉"、日本的"京"、美国的"米拉"和"三一"、瑞士的"代恩特峰"、德国的"花尾榛鸡"和沙特阿拉伯的"沙欣 II"。

7. 嵌入式计算机

计算机在组成上形式不一。之前介绍的早期计算机的体积足有一间房屋大小,而今天某些嵌入式计算机可能比一副扑克牌还小。嵌入式系统为控制、监视或辅助设备、机器或用于工厂运作的设备。

与个人计算机这样的通用计算机系统不同,嵌入式系统通常执行的是带有特定要求的预先定义的任务。它是以应用为中心,软硬件可裁减的,适应应用系统对功能、可靠性、成本、体积、功耗等综合性严格要求的专用计算机系统。嵌入式系统几乎包括了生活中的所有电器设备,如掌上 PDA、移动计算设备、电视机顶盒、手机上网、数字电视、多媒体、汽车、微波炉、数字相机、家庭自动化系统、电梯、空调、安全系统、自动售货机、蜂窝式电话、消费电子设备、工业自动化仪表与医疗仪器等。在嵌入式系统设计中有许多不同的 CPU 架构,如 ARM、MIPS、Coldfire/68k、PowerPC、X86、PIC、Intel 8051、Atmel AVR、Renesas H8、SH、V850、FR－V、M32R、DMCU 等。这与桌面计算机市场只有少数几家竞争有所不同。

嵌入式系统在广义上说就是计算机系统,它包括除了以通用为目的计算机之外的所有计算机。从便携式音乐播放器到航天飞机的实时控制子系统都能见到嵌入式系统的应用。与通用计算机系统可以满足多种任务不同,嵌入式系统只能完成某些特定目的的任务。但有些也有实时性能的制约因素必须得到满足的原因,如安全性和可用性。除此之外其他功能可能要求较低或没有要求,使系统的硬件得以简化,以降低成本。对于大批量生产的系统来说,降低成本通常是设计的首要考虑。嵌入式系统通常需要简化去除不需要的功能以降低成本,设计师通常选择刚刚满足所需功能的硬件使目标最小化低成本的实现。

嵌入式系统并非总是独立的设备。许多嵌入式系统是以一个部件存在于一个较大的设备,它为设备提供更多的功能,使设备能完成更广泛的任务。例如,吉布森吉他机器人采用了嵌入式系统来调弦,但总的来说吉布森吉他机器人设计的目的绝不是调弦而是演奏音乐。同样的,车载电脑作为汽车的一个子系统,为它提供了导航,控制,车况反馈等功能。

部分为嵌入式系统编写的程序被称为固件,他们存储在只读存储器或闪存芯片。他们运行在资源有限的计算机硬件:小内存,没有键盘,甚至没有屏幕。

嵌入式操作系统是嵌入式系统的操作系统。它们通常被设计非常紧凑有效,抛弃了运行在它们之上的特定的应用程序所不需要的各种功能。嵌入式操作系统多数也是实时操作系统。嵌入式操作系统包括：嵌入式 Linux；Windows CE；VxWorks；uC/OS-Ⅱ；以及应用在智能手机和平板电脑的 Android、iOS 等。

2.5.3　现代计算机的工作原理

一个完整的现代计算机系统（简称计算机）包括硬件系统和软件系统两大部分，硬件是实体，软件是灵魂，仅有硬件没有软件，计算机无法发挥应有的作用，只有软件没有硬件，再好的软件也只能是废物一堆，只有两者密切配合，才能使计算机成为人们工作、学习和生活的有用工具。

一台计算机系统由硬件和软件两部分组成，硬件是组成计算机系统的各种实际物理装置的总称。冯·诺依曼型计算机的硬件由运算器、控制器、存储器、输入设备、输出设备五个基本部分组成。

计算机的工作就是执行程序，如何使计算机能自动、连续地工作？前已述及，美籍数学家冯·诺依曼提出了著名的程序存储和程序控制原理，其要点是把程序和数据都送到计算机的存储器中存储起来，当启动存放在存储器中的程序后，计算机按照程序中规定的次序与步骤逐条执行程序中的指令，计算机在程序的控制下自动工作，直到完成程序规定的各项处理任务。这表明计算机只有存储了程序，才能在程序的控制下自动、有序和连续地工作。到目前为止，现代主流计算机都是按照这一原理设计和工作的，其逻辑结构如图 2-70 所示。

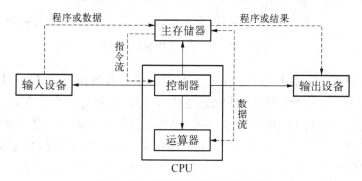

图 2-70　微型计算机的逻辑结构

计算机指令（Instruction）是计算机硬件能识别并执行的、实现某种操作的命令，指令由二进制代码组成，所以也称作机器指令。

一条指令通常包括两部分内容，即操作码和地址码。操作码用来表示指令要完成什么操作，地址码用来描述指令的操作对象，或者直接给出操作数或者指出操作数的内存地址或寄存器地址。每种计算机都有一组指令集，这组指令称为该计算机的指令系统。指令系统与计算机硬件结构密切相关，因此不同类型的计算机的指令系统是不同的。系列化是计算机的特点之一，同一系列计算机的各机种之间有共同的指令集，新机种的指令系统一定包含旧机种的所有指令，因此旧机种上的各种软件仍可直接在新机种上直接运行，这种做法称作"兼容"。

各种类型计算机的指令系统无论差异如何，一般都含有如下指令：数据传送指令、算术逻辑运算指令、输入输出指令、处理机控制指令。

要求计算机完成一项任务，必须规定计算机所要执行的各种基本操作和步骤，即按任务的要求编排一系列的指令。这种用来完成某项任务由若干条指令组成的指令序列就称为程序(Program)。计算机通过执行程序中按一定顺序安排的一条条指令,最终完成相应的任务。计算机能完成各种任务,就是通过程序员用指令精心编制的各种程序得以实现的。

2.5.4 现代计算机的结构组成

一台计算机系统由硬件和软件两部分组成,硬件是组成计算机系统的各种实际物理装置的总称。冯·诺依曼型计算机的硬件由运算器、控制器、存储器、输入设备、输出设备五个基本部分组成。

计算机各部件之间是通过总线(Bus)连接起来。总线包括数据总线(Data Bus,DB)、地址总线(Address Bus,AB)和控制总线(Control Bus,CB)。在总线上传送的有数据信号、地址信号和控制信号,各部件之间由总线来交换信息,如图 2-71 所示。

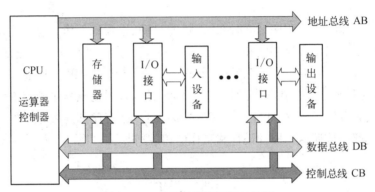

图 2-71 微型计算机逻辑结构图

总线是微机中各功能部件之间通信的信息通路,主要有数据总线(DB)、地址总线(AB)、控制总线(CB)三种,每种总线都由若干根信号线(信号线的数量称为总线宽度)构成,总线的宽度也是衡量微机处理能力的重要指标之一。数据总线的宽度体现了微机传输数据的能力,通常与 CPU 的位数相对应,如 32 位 CPU 的数据总线为 32 位、64 位 CPU 的数据总线通常为64 位。地址总线的宽度决定了微机 CPU 可以直接寻址的内存范围,如 32 位地址总线的 CPU,可以区分 2^{32} 个不同的内存地址,即可以访问的内存容量最多是 4 GB($2^{32} = 4\ 294\ 967\ 296$)。

通常将运算器和控制器和称为运算控制器或中央处理器(Central Processing Unit,CPU)。上面提到的存储器通常叫做主存储器或内存储器(简称内存)。中央处理器和主存储器构成计算机的主体,称为主机;而主机以外的输入设备和输出设备统称为外部设备。计算机中往往还设置有如磁盘、磁带等一类存储器,这类存储器叫做辅助存储器或外存储器(简称外存),外存属于计算机系统的外部设备。

1. 运算控制器

(1)运算器是处理数据的功能部件,对数据进行算术运算和逻辑运算是运算器的主要功能。这项功能由运算器内部的一个称为算术逻辑单元(Arithmetic Logical Unit,ALU)的运算部件来完成。运算器内还包含有一定数目的寄存器(register),用来实现暂时存放参加运算的数据和某些中间运算结果的功能。

运算器工作时,从主存储器读取数据,完成运算后,一般总是再把结果存入主存储器,有时也可能把结果直接送到控制器的程序计数器或输出设备,这些操作都是在控制器指挥下进行的。

(2) 控制器(Control Unit)的作用是控制计算机各部件协调地工作,实现程序的自动执行。控制器有程序计数器(Program Counter,PC),指令寄存器(Instruction Register,IR)和指令译码器(Instruction Decoder,ID)等组成。程序计数器用于存放即将要执行的下一条指令的地址,指令寄存器用于存放当前正在执行的指令,指令译码器的功能是对指令寄存器中的指令进行分析、解释,产生相应的控制信号。控制器工作时,按程序计数器指示的指令地址,从内存中取出指令,存入指令寄存器,再由指令译码器译码产生该指令相应的控制信号序列,去控制计算机各部件协同执行该指令中规定的任务,实现该指令的全部功能,并在程序计数器中形成下一条指令的地址。控制器不断地重复上述的工作过程。

运算控制器即 CPU 是计算机的核心部件,其功能的强弱和工作速度的快慢,很大程度上决定了计算机的性能高低。

2. 内存储器

内存储器目前一般用半导体集成电路组成,是一种具有记忆功能的部件,用于存储计算机要执行的程序和需要处理的数据。现代计算机中,内存储器处于中心地位,CPU 直接从内存取得指令和存取数据,输入和输出设备也直接与内存之间传送数据,因此内存储器的速度和容量对计算机数据处理的速度和能力有着重大影响,成为计算机的一项重要技术指标。

内存储器根据其功能可分为只读存储器(Read Only Memory,ROM)和随机存储器(Random Access Memory,RAM)两类。ROM 的内容只能读出而不能写入修改,一般在出厂前已被固化在其中,计算机断电后也不会丢失。ROM 用于存放一些固定不变的程序和数据,如计算机的基本输入输出管理程序(Basic Input/Output System,BIOS)和检测程序等。内存中的绝大部分是 RAM,RAM 的内容可随机读出和写入,但计算机断电后 RAM 中的信息将随之丢失。

内存用字节(Byte)作为一个存储单元,每个字节含八个二进制位(Bit),每个存储单元按顺序被赋予一个唯一的编号,这个编号称为地址。CPU 可根据地址准确地访问该存储单元,做存取操作。字节数可用来表示内存容量的大小,1 024 B 为 1 KB,1 024 KB 为 1 MB,1 024 MB 为 1 GB,1 024 GB 为 1 TB。

3. 外存储器

由于价格上的原因,配置计算机硬件时内存的容量会受到限制,加上断电后内存不能保存数据,因此,为了存放大量当前不用的数据,就得采用容量大、能长久保存数据,且价格相对便宜的存储器,即外存储器。外存存取数据的速度比内存要慢,存储在外存上的程序和数据必须调入内存中,才能由 CPU 进行处理。常用的外存有硬盘、光盘、U 盘、磁带等。

(1) 硬盘和硬盘驱动器。

硬盘因为容量大,读写快,稳定性好,是目前计算机必配的一种外存。

① 机械硬盘(HDD)。

传统的机械硬盘的盘片或称碟片是用硬质的铝合金材料或玻璃制成,碟片的磁性介质涂层的精密度很高,信息容量也很大,单碟容量现已达到数百 G,一个硬盘可以由多层碟片构成,单个硬盘的容量已达到 1 T 以上。由于工作时碟片的转速很快,一般家用台式机硬盘转速为

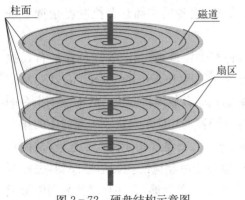

柱面　　　　　　磁道

扇区

图 2-72　硬盘结构示意图

7 200 转/分,速度高的每分钟超过万转,所以硬盘一般都被密封起来,保证硬盘所需要的洁净的无尘环境。硬盘和软盘一样,也划分为面、磁道、扇区,但硬盘的碟片一般有多片,面数比软盘多,各个存放数据的面分别称为 0 面、1 面、2 面……,由于每个面都对应一个读写磁头,所以也常称之为 0 头(Head)、1 头、2 头……。各面上相同的磁道合称为柱面(Cylinder),如图 2-72 所示。

②　固态硬盘(SSD)。

SSD(固态硬盘)和 HDD(机械硬盘)之间的巨大差距来源于它们的结构,SSD 为全电子结构,采用集成电路存储技术,使用存储芯片加上寻址控制器来组成的硬盘,类似于 U 盘技术,没有任何机械运动部件。传统的机械硬盘 HDD 采用高速旋转的磁盘来存储数据,通过磁头来读写,这一机械运动过程中带有延迟、并且无法同时并发多向读写数据。

固态硬盘的好处是读写性能快,固态硬盘的读取速度基本上能在 500 MB/s 左右,而机械硬盘在 150 MB/s 以内,固态硬盘即使磁盘有碎片也基本不会影响系统的性能(注意:固态硬盘不需要做也不能做磁盘碎片整理,详见 2.2.2 节 Windows 系统维护中"磁盘碎片整理"一节的描述),还不怕摔,缺点是目前的价格高容量低,不过固态硬盘是发展趋势。

(2) 光盘和光盘驱动器。

光盘是利用光学方式进行读写的圆盘,分成三种类型:

①　只读光盘(CD-ROM):信息在出厂前已存入,用户只能读取,而不能写入修改。

②　一次写光盘(CD-Recordable):用户只能写入信息一次,以后可多次读取,但不能写入修改。

③　可读写光盘(CD-ReWritable):可重复擦写,功能类似磁盘。

只读光盘和一次写光盘通过利用激光束在盘表面的光存储介质薄膜上融刻微小洞穴的方法来记录二进制信息,根据在激光束下有洞和无洞处反射光的强弱不同来读取存储的二进制信息。可读写光盘则通过利用激光束的热作用对盘表面的磁光存储介质薄膜上微小磁化点以正反两种不同方向的磁化方式来存储二进制信息。

光盘要用与其类型、规格相匹配的光盘驱动器进行读写。光盘驱动器有带动光盘旋转的驱动机构、读写头、寻道定位机构和电子线路等,其读写头是由半导体激光器和光路系统组成。普通的光盘驱动器只能读光盘,能用于读写光盘的驱动器叫做刻录机。

光盘读写速度低于硬盘,但它记录密度高,存储容量大,介质寿命长,携带使用方便,尤其是 DVD 光驱,已经作为微机的基本配置而广泛使用。而具有刻录功能的 DVD 刻录机也逐渐成为更多高档微机的必选配置。

(3) U 盘。

U 盘是 USB 盘的简称,通过 USB 接口与计算机相连。它利用 Flash 快闪存储器芯片制作而成。U 盘具有体积小、存储容量大和价格便宜等优点,是目前人们最常用的移动存储设备,存储容量已经达到数 GB。

4. 输入设备

输入设备是计算机中完成输入数据、输入程序和操作命令等功能的装置。输入设备要把输入的各种信息转化为计算机能识别的形式。

最常用的输入设备是键盘(keyboard)。操作者可以直接通过键盘输入程序、数据、命令或其他控制信息。鼠标器(mouse)由于其操作方便、直观,也是目前微机上普遍使用的输入设备。操作者移动鼠标器使屏幕上相应标记移到所需的位置,结合操作鼠标器上的按键或摩擦轮,来输入自己操作的意图。

磁盘、光盘等外存从信息传送角度也可作为输入设备。根据需要还可配置其他输入设备,如条形码阅读器、光笔、书写板、游戏操作杆、扫描仪、磁卡阅读器,其他数字化仪器和设备等。

5. 输出设备

输出设备是将计算机处理的结果以人能理解或以其他计算机能接受的形式输出的装置。最常见的输出设备是阴极射线管显示器或液晶显示器,另一类常用的输出设备是打印机和绘图仪。磁盘、光盘刻录机等外存从信息传送角度也可作为输出设备。

2.5.5　现代计算机的硬件组成

下面对读者接触可能最多的机种——微型计算机的物理构成再作较具体的介绍。读者看到的微机由主机箱、显示器、键盘和鼠标构成。主机箱内的主要配件有主板、机箱、电源、软硬盘驱动器、光盘驱动器、显示适配卡,需要处理音频信号的,得有声卡,需要与计算机网络连接的,得有网卡(Network Interface Card,NIC)或调制解调器(Modem)。

1. 主板(Main Board)

主板是整个微机系统的主体部件。以 Intel Q67 主板为例,如图 2-73 所示。

(a) 正面

(b) 侧面

图 2-73　Intel Q67 主板

主板上须有以下部件。

（1）CPU 及支持 CPU 的核心逻辑芯片组。

微机的 CPU 目前还是 Intel 和超微（AMD）两家公司主导着市场，二者的技术性能难分伯仲，完全能满足一般用户的需求。Intel 历代微处理器的主要参数见表 2-4。

目前较为先进的是下述处理器。

Core i7（中文：酷睿 i7，内核代号：Bloomfield）是英特尔于 2008 年推出的 64 位四内核 CPU，沿用 x86-64 指令集，并以 Intel Nehalem 微架构为基础，取代 Intel Core 2 系列处理器。

Core i5（中文：酷睿 i5，内核代号：Lynnfield）处理器是英特尔的一款产品，是 Intel Core i7 的派生中低级版本，同样基于 Intel Nehalem 微架构。与 Core i7 支持三通道存储器不同，Core i5 只集成双通道 DDR3 存储器控制器。另外，Core i5 会集成一些北桥的功能，将集成 PCI-Express 控制器。

与 Corei7 性能匹敌的 AMD 公司的 FX 系列是原 Phenom 处理器的后继者。各款不同 CPU 的性能排名可以参考国外的 passmark 网站 http://www.cpubenchmark.net。

表 2-4　Intel 历代微处理器的主要参数

微处理器	制作工艺	工作主频中位数	二级缓存
40486	0.5 μm	50 MHz	无
Pentium	0.35 μm	133 MHz	无（主板外置）
Pentium II	0.25 μm	333 MHz	512 KB（芯片外置）
Pentium III	0.18 μm	750 MHz	256 KB
Pentium4（Northwood）	0.13 μm	2.6 GHz	512 KB
Pentium4（Prescott）	90 nm	3.0 GHz	2 MB
Core 2	65～45 nm	2.6 GHz	2～6 MB
Core i7/i5/i3	45～32 nm	3.2 GHz	4～8 MB

（2）高速缓存。

高速缓存（Cache）是用来解决高速 CPU 与相对低速的内存之间的矛盾的。它是介于 CPU 与内存之间的一种特殊存储机构，不属于内存也不占用内存地址。当用户启动一个任务时，计算机预测 CPU 可能需要哪些数据，并将这些数据预先送到高速缓存。当指令需要数据的时候，CPU 首先检查高速缓存中是否有所需要的数据。如果有，CPU 就从高速缓存取数据而不用到内存去取了。在其他条件相同的情况下，高速缓存越大，处理的速度也会快些。为了提高效率，高速缓存做成二到三级，第一级（L1）速度最快，做在 CPU 芯片内，第二级（L2）就做在主板上，用的也是相对较快的静态存储器（SRAM），在如今的多核 CPU 上，各个不同的核共享三级缓存。

（3）主存储器。

微机主存储器主要是随机存取存储器 RAM，其种类十分丰富。工艺上制作成条状的插片，因此常被称为"内存条"，可方便地插在主板上指定的插槽内。现在绝大多数机器内安装的是 DDR II SDRAM(Double Data Rate Synchronous Dynamic Random Access Memory，第二代双倍速率同步动态随机存取存储器)和 DDR3 SDRAM(第三代双倍速率同步动态随机存取存储器)。DDR4 内存是最新一代的内存规格，和 DDR3 相比最大区别有以下三点：

① DDR4 内存频率提升明显，可达 4 266 MHz。

② DDR4 内存容量提升明显，可达 128 GB。

③ DDR4 功耗明显降低，电压达到 1.2 V，甚至更低。

DDR4 具有以上优点，它的普及已经成了必然的结果。然而现今在选用内存时，由于不同的主板芯片和 CPU 所支持的 DDR 内存类型不同，需要有针对性地进行搭配。

（4）扩充槽。

为了适应插卡式的结构，主板上设有扩充槽(slots)。扩充槽也称总线槽，连接着主板所支持的总线(bus)。如前所述，总线是连接计算机中各个部件的一组物理信号线，它本质上是连接计算机不同部件的共享信息的通路，总线由一组专用线路组成，分别传输不同类型的信息，例如数据、地址和控制信号等。

扩充槽的类型总的来说有 ISA、PCI、AGP 和 PCIE 共 4 种。其中 ISA 已经淘汰，原因是资源占用太多，数据传输太慢。PCI 是最常见的接口，通过 33 MHz 每秒的频率进行传输，数据传输率为 133 Mb/s，通常作为网卡、声卡和显卡的标准接口。AGP 实际上是 PCI 接口的集合，AGP1X 表示一倍速 AGP，传输速度恰好是 PCI 的两倍，即 66 MHz/s 传输频率，数据传输率是 266 Mb/s。通常主板上的 PCI 插槽为白色、ISA 插槽为黑色、AGP 插槽为棕色，PCIE 插槽一般为红色与黄色，也有褐色或黑色，因生产厂商不同而有所差异。

现在的微机还都设置有通用串联总线 USB(universal serial bus)，以及相应的 USB 接口，提供给具有 USB 接口的各种外部设备相联。USB 总线标准是为了解决外设越来越多，计算机本身所带接口有限的矛盾，按目前的工业标准，它是一种四芯的串行通信设备接口，可以连接多达 128 个外部设备。USB 接口允许外接设备在计算机运行状态下的热插拔，再加上最高达 480 Mbps 的数据传输速率，深受用户欢迎。商家也推出了配备有 USB 接口的各种设备，诸如扫描仪、摄像头、键盘、鼠标、Modem、游戏柄、移动硬盘、光盘驱动器、数码相机、MP3 播放器等供选用。此外还有一种总线，商家称之为火线(Fire Wire)，它是 1995 年由 IEEE(Institute of Electrical & Electronic Engineers，美国电气及电子工程师协会)制订标准的一种总线(IEEE 1394)，传输速率也高达 400 Mbps，数码摄像机便是典型的装有 IEEE 1394 端子的外部设备，它所摄录的内容，可通过 IEEE 1394 接口，送入电脑编辑或储存。

（5）装有基本输入输出系统(BIOS)的 ROM 或可擦写存储器和 CMOS 存储器芯片。

只读存储器 ROM BIOS 中固化的是基本输入输出系统 BIOS，BIOS 是一组低层程序，是计算机硬件与其他程序的接口，直接对键盘、显示器、磁盘驱动器、打印机等进行控制，并以中断的方式向高层软件和编程人员提供许多基础功能调用服务。BIOS 还包含计算机通电后自测试程序。

CMOS 是采用"互补金属氧化物半导体"(Complementary Metal Oxide Semiconductor)技术

制造的存储器,它依靠主板上的专门电池来供电,不依赖主机箱内的电源,它存放了日期时间数据,还存放系统的配置参数和用户自行设置的一些参数。BIOS 中有专门的 SETUP 程序,帮助用户查看和设置 CMOS 中的参数。

2. 机箱和电源

图 2-74　主机外部接口示意图

机箱是微机的外壳,用于安装微机的所有主体部件,机箱内有各种支架和紧固件,可以帮助固定电源、主板、软硬盘驱动器、光驱、各种扩展卡和接插件等。电源是一个单独小盒,引出一组电源线及其插头。电源将 220 V 交流电变换成微机所需的几种直流电,供主板、软硬驱、光驱、各种适配卡、键盘使用。机箱的主要外部接口如图 2-74 所示。

3. 磁盘驱动器

硬盘驱动器是微机必配的外存设备,主板上提供硬盘驱动器的接口,微机上常用的硬盘驱动器接口标准有两种:一种为 EIDE(Enhanced Integrated Drive Electronics),即增强型 IDE,也就是俗称的并行规格的 PATA 硬盘。它提供 2 个通道支持最多 4 个 IDE 硬驱或光驱,PATA 采用 80-pin 的数据线进行连接,传输速度仅为 100 MB/s,即便是 ATA133 也仅为 133 MB/s。另一种硬盘接口标准为 SATA(Serial ATA),采用串行方式进行数据传输,并且能对传输指令(不仅仅是数据)进行检查,具有较强的纠错能力,串行接口提高了速度、简化了结构。SATA I 的传输速度为 150 MB/s,SATA II 的传输速度为 300 MB/s,而最新的 SATA III 的传输速度理论上最高可以达到 750 MB/s。最新的主流主板上都提供了 SATA II 和 SATA III 的硬盘接口。SATA 最重要的特性就是支持热插拔,具有更好的数据校验方式,信号电压低可以有效地减小各种干扰。对于大容量的硬盘,更快地传输速度能够更好地提升硬盘的性能。此外还有一种硬盘驱动器接口标准是 SCSI(small computer system interface),使用时要附加一块 SCSI 卡接入主板,配用 SCSI 硬盘,SCSI 硬盘读写速度更快,适合于多任务工作状态,目前多用于当作服务器的微机。

4. 显示器和显示适配卡

显示器是微机最基本的输出设备,显示器产品主要有两大类:一类是阴极射线管(CRT)为主体的显示器,另一类是液晶电光效应的液晶显示器。衡量 CRT 显示器的主要指标是点距、分辨率、刷新速度和尺寸。点距是指屏幕上两像素点的距离,点距越小,图像越清晰,现在点距都在 0.22~0.26 mm 之内。分辨率是指屏幕垂直和水平方向的扫描线数也即像素点数,如分辨率为 1 024×768,表示水平方向有 1 024 个像素点,垂直方向有 768 个像素点。刷新速度是指屏幕画面每秒刷新的次数,显示器的刷新率一般达 60 Hz 以上,人眼不会有闪烁感。尺寸是指屏幕对角线长度,用英寸计量。

由于技术进步,工艺成熟,价格不断降低,彩色的液晶显示器(liquid crystal display, LCD)不仅配备在笔记本电脑上,也已经成为台式机上的常用配置。与 CRT 相比它的特点是体积小、重量轻、无辐射。液晶显示器体积仅为一般 CRT 显示器的 20%,重量则只有 10%;相当省电,耗电量仅为一般 CRT 显示器的 10%;同时,液晶显示器没有辐射,不伤人体,画面也不会闪烁,可以保护眼睛,不容易因长时间注视屏幕而感到眼睛疲倦。检验 LCD 显示器的指标包括以下几个重要方面:显示大小,反应时间(同步速率),阵列类型(主动和被动),视角,所支持的颜色,亮度和对比度,分辨率和屏幕高宽比,以及输入接口。常见液晶显示器尺寸有17、19、22 英寸。

LED(Light Emitting Diode,LED)显示屏是一种通过控制半导体发光二极管的显示方式,用来显示文字、图形、图像、动画、行情、视频、录像信号等各种信息的显示屏幕。最初,发光二极管(Light Emitting Diode,LED)只是作为微型指示灯,在计算机、音响和录像机等高档设备中应用,随着大规模集成电路和计算机技术的不断进步,LED 显示器以其色彩鲜艳、动态范围广、亮度高、寿命长、工作稳定可靠等优点,成为最具优势的新一代显示媒体,逐渐扩展到证券行情股票机、数码相机、PDA 以及手机领域。

显示控制适配器卡简称显示卡,是显示器与主机相连接的接口。除显示器本身外,显示卡是决定显示质量的另一因素。显示卡上嵌入的显示存储器(Video RAM)用于缓冲存储显示信息,它的大小决定了显示卡的分辨率和颜色数。显卡有独立式显卡和板载集成显卡之分,独立显卡自带显示存储器,集成显卡占用主板存储空间。主板上安插显示卡的接口现在普遍用的是 PCI Express 接口,简称 PCIe 或 PCI - Ex,是 PCI 电脑总线的一种,仅用于内部互连。它沿用了现有的 PCI 编程概念及通讯标准,但基于更快的串行通信系统。英特尔是该接口的主要支持者。由于 PCIe 是基于现有的 PCI 系统,只需修改物理层而无须修改软件就可将现有 PCI 系统转换为 PCIe。PCIe 拥有更快的速率,已取代几乎全部现有的内部总线(包括 AGP和 PCI)。

5. 键盘和鼠标

键盘和鼠标是最常用的输入设备。

目前常用的键盘是美国式布局的 101 键或 102 键的键盘。用户可以通过键盘向计算机输入信息,包括发出命令、提供数据、编辑文本、做出应答等。

在操作系统和应用软件以图形界面为主的今天,鼠标器已是必不可少的输入设备。光机式鼠标底部有一个可滚动小球,鼠标在桌面上移动,小球跟着滚动,带动鼠标内两个光栅盘,由光电电路转换成移动信号送入计算机,屏幕上的鼠标器指针光标随之作相应移动,配合对鼠标左右键或者摩擦轮的动作,便可向计算机传达操作者的命令。

键盘的驱动程序做在 BIOS 内,鼠标的驱动程序一般由操作系统提供,并自动安装,特殊的或新型的鼠标,其驱动程序由鼠标供应商提供,要另行安装。

2.5.6　新一代计算机的研究方向及展望

直到今天,人们使用的所有计算机,都是采用了美国数学家冯·诺依曼(Von Nouma)提出的"存储程序"原理为休系的,因此这些计算机也统称为冯·诺依曼型计算机。从 20 世纪80 年代开始,美国、日本等发达国家开始研制新一代的计算机,新一代的计算机将是微电子技术、光学技术、超导技术、电子仿生技术等多学科相结合的产物,目标是希望打破以往固有的计算机体系结构,使得计算机能进行知识处理、自动编程、测试和排错,能用自然语言、图形、声音和各种文字进行输入和输出,能具有像人那样的思维、推理和判断能力。已经实现的非传统计算技术有:利用光作为载体进行信息处理的光计算机,利用蛋白质、DNA 的生物特性设计的生物计算机,模仿人类大脑功能的神经元计算机以及具有学习、思考、判断和对话能力,可以立即辨别外界物体形状和特征,且建立在模糊数学基础上的模糊电子计算机等。未来的计算机还可能是超导计算机、量子计算机、生物计算机或纳米计算机等。

1. 光子计算机

光子计算机是一种由光信号进行数字运算、逻辑操作、信息存贮和处理的新型计算机。它由激光器、光学反射镜、透镜、滤波器等光学元件和设备构成,靠激光束进入反射镜和透镜组成的阵列进行信息处理,以光子代替电子,光运算代替电运算。光的并行、高速,天然地决定了光子计算机的并行处理能力很强,具有超高运算速度。光子计算机还具有与人脑相似的容错性,系统中某一元件损坏或出错时,并不影响最终的计算结果。光子在光介质中传输所造成的信息畸变和失真极小,光传输、转换时能量消耗和散发热量极低,对使用环境条件的要求比电子计算机低得多。

作为实验室研究的光子计算机,早在1986年就已研制成功,比当时最快的电子计算机还要快1 000倍。1990年初,美国贝尔实验室又成功研制了一台光学数字处理器,向光子计算机的正式研制迈进了一大步。近十几年来,光子计算机的关键技术,如光存储技术、光互联技术、光集成器件等方面的研究都已取得突破性进展,为光子计算机的研制、开发和应用奠定了基础。

2. 量子计算机

量子计算机是根据原子或原子核所具有的量子学特性来工作,运用量子信息学,基于量子效应构建的一个完全以量子位(量子比特)为基础的计算机。它利用一种链状分子聚合物的特性来表示开与关的状态,利用激光脉冲来改变分子的状态,使信息沿着聚合物移动,从而进行运算。

量子计算机有自身独特的优点和广阔的发展前景。首先,量子计算机能够进行量子并行计算,理论上可达每秒一万亿次,足够让物理学家去模拟原子爆炸等复杂的物理过程。其次,量子计算机用量子位存储数据。再次,量子计算机具有与大脑类似的容错性,当系统的某部分发生故障时,输入的原始数据会自动绕过损坏或出错部分,进行正常运算,并不影响最终的计算结果。量子计算机不仅运算速度快,存储量大、功耗低,而且高度微型化和集成化。

1982年,美国物理学家费勒曼提出了量子计算机的基本构想。2001年底,美国IBM公司的科学家专门设计的多个分子放在试管内作为7个量子比特的量子计算机,成功地进行了量子计算机的复杂运算。目前正在开发中的量子计算机有核磁共振量子计算机、硅基半导体量子计算机和离子阱量子计算机。据专家预见,再过30年左右,量子计算机将普及,量子计算设备将可以嵌入到任何物体当中去,虽然,目前还很难想象放在口袋中的超高速计算机是什么样子,还有直径只有几十厘米的人造卫星。

目前,我国的量子计算机研究取得了重大突破。中国科学院于2017年5月3日在上海举行新闻发布会,宣布"世界上第一台超越早期经典计算机的光量子计算机诞生"。这台量子计算机是货真价实的"中国造",属中国科学技术大学潘建伟教授及其同事陆朝阳、朱晓波等,联合浙江大学王浩华教授研究组攻关突破的成果。

3. 生物计算机

生物计算机,即脱氧核糖核酸(DNA)分子计算机,主要由生物工程技术产生的蛋白质分子组成的生物芯片构成,通过控制 DNA 分子间的生化反应来完成运算。运算过程就是蛋白质分子与周围物理化学介质相互作用的过程。其转换开关由酶来充当,而程序则在酶合成系统本身和蛋白质的结构中明显表示出来。20 世纪 70 年代,人们发现 DNA 处于不同状态时可以代表信息的有或无。DNA 分子中的遗传密码相当于存储的数据,DNA 分子间通过生化反应,从一种基因代码转变为另一种基因代码。反应前的基因代码相当于输入数据,反应后的基因代码相当于输出数据。只要能控制这一反应过程,就可以制成 DNA 计算机。

生物计算机以蛋白质分子构成的生物芯片作为集成电路。蛋白质分子比电子元件小很多,可以小到几十亿分之一米,而且生物芯片本身具有天然独特的立体化结构,其密度要比平面型的硅集成电路高五个数量级。生物计算机芯片本身还具有并行处理的功能,其运算速度要比当今最新一代的计算机快 10 万倍,能量消耗仅相当于普通计算机的十亿分之一。生物芯片一旦出现故障,可以进行自我修复,具有自愈能力。生物计算机具有生物活性,能够和人体的组织有机地结合起来,尤其是能够与大脑和神经系统相连。这样,植入人体的生物计算机就可直接接受大脑的综合指挥,成为人脑的辅助装置或扩充部分,并能由人体细胞吸收营养补充能量,成为帮助人类学习、思考、创造和发明的最理想的伙伴。

美国计算机科学家伦纳德·艾德曼已成功研制出一台 DNA 计算机,他说:"DNA 分子本质上就是数学式,用它来代表信息是非常方便的,试管中的 DNA 分子在某种酶的作用下迅速完成生物化学反应。28.3 克 DNA 的运行速度超过了现代超级计算机的 10 万倍。"DNA 计算机的外形像普通小盒子。有非常薄的玻璃外壳,里面装着肉眼看不见的多层蛋白质,蛋白质间由复杂的晶格联结。这种精巧的蛋白质晶格里是一些生物分子,也就是生物计算机的"集成电路"。专家普遍认为,DNA 分子计算机是未来计算机的发展方向之一。

除了以上几种外,未来的高性能计算机还包括纳米计算机、超导计算机、化学计算机等,不过多数这些未来计算机还处于探讨试验阶段,但随着科技的不断进步,计算机像其他任何事物一样,发展永不会停步。

习　题

一、单选题

1. 计算机软件系统的核心是_____。

A. 高级语言　　　　　　　　　　B. 计算机应用系统

C. 操作系统　　　　　　　　　　D. 数据库管理系统

2. 被称为"裸机"的计算机是指_____。

A. 没安装外部设备的计算机　　　B. 没安装任何软件的计算机

C. 大型计算机的终端机　　　　　D. 没有硬盘的计算机

3. 计算机程序是指_____。

A. 指挥计算机进行基本操作的命令

B. 能够完成一定处理功能的一组指令的集合

C. 一台计算机能够识别的所有指令的集合

D. 能直接被计算机接受并执行的指令

4. 软件与程序的区别是_____。

A. 程序价格便宜,软件价格昂贵

B. 程序是用户自己编写的,而软件是由厂家提供的

C. 程序是用高级语言编写的,而软件是由机器语言编写的

D. 软件是程序、数据结构和文档的总称,而程序只是软件的一部分

5. Microsoft 公司的 Windows 操作系统属于_____操作系统。

A. 单用户单任务　　　B. 单用户多任务　　　C. 多用户分时　　　D. 多道批处理

6. Unix 操作系统属于_____操作系统。

A. 单用户单任务　　　B. 单用户多任务　　　C. 多用户分时　　　D. 多道批处理

7. NetWare 操作系统属于_____操作系统。

A. 分时　　　　　　　B. 网络　　　　　　　C. 实时　　　　　　　D. 分布式

8. 应用于火车票订票系统的操作系统,属于_____操作系统。

A. 分时　　　　　　　B. 网络　　　　　　　C. 实时　　　　　　　D. 分布式

9. 下列软件中,不属于系统软件的是_____。

A. C 语言源程序　　　B. 编译程序　　　　　C. 操作系统　　　　　D. 数据库管理系统

10. 下述的各种功能中,_____不是操作系统的功能。

A. 将各种计算机语言翻译成机器指令

B. 实行文件管理

C. 对内存和外部设备实行管理

D. 充分利用 CPU 处理能力,采取多用户和多任务方式

11. 操作系统为用户提供了操作界面是指_____。

A. 用户可以使用驱动器、声卡、视频卡等硬件设备

B. 用户可以使用文字处理软件编写文章

C. 用户可以使用计算机高级语言进行程序设计、调试和运行

D. 用户可以用某种方式和命令启动、控制和操作计算机

12. 360 杀毒软件若按软件分类则是属于_____。

A. 应用软件　　　　　B. 系统软件　　　　　C. 操作系统　　　　　D. 数据库管理系统

13. 执行速度最快的计算机语言是_____。

A. C 语言　　　　　　B. SQL 语言　　　　　C. 机器语言　　　　　D. 汇编语言

14. 汇编语言是面向_____的语言。

A. 用户　　　　　　　B. 机器　　　　　　　C. 指令　　　　　　　D. 操作系统

15. 目前比较流行的 iPhone 手机使用的是_____移动操作系统。

A. Palm OS　　　　　B. Android　　　　　　C. iOS　　　　　　　　D. Windows Mobile

16. 操作系统为方便用户使用计算机而提供用户接口。操作系统的用户接口分作业控制级接口和_____接口两类。

A. 进程级　　　　　　B. 程序级　　　　　　C. 作业级　　　　　　D. 用户级

17. 编译程序和解释程序的区别是_____。

A. 前者产生机器语言形式的目标程序,而后者不产生

B. 后者产生机器语言形式的目标程序，而前者不产生

C. 二者都产生机器语言形式的目标程序

D. 二者都不产生机器语言形式的目标程序

18. 能将高级语言程序直接翻译成机器语言程序的是_____。

　　A. 编译程序　　　　B. 汇编程序　　　　C. 监控程序　　　　D. 诊断程序

19. 数据库语言编制的源程序，要经过_____翻译成目标程序，才能被计算机所执行。

　　A. 编译程序　　　　B. 翻译程序　　　　C. 诊断程序　　　　D. 数据库管理系统

20. 计算机的机器语言程序是用_____表示的。

　　A. 二进制代码　　　B. ASCII 码　　　　C. 内码　　　　　　D. 外码

21. 在 Windows 系统中，为了实现中文与西文输入方式的切换，应按的键是_____。

　　A. Shift＋空格　　　B. Shift＋Tab　　　C. Ctrl＋空格　　　D. Alt＋F6

22. 对键盘、鼠标等进行设置，可在 Windows 7 系统的_____中进行。

　　A. 桌面　　　　　　B. 资源管理器　　　C. 控制面板　　　　D. 回收站

23. _____文件系统支持对文件权限的设置。

　　A. FAT16　　　　　B. FAT32　　　　　C. NTFS　　　　　　D. EXT2

24. 在 Windows 中使用_____可以重新安排文件在磁盘中的存储位置，以提高计算机运行速度及空间的使用效率。

　　A. 格式化　　　　　　　　　　　　　　B. 磁盘清理程序

　　C. 磁盘碎片整理　　　　　　　　　　　D. 删除不要的文件，再移动其他文件

25. Linux 操作系统发源于_____操作系统。

　　A. DOS　　　　　　B. OS/2　　　　　　C. UNIX　　　　　　D. Windows

26. 理查德·斯托曼(Richard Stallman)于 1985 年发表了著名的_____宣言，正式宣布要开始进行一项宏伟的计划：创造一套完全自由的操作系统。

　　A. 开放源代码运动　　　　　　　　　　B. 游击队开放访问

　　C. BSD　　　　　　　　　　　　　　　D. GNU

27. 在 Linux 操作系统中直接控制硬件设备的是_____。

　　A. 内核　　　　　　B. 系统调用　　　　C. Shell　　　　　　D. 应用程序

28. 在 Linux 操作系统中负责解释用户输入命令的是_____。

　　A. 内核　　　　　　B. 系统调用　　　　C. Shell　　　　　　D. 应用程序

29. 在 Linux 操作系统中，相对路径"../bin/../sbin"表示当前工作目录的_____。

　　A. 父目录下的 bin 目录　　　　　　　　B. 父目录下的 sbin 目录

　　C. 父目录下的 bin 目录下的 sbin 目录　　D. sbin 目录

30. 一台运行 Linux 操作系统的 Wcb 服务器，其网站根目录最有可能放置在_____目录中。

　　A. /bin　　　　　　B. /tmp　　　　　　C. /root　　　　　　D. /var

31. 某用户正在使用某 Linux 操作系统上的 Firefox 浏览器观看某视频，他希望收藏这个视频，那么他可以从哪里找到该视频文件_____。

　　A. /home/zhang　　B. /tmp　　　　　　C. /usr　　　　　　D. /var

32. 下列 Linux 命令中不属于文件和目录管理命令的是_____。

A. cp   B. mv   C. rm   D. top

33. 云计算是对_____技术的发展与运用。

A. 并行计算   B. 网格计算   C. 分布式计算   D. 三个选项都是

34. 从研究现状上看,下面不属于云计算特点的是_____。

A. 超大规模   B. 虚拟化   C. 私有化   D. 高可靠性

35. 与网络计算相比,不属于云计算特征的是_____。

A. 资源高度共享   B. 适合紧耦合科学计算

C. 支持虚拟机   D. 适用于商业领域

36. 微软于 2008 年 10 月推出云计算操作系统是_____。

A. Google App Engine   B. 蓝云

C. Azure   D. EC2

37. 亚马逊 AWS 提供的云计算服务类型是_____。

A. IaaS   B. PaaS   C. SaaS   D. 三个选项都是

38. 将平台作为服务的云计算服务类型是_____。

A. IaaS   B. PaaS   C. SaaS   D. 三个选项都不是

39. 将基础设施作为服务的云计算服务类型是_____。

A. IaaS   B. PaaS   C. SaaS   D. 三个选项都不是

40. IaaS 计算实现机制中,系统管理模块的核心功能是_____。

A. 负载均衡   B. 监视节点的运行状态

C. 应用 API   D. 节点环境配置

41. 云计算体系结构的_____负责资源管理、任务管理用户管理和安全管理等工作。

A. 物理资源层   B. 资源池层   C. 管理中间件层   D. SOA 构建层

42. 下列不属于 Google 云计算平台技术架构的是_____。

A. 并行数据处理 MapReduce   B. 分布式锁 Chubby

C. 结构化数据表 BigTable   D. 弹性云计算 EC2

43. _____是 Google 提出的用于处理海量数据的并行编程模式和大规模数据集的并行运算的软件架构。

A. GFS   B. MapReduce   C. Chubby   D. BigTable

44. Google APP Engine 使用的数据库是_____。

A. 改进的 SQLServer   B. Orack

C. Date store   D. 亚马逊的 SimpleDB

45. 下列不属于亚马逊及其映像(AMI)类型的是_____。

A. 公共 AMI   B. 私有 AMI   C. 通用 AMI   D. 共享 AMI

46. 亚马逊 AWS 采用_____虚拟化技术。

A. 未使用   B. Hyper－V   C. Vmware   D. Xen

47. 在云计算系统中,提供"云端"服务模式是_____公司的云计算服务平台。

A. IBM   B. GOOGLE   C. Amaxon   D. 微软

48. 下面关于 Live 服务的描述不正确的是_____。

A. LIVE 框架的核心组件是 live 操作系统。

B. 开发者可以使用基于浏览器的 live 服务开发者入口创建和管理应用程序所需的 live 服务。

C. Live 操作环境不可以运行在桌面操作系统上。

D. Live 操作环境既可以运行在云端,也可以运行在网络中的任何操作系统上。

49. 第一代计算机主要采用_____逻辑元件。

A. VLSL　　　　　　B. 电子管　　　　　　C. 晶体管　　　　　　D. 中小规模 IC

50. 冯·诺依曼型计算机的工作原理是_____。

A. 采用了人工智能技术　　　　　　B. 在计算机内部采用了二进制来表示指令

C. 在计算机中有 CPU　　　　　　D. 采用了程序存储和程序控制的原理

51. 计算机的中央处理器通常是指_____。

A. 控制器和运算器　　　　　　B. 内存储器和运算器

C. 内存储器和控制器　　　　　　D. 内存储器、控制器和运算器

52. 一条指令通常包括两部分内容,即操作码和_____。

A. 操作数　　　　　　B. 操作命令

C. 操作系统　　　　　　D. 地址码

53. 下列关于 RAM 和 ROM 的说法中,正确的是_____。

A. RAM 中的信息能够在断电后保存几分钟

B. 在计算机中人们不用 RAM 保存基本输入输出系统的内容

C. ROM 是一种可读写的存储器

D. 以上说法都正确

54. 磁盘的数据存储在一个个同心圆的圆周上,一个圆周称为一个磁道,每个磁道有各自的编号,最外圈的为_____道。

A. 0　　　　　　B. 1　　　　　　C. 2　　　　　　D. 3

55. USB 是_____的简称。

A. 大字符集　　　　　　B. 通用串行总线

C. 通用多八位编码字符集　　　　　　D. 基本多文种平面

56. 主机板上 CMOS 芯片的主要用途是_____。

A. 管理内存与 CPU 的通讯

B. 存放基本输入输出系统程序、引导程序和自检程序

C. 储存时间、日期、硬盘参数与计算机配置信息

D. 增加内存的容量

57. 目前使用的大多数硬盘是与计算机底板上的_____接口插座相连接的。

A. LPT　　　　　　B. PCI　　　　　　C. AGP　　　　　　D. SATA

58. 刷新速度是指屏幕画面每秒刷新的次数,一般达_____帧以上,保证人眼不会有闪烁感。

A. 20　　　　　　B. 30　　　　　　C. 40　　　　　　D. 50

二、多选题

1. 计算机软件包括_____。

A. 程序　　　　　B. 数据结构　　　　C. 语言　　　　　D. 文档

2. 计算机软件系统由_____两大部分组成。

A. 高级语言　　　B. 操作系统　　　　C. 系统软件　　　D. 应用软件

3. 下列属于系统软件的有_____。

A. C 语言　　　　B. Word　　　　　　C. SQL　　　　　D. QQ 软件

4. 关于操作系统,下列_____说法是正确的。

A. 操作系统是最基本、最重要的系统软件

B. 操作系统的功能之一是资源管理

C. 计算机运行过程中可以不需要操作系统

D. 操作系统是用户与计算机之间的接口

5. 操作系统的特性包括_____。

A. 并发性　　　　B. 共享性　　　　　C. 虚拟性　　　　D. 异步性

6. 操作系统的基本功能包括_____,除此之外还为用户使用操作系统提供了用户接口。

A. 处理机管理　　B. 存储管理　　　　C. 设备管理　　　D. 文件管理

7. 不同种类的计算机系统具有不同的_____。

A. 高级语言　　　B. 机器语言　　　　C. 汇编语言　　　D. 数据库管理系统

8. 计算机不能直接执行的程序是_____。

A. 高级语言程序　B. 汇编语言程序　　C. 机器语言程序　D. 源程序

9. 用户可以通过作业控制级接口发出命令以控制作业的运行,它又分为_____。

A. 联机用户接口　B. 联机作业接口　　C. 脱机作业接口　D. 脱机用户接口

10. 微机操作系统包括_____。

A. 多用户单任务操作系统　　　　　　B. 单用户单任务操作系统

C. 多用户多任务操作系统　　　　　　D. 单用户多任务操作系统

11. Linux 操作系统的应用领域主要有_____。

A. 桌面领域　　　B. 服务器领域　　　C. 嵌入式领域　　D. 超级计算领域

12. 下列属于 Linux 发行版本的是_____。

A. CentOS　　　　B. Ubuntu　　　　　C. OpenSolaris　　D. Minix

13. 在 Linux 操作系统中,用于存放程序和软件的目录有_____。

A. /bin　　　　　B. /sbin　　　　　　C. /opt　　　　　D. /usr

14. 欲获取 cat 命令的帮助信息,可以使用_____。

A. cat --help　　B. cat --man　　　　C. help cat　　　　D. man cat

15. 云计算技术的层次结构中包含_____层。

A. 物理资源层　　B. 资源池层　　　　C. 管理中间件层　D. SOA 构建层

16. 云计算体系结构中,最关键的两层是_____。

A. 物理资源层　　B. 资源池层　　　　C. 管理中间件层　D. SOA 构建层

17. 云计算按照服务类型大致可分为以下类_____。

A. IaaS   B. PaaS   C. SaaS   D. 效用计算

18. Google APP Engine 目前支持的编程语言有_____。

A. Python 语言   B. C++语言   C. 汇编语言   D. Java 语言

19. 亚马逊将区域分为_____。

A. 地理区域   B. 不可用区域   C. 可用区域   D. 隔离区域

20. 下面选项属于 Amazon 提供的云计算服务是_____。

A. 弹性云计算 EC2   B. 简单存储服务 S3

C. 简单队列服务 SQS   D. Net 服务

21. 以下_____代计算机的内存储器采用半导体存储器。

A. 第一   B. 第二   C. 第三   D. 第四

22. 计算机各部件之间是通过总线(Bus)连接起来。总线包括_____。

A. 数据总线   B. 地址总线   C. 控制总线   D. 传输总线

23. 控制器有_____等部件组成。

A. 程序计数器   B. 指令寄存器   C. 地址寄存器   D. 指令译码器

24. 使用内存高速缓冲存储器可以提高_____。

A. 内存的总容量   B. CPU 从内存取得数据的速度

C. 程序的运行速度   D. 硬盘数据的传送速度

25. 以下_____是显示器的主要指标。

A. 点距   B. 分辨率   C. 尺寸   D. 外形

三、填空题

1. 一个完整的计算机系统包括硬件系统和_____。

2. Mac OS 操作系统是最早出现的_____的操作系统。

3. 在操作系统的基本功能之一处理机管理又称_____,主要任务是处理机的分配和调度。

4. 计算机的系统软件包括操作系统、_____、数据库管理系统和系统服务程序。

5. 计算机的应用软件包括用户程序和_____。

6. _____是一个免费的操作系统,用户可以免费获得其源代码,并能够随意修改。

7. 反映指令功能的助记符表达的计算机语言称为_____语言,它是符号化的机器语言。

8. 对于高级语言来说,有两种翻译方式,其中_____方式不产生完整的目标程序,而是逐句进行的,边翻译、边执行。

9. 移动公司推出的飞信软件属于计算机软件系统的_____之类。

10. 在计算机系统中,_____是裸机的第一层扩充,是最重要的系统软件。

11. 操作系统的发展经历了人工操作方式、单道批处理系统、_____、现代操作系统的过程。

12. 计算机的实时操作系统又分为实时控制操作系统和实时_____系统。

13. Microsoft 公司的 Windows NT 属于_____操作系统。

14. _____操作系统是最小的操作系统,主要用于接收和处理外界发给 SIM 卡或信用卡的各种信息、执行外界发送的各种指令、管理卡内的存储器空间、向外界回送应答信息等。

15. CPU 调度和资源分配的基本单位是_____,它可以反映程序的一次执行过程。

16. 操作系统的存储管理的主要功能包括内存分配、内存保护、地址映射和_____。

17. 操作系统的文件管理的主要功能包括文件存储空间的管理、目录管理、_____和文件保护。

18. 操作系统的设备管理的主要功能包括_____、设备分配、设备处理和虚拟设备。

19. 在 Windows 7 系统中,按下_____键可打开联机帮助系统。

20. 磁盘碎片整理程序是 Windows 提供的一个工具软件,它能有效地_____磁盘碎片,从而提高系统的工作效率。

21. 用 Windows 的"记事本"创建的文件的默认扩展名是_____。

22. 世界上第一台计算机的英文简称是_____。

23. 计算机的硬件能够识别并执行的一个基本操作命令称为_____。

24. _____是连接计算机中各个部件的物理信号线。

25. 控制器是由程序计数器、_____和指令译码器等组成的。

26. 各个存储器单元的编号称为_____。

27. 1 TB 等于_____ GB(用十进制阿拉伯数字表示)。

28. 高速缓存的英文简称是_____。

29. 计算机主机板上装有电池,其作用是保持_____中的配置信息。

30. _____标准的硬盘接口,采用串行方式进行数据传输。

31. _____是指屏幕上两像素点的距离。

四、简答题

1. 什么是计算机软件? 简述计算机软件与硬件的不同。

2. 简述计算机软件系统的组成。

3. 什么是操作系统? 常用的操作系统有哪些?

4. 操作系统的类型有哪些?

5. 简述操作系统的五大功能。

6. 常用的移动平台操作系统有哪些?

7. 系统还原的作用是什么?

8. 文件关联的两种操作中,"设置默认程序"与"将文件类型或协议与程序关联"有什么区别?

9. 简述计算机发展的历史。

10. 查阅资料,阐述未来计算机的发展方向。

11. 简述计算机硬件的基本结构和个基本部件的功能。中央处理器由什么部件组成? 主机由什么部件组成?

12. 简述 RAM 和 ROM 的功能及两者的主要区别。

13. 磁盘的基本存取单位是什么? 你用的硬盘的规格和容量是什么?

14. 什么是计算机的程序存储和程序控制原理?

15. 查阅计算机类报刊或有关网站,看看 8 000 元今天能配置什么样的电脑,1999 年能配置什么样的电脑,1995 年、1993 年又如何?

16. 通过查阅资料,探索 Linux 内核迅猛发展和广泛应用的原因,思考 Linux 在新技术(如云计算、物联网等)中的应用趋势。

第 3 章　网络基础应用

计算机网络是计算机技术和通信技术紧密相结合的产物，它涉及通信与计算机两个领域。它的诞生使计算机体系结构发生了巨大变化，在当今社会经济中起着非常重要的作用，它对人类社会的进步作出了巨大贡献。

3.1　网络基本概念

3.1.1　计算机网络的发展

自 1946 年第一台计算机问世以来，计算机网络发展经过了以下几个过程。

1. 单机

1946 年至 20 世纪 50 年代末，计算机只能支持单用户使用，计算机的所有资源为单个用户所占用，用户使用计算机只能前往某个固定场所（如计算机房）。

2. 分时多用户

20 世纪 50 年代至 60 年代末，分时多用户系统支持多个用户利用多台终端共享单台计算机的资源。一台主机可以有几十个用户甚至上百个用户同时使用。

3. 远程终端访问

20 世纪 50 年代末至 60 年代中后期，利用通信线路将终端连至主机，用户可以在远程终端上访问主机，不受地域限制地使用计算机的资源。

4. 计算机网络

从 20 世纪 60 年代末开始，将多台计算机通过通信设备连在一起，相互共享资源。1968 年，世界上第一个计算机网络——ARPANET 诞生。

20 世纪 70 年代中期，价廉物美的个人计算机 PC 问世，使得一个企业或者部门可以很容易地拥有一台或者多台计算机，出现了局域网，促进了计算机网络的发展。

5. 全球网络

20 世纪 90 年代，计算机网络发展成了全球的网络——互联网（Internet），计算机网络技术和网络应用得到了迅猛的发展。人们提出了"网络就是计算机"的概念，计算机网络伴随着计算机已成为人们工作、学习、生活中不可缺少的一部分。

6. 网格技术

网格技术出现于 20 世纪 90 年代末，是构筑在互联网上的一组新兴技术，被称为下一代互联网技术，它利用高速互联网把分布于不同地理位置的计算机、数据库、存储器和软件等资源连成整体，就像一台超级计算机一样为用户提供一体化信息服务，其核心思想是"整个互联网就是一台计算机"。网格技术充分实现了资源共享,具有成本低、效率高、使用更加方便等优点。另外,网格技术具有较为统一的国际标准,有利于整合现有资源,也易于维护和升级换代。

3.1.2　计算机网络的定义

所谓计算机网络就是指在网络协议基础上以共享资源、互相通信为目的而连接起来的自治的计算机互联系统的集合体。从广义上讲,计算机网络是在协议控制下由计算机、终端设备、数据传输设备以及用于终端和计算机之间或者多台计算机间数据流动的通信控制处理机等所组成的系统集合。

形象地讲,最简单的计算机网络就是把两台独立的计算机连接起来并能共享资源。多台计算机互联所应用的原理与两台计算机并无两样,都是以计算机通信技术为支撑的。计算机网络和计算机通信是两个十分相近的概念,它们都是计算机和通信相结合的产物。同样一个互联的计算机系统,当我们共享计算机资源时,称该系统为计算机网络;当我们仅考虑计算机间信息交换的机制时,则称该系统为计算机通信。

网络的主要功能是向用户提供资源的共享和数据的传输,而用户本身无须考虑自己以及所用资源在网络中的位置。

1. 资源共享

(1) 硬件共享。用户可以使用网络中任意一台计算机所附接的硬件设备,包括利用其他计算机的中央处理器来分担用户的处理任务。例如:同一网络中的用户共享打印机、共享硬盘空间等。

(2) 软件共享。用户可以使用远程主机的软件(系统软件和用户软件),既可以将相应软件调入本地计算机执行,也可以将数据送至对方主机,运行软件,并返回结果。

(3) 数据共享。网络用户可以使用其他主机和用户的数据。

2. 数据传输

支持用户之间的数据传输,如电子邮件、文件传输、IP 电话、视频会议等。

3.1.3　计算机网络的分类

在传统的计算机网络中,将网络简单地按地理区域划分为局域网、广域网以及后来出现的城域网。

局域网(Local Area Network,LAN),顾名思义,是指在小范围内连成的一个网络系统,如一个办公室或一个建筑物内,机器的数量也就是几十台。广域网(Wide Area Network,WAN),是指计算机网络系统可以覆盖几十千米或几百千米,甚至整个地球。城域网(Metropolitan Area Network,MAN),专指覆盖一个城市的计算机网络。

随着计算机网络技术的发展,局域网所延伸的距离越来越远,所采用的技术也越来越复杂。有时,局域网、广域网和城域网已很难划分。因此,又产生了一种新的网络划分方法,按网络应用的性质,分为工作组网络、园区网、企业网和全球网。

工作组网络是指供一个为同一目标工作的小组用户使用的网络。通常是某个机构中一个部门的内部网络,地理位置比较集中,往往在数十米到几百米之内。园区网是指连接相近的几个建筑物内的多个工作组网络。最典型的园区网是学校的校园网,其覆盖范围一般在 1 千米到几千米。

企业网用于连接一个公司或企业的所有计算机。企业网亦称内部网,可以是小区域的网,也可是连接全球的广域网。企业网用户可以共享公司其他部门办公室以及公司总部的信息,并相互传递相关信息和电子邮件,也可以访问中心主机等。但它与公网间有一定的安全隔离,以加强内部管理和控制。

全球网是指以电信公网为基础的全球网络,它提供各种用户的接入服务而本身并不包括安全隔离。这种网络可以容纳多个网络、多种网络标准、多种设备和多种应用。当今专称为Internet的网就是这种全球网。

3.1.4 计算机网络拓扑结构

网络拓扑结构通常是指网络中计算机之间物理连接方式的一种抽象表现形式。较常见的拓扑结构有三种:总线拓扑、星形拓扑、环形拓扑。

1. 总线拓扑

总线拓扑如图3-1所示。在这种结构里,网上所有的主机等设备都连接在一条公共的传输信道——总线上,网中的所有主机都利用总线来传输信息,一般采用竞争方式将信息传输出去。当一台主机要利用总线发送信息时,先检测总线是否空闲,如空闲就将信息发送出去,否则等待一段时间后再做尝试。发送出去的信息沿总线向两端传输,该信息已经加进了目标地址,只有具有该目标地址的计算机才能接收并处理。

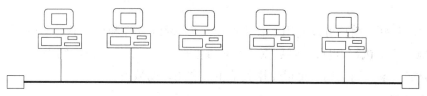

图3-1 总线拓扑结构示意图

总线结构的网络由于多台计算机共用一条传输线路,信道的利用率较高。网络中增加或减少机器时,不会影响其他计算机间的通信,可靠性较高。但计算机数量较多时,系统负载加重会降低传输速度。网络延伸距离也很有限,一般在2 km以内。

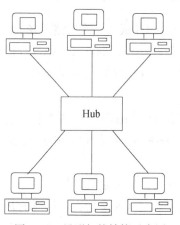

图3-2 星形拓扑结构示意图

2. 星形拓扑

星形拓扑如图3-2所示。在这种结构的网络中,所有的计算机都把信息发往处于中心点的集线器,该集线器再把信息转发给所有计算机或指定地址的计算机。

具有星形拓扑结构的网络优点是集中控制,简单,易维护,易扩充,可靠性强,一台计算机出问题,不会影响整个网络,但若处于中心点的集线器出现故障,整个网络将会瘫痪。

3. 环形拓扑

环形拓扑结构如图3-3所示。在环形结构里,每台计算机都连着下一台计算机,而最后一台计算机则连着第一台计算机。一般在环形网中有一个作为传输标志的令牌信息始终在信道上的各个计算机之间依次传输。若某台计算机要发送信息给另一台计算机,它必须等令牌到达该计算机时将其俘获,并修改令牌,添加上要发送的数据及接收方的地址,然后沿环形网络继续传递这个令牌,这个令牌在其所经过的每台计算机都能收到,然后判断自己的地址是否与令牌中接收方的地址相同。如相同,则接收其中的数据,并向发送方反馈一条报文,发送方收到该回答后,再创建一个新的令牌放到网络中去,以使其他站点俘获令牌;如不相同,则把该令牌继续传送到下一台计算机。

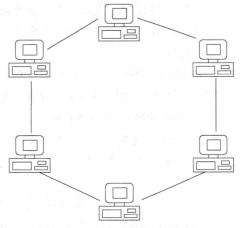

图3-3　环形拓扑结构示意图

由于每台计算机都有相同的令牌访问权限,所以没有一台计算机能将网络垄断。由于信息通过网中的每台计算机进行传递,任何一台计算机出现故障都会影响整个网络,因此,网络可靠性较差,并且故障诊断困难。

在一个实际的网络里,网络构成往往是上述几种拓扑结构的混合,以便扬长避短。也有人把这种混合结构称之为网状结构。

网络拓扑结构的选择往往和传输介质的选择、介质访问控制方法的确定等紧密相关。选择拓扑结构时,应该考虑的主要因素有以下几点。

(1) 费用。不论选用什么样的拓扑结构都需进行安装,要降低安装费用,就需要对拓扑结构、传输介质、传输距离等相关因素进行分析,选择合理的方案。

(2) 灵活性。在设计网络时,考虑到设备和用户需求的变迁,拓扑结构必须具有一定的灵活性,能被容易地重新配置。此外,还要考虑原有站点的删除、新站点的加入等问题。

(3) 可靠性。拓扑结构的选择要使故障的检测和隔离较为方便。

3.1.5　计算机网络连接器件

如果要把几台计算机连接成一个网络,或把几个小的网络互联起来,以实现计算机之间的通信,除了计算机之外,还必须用一些连接器件。这些连接器件包括网卡、集线器、中继器、网桥、网关、路由器及各种线缆介质等。本节对经常使用的线缆传输介质和接口部件作一个简单介绍。

1. 网卡

网卡也叫网络接口卡(Network Interface Card,NIC),是局域网中最基本的部件之一,它是连接计算机与网络的硬件设备。无论是双绞线连接、同轴电缆连接还是光纤连接,都必须借助于网卡才能实现数据的通信。

网卡的主要工作原理是整理计算机上发往网线上的数据,并将数据分解为适当大小的数据包之后向网络上发送出去。对于网卡而言,每块网卡都有一个唯一的网络节点地址,它是网卡生产厂家在生产时烧入ROM(只读存储芯片)中的,我们把它叫做MAC地址(物理地址),且保证绝对不会重复。

我们日常使用的网卡都是以太网网卡。目前网卡按其传输速度来分可分为10 M网卡、

10/100 M 自适应网卡以及千兆(1 000 M)网卡。如果只是作为一般用途,如日常办公等,比较适合使用 10 M 网卡和 10/100 M 自适应网卡两种。如果应用于服务器等产品领域,就要选择千兆级的网卡。

无线网卡,顾名思义,就是不用网线的网卡,它是目前无线广域通信网络应用广泛的上网介质。目前,由于我国只有中国移动的 GPRS(General Packet Radio Service,通用分组无线服务)和中国联通的 CDMA(Code Division Multiple Access,码分多址)两种网络制式,所以常见的无线上网卡就包括 CDMA 无线网卡和 GPRS 无线网卡两类。另外还有一种 CDPD (Cellular Digital Packet Data,蜂窝数字分组数据)无线网卡。

2. 中继器

中继器的作用是放大信号;集线器是一种特殊的中继器,能把多个线缆组织到一起,提供某一种逻辑拓扑连接,并将信号转发到其他传输介质段。

3. 网桥

网桥是用于连接两个同类网络的设备,它可以把一个负担过重的网络分成多个网络段,减轻了网络的总体负担,提高了网络的性能。

4. 路由器

路由器是一种连接多个网络或网段的网络设备,它能将不同网络或网段之间的数据信息进行“翻译”,以使它们能够相互“读懂”对方的数据,从而构成一个更大的网络。路由器主要有网络互连、数据处理、网络管理等功能。

5. 通信媒体

信息从一台计算机传输给另一台计算机,从一个节点传输到另一个节点都是通过通信媒体实现的。通信媒体的选择极大地影响着通信的质量,主要类型分有线通信媒体和无线通信媒体。

有线通信媒体较常见的有双绞线、同轴电缆和光纤。双绞线由多对缠绕在一起的铜芯电线组成,小范围的局域网常用这种介质作为信息传输的载体。同轴电缆在实际应用中也常使用,从结构上看,同轴电缆由内外两层导体组成,在两层导体之间还有一层绝缘层,外层的导体由金属网组成,具有屏蔽功能,这样的结构既能增加抗电磁干扰的能力,也能减少信息在传输过程中的损失。

在远距离传输中广泛应用的信息传输介质是由光导纤维组成的光缆,也称光纤。光纤传输的信号是光信号,不是电信号。这是一种最高效的传输介质。光信号在传输过程中不像电信号衰减得那么快,因此传输距离可达几千米远。传输的速率可达 1 Gbps 到 40 Gbps,甚至更快。传输的保密性好,别人无法“窃听”,且不受电磁信号干扰。由于计算机及其他网络设备都使用电信号,因此,光纤在连到这些设备上时,必须由一个光电转换器来完成光/电转换,或者计算机的网卡要选配连接光纤的网卡。

计算机网络系统中的无线通信主要是指微波通信。微波通信主要分地面微波通信和卫星微波通信两种。微波通信的特点是通信容量大、受外界干扰小、传输质量高,但数据保密性差。地面微波通信是利用地面中继系统在地面设置中继站;卫星微波通信则利用人造卫星做中继站转发微波信号,具有更大的通信容量和更高的可靠性。

3.1.6 计算机网络通信协议

计算机与计算机之间的通信离不开通信协议,通信协议实际上是一组规定和约定的集合。

两台计算机在通信时必须约定好本次通信做什么,是进行文件传输,还是发送电子邮件;怎样通信,什么时间通信等。因此,通信双方要遵从相互可以接受的协议(相同或兼容的协议)才能进行通信,如目前互联网上使用的 TCP/IP 协议等,任何计算机联入网络后只要运行 TCP/IP 协议,就可访问互联网。

1. 通信协议的特点

(1) 通信协议具有层次性。

通信协议被分为多个层次,在每个层次内又可以被分成若干个子层次,协议各层次有高低之分。

(2) 通信协议具有可靠性和有效性。

如果通信协议不可靠就会造成通信混乱和中断,只有通信协议有效,才能实现系统内的各种资源共享。

2. 通信协议的组成

通信协议主要由以下三个要素组成。

(1) 语法:确定通信双方通信时数据报文的格式。

(2) 语义:确定通信双方的通信内容。

(3) 时序规则:指出通信双方信息交互的顺序,如:建链、数据传输、重传和拆链等。

3. OSI 基本参考模型

为了便于网络设备制造商和网络软件设计者协同工作,就把信息的加工分成几个层,每个层完成其特有的功能,每种功能就是为上层所提供的服务,每种服务必须遵循一定的规则,这种对各层功能所定义的规则或约定就称为协议。国际标准化组织 ISO(International Standards Organization)在 1984 年提出一个 OSI(Open System Interconnection,开放系统互联)的 7 层参考模型,如图 3-4 所示。

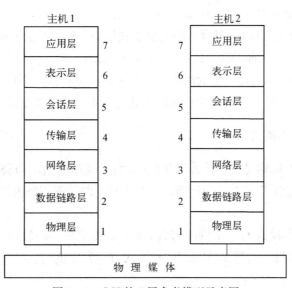

图 3-4 OSI 的 7 层参考模型示意图

下面简单介绍一下各层的功能。

(1) 物理层。其功能是通过网络通信通道传输数据。该层包括完成此功能的物理设备及网线,还包括数据的传输方法、控制信号、定时信号以及传输时所用的通道技术。

(2)数据链路层。其功能是实现逻辑链路控制和媒体访问控制,如实施连接服务、访问控制和设备寻址等。网络接口卡就是数据链路层的一种设备。

(3)网络层。其功能是决定网络的逻辑链接、信报的交换及其实施路径的选择。它必须考虑网络地址设置及避免信息阻塞等问题。

(4)传输层。其功能是将信报整理成能够可靠传输的规格送到下一层传输。

(5)会话层。其功能是建立通信的交互方式和过程控制,如处理账户、口令及用户权限等问题。

(6)表示层。其功能是负责传输信息表示方法的转换,如决定数据的压缩、解码及编码、语法及翻译等问题。

(7)应用层。其功能是提供满足应用要求的信息,直接为正在通信的端点用户的应用进程服务,如文件服务、打印服务、电子邮件及分布式数据库等。

4. TCP/IP 协议

TCP/IP(Transmission Control Protocol/Internet Protocol,传输控制协议/互联网协议)是当前最流行的用于分组交换广域网的一种协议。实际上它也支持广播网、卫星网以及局域网。

TCP/IP 开始是在 PARC 系统下开发的,后来又成功地移植到以太网和令牌(环)网上,使得 TCP/IP 也能用于局域网。

TCP/IP 的研究一开始就得到美国政府的支持,从 1970 年开始经过了二十几年的研究,其中一些精华部分使得它经久不衰。由于数据分组在早期的网络上经常丢失,因而研究人员将 TCP/IP 分成 TCP 和 IP,后来又增加了 UDP(User Datagram Protocol,用户数据报协议)。IP 实际对应于 OSI 七层模型中的网络层。更低层的由诸如 Ethernet、Token Ring 及其他网络介质上的数据传输服务实现。TCP 和 UDP 处于传输层和会话层。

TCP/IP 被称作开放系统的开放协议,主要是和作为开放系统的 Unix 有关,TCP/IP 一开始就用在 Unix 系统中。以前 TCP/IP 的 DOS 和 Windows 版本占用大量的内存而且运行速度较慢,妨碍了 TCP/IP 在局域网上的应用。不过现在已经有很多小巧快速的 TCP/IP 软件,使得 TCP/IP 如日中天,从大型网络主机到轻巧的笔记本计算机都支持 TCP/IP。

3.1.7 计算机网络工作模式

计算机网络的基本原则是多台计算机互联,从而达到相互通信和资源共享的目的。而计算机网络工作模式是指计算机网络为达到该目的而采用的管理网络内计算机正常运作的控制结构与机制。

计算机网络的工作模式有一个演变过程,从早期的主机—终端(Host-Terminal)模式到 20 世纪 80 年代的对等机—对等机(Peer-Peer)模式,再到 20 世纪 90 年代流行的客户机-服务器(Client-Server)模式。

1. 主机—终端模式

20 世纪 70 年代出现的网络是由主机和终端构成的,一台主机通过分时控制为多个终端服务。终端共享主机的资源,也受主机的控制。在这种系统模式中,主机所服务的终端数有限,因此系统配置不灵活,同时主机资源的闲置率也较高。由于主机和终端之间并非是互相独立的,这种早期的网络模式也被称为多用户系统。现今网络互联中仍存在这种模式,如 IBM 的 AS/400 就是这类机器。

2. 对等机—对等机模式

20 世纪 80 年代初,为了克服主机—终端模式的不足,出现了对等机—对等机模式。这种模式中每台机器都能为别的机器提供服务,也能向别的机器申请服务,因此各台机器之间是对等的。对等机—对等机模式可根据系统的需要灵活地增加或减少机器的台数,因此不存在主机资源闲置的问题。但是由于对等机没有公共服务,使系统可供共享的资源不充裕也不稳定,而各台机器间均有提供服务的控制关系,使系统的管理较为复杂,效率较低。为此需要一种更为完美的模式。

3. 客户机—服务器模式

20 世纪 90 年代流行的客户机—服务器模式吸取了前两种模式的优点,克服了前两者的缺点,成为至今最普遍使用的模式。客户机和服务器均为独立的机器,服务器仅用于提供公共服务,而客户机仅申请公共服务。这样,服务器就要准备可靠而丰富的资源为客户机服务,而客户机和客户机之间不存在互相控制关系,它们仅与服务器之间建立管理和控制关系,这样管理简化了,效率也提高了。早期的服务器主要提供文件服务,即提供数据存取和文档读写的公共服务,但很快网络中出现了提供打印、数据库等各种服务的服务器。在 Web 技术推广后出现了主要存储 Web 文档的 Web 服务器。

3.1.8　局域网的概念

局域网(Local Area Network,LAN)也称局部区域网络,是将分散在有限地理范围内(如一栋大楼,一个部门)的多台计算机通过传输媒体连接起来的通信网络,通过功能完善的网络软件,实现计算机之间的相互通信和共享资源。覆盖范围常在几公里以内,限于单位内部或建筑物内,常由一个单位投资组建,具有规模小、专用、传输延迟小的特征。目前我国绝大多数企业都建立了自己的企业局域网。局域网只有与局域网或者广域网互连,进一步扩大应用范围,才能更好地发挥其共享资源的作用。

美国电气和电子工程协会(IEEE)于 1980 年 2 月成立局域网标准化委员会(简称 802 委员会)专门对局域网的标准进行研究,并提出了 LAN 的定义。LAN 是允许中等地域内的众多独立设备通过中等速率的物理信道直接互联通信的数据通信系统。

1. 局域网的特性与特点

(1) 局域网的特性。

从传输媒体角度讲,局域网通常采用双绞线、同轴电缆和光纤。在特殊环境下,也可考虑使用微波、红外线和激光等无线传输媒体。从传输技术(使用传输媒体进行通信的技术)角度上讲,局域网常用的有基带传输和宽带传输。从网络拓扑角度上讲,常见的有总线形、星形和环形,局域网的网络拓扑描述对应网络中数据收发的方式。从访问控制方法(网络设备访问传输媒体的控制方法)上讲,常用的有竞争、令牌传递和令牌环等。

(2) 局域网的特点。

① 网络覆盖范围小,约 25 公里以内。

② 选用较高特性的传输媒体：高的传输速率和低的传输误码率。

③ 硬软件设施及协议方面有所简化。

④ 媒体访问控制方法相对简单。

⑤ 采用广播方式传输数据信号，一个结点发出的信号可被网上所有的结点接收，不考虑路由选择的问题，甚至可以忽略 OSI 网络层的存在。

2. 局域网的逻辑结构

为了规范 LAN 的设计，IEEE 的 802 委员会针对各种局域网的特点，并且参照 ISO/OSI 参考模型，制定了有关局域网的标准（称为 IEEE 802 系列标准）。有关 LAN 的标准化主要集中在 OSI 体系结构的低二层，已制定了一系列的标准，具体包括：

① IEEE 802.1A——综述和体系结构。

② IEEE 802.1B——寻址、网络管理和网络互连。

③ IEEE 802.2 ——逻辑链路控制协议（LLC）。

④ IEEE 802.3 ——载波侦听多路访问/冲突检测（CSMA/CD）访问控制方法和物理层规范。

⑤ IEEE 802.4 ——令牌总线（Token-Bus）访问控制方法和物理层规范。

⑥ IEEE 802.5 ——令牌环（Token-Ring）访问控制方法和物理层规范。

⑦ IEEE 802.7 ——宽带时间片环（Time-Slot）访问控制方法和物理层规范。

⑧ IEEE 802.8 ——光纤网媒体访问控制方法和物理层规范。

⑨ IEEE 802.9 ——等时网（Isonet）。

⑩ IEEE 802.10——LAN 的信息安全技术。

⑪ IEEE 802.11——无线 LAN 媒体访问控制方法和物理层规范。

⑫ IEEE 802.12——100 Mbps VG-Anylan 访问控制方法和物理层规范。

⑬ IEEE 802 系列标准之间的关系如图 3 - 5 所示。

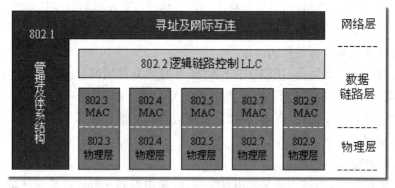

图 3 - 5　IEEE 802 系列标准之间的关系

从上图中可以看出，LAN 的数据链路层实际上被划分为两个子层：逻辑链路控制子层（LLC）和媒体访问控制子层（MAC），并且 LAN 之间的差别主要体现在物理层和 MAC 子层。

LAN 物理层主要定义结点和传输媒体的接口特性，包括机械特性、电气特性等；LAN 的 MAC 子层则定义结点共享传输媒体时采用的访问控制技术，包括借助于物理层的无差错传输技术等；LAN 的 LLC 子层屏蔽不同的 MAC 子层之间的差异，以便提供统一的接口；LAN

的网络层功能被简化,在单个 LAN 设计时可以忽略,或者可以认为 OSI/RM 的更高层通过虚拟的网络层直接引用 LLC 子层的服务。

三、局域网的基本组成

一个局域网的基本组成部分主要有三个方面:网络硬件、网络软件和网络信息资源。

网络硬件主要由服务器、工作站、传输介质、共享设备及接口部件等组成。服务器可以由具有较大容量的存储器、高级别 CPU 组成的高档计算机或专用服务器担当,其主要功能有:一是对局域网上的工作站用户提供文件、数据库、通信以及打印等方面的服务;二是负责网络资源的管理。工作站一般是通用的微型计算机,提供用户与服务器之间的交互界面。传输介质指在网络架构中用到的线缆,包括双绞线、同轴电缆及光纤等。共享设备指网络用户公用的磁盘、打印机等。这些设备由操作系统统一管理和控制,为网上用户提供服务。接口部件则是指包括网卡、集线器等上文所提及的网络硬件设备。

网络软件通常是指实现局域网功能的服务器软件和工作站软件,一般所采用的网络操作系统包含了这两方面的软件。网络操作系统的主要功能是能通过实现各种网络命令、实用程序和应用程序接口向各类用户提供网络服务功能。目前比较流行的网络操作系统主要有 Unix、Netware、基于 NT 内核的 Window 系统和新兴流行的 Linux。

网络信息资源可以包括网上的各类数据库、应用程序、工具软件等网络应用程序。

四、无线局域网的组成

无线局域网(Wireless Local Area Networks,WLAN)是在有线局域网基础上通过无线通信设备得以实现的,是采用无线传输媒体的计算机局域网。无线局域网是一个使用无线多址信道的分组交换网络,它的特点是在某个局域范围内,采用无线信道传输数据和采用分组交换技术进行信息交换。采用无线信道传输的特点通过多址访问协议描述,采用分组交换方式进行信息交换的特点由无线局域网的新协议——IEEE802.11 描述。

1. 硬件组成

无线局域网的主要设备如下:

(1) 无线接入器(AP)——使移动用户与室内有线 LAN(以太网或令牌网)相连。

(2) 无线适配器——用来替代客户机上的标准网卡,包括符合工业标准结构(ISA)、微信道结构(MCA)、PCMCIA 卡等 NIC。

(3) 无线网桥——用于无线连接两座建筑物间的同构型 LAN。

(4) 无线路由器——用来对多座建筑物间的 LAN(相同协议)提供无线连接。

2. 网络结构

无线局域网用户的接入主要使用 AP 接入和两两相接两种方式。

(1) AP 接入:AP 接入即访问节点接入,它是一种主从式(Master-Slave)接入方式。AP 接入中,所有用户都直接与中心大线或访问节点(AP)连接,由 AP 承担无线通信的管理及与有线网络连接的工作。无线用户在 AP 所覆盖的范围内工作时,无须为寻找其他站点而耗费大量的资源开销。这种接入方式中,各移动站点间的通信是先通过就近的无线接收站(AP)将信息接收,接收到的信息通过有线网络被传送到"移动交换中心",再由移动交换中心传送到所有无线接收站上。这时在网络覆盖范围内的任何地方都可以接收到该信号,并可实现漫游通信。

(2) 两两接入:两两接入实际上是一种点对点(Peer-to-Peer)接入方式。它是用于连接

PC 机或便携式计算机,允许每个接入设备在无线网络所覆盖的范围内移动并自动建立点到点的连接,从而实现不同站点之间的直接信息交换。该结构的工作原理类似于有线对等网的工作方式。它要求网络中任意两个站点间均能直接进行信息交换,每个站点既是"工作站",也是"服务器"。

3.2 Internet 概述

Internet 是现今世界上最大最流行的计算机网络,由于其充分体现了超文本技术的特性,又兼容了世界各地各类网络的信息内容,故被人们称为全球开放的信息资源网。经过近三十年的发展,Internet 已从军事领域扩展至科研、教育、商业等各个领域,乃至进入普通百姓家庭,几乎深入到社会生活的每一个角落,使人们的工作和生活方式、社会分工、人际关系都随着国际经济、科技、教育和文化交流的加强发生着巨大变化。

3.2.1 Internet 的含义

对于什么是 Internet,并没有明确或一致的回答。一般认为,Internet 是一个由各种不同类型和规模的、独立运行和管理的计算机网络组成的世界范围的计算机系统——全球性计算机网络。它包含以下 3 个最基本的内容:

① 基于 TCP/IP 协议的网间网。

② 使用和开发这些网络的用户群。

③ 可从网络上获取的资源集。

Internet 中运行的网络包括小规模的局域网(LAN)、城市规模的城域网(MAN)以及大规模的广域网(WAN)等,这些网络通过普通电话线、高速率专用通道、卫星、微波和光缆等把不同国家的大学、公司、科研部门以及军事和政府等组织的网络连接起来。因此,从网络通信技术的观点来看,Internet 是一个以 TCP/IP(Transmission Control Protocol/Internet Protocol)通信协议连接各个国家、各个部门、各个机构计算机网络的数据通信网。从信息资源的观点来看,Internet 是一个集各个部门、各个领域的各种信息资源为一体的供网上用户共享的数据资源网。

3.2.2 Internet 的由来

1957 年,前苏联人造地球卫星计划的成功,促使美国国防部 DOD(Department of Defence)制定空间计划来与前苏联进行空间竞争,并成立高级研究计划署 ARPA(Advanced Research Project Agency)来具体实施这一计划。1963 年,ARPA 将研究领域扩展到纯计算机科学方面,并开始研究在美国各地为 ARPA 进行工作的计算机实施联网的可能性。

1969 年底,连接加州大学洛杉矶分校(UCLA)、斯坦福研究所(SRI)、加州大学圣芭芭拉分校(UCSB)和犹他大学(UU)4 个站点的计算机网络正式开通,它们通过存储转发的方式构成了分组交换广域网——ARPANET,从而为验证远程分组交换网的可行性提供了试验性场所,成为 Internet 最早的雏形。

1972 年,在首届国际计算机通信会议 ICCC 上首次公开展示了 ARPANET 的远程分组交换技术,并在总结最初的建网实践经验的基础上讨论将世界上的研究网互联起来的可能性,以及第二代网络协议——网络控制协议(Network Control Protocol,NCP)的设计工作。20 世纪80 年代开始,由 NCP 协议发展得到的 TCP/IP 协议逐步为大学与科研机构所接受,并被嵌入 Unix 操作系统的内核,于 1983 年正式被批准成为美国的军用标准。

1983 年,原来的 ARPANET 自行分裂成两个网络,一部分是专用于国防的 MILNET (Military Network),剩下的部分仍以 ARPANET 相称。这两个网络并非独立无关而是互联互通的,它们之间仍可以进行通信和资源共享,这种将各个独立的网络互联成一个更大的网络实体的情况,产生了网络互联的概念,即通过使用称为网关的网络互联设备,连成各种网络的网络(Network of Network),形成互联网(Internetwork 或 Internet),这标志着 Internet 的真正诞生。

3.2.3　Internet 的发展

Internet 的第一次快速发展源于美国国家科学基金委员会 NSF(National Science Foundation)对该网络的介入。从 1983 年起,Internet 开始在教育和科研领域广泛使用,进入了实用阶段。

1986 年,美国国家科学基金委员会为了鼓励大学与研究机构共享使用计算机,决定在全美设置若干个超级计算机中心,并建设一个高速主干网,把这些中心的计算机连接起来,形成 NSFNET,使之成为 Internet 的主要部分。由于美国国家科学基金的鼓励和资助,很多大学、政府资助的研究机构甚至私营的研究机构纷纷把自己的计算机网络并入 NSFNET。从 1986 年至 1992 年 1 月,并入 Internet 的计算机子网从 100 多个增加到 4 500 多个,几乎每年都以百分之百的速度增长。终于在 1990 年 7 月,ARPANET 光荣退役,NSFNET 取而代之成为 Internet 的主干网络。

从 1990 年到 1991 年,IBM、MCI 和 Merit 三家公司共同协作组建了一个先进网络服务公司 ANSI(Advanced Network and Service Inc.),专门为 NSFNET 网络及其用户提供服务。这样,NSFNET 得到快速发展,主干网速率从初期的 T1 级(每秒 1.544 兆位)发展到 T3 级(每秒 45 兆位),网络本身成为一个三级分层的互联网,即由 NSFNET 主干网、各个区域网以及众多的校园网三级构成。NSFNET 主干网拓扑如图 3-6 所示。

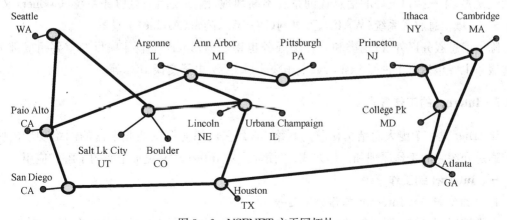

图 3-6　NSFNET 主干网拓扑

Internet 在 80 年代末至 90 年代初的崛起,不单单是量上的改变,同时亦带来某些质的变化。由于多种学术团体、企业研究机构以及个人用户的进入,Internet 的使用者不再局限于纯计算机专业人员。这些新用户发现:加入 Internet 不仅仅只是共享网络中巨型计算机的运算能力,还可以将之当作一种交流与通信的工具。如此,Internet 进入了历史上第二次飞跃的进程——Internet 的商业化。

1991 年,商业 Internet 协会(Commercial Internet Exchange Association)成立,他们宣布用户可以把他们的 Internet 子网用于任何的商业用途。Internet 商业化服务提供商的出现使商业机构正式踏入 Internet 领域。很快,Internet 在通信、资料检索、客户服务等方面的巨大潜力被纷纷挖掘出来,世界各地无数的企业及个人都蜂拥加入 Internet 世界。1995 年 4 月 30 日,NSFNET 正式停止运行,代替它的是由美国政府指定的三家私营企业:Pacific Bell 公司、Sprint 公司和 Ameritech Advanced Data Servicesand Bellcore 公司。至此,Internet 真正摆脱了仅仅服务于教育、科研和政府部门的专用网络的角色,Internet 的商业化彻底完成。

目前全世界已有一百八十多个国家和地区、几千万个网络、几亿台计算机接入 Internet,它拥有数亿用户,已经成为全球最大的计算机互联网。由于 Internet 能够提供极为丰富和翔实的信息资源和应用服务,为发展信息网络技术和网络应用提供了极其宝贵的实践经验,对信息市场的开拓和信息社会的发展具有深远的影响,已成为未来国家信息基础设施(National Information Infrastructure,NII)和全球信息基础设施(Global Information Infrastructure,GII)的雏形。

3.2.4 Internet 的基本功能

Internet 的应用可分为三大类。

(1) 通信。如电子邮件(E-mail)、新闻组(Usenet)等。

(2) 获取信息。如万维网(WWW)、文件传输(FTP)等。

(3) 共享计算机资源。如远程登录 Telnet 等。

电子邮件、远程登录和文件传输协议是 Internet 早期的三个基本功能。由于 Internet 整体结构的开放性,由电子邮件、远程登录和文件传输协议这三大基本功能衍生出来的各种应用资源和服务项目为人们所推崇。为了帮助 Internet 用户更容易地获取所希望得到的信息,一些功能完善、用户接口友好的信息查询系统不断涌现,诸如校园信息服务系统(Gopher,又称CWIS)、广域信息服务系统(WAIS)、万维网(WWW)、阿奇(Archie)工具等。

除了信息服务以外,讨论类和公告类服务也正成为 Internet 服务项目的重要组成部分。这些服务主要包括电子论坛 Listserv、电子公告牌 BBS、电子交谈 IRC 等。

3.2.5 Internet 的工作方式

Internet 是一个庞大而结构松散的网络,那么它是如何提供如此丰富的网络功能的呢?本节通过介绍它的工作原理和工作方式,以使大家对 Internet 有更加全面的了解和应用。

一、Internet 的工作原理

1. 分组交换——Internet 工作原理之一

通常情况下,计算机网络(尤其是大范围的网络)采用的网络拓扑结构往往是总线型或环型的。这样的结构使得多台设备共享一条传输线路,虽降低了经济成本,却引发了时间延迟问题,即同一时刻,线路只能提供一对用户使用。为了解决共享线路延迟问题,工程技术人员提出了让网络中每一台计算机每次只能传送一定数据量数据的解决方法。这种分割总量、轮流服务的规则就是"分组交换",而每次所能传送数据的单位称为一个分组(或信息小包)。

为了说明为什么分组交换可以避免过长的等待,请看下面表 3-1 所示的例子。

假设有三台计算机 A、B、C,它们分别要从网上获得的数据量是 80、100 和 60 字节,那么网络在给这三台计算机传送数据时,并不是先为 A 或 B 或 C 传完后再为另两台传,而是规定每一次的传输量,比如每次传 20 字节,则实际的传送过程是表 3-1 所示,这种设计使得 A、B、C 三台计算机所等待的时间都是最合理的。

表 3-1　分组交换

计算机代号	A	B	C	A	B	C	A	B	C	A	B	C	A	B
每次传输量(Byte)	20	20	20	20	20	20	20	20	20	20	20			20
累积传输量(Byte)	20	20	20	40	40	40	60	60	60	80	80	60	80	100

在 Internet 上的所有数据都是以分组的形式进行传送的,这种利用每台计算机每次只能传送一定数据量的方式来保证各台计算机平等地使用共享网络资源的基本技术称为分组交换。

2. 网际协议 IP——Internet 工作原理之二

Internet 是用一种称为路由器的专用计算机将网络互联起来的,但单纯硬件上的互联并不能形成 Internet,互联的计算机必须依靠相应软件的支持来保证正常工作。这当中必须首先解决两个问题:

(1) 如何准确地将信息送往指定的目的地。

(2) 获得信息者是否能够正确理解所获取的信息。

这如同邮寄信件一样,需要用规范的地址表示形式作为正确的交流语言,让邮局知道信件发往何地;需要使用双方都能理解的语言,让收信者明白信件的具体内容。相类似,两个局域网除非使用同一种"语言",否则它们彼此之间是不能进行通信交流的。由于历史原因,局域网存在多种网络协议,如 Novell 的 IPX/SPX、Apple 公司的 AppleTalk、Digital 的 DECNET 等。

Internet 中使用的一个关键协议 IP 综合了局域网等众多网络协议的长处,非常详细地规定了计算机利用 Internet 进行通信时应该遵循规则的全部具体细节,比如数据分组的组成、各计算机的网上地址组成等,因此,IP 协议就成为不同计算机之间通信交流的公用语言,从而维护着 Internet 的正常运行。

一台计算机连到 Internet 上并不意味着这台计算机就可以利用 Internet 为自己服务,而必须利用相应软件将 IP 协议中的所有细节都"翻译"成计算机能理解的 0、1 组合后,才能让计算机在 IP 协议控制软件的控制下在 Internet 上进行通信。由于所有 Internet 服务都是使用 IP 协议来发送或接收分组(遵守 IP 协议的分组称为 IP 数据报)的,因此每台计算机在进行 Internet 通信时都必须使 IP 协议控制软件驻留在内存,以便时刻准备发送或接收分组。

除了定义有关通信方面的许多具体细节外,IP 协议的重要意义还在于一旦 Internet 上的每台计算机都配置了 IP 协议控制软件,任何计算机都能够生成 IP 数据报并将其发送给其他计算机。因此,IP 协议将许多网络和路由器编织成一个天衣无缝的通信系统,使 Internet 从表面看上去像一个单一的、巨大的网络在运行,而实际上只是一个真正意义上的虚拟网络。

3. 传输控制协议 TCP——Internet 工作原理之三

对于 Internet 来说,尽管 IP 协议控制软件能够使计算机发送和接收数据报,但 IP 协议并未解决数据包在传输过程中所有可能出现的问题,因此使用 Internet 的计算机还需要 TCP 协议控制软件来提供可靠的、无差错的通信服务。

TCP 协议的主要功能是:

(1) 确保在 Internet 中传送信息时不丢失数据或被人修改。

(2) 确保在信息没能正确到达目的地时,重新传送该信息。

(3) 需要时将一条长信息分成若干条短信息,并按照存贮转发方式通过不同路径将这些短信息传送到同一目的地,然后重新按正确的顺序将其组装成原来的长信息。

尽管 TCP 协议和 IP 协议是分开使用的,但由于它们是作为一个系统的整体来设计的,并且在功能实现上也是互相配合、互相补充的,因此,TCP 协议与 IP 协议被公认为 Internet 上提供可靠数据传输方法的最基本协议标准。

现在,由 TCP 协议和 IP 协议等一百多个协议所组成的 TCP/IP 协议集已成为 Internet 正常运行和提供服务的关键所在。

4. 客户机与服务器——Internet 工作原理之四

客户机程序是用户用来与服务器软件进行接口的程序,不同的计算机运行的客户机程序并不相同。

服务器程序是在主机服务器上运行的程序,它可以和不同的客户机程序进行通信。服务器软件建立了一系列访问服务器的通信标准,让不同的客户机程序都能与同一种服务器程序进行通信和交互作用。

利用客户机—服务器模式,用户在自己的计算机上运行客户机程序,向主机服务器发出数据库或信息查询请求,主机中的服务器程序接收此请求并以特定格式回答这个请求,再由客户机程序识别后显示给用户。

在客户机—服务器模式中,服务器程序不需要了解运行客户机程序的计算机类型,而这一点正与 Internet 能够兼容几乎所有的计算机的设计目的相一致,因此客户机—服务器模式是网络化信息应用系统的一个重大进步。

二、Internet 的域名管理与地址分配

1. IP 地址

在 Internet 中,为了保证正式加入 Internet 的每台计算机在通信时能相互识别,每台计算机都必须用一个唯一的地址来标识,这就是 IP 地址。目前 IP 协议的版本号是 4(简称为 IPv4),Ipv4 地址由 32 位二进制数组成,分成四段,段与段之间用圆点相隔,每段八位(一个字节),可用一个小于 256 的十进制数表示。

IP 地址包含两部分内容:一部分为网络地址;另一部分为主机地址。为适应不同网络规模的要求,IP 地址通常分为 A、B、C 三类。每类地址规定了网络地址和主机地址分别占有的长度。图 3 - 7 是 A、B、C 三类 IP 地址的具体构成。Internet 整个 IP 地址空间的情况可参见表 3 - 2。

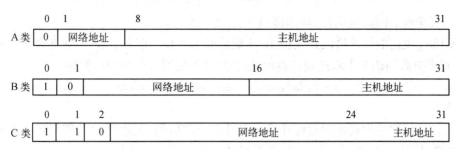

图 3-7 Internet 的三类网络地址示意图

表 3-2 Internet 的 IP 地址空间容量

	第一个字节	网络地址数	网络主机数	主机总数
A 类网络	0～127	128(2^{8-1})	16 777 214($2^{24}-2$)	2 147 483 392
B 类网络	128～191	16 384(2^{16-2})	65 534($2^{16}-2$)	1 073 709 056
C 类网络	192～223	2 097 152(2^{24-3})	254(2^8-2)	532 676 608
总　计		2 113 664	16 843 002	3 753 869 056

(1) A 类 IP 地址第一个字节的第一位为 0,第一个字节的后七位为网络地址,后三个字节共 24 位为主机地址。Internet 中,网络地址 0 表示本地网络,网络地址 127 保留作测试用。因此,A 类 IP 地址中网络地址的有效范围为 0～127,每个 A 类 IP 地址的主机数为 16 777 214。这类地址通常分配给具有大量主机的大型网络使用。

(2) B 类 IP 地址第一字节的第一位为 1,第二位为 0,其余六位和第二个字节的八位共 14 位为网络地址,后两个字节共 16 位为主机地址。所以,B 类 IP 地址中网络地址的有效范围为 128～191,每个 B 类 IP 地址的主机数为 65 534。这类地址通常分配给中等规模的网络使用。

(3) C 类 IP 地址第一个字节的前三位为 110,其余五位和第二个字节的八位、第三个字节的八位共 21 位为网络地址,最后一个字节的八位为主机地址。所以,C 类 IP 地址中网络地址的有效范围为 192～223,每个 C 类 IP 地址的主机数为 254。这类地址通常分配给小型局域网络使用。

由此可以看出,A、B、C 三类 IP 地址所能表示的范围分别是:

A类　0. 0. 0. 0　～　127. 255. 255. 255
B类　128. 0. 0. 0　～　191. 255. 255. 255
C类　192. 0. 0. 0　～　223. 255. 255. 255

另外,IP 地址还有 D 类和 E 类,其中 D 类是多址广播地址,而 E 类是实验性地址。

IPv6 是下一版本的互联网协议,也可以说是下一代互联网的协议,它的提出最初是因为随着互联网的迅速发展,IPv4 定义的有限地址空间已被耗尽,地址空间的不足必将妨碍互联网的进一步发展。为了扩大地址空间,拟通过 IPv6 重新定义地址空间。IPv6 采用 128 位地址长度,几乎可以不受限制地提供地址。按保守方法估算 IPv6 实际可分配的地址,整个地球的每平方米面积上仍可分配 1 000 多个地址。在 IPv6 的设计过程中除了一劳永逸地解决了地址短缺问题以外,还考虑了在 IPv4 中解决不好的其他问题,主要有端到端 IP 连接、服务质量(QoS)、安全性、多播、移动性、即插即用等。

RFC1884 规定的标准语法建议把 IPv6 地址的 128 位(16 个字节)写成 8 个 16 位的无符号整数,每个整数用四个十六进制位表示,这些数之间用冒号(:)分开,例如:

$$2001:da8:8006:1:280:c8ff:fe4d:db39$$

2. 域名

IP 地址采用数字形式标识对计算机来说是十分有效的,但给用户的使用带来不便,最大的缺点是难以记忆。为此,Internet 引进了域名系统 DNS(Domain Name System),这是一个分层次定义和分布式管理的命名系统。其主要功能有两个:一是定义了一套为计算机取域名的规则;二是把域名高效率地转换成 IP 地址。

域名采用分层次命名方法,其典型的语法结构如下:

Local.Group.Site(本地名.管理组名.区域名)

其中,每一个用圆点分割的部分称为一个子域。最右边的子域,级别最高,其他子域从右至左依次为其右边域的子域。例如:www.shu.edu.cn,该域名表示的就是在最高区域名中国(cn)的子域教育机构(edu)中有管理组名为上海大学(shu)的一台本地主机(www)。

区域名由两部分组成:一部分是组织区域名,由 3 个字母组成,是按组织类型建立的;另一部分是地理区域名,由两个字母组成,以实际地理区域命名。表 3-3 为组织区域名一览表。

由于注册量巨大,传统域名资源中已经很难找到自己心仪的域名,所以一些新的顶级域名,后缀如 tv、cc、sh 和 biz 等,越来越受到广大用户的追捧。

表 3-3 组织区域名一览表

域 名	域 名 组 织
com	商业机构
edu	教育部门
gov	政府部门
int	国际机构(主要指北约)
mil	军事部门
net	网络机构
org	不符合以上分类规定的其他机构

3.3 连接 Internet

由于计算机技术和通信技术的迅速发展,单位或个人用户将自己的计算机连入 Internet 现在有多种方式可以选择,例如:利用电话线路直接拨号接入、ISDN 接入、宽带接入、专线接入。

利用 MODEM 直接拨号和使用 ISDN 都需要通过电话线连接,人们也把它们称之为"窄带"。

3.3.1 电话线拨号连接

使用电话线上网的优点是可以不受地理位置的限制。在这种方式下,不论 PC 机用户在何地,只要能接通电话,就可以利用调制解调器(MODEM)和电话线路拨号连接 Internet。虽然通信技术的发展使得 MODEM 的性能越来越高,但终究受到电话线传输速率的限制,信息传输速度较慢。不过由于这种连入方式对硬件的要求比较简单,价格便宜,操作简便,所以是目前广大用户首选的入网方式。

使用电话线拨号连接又分为终端连接和采用 SLIP/PPP 协议主机连接的两种方式。

1. 终端连接

终端连接是最简单、最容易的连接方式。远程终端拨号上网用户必须在一个与 Internet 相连的服务器上有自己的账号,用户可以使用一台计算机或终端利用调制解调器(Modem)通过普通电话线拨号与该远程主机连接,建立一条临时数据通信线路,用户用自己的账号注册到该主机上。此时用户的计算机变成主机的一个远程终端,用户的所有操作同直接连在该主机上的终端一样。

远程终端拨号方式要求用户具备一台 PC 机、一个 Modem 或一块 Modem 卡、普通电话线、能接通服务器的电话号码、普通通信软件(如 TCP/IP for Windows 等),此外还必须在某台主机上拥有一个账号。

远程终端拨号方式的优点是联网费用低,安装维护简单,稍有计算机知识的用户都能安装使用,适宜于大量的个人用户使用。远程终端拨号方式的缺点是通信速率及 Internet 服务均受限制,尤其是用户计算机只是主机的一个远程文字终端,有一些图文并茂的服务,如 WWW 中的图形、图像无法看到。

2. 用 SLIP/PPP 协议主机拨号连接

为了解决远程终端连接上网所存在的问题,用户可以使用 SLIP/PPP 协议进行电话拨号上网实现与专线入网相同的功能。使用 SLIP/PPP 协议拨号上网的用户可以拥有自己的 IP 地址或动态地获得一个 IP 地址,还可以获取包括图形、图像在内的全部的 Internet 服务。此种拨号方式也称"拨号 IP"。

拨号(Dial-up)IP 与其他拨号方式不同,它是建立在串行线 Internet 协议(Serial Line IP,SLIP)或点对点协议(Point to Point Protocol,PPP)上的。PPP 协议是低速线路上的标准协议,它分配给用户 IP 地址,当用户退出后,又将 IP 地址分配给别人,同时还可以加口令。SLIP 是过去 TCP/IP 在低速线路上的标准协议,多用于 Unix 系统。目前采用 PPP 方式较多。这些协议允许两台计算机以 TCP/IP 协议进行通信。一旦连接建立之后,用户即可使用 Netscape 浏览器等应用程序访问 Internet,用户的计算机就好像与 Internet 直接相连,可以访问所有的 Internet 资源和服务。当访问结束时,只需挂机,便停止 Internet 服务。

采用 SLIP/PPP 协议方式要求用户具备一台 PC 机、一个 Modem 或一块 Modem 卡、普通电话线、供拨号的电话号码、普通通信软件(如 TCP/IP for Windows 等)以及包含 PPP 或 SLIP 协议的软件,此外用户还需要唯一的 IP 地址(在多数情况下,服务器会动态分配给用户)。

SLIP/PPP 协议方式的优点是联网费用低,而且能得到与专线连接相同的 Internet 全部服务功能。其缺点是通信速率受限制,相应软件的安装与维护都相当困难。

3.3.2 ISDN 连接

ISDN(Integrated Services Digital Network)俗称"一线通",起源于 1972 年,但是直到

1980 年才明确定义。CCITT 对 ISDN 是这样定义的："ISDN 是以综合数字电话网（IDN）为基础发展演变而成的多种电信业务，用户能够通过有限的一组标准化的多用途用户——网络接口接入网内。"

ISDN 是在 IDN 基础上发展而成的。采用数字交换和数字传输（PCM）的电信网，简称为 IDN。在 IDN 中，以数字信号形式和时分用方式进行通信。数据等数字信号可以直接在数字网中传输，而话音和图像等模拟信号则必须在发送端进行模拟/数字变换之后进行传输，在接收端要进行数字/模拟的反变换后才能完成通信。脉冲编码调制（PCM）系统和程控交换设备的广泛应用为 ISDN 的发展打下了基础，综合数字网的通路是基于 64 kbit/s，而 ISDN 正是使用 64 kbit/s 的传输速率，为用户提供端到端的数字连接。

ISDN 能够提供标准的用户-网络接口，这是 ISDN 能获得发展的技术关键所在。它可以通过标准接口，将各类不同的终端纳入 ISDN 网络中，使一对普遍的用户线最多连接 8 个终端，并为多个终端提供多种通信的综合服务。

不同于普通电话从用户端到局端是模拟线路，ISDN 在"最后一公里"实现了端对端的数字连接，使用户完全步入"数字化通信"时代。所谓端到端的数字连接，是指从一个用户终端到另一个用户终端之间的传输全部是数字化的，包括用户线部分。但传统的电话网中，从用户终端到交换机之间的传输是模拟的方式，当用户进行数字通信时必须利用调制解调器（Modem）进行数字/模拟变换后才能在用户线上传送，而且在对端还需要通过 Modem 进行信号的反变换，ISDN 改变了传统的电信网模拟用户环路的状态，使全网数字化变为现实，用户可以获得数字化的优异性能。

一条基本速率接口的 ISDN 线路被划分为一个用于呼叫和控制，速率为 16 kbps 的 D 信道和两个用于传送数据或语音、速率为 64 kbps 的 B 信道。可以有如下用途：

（1）同时接两部电话，彼此独立拨打市话、国内、国际长途电话，计费方式和普通电话一样。即一线带两机。

（2）一个 B 信道上互联网，一个 B 信道打电话，互不干扰。即一"芯"可以两用。

（3）城域网或广域网互连，费用远比 DDN、Frame Relay、ATM 便宜，或者作为这些链路的备份。

（4）安装可视电话，让远在天涯的亲友展现在眼前，或者作为远程监控。

（5）开展电视会议、远程教学、远程医疗等。

3.3.3 宽带连接

现代社会对信息的需求越来越大，互联网对信息社会变得越来越重要，同时，由于近年来微电子技术、计算机技术的迅猛发展，使得互联网上由简单的传送数据文件到普遍提供实时视频、音频通信及动画、广告等其他娱乐服务，从而使互联网上数据量大增。目前，大部分人上网都是靠调制解调器拨号接入，接入速率比较低，常常会有一个比较长的等待时间，尤其是浏览视频、图片等服务时。

要改善目前的状况，除了要增加互联网骨干传输通路的带宽、网上服务器的处理能力以及路由器的速度以外，很重要的瓶颈是在用户接入网部分。目前电信公司已敷设下去的几亿铜缆电话线原来只是用于传送 3.3 kHz 的话音，尽管现在采用了新的数字处理技术和特大规模集成电路,使调制解调器的传输速率达到目前的 33 kbps 以及单向速率 56 kbps,仍然满足不了用户的需要。宽带这个新东西就进入了我们的生活。

宽带是指在同一传输介质上,使用特殊的技术或者设备,可以利用不同的频道进行多重(并行)传输,并且速率在 256 kbps 以上,至于到底多少速率以上算作宽带,目前没有国际标准,有人说大于 56 kbps 就是宽带,有人说 1 Mbps 以上才算宽带,这里我们按照约定俗成和网络多媒体视频数据量来考量为 256 kbps。因此与传统的互联网接入技术相比,宽带接入技术最大的优势就是传输速率比较高,其带宽速率远远超过 56 kbps 拨号。高速的连接使得视频点播、远程教育、网上娱乐等深层次应用成为可能,极大地丰富了互联网的应用。

宽带接入技术种类很多,基于有线系统的有:xDSL 数字用户线系列,包括 ADSL,VDSL 等;HFC(CableModem)有线电视上网;Ethernet 以太网,高速局域网上网,Fiber(光纤)上网;DDN,数字用户专线等。基于无线系统的有:卫星上网;LMDS 无限接入本地多点分配系统。目前最被提及并被应用的宽带接入方式主要还是 ADSL、HFC 有线电视及光纤局域网 FTTB。

1. xDSL

数字用户线(Digital Subscriber Line,DSL)是一种不断发展的宽带接入技术,该技术是采用更先进的数字编码技术和调制解调技术在常规的用户铜质双绞线上传送宽带信号。目前已经比较成熟并且投入使用的数字用户线方案有 ADSL、HDSL、SDSL 和 VDSL 等。所有这些DSL 一般都统称为 xDSL。这些方案都是通过一对调制解调器来实现,其中一个调制解调器放置在电信局,另一个调制解调器放置在用户侧。因为大多数 DSL 技术并不占用双绞线的全部带宽,因而还为话音通道留有空间。例如,利用 ADSL 调制解调器连接到 Internet 的用户,仍可以在同一对线上通电话。

ADSL(Asymmetric Digital Subscriber Line),非对称数字用户线 ADSL 被设计成向下流(下行,即从中心局到用户侧)比向上流(上行,即从用户侧到中心局)传送的带宽宽,因而最适合于 Internet 接入。其下行速率从 1.5 Mbit/s 到 8 Mbit/s,而上行速率则从 16 kbit/s 到640 kbit/s。在一对铜双绞线上的传送距离可达 5 km 左右。除了用于 Internet 接入外,电信部门还希望利用 ADSL 接入远端 LAN 或接入视频点播(VOD)业务。它可说是目前 xDSL 领域中最成熟的技术,这种上下传输速度不一致的情况与非常适合用户上网使用网络情况,并且已被 ANSI 及 ETSI 组织标准化了,所以现在 ADSL 是宽带上网主要方式之一。

2. HFC 有线电视宽带接入技术

HFC(Hybrid Fiber Coaxial)网是指光纤同轴电缆混合网,它是一种新型的宽带网络,采用光纤到服务区,而在进入用户的"最后 1 公里"采用同轴电缆。最常见的也就是有线电视网络,它比较合理有效地利用了当前的先进成熟技术,融数字与模拟传输为一体,集光电功能于一身,同时提供较高质量和较多频道的传统模拟广播电视节目、较好性能价格比的电话服务、高速数据传输服务和多种信息增值服务,还可以逐步开展交互式数字视频应用。

HFC 网络大部分采用传统的高速局域网技术,但是最重要的组成部分也就是同轴电缆到用户电脑这一段使用了另外的一种独立技术,这就是 Cable Modem,即电缆调制解调器又名线缆调制解调器,是一种将数据终端设备(计算机)连接到有线电视网(Cable TV),以使用户能进行数据通信,访问 Internet 等信息资源的设备。它是近几年随着网络应用的扩大而发展起来的,主要用于有线电视网进行数据传输。

Cable Modem 的主要功能是将数字信号调制到射频(FR)以及将射频信号中的数字信息解调出来。除此之外,电缆调制解调器还提供标准的以太网接口,部分地完成网桥、路由器、网卡和集线器的功能,因此,要比传统的电话拨号调制解调器复杂得多。

CableModem 与以往的 Modem 在原理上都是将数据进行调制后在 Cable(电缆)的一个频率范围内传输,接收时进行解调,传输机理与普通 Modem 相同,不同之处在于它是通过有线电视 CATV 的某个传输频带进行调制解调的。而普通 Modem 的传输介质在用户与交换机之间是独立的,即用户独享通信介质。CableModem 属于共享介质系统,其他空闲频段仍然可用于有线电视信号的传输。CableModem 彻底解决了由于声音图像的传输而引起的阻塞,其速率已达 10 Mbps 以上,下行速率则更高。而传统的 Modem 虽然已经开发出了速率 56 kbps 的产品,但其理论传输极限为 64 kbps,再想提高已不大可能。我们可以看出 CableModem 是未来网络发展的一个主流之一,但是,目前尚无 CableModem 的国际标准,各厂家的产品的传输速率均不相同。

HFC 有线电视上网的优点就是可以充分利用现有的有线电视网络,不需要再单独假设网络,并且速度比较快,但是它的缺点就是 HFC 网络结构是树型的,Cable Modem 上行 10 M 下行 38 M 的信道带宽是整个社区用户共享的,一旦用户数增多,每个用户所分配的带宽就会急剧下降,而且共享型网络拓扑致命的缺陷就是它的安全性(整个社区属于一个网段),数据传送基于广播机制,同一个社区的所有用户都可以接收到他人的数据包。

3. 光纤局域网 FTTB

FTTB(Fiber to the Building):即光纤到楼,是一种基于优化高速光纤局域网技术的宽带接入方式,采用光纤到楼、网线到户的方式实现用户的宽带接入,称为 FTTB+ LAN 的宽带接入网(简称 FTTB),这是一种最合理、最实用、最经济有效的宽带接入方法。FTTB 宽带接入是采用单模光纤高速网络实现千兆到社区、局域网千/百兆到楼宇,百/十兆到用户。由于FTTB 完全仿佛是互联网里面的一个局域网。

FTTB 对硬件要求和普通局域网的要求一样:计算机和以太网卡,所以对用户来说硬件投资非常少。FTTB 高速专线上网用户不但可享用 Internet 所有业务,通过互联网查询信息、寻求帮助、邮件通信、电子商务、股票 证券操作,而且还可享用 ISP 另外提供的诸多宽带增值业务,远程教育,远程医疗,交互视频(VOD、NVOD),交互游戏,广播视频等,并且 FTTB 和HFC 相比可以充分保证每个用户的带宽,因为每个用户最终的带宽是独享的。

FTTB 作为一种高速的上网方式优点是显而易见的,但是缺点我们也应该看到,ISP 必须投入大量资金铺设高速网络到每个用户家中,因此极大地限制了 FTTB 的推广和应用,要真正让多数网民承受得起还需要作很多工作。

FTTH(Fiber to the Home)即光纤到家,是指将光网络单元(ONU)安装在住家用户或企业用户处,是光接入系列中除 FTTD(光纤到桌面)外最靠近用户的光接入网应用类型。FTTH 的显著技术特点是不但提供更大的带宽,而且增强了网络对数据格式、速率、波长和协议的透明性,放宽了对环境条件和供电等要求,简化了维护和安装。目前光纤传输的复用技术发展相当快,许多有条件的小区已经在实施千兆位带宽应用测试。

4. 无线连接

随着网络规模的快速发展壮大和需要上网的设备日益增多,人们已经不局限于使用电脑上网了,更多的是移动上网。那根束缚人们移动的网线终于也可以慢慢淡出舞台了,代之以基于各种无线设备,从而实现移动设备同样也可以畅享网络带来的便捷。

使用广泛的 Wi-Fi 上网就是无线连接方式的最典型例子,从最早的 IEEE 802.1a 标准到最新的 802.11ac,其中经过了 11b、11g 和 11n,带宽也从最早的 1 Mbps 提高到了现在的 3 200 Mbps。

在无线连接技术中不得不提的是 2G、3G、4G 和 5G 中的这些 G 了,其实这些 G 不仅仅指的是第几代移动通信技术,也是对带宽提高的一种最直接的表述。

(1) 1G。第一代移动通信技术 1G(First Generation),表示第一代移动通信技术,是以模拟技术为基础的蜂窝无线电话系统,如已经淘汰的模拟移动电话网。

(2) 2G。第二代移动移动通信技术,主要是以 GSM 和 CDMA 为代表的移动通信网络。

(3) 3G。第三代移动通信技术,支持高速数据传输的蜂窝移动通信技术。3G 服务能够同时传送声音及数据信息,速率一般在几百 kbps 以上。目前 3G 存在 4 种标准:CDMA2000,WCDMA,TD-SCDMA,WiMAX。

(4) 4G。第四代移动通信技术,能够传输高质量视频图像以及图像传输质量与高清晰度电视不相上下的技术产品,4G 系统能够以 100 Mbps 的速度下载,主要由 LTE 技术实现。

3.3.4　专线连接

专线连接是指用光缆、电缆通过卫星、微波等无线通信方式或租用电话专线、DDN、帧中继、X.25 专线等将本地网络通过路由器与 Internet 连通,使该网络上的所有计算机成为 Internet 的一部分。

专线连接通常以网络为单位进行。一个网络只要通过路由器连接到 Internet,该网络上的所有计算机便成为 Internet 的一部分。Internet 并不存在一个网络中心,其网络上互联的所有网络都是平等的。不论在哪里,只要能用专线与已经连通 Internet 的网络互联,就可以通过该网络接入 Internet。入网后,网上的所有计算机都可享用 Internet 提供的全部服务。

专线连接要求用户具备一个局域网 LAN 或一台主机、入网专线以及支持 TCP/IP 协议的一台路由器,并为网上的设备申请 IP 地址和域名。

用专线连接的优点是直接接入一个与 Internet 专线连接的局域网,这样通常可以使用全部 Internet 的服务工具,传输速度也比使用电话线上网快得多,且用户在任何时间都与 Internet 连接着,但相应的专线使用费用也较高,一旦连接后就不可移动。因此,专线连接适用于业务量大的单位和机构团体的网络用户使用。随着光纤网络的发展,传统意义上的专线业务已趋于萎缩。

3.4　常用网络命令

我们在使用网络的过程中,往往会发生一些情况:"怎么我不能上 Google 了;网怎么不通了……",而在发生网不通的时候,很多人能做的只是抱怨、发牢骚、甚至破口大骂,不知道到底是什么原因导致网络不通的,也不知道如何解决问题,只能被动的等待和漫无目的的尝试网络是否恢复正常了。

如果我们懂得基本的网络故障诊断方法,那么就能知道到底是什么问题导致网络不通的,就不会只是被动的等待,在网络出现问题的时能够迅速加以解决。

"工欲善其事,必先利其器",在开始讨论解决故障之前需要介绍一些有用的工具——常用命令。

3.4.1 常用命令

1. ping 命令

该命令能够通过发送 ICMP 包来验证与远程计算机的连接,可快速地测试要去的站点是否可连通,该命令只有在安装了 TCP/IP 协议后才可以使用。命令格式为:

ping [-t] [-a] [-n count] [-l size] [-f] [-i TTL] [-v TOS] [-r count] [-s count] [[-j host-list] |

  [-k host-list]] [-w timeout] [-R] [-S srcaddr] [-4] [-6] target_name

参数说明:

(1) -t	Ping 指定的主机,直到停止。
	若要查看统计信息并继续操作 — 请键入 Control-Break;
	若要停止 — 请键入 Control-C。
(2) -a	将地址解析成主机名。
(3) -n count	要发送的回显请求数。
(4) -l size	发送缓冲区大小。
(5) -f	在数据包中设置"不分段"标志(仅适用于 IPv4)。
(6) -i TTL	生存时间。
(7) -v TOS	服务类型(仅适用于 IPv4。该设置已不赞成使用,且对 IP 标头中的服务字段类型没有任何影响)。
(8) -r count	记录计数跃点的路由(仅适用于 IPv4)。
(9) -s count	计数跃点的时间戳(仅适用于 IPv4)。
(10) -j host-list	与主机列表一起的松散源路由(仅适用于 IPv4)。
(11) -k host-list	与主机列表一起的严格源路由(仅适用于 IPv4)。
(12) -w timeout	等待每次回复的超时时间(毫秒)。
(13) -R	同样使用路由标头测试反向路由(仅适用于 IPv6)。
(14) -S srcaddr	要使用的源地址。
(15) -4	强制使用 IPv4。
(16) -6	强制使用 IPv6。

[例 3 - 1]:打开"命令提示符"窗口,输入 ping www.cc.shu.edu.cn,屏幕上将出现如下信息。

   C:\Users\ Administrator >ping www.cc.shu.edu.cn

   正在 Ping www.cc.shu.edu.cn [202.120.119.162] 具有 32 B 的数据:

来自 202.120.119.162 的回复：字节＝32 时间＝1ms TTL＝63

来自 202.120.119.162 的回复：字节＝32 时间＝1ms TTL＝63

来自 202.120.119.162 的回复：字节＝32 时间＜1ms TTL＝63

来自 202.120.119.162 的回复：字节＝32 时间＝1ms TTL＝63

202.120.119.162 的 Ping 统计信息：

　　数据包：已发送 ＝ 4,已接收 ＝ 4,丢失 ＝ 0（0％ 丢失），

往返行程的估计时间（以毫秒为单位）：

　　最短 ＝ 31 ms,最长 ＝ 33 ms,平均 ＝ 32 ms

　　从上面我们就可以看出本地计算机与远程计算机的连接是成功的,并且返回了服务器的地址、相应时间以及 TTL 值,表明 TCP/IP 协议工作正常,如果没有返回相应时间和 TTL 值,那么就表明和远程计算机之间的通讯有问题（有些时候,管理人员出于某种目的,在路由器上禁止了 ICMP 协议的路由,那么就不能简单的凭 PING 命令的返回信息来判断网络通断了）。

　　从返回的信息中我们可以知道域名为 www.cc.shu.edu.cn 的远程计算机的 IP 地址为202.120.119.162;服务器（远程计算机）的相应时间小于 1 ms;且本地计算机和远程计算机之间经过一个路由器,这是从返回的 TTL 值看出来的,每经过一个路由器,IP 数据包的 TTL 值就自动减一,当数据包的 TTL 值为零时,此数据包将被路由器丢弃,一般 Windows 服务器的 TTL 值为 128,Unix 主机的 TTL 值可能为 64 或 255,因而经过的路由器数量就是 64-63=1。

2. ipconfig 命令

　　该命令可以检查网络接口配置。如果用户系统不能到达远程主机,而同一系统的其他主机可以到达,那么用该命令对这种故障的判断很有必要。命令格式为：

ipconfig ［/allcompartments］［/? |/all |

　　　　　　　　　　　　/renew ［adapter］|/release ［adapter］|

　　　　　　　　　　　　/renew6 ［adapter］|/release6 ［adapter］|

　　　　　　　　　　　　/flushdns |/displaydns |/registerdns |

　　　　　　　　　　　　/showclassid adapter |

　　　　　　　　　　　　/setclassid adapter ［classid］|

　　　　　　　　　　　　/showclassid6 adapter |

　　　　　　　　　　　　/setclassid6 adapter ［classid］］

参数说明：

（1）/?　　　　　　　　显示此帮助消息

（2）/all　　　　　　　 显示完整配置信息。

（3）/release　　　　　释放指定适配器的 IPv4 地址。

（4）/release6　　　　 释放指定适配器的 IPv6 地址。

（5）/renew　　　　　 更新指定适配器的 IPv4 地址。

（6）/renew6　　　　　更新指定适配器的 IPv6 地址。

（7）/flushdns　　　　 清除 DNS 解析程序缓存。

（8）/registerdns　　　刷新所有 DHCP 租约并重新注册 DNS 名称

(9) /displaydns　　　　显示 DNS 解析程序缓存的内容。

(10) /showclassid　　　显示适配器的所有允许的 DHCP 类 ID。

(11) /setclassid　　　　修改 DHCP 类 ID。

(12) /showclassid6　　　显示适配器允许的所有 IPv6 DHCP 类 ID。

(13) /setclassid6　　　　修改 IPv6 DHCP 类 ID。

有时我们在 Windows 中更改了 TCP/IP 的配置后,在图形方式下看到的信息都是正确的,但网络却还是不通,这时我们该看看"命令提示符"窗口下的 ipconfig 命令的输出信息情况,只有 ipconfig 命令输出的信息才是计算机当前真正使用的配置信息。

3. netstat 命令

该命令有助于用户了解网络的整体使用情况,能显示协议统计和当前的 TCP/IP 网络连接。该命令只有在安装了 TCP/IP 协议后才可以使用。命令格式为:

netstat [-a] [-b] [-e] [-f] [-n] [-o] [-p proto] [-r] [-s] [-t] [interval]

参数说明:

(1) -a　　　　　显示所有连接和侦听端口。

(2) -b　　　　　显示在创建每个连接或侦听端口时涉及的可执行程序。

在某些情况下,已知可执行程序承载多个独立的组件,这些情况下,显示创建连接或侦听端口时涉及的组件序列。此情况下,可执行程序的名称位于底部[]中,它调用的组件位于顶部,直至达到 TCP/IP。注意,此选项可能很耗时,并且在您没有足够权限时可能失败。

(3) -e　　　　　显示以太网统计。此选项可以与 -s 选项结合使用。

(4) -f　　　　　显示外部地址的完全限定域名(FQDN)。

(5) -n　　　　　以数字形式显示地址和端口号。

(6) -o　　　　　显示拥有的与每个连接关联的进程 ID。

(7) -p proto　　显示 proto 指定的协议的连接;proto 可以是下列任何一个:TCP、UDP、TCPv6 或 UDPv6。如果与 -s 选项一起用来显示每个协议的统计,proto 可以是下列任何一个:IP、IPv6、ICMP、ICMPv6、TCP、TCPv6、UDP 或 UDPv6。

(8) -r　　　　　显示路由表。

(9) -s　　　　　显示每个协议的统计。默认情况下,显示 IP、IPv6、ICMP、ICMPv6、TCP、TCPv6、UDP 和 UDPv 的统计;-p 选项可用于指定默认的子网。

(10) -t　　　　显示当前连接卸载状态。

(11) Interval　重新显示选定的统计,各个显示间暂停的间隔秒数。

按 CTRL+C 停止重新显示统计。如果省略,则 netstat 将打印当前的配置信息一次。

[例3-2]:打开"命令提示符"窗口,在 C:\>提示符后输入 netstat -a -p tcp,屏幕上将显示如下的所有基于 TCP 协议的连接,不同的机器显示内容会有所不同。

C:\Users\ Administrator >netstat -a -p tcp

活动连接

协议	本地地址	外部地址	状态
TCP	0.0.0.0:21	:0	LISTENING
TCP	0.0.0.0:135	:0	LISTENING
TCP	0.0.0.0:1025	:0	LISTENING
TCP	0.0.0.0:1026	:0	LISTENING
TCP	0.0.0.0:1027	:0	LISTENING
TCP	0.0.0.0:1028	:0	LISTENING
TCP	10.211.55.3:139	:0	LISTENING
TCP	10.211.55.3:3394	180.163.22.27:http	CLOSE_WAIT
TCP	127.0.0.1:1080	:0	LISTENING
TCP	127.0.0.1:43958	:0	LISTENING

……

4. tracert 命令

该诊断实用程序命令通过向目的地发送具有不同生存时间的 ICMP 回应报文,以确定至目的地的路由。也就是说,Tracert 命令可以用来跟踪一个报文从一台计算机到另一台计算机所走的路径。命令格式为:

tracert [-d] [-h maximum_hops] [-j host-list] [-w timeout] [-R] [-S srcaddr]
　　　　[-4] [-6] target_name

参数说明:

(1) -d		不将地址解析成主机名。
(2) -h maximum_hops		搜索目标的最大跃点数。
(3) -j host-list		与主机列表一起的松散源路由(仅适用于 IPv4)。
(4) -w timeout		等待每个回复的超时时间(以毫秒为单位)。
(5) -R		跟踪往返行程路径(仅适用于 IPv6)。
(6) -S srcaddr		要使用的源地址(仅适用于 IPv6)。
(7) -4		强制使用 IPv4。
(8) -6		强制使用 IPv6。

[例 3-3]:打开"命令提示符"窗口,在 C:\>提示符后输入 tracert -d www.shu.edu.cn,屏幕上将显示如下的所有基于 TCP 协议的连接,不同的机器显示内容会有所不同。

C:\Users\Administrator>tracert -d www.shu.edu.cn

通过最多 30 个跃点跟踪

到 www.autoisp.shu.edu.cn [202.120.127.189] 的路由:

1	1 ms	1 ms	1 ms	202.120.119.222
2	2 ms	1 ms	1 ms	172.18.1.49
3	<1 ms	<1 ms	<1 ms	172.18.2.54
4	4 ms	2 ms	1 ms	172.18.1.10
5	<1 ms	1 ms	<1 ms	202.120.127.189

跟踪完成。

第4章 计 算 思 维

智力上的挑战和引人入胜的科学问题依旧亟待理解和解决。这些问题和解答仅仅受限于我们自己的好奇心和创造力。

信息是表现事物特征的普遍形式,它能被人类感知。信息的形态包括文本、语音、音乐、图形、图像等都可以转换为二进制编码的数据形式,交给计算机处理。成为可利用的资源,与物质、能源一起成为人类赖以生存和发展的三大资源。

本章主要内容包括:计算思维的概念,不插电的计算机案例,生活中的计算思维;数制与运算,信息的编码。

4.1 计算思维

4.1.1 计算思维概述

我们所使用的工具影响着我们的思维方式和思维习惯,从而也将深刻地影响着我们的思维能力。电动机的出现引发了自动化的思维,计算机的出现催生了智能化的思维,信息技术的普及使计算思维成为现代人类必须具备的一种基本素质。

1. 思维和科学思维

思维是人脑对客观现实概括的和间接的反映,它反映的是事物的本质和事物间规律性的联系。思维是人脑对客观现实的反映。思维所反映的是一类事物共同的、本质的属性和事物间内在的、必然的联系,属于理性认识。

思维是整个脑的功能,是高级的心理活动形式。人脑对信息的处理包括分析、抽象、综合、概括、对比等,这些是思维最基本的过程。

科学是运用范畴、定理、定律等思维形式反映现实世界各种现象的本质的规律的知识体系。

从16世纪下半叶到17世纪中叶,随着自然研究的各个学科初步形成,近代科学思维也告形成。

科学思维是在科学活动中的思维方式与表现形式。科学思维,即形成并运用于科学认识活动、对感性认识材料进行加工处理的方式与途径的理论体系;是真理在认识的统一过程中,对各种科学的思维方法的有机整合,是人类实践活动的产物。

科学思维的三个主要特征:以观察和总结自然(包括人类社会活动)规律为特征的实证思维,以推理和演绎为特征的逻辑思维,以设计和构造为特征的构造思维。一种思维是否具备科学性,关键在于它是否具备这三个特征。

人类通过思维去认识世界,并通过思维去改造世界。在这个过程中,思维的三个方面全部表现出来,即通过观察形成规律,通过推理达到更多结论,通过设计形成行动方案。

2. 计算思维的表述

计算是人类文明最古老而又最时新的成就之一。从远古的手指计数,经结绳计数,到中国古代的算筹计算、算盘计算,到近代西方的耐普尔骨牌计算及巴斯卡计算器等机械计算,直至现代的电子计算机计算,计算方法及计算工具的无限发展与巨大作用,使计算创新在人类科技史上占有异常重要的地位。

计算思维并不是计算机出现以后才有的,而是从人类思维出现以后就一直相伴而存在的,只是到了计算机时代,计算思维的意义和作用提到了前所未有的高度,成为现代人类必须具备的一种基本素质。

计算思维是运用计算机科学的基础概念进行问题求解、系统设计以及人类行为理解,涵盖了计算机科学之广度的一系列思维活动。

计算思维建立在计算过程的能力和限制之上,由人、由机器执行。计算方法和模型使我们敢于去处理那些原本无法由个人独立完成的问题求解和系统设计。

计算思维的更进一步定义:

(1) 计算思维是通过约简、嵌入、转化和仿真等方法,把一个看来困难的问题重新阐释成一个我们知道问题怎样解决的思维方法。

(2) 计算思维是一种递归思维,是一种并行处理,它把代码译成数据又能把数据译成代码,它是由广义量纲分析进行的类型检查。

(3) 计算思维是一种采用抽象和分解来控制庞杂的任务或进行巨大复杂系统设计的方法,是一种基于关注点分离的方法(Separation of Concerns,简称 SoC 方法)。

(4) 计算思维是一种选择合适的方式去陈述一个问题,或对一个问题的相关方面建模使其易于处理的思维方法。

(5) 计算思维是按照预防、保护及通过冗余、容错、纠错的方式,并从最坏情况进行系统恢复的一种思维方法。

(6) 计算思维是利用启发式推理寻求解答,也即在不确定情况下的规划、学习和调度的思维方法。

(7) 计算思维是利用海量数据来加快计算,在时间和空间之间,在处理能力和存储容量之间进行折衷的思维方法。

计算思维作为人类三大科学思维特征之一,虽然比逻辑思维与实证思维更晚受到关注和缺乏厚重的积累,但是计算机与信息科技的迅猛发展以及计算科学技术本身的严密性和逻辑性,使计算思维研究完全有可能快速发展并后来居上。

3. 计算思维的特征

计算思维中最根本的两个概念:一个是抽象(Abstraction),另一个是自动化(Automation)。计算思维中的这两个"A"代表了计算思维的本质,反映了计算的最根本问题:什么是可计算的,怎样去计算,什么能被有效地自动进行?

计算思维具有以下 6 大特征:

（1）概念化，不是程序化。

计算机科学不是计算机编程。像计算机科学家那样去思维意味着远不止能为计算机编程，还要求能够在抽象的多个层次上思维。

（2）根本的，不是刻板的技能。

根本技能是每一个人为了在现代社会中发挥职能所必须掌握的。刻板的技能意味着机械的重复。具有讽刺意味的是，当计算机科学真正解决了人工智能的重大挑战——使计算机向人类一样思考之后，思维可就真的变成机械的了。

（3）是人的，不是计算机的思维方式。

计算思维是人类求解问题的一条途径，但绝非是要人类像计算机那样地思考。计算机枯燥且沉闷，人类聪颖且富有想象力。是人类赋予计算机激情。配置了计算设备，我们就能用自己的智慧去解决那些在计算机时代之前不敢尝试的问题，实现"只有想不到，没有做不到"的境界。

（4）数学和工程思维的互补与融合。

计算机科学本质上源自数学思维，因为像所有的科学一样，其形式化基础建筑于数学之上。计算机科学又从本质上源自工程思维，因为我们建造的是能够与实际世界互动的系统，基本计算设备的现实迫使计算机科学家必须计算性的思考，不能只是数学性的思考。构建虚拟世界的自由使我们能够设计超越物理世界的各种系统。

（5）是思想不是人造物。

不只是我们生产的软硬件等人造物将以物理形式到处呈现并时时刻刻触及我们的生活，更重要的是还将有我们用以接近和求解问题、管理日常生活、与他人交流和互动的计算概念。

（6）面向所有的人，所有地方。

当计算思维真正融入人类活动的整体以致不再表现为一种显式之哲学的时候，它就将成为一种现实。

4. 计算思维在其他科学中的影响

我们已见证了计算思维在其他科学中的影响。例如，机器学习已经改变了统计学。就数据尺度和维数而言，统计学用于各类问题的规模仅在几年前还是不可想象的。目前各种组织的统计部门都聘请了计算机科学家。计算机学院（系）正在与已有或新开设的统计学系联姻。

近年来，计算机科学家们对与生物科学家合作越来越感兴趣，因为他们坚信生物学家能够从计算思维中获益。计算机科学家对生物学的贡献绝不限于其能够在海量序列数据中寻找模式规律的本领。最终的希望是数据结构和算法（我们自身的计算抽象和方法）能够以阐释其功能的方式来表示蛋白质的结构。计算生物学正在改变着生物学家的思考方式。类似地，计算博弈理论正在改变着经济学家的思考方式，纳米计算改变着化学家的思考方式、量子计算改变着物理学家的思考方式。

计算思维将成为每一个人的技能组合成分，而不仅仅限于科学家。目前普遍适用的计算（普适计算）之于今天就如计算思维之于明天。普适计算是已成为今日现实的昨日之梦，而计算思维就是明日现实。

5. 计算思维在中国

计算思维不是今天才有的，它早就存在于中国的古代数学之中，只不过今天使之清晰化和系统化了。

中国古代学者认为,当一个问题能够在算盘上解算的时候,这个问题就是可解的,这就是中国的"算法化"思想。中国科学家吴文俊正是在这一基础上围绕几何定理的证明展开了研究,开拓了一个在国际上被称为"吴方法"的新领域——数学的机械化领域,吴文俊为此于2000 年获得国家首届最高科学技术奖。

《中国至 2050 年信息科技发展路线图》指出:长期以来,计算机科学与技术这门学科被构造成一门专业性很强的工具学科。"工具"意味着它是一种辅助性学科,并不是主业,这种狭隘的认知对信息科技的全民普及极其有害。针对这个问题,报告认为计算思维的培育是克服"狭义工具论"的有效途径,是解决其他信息科技难题的基础。

一些专家认为:(计算机科学界)最具有基础性和长期性的思想是计算思维。在中文里,计算思维不是一个新的名词。在中国,从小学到大学教育,计算思维经常被朦朦胧胧地使用,却一直没有提高到计算思维定义所描述的高度和广度,以及那样的新颖、明确和系统。

6. 计算思维的明天

计算思维不仅仅属于计算机科学家,它应当是每个人的基本技能。一个人可以主修英语或者数学,接着从事各种各样的职业。计算机科学也一样,一个人可以主修计算机接着从事医学、法律、商业、政治以及任何其他类型的科学和工程,甚至艺术工作。

计算思维将渗透到我们每个人的生活之中,到那时诸如"算法"和"前提条件"这些词汇将成为每个人日常语言的一部分,对"非确定论"和"垃圾收集"这些词的理解会和计算机科学里的含义趋近,而"死锁""并发"等这些词汇经常在计算机外的领域使用。

我们应当使每个孩子在培养解析能力时不仅掌握阅读、写作和算术(Reading, wRiting, and aRithmetic——3R),还要学会计算思维。正如印刷出版促进了 3R 的普及,计算和计算机也以类似的正反馈促进了计算思维的传播。

计算思维将是 21 世纪中叶所有人的一种基本技能,这种技能就像今天人们普遍掌握的3R 技能一样;到那时,我们每个人都能像计算机科学家一样思考问题。把计算思维这一从工具到思维的发展提升到与"读、写、算"同等的基础重要性,成为适合于每一个人的一种普遍的认识和一类普适的技能。从而实现计算机科学从前沿高端到基础普及的转型。

4.1.2 不插电的计算机案例

计算机已深入到我们生活的方方面面。人们在家中、工作中使用计算机,甚至在行走的路上也使用计算机。本节将通过游戏案例着眼于各项计算机技术的原理,展示新技术是如何被设计出来的,并通过开发"计算思维"来提高解决问题的能力。

一、案例一:检测错误

当数据储存在硬盘或传送到网络上时,它们一般是不会发生改变的。不过,有时候一些故障也会导致数据会突然改变,比如电子干扰。现在来学习一种确保数据不会意外发生改变的方法——奇偶校验。

请观看奇偶校验的游戏视频,其中的几幅画面如图 4-1、图 4-2 所示。

任何储存在计算机或传送在计算机之间的数据都是采用二进制数字的形式予以表达的,在计算机科学中被广泛使用的"二进制位"称为"比特"(bit)。一个比特即是一个位数,其值可

图 4-1　奇偶校验(街头魔术)　　　　　图 4-2　奇偶校验(课堂版)

以是 0 或 1。存储或传输设备上发生的错误,很容易导致数据的突然变化,把 0 变成 1,或将 1 变成 0。如果设置得当,计算机便能自动检测出数据的改变,有时甚至能自动修正错误,奇偶校验就是其中的一种方法。

　　将 25 张卡片放成 5×5 的正方形,正反朝向随意(见图 4-3)。在卡片阵列的右侧增加一列(图中带〇的卡片),让每一行的白色卡片总数保持偶数(若此行白色卡片数总数为奇数,加一张白色卡片,否则加一张绿色卡片),在卡片阵列的底部也增加一行以保证每列白色卡片的总数为偶数(见图 4-4)。当 5×5 的正方形阵列中的一个数据发生变化(0 变 1 或 1 变 0)后,数据所在的行、列白色卡片的总数不再为偶数,由此判定此数据出错,并修改之。

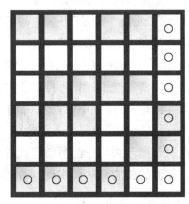

图 4-3　正方形阵列　　　　　图 4-4　增加行列的正方形阵列

　　以上是奇偶校验检验并修正一个错误的案例,当计算机中不止一个数据发生错误时,奇偶校验是如何工作的呢?有时候,仅须检测到错误的发生就足够了。比如两台计算机正通过网络收发数据,如果接受方察觉数据在传输过程中被改变了,它只用让发送方再传送一次即可。然而,有时候数据是无法再一次被发送的,例如用磁盘或闪存保存的数据。一旦由于磁化或过热导致磁盘上的数据被改变,除非计算机能够修正错误的部分。否则这个数据就永远地遗失了。因此,检错和纠错都是相当重要的。

　　当发生一系列错误时,什么情况下计算机能利用奇偶校验位来检测并修正错误?下面的表 4-1 总结了结果:如果发生了一个错误,它总能被检测出来并能被修正;如果发生了 2 个或 3 个错误,计算机能够检测出来,但或许无法修正错误;如果发生了 4 个错误,计算机可能连一个错误都检测不出来!

表 4 - 1　计算机利用奇偶检验检测并修正错误

错误数	总能检测？	总能修正？
1	是	是
2 或 3	是	否
4	否	否

　　当发生多个错误的时候，有一种特殊情况下错误能被纠正，即图 4 - 5 灰色区域所示的多个错误。这一点非常有用。图 4 - 5 显示了一个奇偶校验阵列（每行每列的白色卡片数均为偶数），但是它的第四列全部丢失（灰色区域）。

　　RAID（Redundant Array of Independent Disks，独立冗余磁盘阵列）硬盘系统采用的就是这种纠错方式，通过将数据分散储存在多块而不是一块硬盘中，来保证运行的高速性和稳定性。RAID 利用额外附加的硬盘来提高硬盘速度和纠错性能。

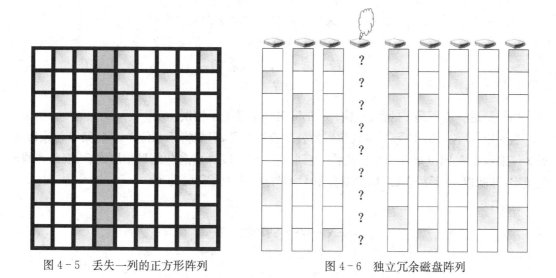

图 4 - 5　丢失一列的正方形阵列　　　　图 4 - 6　独立冗余磁盘阵列

　　例如，奇偶校验系统的一个优化方案称为 RAID 5。假设需要使用 8 个硬盘来储存大量的数据，这些数据包含大量字节，可能超过数亿字节。这时可以将每个字节打散成 8 比特分别储存在多个硬盘上，而不是将数据陆续填满每个磁盘。这样的存储方式会让系统运行得更快，因为当计算机需要读取文件时，它只用分别同时向每块硬盘读取片段即可。该方法也可用于提高纠错性能：如果再增加存有奇偶校验位的第 9 块硬盘，可以用上面的思想让每一列数据分别放在不同的硬盘上（见图 4 - 6），这样一来，如果其中一块硬盘被损坏，即使损失全部数据，仍能依靠奇偶校验的思路来修复原始数据——只用算出遗失的比特使得 9 个硬盘上值为 1 的比特数总保持为偶数即可。

　　正因为如此，RAID 系统的存取速度飞快，就算任何一块硬盘被损坏也可以保证原始数据不被丢失。对于大型数据中心和重要的网站来说，RAID 已成为提高运行速度和保证稳定性的廉价方案。因为坏掉了一块硬盘，只要买一块便宜的替代就可以了，比起购买 8 块性能稍稳定但价格不菲的硬盘来说，买 9 块便宜的硬盘和一些备用盘更加经济实用。

每一本公开发行的书都会在封底编上一个 10 位或 13 位的编号，称为国际标准书号（International Standard Book Number，ISBN）。ISBN 的最后一位数字称为计算机校验码（Check Digit），相当于前面使用到的奇偶校验位。这是书籍编码中的一种检验技术，如果用 ISBN 订购一本书，书店可以用其中的计算机校验码来检查是否订错。经常会发生的错误有：某一位的数值发生改变；两个相邻的数字弄反；多加了一位数字或少输了一位数字。书店的计算机仅通过查看 ISBN 的校验码便能判断是否犯了以上错误，避免买错书。

从 2007 年 1 月开始，图书统一开始使用 13 位的 ISBN，而在此之前，ISBN 通常只有 10 位。10 位 ISBN 的校验码算法如下：

将第一位数字乘以 10，第二位乘以 9，第三位乘以 8，以此类推，一直到第 9 位乘以 2，将它们相加的总和除以 11，记下余数；再将这个余数减掉 11 之后就是 ISBN 的最后一位数字。有时候校验码的值为 10，这种情况下用 X 代替（X 在罗马数字中代表 10）。

例如：

$$ISBN\ 0-13-911991-4$$
$$(0\times10)+(1\times9)+(3\times8)+(9\times7)+(1\times6)$$
$$+(1\times5)+(9\times4)+(9\times3)+(1\times2)=172$$
$$172\div11=15\quad(余\ 7)$$
$$11-7=4$$

如果最后一位不是 4 的话，在输入 ISBN 时一定发生了错误。

当使用 13 位 ISBN 后，生成校验码的公式变简单了，只需将第一位乘以 1，第 2 位乘以 3，第 3 位乘以 1，第四位乘以 3，以此类推，直到第 12 位乘以 3，将各位结果相加之后，取总和的末位数字（即除以 10 后的余数）后再减去 10（如果结果为 10，取 0）即可。

例如：

$$ISBN-978-897283571-4$$
$$(9\times1)+(7\times3)+(8\times1)+(8\times3)+(9\times1)+(7\times3)+$$
$$(2\times1)+(8\times3)+(3\times1)+(5\times3)+(7\times1)+(1\times3)$$
$$=146$$
$$146\div10=14\quad(余\ 6)$$
$$10-6=4$$

这样的校验码还被用于日用商品的条形码中，而且生成校验码的基本公式也相差无几。商品通过结账处的扫描枪时，扫描枪将检验读入的条形码校验值是否符合计算结果，如果不符合，扫描枪将鸣声报错，收银员会再扫一次条形码。

相对现在使用很多的高级校验法，奇偶校验却非常简单。但是这些校验法都是基于类似的原理，即通过在数据中增加额外的校验位以保证原数据的正确性，或保证至少能检测出原数据产生的错误。在硬盘、CD、DVD 上的数据存储，以及调制解调器和网络上的数据传输中广泛应用的纠错码是里德所罗门码（Reed-Solomon Code），它基于用多项式来表达数据。

这里要说明的是，为什么 10 位的 ISBN 要除以 11 来计算校验码。这主要是因为 11 是质数，无论得到怎样的总和它都能影响到余数值。在某些时候除一个质数可以避免意外得到大量同一的计算结果,否则会大大降低错误被检测出来的可能性。

二、案例二:排序

几乎所有计算机中的序列都是被排过序的,排序有助于更快地找到我们想要的东西。电子邮件列表按照日期排序,最新的邮件被放置在最顶端;播放器中的歌曲按照名字或歌手名排在一起,以快速查找到想听的那首歌;而文件名往往是按照字母顺序排列的。在计算机中有许多种方法进行排序,这里介绍用于排序的几种算法。

排序是将一组无序输入的关键字(key)变成一组有序输出的过程。计算机每次只能对比两个数据,模拟计算机的运行方式,请观看排序游戏的录像。

1. 选择排序法

要找出总量最轻的物体(或最小数字的卡片,或最早的日期等),在物体中逐个比较确定最轻的,将最轻的物体(数字、日期等)放在一边,然后再在剩下的物体中挑选最轻的那个,以此类推。重复上述步骤直到所有的物体都被挑了出来,此时物体已经从轻到重被排列整齐。在此过程中,总是持续地选择最小的数值,因此,这个方法称为选择排序。

选择排序需要比较的次数是 $1+2+\cdots+(n-1)=n^2/2-n/2$。

请观看选择排序的游戏录像,图 4-7 是其中的一幅画面。

图 4-7　选择排序游戏

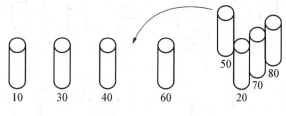

图 4-8　插入排序

2. 插入排序

在一个未排序的序列中依次移出每个对象,将它们插入到有序序列的正确位置,如图 4-8 所示。

第一步,随机挑出一个对象作为左侧有序序列中的第一个物品。第二步,从右侧未排序的序列中选择第二个对象,确定它与第一个对象的大小。第三步,选取第三个对象,确定同前一次比较中较大者(在右侧的那一个)之间孰大孰小,如果第三个对象较大的话,将它放在左侧序列的最右端,如果较小的话,将它与第一个对象比较,根据结果来确定将它放在第一个对象的左侧还是右侧。按照上述方法持续从右侧乱序序列中选择对象,并将其插入到左侧序列中的正确位置,如果它比前一个被插入对象大的话,则将它直接插入到前一个被插入对象的右侧。

3. 冒泡排序

冒泡排序是一种需要将整个序列反复扫描,并交换所有相对位置错误的相邻数据的方法。这个方法的效率并不高,但它是最容易被理解,所以这种方法常常被用于教学举例中,如图 4-9 所示。

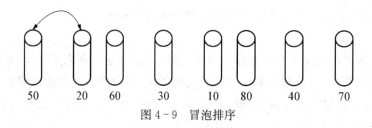

图4-9 冒泡排序

将8个数据随机排列,然后用冒泡排序法对它们排序:比较上图所示的第一组数据,如果它们的相对位置错误,则交换它们的位置。接着比较第二组数据(在本例中,经过第一组物体的比较后50已处于第2位的位置,此时需要将50和60比较,所以不需要交换它们的顺序)。如果一直检查到序列的最右边都不需要交换任何两相邻数据的时候,说明排序已经完成;否则需要将刚才的过程再来一次,直到整个序列中都不需要交换任何数据。

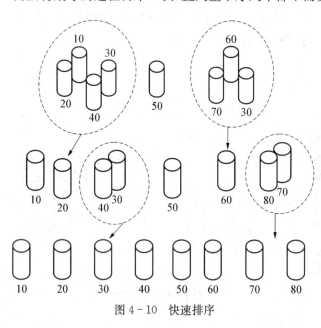

图4-10 快速排序

4. 快速排序法

首先任意选取一个数值,第二步,将剩下的所有数值依次地和这个数值进行对比,将较小的放在左边,较大的放在右边,然后(将所有数值分成两组后)将之前选取的数值放在两组之间。第一阶段的比较结果如图4-10中第一行所示。两组对象中分别包括数值小于50的一组和数值大于50的一组(当然你有可能得到一组数值的数量比另一组多甚至为零的情况)。

一开始选出的数值我们把它称为基准。基准(如图4-10中第一行的50)在最后排好的序列中正好位于正确的位置——它的左侧有4个比它小的数值,右侧有3个比他大的数值。不需要对基准做任何的操作,要做的只是对基准两侧的两组数据进行排序。

仍采用之前的方式——选择其中的一组重复上述"分裂"过程,即再在该组中随机选出基准对象再将组中剩余对象分裂成两组,比基准对象小的放在左侧,比基准对象大的放在右侧,基准对象放在中间。对另一组也进行同样的处理,如图4-10第2行所示,其中左边一组的基准为20,右边一组的基准为60,接下来只剩下两组只含两个对象的序列需再次排序了,而其他的对象已经处于排好序的状态。

对剩下的各组进行同样的操作,直到每组中只有一个对象。当所有组都被拆分成单项时,数值序列也就完成了从最小到最大的排序。

快速排序是否"快速"取决于是否选对了"基准"对象。在快速排序中用到了递归原理,即不断用相同的原则将序列化分成越来越小的各部分,并采用相同的步骤对各部分排序。这种特殊的递归法被称为分而治之。在实际运用中快速排序法的运行速度明显快于其他方法。

5. 归并排序

归并排序是另一个用到"分而治之"原理的排序算法。首先,将待排序序列随机分成两组且两组中对象数相同(如果对象数为奇数的话,两组的数量则应接近相等)。然后分别对两组对象进行排序,再将两组对象归并起来。归并两个已经排好序的序列很容易,只要不断地移出两组对象最前端较小的那个即可。图

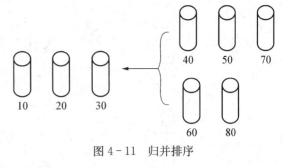

图 4-11　归并排序

4-11 中,数值 40 和 60 位于两个子序列的前端,通过比较,选出较小的 40 即可。之后再比较数值 50 和 60,把 50 移出放入排好序的序列中。

对子序列的排序也用归并排序法,即将子序列分割成两半,对他们排序,再归并起来。最终,所有的子序列都变成了单独的对象,此时每个子序列中的对象都已经被排好序了。

正因为排序操作在计算机系统中被频繁使用,所以系统通常都会内置一个快速的排序算法,从而避免用户再来反复编写程序。但即使用系统内置的排序法,还是务必知道不同排序算法的性能差别。例如在实际应用中需特别注意待排序数据的存储方式,即数据是存储在计算机内存中还是在硬盘中。因为归并排序法一般会合并大的数据系列,因此它比较适合处理存储在硬盘上的数据,而快速排序法总是要将数据移动到不同的位置,因此它更适合处理存储在计算机内存中的数据。

快速排序法对 n 个对象进行排序平均需比较 $1.39n\log_2 n$ 次,其中 $\log_2 n$ 是以 2 为底的 n 的对数。

三、案例三:并行排序

尽管计算机的运算速度很快,可人们一直渴望让计算机处理信息的速度变得更快。一种进一步加快运行速度的方法是让不同的计算机同时处理问题的不同部分。本节将使用并行网络来实现一次性进行多次比较的高效排序。

比起其他排序法,快速排序和归并排序已经从根本上提升了排序的效率,但是却无法变得更快,除非采用完全不同的算法。并行计算是进一步加快运算速度的方案之一,事实上往往也是唯一选择,因为像归并排序这样的算法,在只能一回比较一次的计算机中已经公认是最快的算法了。

请观看网络排序游戏录像。

图 4-12 所示的排序网络可以一次对 6 个数字进行排序。

待排序的 6 个数字开始被放在左侧的 6 个框中。每一步,将它们沿着箭头移动到圆圈中(称为一个节点)。在节点处比较此处的两个数字,较小的数字沿着向上的箭头移出节点,较大的数字沿着向下箭头移动(从站在节点的人的角度来看,较小的数字向左移动,较大的数字向右移动),图 4-12 中显示了所有数字在该排序网络中移动的方式。移动到最右侧的数字已经被排好顺序了。

网络中能同时进行 3 组比较。一个并行网络比一次只能执行一组比较的系统要快上 2 倍,但排序网络则要使用到 3 倍数量的设备资源。

一般的排序仍多采用非并行方式来实现,但是思考并着手设计并行方式的排序算法对今

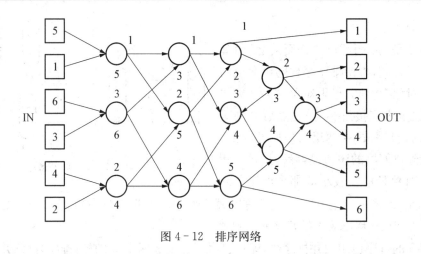

图 4 - 12　排序网络

后制造出更先进的新系统是很好的锻炼。实际应用中的排序网络往往太过庞大,不适合手工书写程序,因此计算机科学家们也在着力研究出能自动设计并生成排序网络的算法。

让一个计算机程序生成另一个计算机程序是一个非常了不起的想法。事实上,计算机中运行的大多数程序都是这样产生的。首先有人用特定的语言编写出人们易于理解的程序(比如Java、C 或 Basic),然后计算机将它"编译"成机器能执行的程序命令。此外,现代计算机芯片的复杂程度已经超出了人为设计的能力,一般来说都是由计算机程序来管理芯片设计的细节。

总的来说,并行操作能让有些事情做得更快,而对于需要先完成一部分,然后才能开始下一部分的操作,并行操作并不合适。

四、案例四:搜索

计算机最重要的功能之一就是在海量的数据中找到用户所要的信息,因此更快捷、更有效的搜索方式显得尤为重要,若要使搜索速度不断提高,必须不断发明快速的算法。

算法是完成特定任务的方法,它通常由一个指令序列来描述,即计算机程序。

以下是一个在一长串数列中查找特定数字的不同算法。这里举例的对象是数字,由于计算机中的所有东西都能用数字表达,因此同样的算法也能用于搜索任何类型的数据,比如文字、条码号或作者名字,称为搜索关键词。

1. 线性搜索战舰

拿 25 张卡片作为"战舰",每张卡片上均写了随机的 4 位数字,最好保证每张卡片上的数字都不一样。从手上的卡片中挑选一张作为自己的"战舰",并记住这艘战舰的数字,然后洗牌(包括战舰那张)并将卡片的背面朝上、乱序摊开在面前。依次从那里选一张卡片翻开,直到找到战舰。

当计算机进行搜索时,从储存数据的开头开始找,直到找到指定数据时结束查找。这种方式被称为线性搜索。

线形算法即使对计算机来说也是非常慢的。比如,一家超市货架上放有 10 000 种不同货品,当收银员扫描一件货物的条形码时,计算机需要在 10 000 种不同记录中去寻找这件商品的名称和价格,假设它能在一秒内扫描 1 000 次,查完全部的货物也要耗费 10 秒钟。

2. 二分法搜索战舰

两对手每人拿 25 张卡片作为"战舰",每张卡片上均写了随机的 4 位数字,每个人从手上的卡片中挑选一张作为自己的"秘密战舰"，并告诉对手这艘战舰的数字，在开始搜索前，先把手上的战舰从小到大排列后放在一行中（最小的数字在最左边，最大的数字在最右边）。当对手也排列好手上的战舰后，从正中间的位置选一艘战舰，并进一步判断对方的秘密战舰位于其左边还是右边。如果对方秘密战舰的数字比选出的中间战舰的数字大的话，就说明秘密战舰在右边数字较大的队列这一半；如果对方秘密战舰的数字比中间战舰小的话，说明秘密战舰在左边数字较小的队列那一半。重复这个过程，便能逐渐缩小秘密战舰所在的范围。

使用二分法搜索寻找战舰花费的寻找次数比使用线性搜索法少——只用检查队列中的中间项就可锁定搜索关键词位于哪一半队列，这样一来，每猜一次相当于将待查找的目标数量减少一半。

再看看超市的例子，如果采用二分搜索方式在 10 000 件货品中查找，现在仅需用到 14 次搜索，也许就是两百分之一秒的事——快到令人无法察觉。

3. 哈希法搜索战舰

有时还会用到更高效的查找算法。将战舰代码的各数位哈希化，从而为每艘战舰按照它的搜索关键词指定一个类。这样一来，当要查找该关键词的时候，便能精确定位需要查找的类。哈希算法是计算机中搜索数据最快的方法。

一个简单的哈希函数是将战舰代码的每个数位数字相加，取其总和的末位数字。总和的末位数字决定了该把这艘战舰放置在哪一类中，因此共有 10 类（0 到 9）。例如：编号为 2345 的战舰，将代码各位数字相加 2＋3＋4＋5 得到 14。由于总和的末位数为 4，所以这艘战舰将被归到数字 4 的类中。

准备 10 个类别的标签放在面前的桌子上（0 到 9），或者将类别号直接写在上述对应战舰卡的背后。然后算出每张卡片的哈希值，并将它们归放到相应的类中，同时不要忘记选出秘密战舰。这样锁定对手秘密战舰的速度很快了——例如：目标是战舰 5 678，将各位数字相加之后得到 26，说明只要在对手标为 6 的类中寻找目标即可。

通常来说哈希法是最佳的搜索算法，但是它的运行速度取决于类别中对象的数量和类别的数量。可以设计不同的哈希函数从而生成更多的类别。在计算机中。类别的数量总是比每类包含的对象数量要多，所以多数情况下，一个类中只包含一个对象，有时候甚至一个类中一个对象都没有，这也就意味着计算机通过简单计算之后，往往能直接锁定关键词储存的位置。

哈希法基于的原理：每个关键词生成的"随机"数字都不尽相同，这一点保证了算法的成功。

五、案例五：路由和死锁

死锁是一种相持不下的情况。当许多人同时使用同一个资源时，常常会发生死锁。交通堵塞会引起道路死锁，网络消息的拥堵也会引起网络的死锁。当一系列竞争状态的操作互相等待的时候也可能会出现死锁。为了避免发生死锁，唯一能做的就是寻找一条有效合作的方法。

网络负责从一台计算机传送消息到另一台计算机直到它到达目的地。当发送电子邮件时，计算机会将它传给所在城市的另外一台计算机，然后将电子邮件转发到离接收方较近的另外一座城市，直到它被最终传送到接收方的计算机上。同样地，当点击网页上的一条链接后，计算机便提交一项请求页面的要求并将它从一台计算机传到另一台，直到到达储存这个页面的计算机。然后该页面再从一台计算机到另一台计算机被回传过来，直到到达提交请求页面的计算机,而所有这一切只发生在一瞬间。

可以把网络想象成一个高速公路系统,信息在繁忙的路上奔驰着,计算机在岔口处认真地接受着每条信息,然后将它们转发到正确的目的地。和真正的道路不同,这些路上的每个岔口处每秒钟都有数以千计的信息到达。将信息发送给正确的目的地被称为"路由",事实上,常常有一个叫做"路由器"的设备作为网络的一部分,用以传送所有信息到正确的计算机。如果不按照这些路由的步骤来发送信息,则必须在每两个计算机间建立一个直接连接用于交流信息,这弄不好将需用到无穷根网线。

图4-13 橘子游戏(路由和死锁)

请观看"橘子游戏"的视频,其中的一幅画面如图4-13所示。

通过这个游戏可以切身体验一下如何在网络中传递信息。假定在网络上只有5台计算机每次只有一条或两条信息传送给每台计算机。规则是:网络上的每台计算机每次不能让两条以上的信息停留。

将5个人标上号(假定的计算机),如字母A、B、C等,并为每个人准备1到2张卡片,上面标上同样的字母,要求除了一个人只有一条与自身字母编号匹配的信息外,其他每个人都有两条信息。由于每只手只能拿一条信息,因此有一个人将空出一只手来,而其他的人每只手上都拿着一个卡片。

初始情况下卡片将随机放在这个网络中,每台计算机(每个人)将拥有两条任意的信息,除了一个空位外。

游戏的目标是"路由",即将每条信息转发给拥有相同字母的"计算机",但只能将信息传递给相邻的计算机(人),最终所有"计算机"都需要拿到属于它们的正确的信息。由于每台"计算机"一次只能"拿着"两条信息,因此当开始传递的时候,只有与有空位的"计算机"相邻的"计算机"才能传递信息。应注意每台"计算机"每次只能传递一条信息。

游戏中当传递信息的时候,需要控制网络中的全部信息,而且可以控制每台"计算机"每步应该做什么。这和真实网络中计算机的运行方式不同,因为真实情况下每台计算机都是自主运行的,并没有人告诉它们每一步应该怎么做。

尽管所有计算机都为一个共同目标工作着,但计算机有时候会使用到贪婪法则,即在每一时刻每台计算机都试图按照能让自己获得最大利益的方式来运行。在贪婪路由算法中,一旦某台计算机收到它的目标信息后,他就不会让这条信息离开自己了。

在这个路由游戏中,贪婪算法将导致死锁。而当出现死锁,游戏便无法继续下去,因为有人拿着别人需要的资源却不肯放手。

除了在计算机间传送信息外,网络上还会出现其他情况的死锁。

在许多网络中都存在路由和死锁,好比道路交通系统、电话和计算机系统等。工程师们花费大量时间来试图解决这些问题,并且试着设计出更容易解决这些问题的网络。

在实际应用中,网络上的节点在等待传送信息的过程中可以储存大量信息,这一现象被称为缓冲或队列。然而,缓冲的大小取决于计算机上的可用空间,如果缓冲溢出,这台计算机要么将无法接收任何信息直到缓冲队列重新为空,要么会丢失传送过来的信息。橘子游戏中使用的"缓冲"只能储存一条"信息"(即只有一只手空出来),但是在计算机中的缓冲通常能一边等待下一台计算机或网络设备准备好接受下一条信息,一边自己储存大量信息。

过溢的缓冲可能暴露出计算机被攻击的弱点。比如在某些系统中,一个"拒绝服务"攻击会同时发送大量信息给这台计算机,一旦这台计算机的缓冲队列被填满,那么它将丢失接下来进入的信息,包括它自身需要的合法信息。在设计系统时要尽量杜绝这种情况发生,否则一个计算机网络甚至一个政府通信系统将有可能被其他国家的人恶意破坏。

六、案例六:计算机对话——图灵测试

图灵测试(又称"图灵判断")是图灵提出的一个关于机器人的著名判断原则。在这里图灵避开了颇有争议的智能的定义,提出了一种有趣的建立智能的方法。所谓图灵测试是一种测试机器是不是具备人类智能的方法。被测试的对象一个是人,另一个是声称自己有人类智力的机器。如图4-14。

1950年,图灵发表了题为《机器能思考吗?》的论文。在这篇论文中,图灵第一次提出"机器思维"的概念。同时提出一个假想:即一个人在不接触对方的情况下,通过一种特殊的方式,和对方进行一系列的问答,如果在相当长时间内,他无法根据这些问题判断对方是人还是计算机,那么,就可以认为这个计算机具有同人相当的智力,即这台计算机是能思维的。这就是著名的"图灵测试"(Turing Testing)。

图4-14　图灵测试

图灵曾为测试亲自拟定了几个示范性问题。

问:请给我写出有关"第四号桥"主题的十四行诗。

答:不要问我这道题,我从来不会写诗。

问:34 957加70 764等于多少?

答:(停30秒后)105 721

问:你会下国际象棋吗?

答:是的。

问:我在我的K1处有棋子K;你仅在K6处有棋子K,在R1处有棋子R。现在轮到你走,你应该下那步棋?

答:(停15秒后)棋子R走到R8处,将军!

图灵指出:"如果机器在某些现实的条件下,能够非常好地模仿人回答问题,以至提问者在相当长时间里误认它不是机器,那么机器就可以被认为是能够思维的。"

从表面上看,要使机器回答按一定范围提出的问题似乎没有什么困难,可以通过编制特殊的程序来实现。然而,如果提问者并不遵循常规标准,编制回答的程序是极其困难的事情。例如,提问与回答呈现出下列状况。

问：你会下国际象棋吗？

答：是的。

问：你会下国际象棋吗？

答：是的。

问：请再次回答，你会下国际象棋吗？

答：是的。

你多半会想到，面前的这位是一部笨机器。如果提问与回答呈现出另一种状态：

问：你会下国际象棋吗？

答：是的。

问：你会下国际象棋吗？

答：是的，我不是已经说过了吗？

问：请再次回答，你会下国际象棋吗？

答：你烦不烦，干嘛老提同样的问题。

那么，你面前的这位，大概是人而不是机器。上述两种对话的区别在于，第一种可明显地感到回答者是从知识库里提取简单的答案，第二种则具有分析综合的能力，回答者知道观察者在反复提出同样的问题。"图灵测试"没有规定问题的范围和提问的标准，如果想要制造出能通过试验的机器，以我们现在的技术水平，必须在电脑中储存人类所有可以想到的问题，储存对这些问题的所有合乎常理的回答，并且还需要理智地作出选择。

1950 年全世界只有几台电脑，根本无法通过这一测试。但图灵预言，在 20 世纪末，一定会有电脑通过"图灵测试"。终于他的预言在 IBM 的"深蓝"身上得到彻底实现。当然，卡斯帕罗夫和"深蓝"之间不是猜谜式的泛泛而谈，而是你输我赢的彼此较量。

4.1.3　生活中的计算思维

我们在不断发明新工具的同时，这些新工具也在改变着我们：从行为到思维。计算思维可以做什么？请看下面的例子。

一、身边的计算思维

计算思维 1：预置和缓存

当学生早晨去学校时，他把当天需要的东西放进背包，这就是预置和缓存。

计算思维 2：回推

小学生弄丢他的手套时，人们总是建议他沿走过的路寻找，这就是回推。

计算思维 3：在线算法

在什么时候停止租用滑雪板而为自己买一副呢？这就是在线算法。

计算思维 4：多服务器系统的性能模型

在超市付账时，你应当去排哪个队呢？这就是多服务器系统的性能模型。

计算思维 5：失败的无关性和设计的冗余性

为什么停电时你的电话仍然可用？这就是失败的无关性和设计的冗余性。

计算思维 6：充分利用求解人工智能难题之艰难来挫败计算代理程序

完全自动的大众图灵测试如何区分计算机和人类，即 CAPTCHA 程序是怎样鉴别人类的？这就是充分利用求解人工智能难题之艰难来挫败计算代理程序。

二、娱乐中的计算思维（读心术魔术）

这个魔术用二进制数来读出别人在想什么。让游戏参与者在 0 到 63 之间选一个数字（比如生日），然后让他们在图 4-15 所示中的 6 张卡片中选择出有那个数字的所有卡片，把这些卡片交给你。

32	33	34	35
36	37	38	39
40	41	42	43
44	45	46	47
48	49	50	51
52	53	54	55
56	57	58	59
60	61	62	63

(a) 卡1

16	17	18	19
20	21	22	23
24	25	26	27
28	29	30	31
48	49	50	51
52	53	54	55
56	57	58	59
60	61	62	63

(b) 卡2

8	9	10	11
12	13	14	15
24	25	26	27
28	29	30	31
40	41	42	43
44	45	46	47
56	57	58	59
60	61	62	63

(c) 卡3

4	5	6	7
12	13	14	15
20	21	22	23
28	29	30	31
36	37	38	39
44	45	46	47
52	53	54	55
60	61	62	63

(d) 卡4

2	3	6	7
10	11	14	15
18	19	22	23
26	27	30	31
34	35	38	39
42	43	46	47
50	51	54	55
58	59	62	63

(e) 卡5

1	3	5	7
9	11	13	15
17	19	21	23
25	27	29	31
33	35	37	39
41	43	45	47
49	51	53	55
57	59	61	63

(f) 卡6

图 4-15　读心术卡片

只要简单地将这些卡片中的第一个数字相加，就能"猜"出他们选择的数字是多少。比如，如果他们选择的数字是 23，它们会交给你以 16、4、2、1 开头的 4 张卡片。因为这 4 张卡片上都写着 23，把这 4 张卡片的第一个数字相加，即 16+4+2+1，便能得出他们所选的数字了。

这个魔术背后的秘密是：卡片上的数字能通过 6 位二进制数来算出。第一张卡片上写的是第一位为 1 的所有 6 位二进制数（100000、100001、100010、100011 等），第二张卡片包含了第二位为 1 的所有 6 位二进制数，以此类推，最后一张卡片包含了末位为 1 的全部 6 位二进制数，它们均为奇数。

三、有趣的计算思维

1. 奥巴马回答（排序问题）

在美国 2008 年大选前，Google 采访了总统候选人贝拉克·奥巴马。当奥巴马被问到"对 100 万个 32 位整数进行排序的最佳方法"时，他回答道"冒泡排序法绝对不是正确答案"。这个回答相当巧妙，赢得听众的好评。

采用冒泡排序法来做这个题目，将需要比较 499 999 500 000 次，而快速排序法需要比较 20 000 000 次，比冒泡排序法整整快了 25 000 倍。这说明：一旦选对了算法，将极大地提高运算效率。

2. 布里丹之驴（死锁问题）

一个中世纪的悖论讲述的是，一头驴子在周围有充足草料包围的情况下差点给活活饿死了。出现问题是因为驴子的身边有两个距离完全相等的草堆，它站在两个草堆正中间却无法下决心走向哪一边。最终，驴子因为太饿而昏倒，它倒下的时候头稍微偏向了其中一个草堆，然后它挣扎着爬了过去……

这是一个只含有单一主体的死锁情况，通常情况下的死锁涉及许多主体（比如大城市里交通堵塞导致数以千计的司机被困在路上）。比起人类来，计算机更像是布里丹之驴——它们没有大脑。一旦发生死锁，它们会一直等到有人介入，否则就像那只驴子一样，耗尽电力。

若计算机对鼠标和键盘毫无反应，那么就是遇到死锁了。仅仅只要关掉它并重启（或给它一点干草），一切便可以迎刃而解了。

3. 旅行商问题(最短路径问题)

寻找两点间最短距离的算法决定了如何将发送的 E-mail 传送到目的地。如果一封相同的电子邮件被同时抄送给许多人,需要一种算法用来寻找访问所有接收方的最短路径。这个问题通常被称为"旅行商问题",即一个销售员如何访问居住在不同城市的客户。

旅行商问题(Traveling Saleman Problem,TSP)又译为旅行推销员问题、货郎担问题,简称为 TSP 问题。TSP 网站主页见图 4 - 16。TSP 问题是最基本的路线问题,该问题是在寻求单一旅行者由起点出发,通过所有给定的需求点之后,最后再回到原点的最小路径成本。最早的旅行商问题的数学规划是 1959 年提出的。

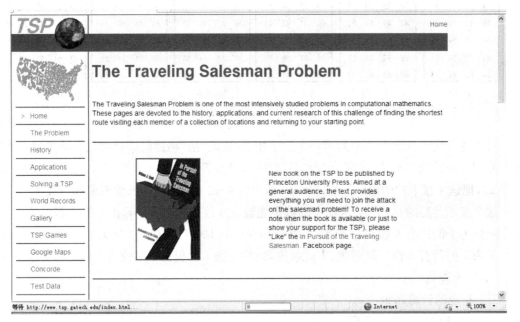

图 4 - 16　TSP 网站主页

计算机科学家们迄今还未在任何网络中找到旅行商问题的最优解,或许对于 GPS 自动定位系统来说很容易就能找出从一个地方到另一个地方的有效路径,但是让一个销售员穿梭于不同地点并拿到全部包裹的最佳路径就很难找出来了。

"世界旅行商问题"用于寻找世界上 1 904 711 座不同城市的最佳访问路径,至今还没有人解开这个难题。但是人们离这个目标只差一点点:在这个问题被提出的 2002 年,算出的最短方案长度为 7 524 170.430 千米;到 2007 年,一些数学家证明路径最短应为 7 512 218.268 千米(这也被称为"下界证明",这是另外一个难解的课题);2008 年 11 月,有人写了一个计算机程序,找到了 7 515 947.511 千米的路径解决方案,比下界仅多出了 0.049,7%。最短路径应该介于这两值之间,但是直到现在还没有人知道正确的答案。

4. 验证码(CAPTCHA 程序是怎样鉴别人类)

全自动区分计算机和人类的图灵测试(Completely Automated Public Turing Test to Tell Computers and Humans Apart,CAPTCHA)俗称验证码,是一种区分用户是计算机还是人的公共全自动程序。在 CAPTCHA 测试中,作为服务器的计算机会自动生成一个问题由用户来解答。这个问题可以由计算机生成并评判,但是必须只有人类才能解答。由于计算机无法解答 CAPTCHA 的问题,所以回答出问题的用户就可以被认为是人类。

一种常用的 CAPTCHA 测试是让用户输入一个扭曲变形的图片上所显示的文字或数字,如图 4-17 所示。扭曲变形是为了避免被光学字符识别(Optical Character Recognition,OCR)之类的电脑程式自动辨识出图片上的文字或数字而失去效果。由于这个测试是由计算机来考人类,而不是标准图灵测试中那样由人类来考计算机,人们有时称 CAPTCHA 是一种反向图灵测试。

CAPTCHA 目前广泛用于网站的留言板,许多留言板为防止有人利用电脑程式大量在留言板上张贴广告或其他垃圾讯息,因此会放置 CAPTCHA 要求留言者必须输入图片上所显示的文字数字或是算术题才可完成留言。而一些网络上的交易系统(如订票系统、网络银行)为避免被电脑程式以暴力法大量尝试交易,也会有 CAPTCHA 的机制。

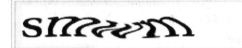

(a) 早期的 Captcha 验证码“smwm”由 EZ-Gimpy 程序产生,使用扭曲的字母和背景颜色梯度。

(b) 另一种增加图像分割难度的方法为将符号彼此拥挤在一起,但其也使得真人用户比较难以识别。　(c) 一种更现代的 CAPTCHA,其不使用扭曲的背景及字母,而是增加一条曲线来使得图像分割更困难。

图 4-17　验证码

CAPTCHA 也有一些方法可以破解。俄罗斯的一个黑客组织使用一个自动识别软件在 2006 年破解了 Yahoo 的 CAPTCHA。准确率大概是 15%,但是攻击者可以每天尝试 10 万次,相对来说成本很低。而在 2008 年,Google 的 CAPTCHA 也被俄罗斯黑客所破解。攻击者使用两台不同的电脑来调整破解进程,用第二台电脑学习第一台对 CAPTCHA 的破解,或者是对成效进行监视。甚至有人工破解验证码的例子,Gmail 邮箱注册验证系统的破解即是经由此方法。

CAPTCHA 的目的是区分计算机和人类的一种程序算法,这种程序必须能生成并评价人类能很容易通过但计算机却通不过的测试。这个要求本身就是悖论,因为这意味着一个 CAPTCHA 必须能生成一个它自己不能通过的测试。

4.2　信息的编码与解码

在计算机内部,各种信息都是以二进制的形式存储的,信息在计算机中常用的单位是“位”“字节”“字”等。

1. 位(Bit)

位是度量数据的最小单位,表示一个二进制数字,常用小写的字母 b 表示。

2. 字节(Byte)

字节是信息组织和存储的基本单位,也是计算机体系结构的基本单位,一个字节由 8 位二进制数字组成(1 Byte = 8 Bits),常用大写的字母 B 表示。

除了用字节作为表示容量的单位外,还会用到一些更大的单位,如 kB(1 kB=1 024 B)、MB(1 MB=1 024 kB)、GB(1 GB=1 024 MB)、TB(1 TB=1 024 GB)等。

3. 字(Word)

字是计算机存储、传送、处理数据的信息单位,一个字包含的二进制位数称为字长。字长是 CPU 在一次操作中能够处理的最大数据单位,它代表了机器的精度,也体现了一条指令所能处理数据的能力,是计算机硬件设计的一个指标。字长总是字节的 $2^k(k=0, 1, 2, \cdots)$ 倍,如 2 字节 16 位、4 字节 32 位或 8 字节 64 位等。

4.2.1 数制与运算

数制也称计数制,是用一组固定的符号和统一的规则来表示数值的方法。人们通常采用的数制有十进制、二进制、八进制和十六进制。

一、进位计数制与数制转换

1. 进位计数制的表示

任何一个进位计数制所表示的数,都可以表示为可用的数码与位权的乘积和。计算机中用的是二进制数,它有两个数码 0 和 1,逢二进一。与十进制数相似,当数码出现在二进制数的不同位置时,对应不同的值,该值是它本身的数码再乘上以基数为底的权值。

例如:$(101.011)B = 1\times2^0 + 0\times2^1 + 1\times2^2 + 0\times2^{-1} + 1\times2^{-2} + 1\times2^{-3}$。

用一个通用表达式来表示二进制数,则

$$S_B = K_n K_{n-1} \cdots K_1 K_0 K_{-1} K_{-2} \cdots K_{-m}$$
$$= \sum_{i=n}^{-m} K_i \times 2^i,$$

其中 S_B 为二进制表示的实际值,K_i 可以是 0 或 1;2 是二进制基数,2^i 为 K_i 在第 i 位的权值。

其他进制数,比如八进制数,需要有 0~7 这 8 个数码来表示,逢八进一,基数为 8。而十六进制,则逢十六进一,基数为 16,它的数码除了 0~9 这 10 个符号外,还要动用 A、B、C、D、E、F 这 6 个字符。

表示任意进制数的通用表达式为

$$S = \sum_{i=n}^{-m} K_i \times R^i,$$

式中,R 表示进制的基数,K_i 表示 R 进制数中的一个数码,R^i 为第 i 位的权值,而 n、m 为整数。同一个数在不同的进位制中会表现出不同的形式。表 4-2 列出常用数制下 0~16 的不同表达形式。

计算机在目前的条件下,采用二进制数,是因为二进制数容易实现,节约设备,运算简单,运行可靠,逻辑运算方便。

标识一个数的进位计数制有两种方式。一种是将要表示的数用括号括起来后,用一个表示进制的数作为下标来表示,如 $(10110.1101)_2$ 表示一个二进制数。另一种是在数的后面直接跟上一个大写的字母来表示进位计数制,大写字母对应的进制分别为:B 表示二进制,Q(或

表 4 - 2　常用数制对照表

十进制数	二进制数	八进制数	十六进制数	十进制数	二进制数	八进制数	十六进制数
0	0	0	0	9	1001	11	9
1	1	1	1	10	1010	12	A
2	10	2	2	11	1011	13	B
3	11	3	3	12	1100	14	C
4	100	4	4	13	1101	15	D
5	101	5	5	14	1110	16	E
6	110	6	6	15	1111	17	F
7	111	7	7	16	10000	20	10
8	1000	10	8	—	—	—	—

O)表示八进制,D 表示十进制,H 表示十六进制,如 2EA6H 表示一个十六进制数 2EA6。一般,表示十进制数的字母 D 可以省略。

2. 数制转换

(1) 二进制与十进制之间的转换。

对二进制数求其等值十进制数,只需按上述二进制数展开规则,直接计算其和便可。

例如：$(110.111)_2 = 0 \times 2^0 + 1 \times 2^1 + 1 \times 2^2 + 1 \times 2^{-1} + 1 \times 2^{-2} + 1 \times 2^{-3}$
$= 0 + 2 + 4 + 0.5 + 0.25 + 0.125 = (6.875)_{10}$。

对十进制数求其等值二进制数,则要将十进制数的整数部分和小数部分分别考虑。整数部分采取"除二取余法",得到的商再除以 2,依次进行,直到最后的商等于 0。先得到的余数为低位,后得到的余数为高位。而小数部分采取"乘二取整法",乘积的小数部分继续乘 2,依次进行,直到乘积的小数部分为 0 或达到要求的精度为止。先得到的整数为高位,后得到的整数为低位。

例如：将十进制数 13.375 化为二进制数。

先考虑整数部分 13；

```
2 |13    余1    最低位
2 |6     余0
2 |3     余1
2 |1     余1    最高位
   0
```

得其对应的二进制整数为$(1101)_2$。

再考虑小数部分 0.375,则

```
  0.375
×   2
  0.75     整0  最高位
×   2
  1.5      整1
×   2
1.0        整1  最低位
```

小数部分对应的二进制数为$(0.011)_2$。将整数部分和小数部分合起来,可以得到下面的结果:

$$(13.375)_{10} = (1101.011)_2$$

(2) 二进制与八进制、十六进制之间的互换。

虽然计算机只能识别二进制,但是人们阅读和表示二进制十分不便,由于八进制、十六进制与二进制之间存在简单的对应关系,于是,人们便使用八进制、十六进制来记述计算机中表示的二进制数。

八进制数有 8 个不同的数码,如果用二进制来表示,则 3 个二进制位正好能表达 8 种状态。同样十六进制数有 16 个不同数码,若用二进制来表示,正好对应于 4 个二进制位。所以,一个八进制数在转换为二进制数时,只要将八进制数的每 1 位分别转换成对应的 3 位二进制数,其顺序不变。同理,将十六进制数转换为二进制数时,只要分别转换成对应的 4 位二进制数即可。

反之,一个二进制数用八进制表示时,将二进制数从小数点开始,整数部分向左、小数部分向右每 3 位一段分段,位数不足补零(整数部分补在有效数字的左边,小数部分补在有效数字的右边),每段用一个八进制数码表示即可。同理一个二进制数用十六进制表示时,将二进制数从小数点开始,整数部分向左、小数部分向右每 4 位一段分段,位数不足补零(整数部分补在有效数字的左边,小数部分补在有效数字的右边),每段用一个十六进制数码表示即可。

例如:730Q=111 011 000B

       A58H=1010 0101 1000B

例如:101010.01B=101 010.010B = 52.2Q

      101010.101B=0010 1010.1010B = 2A.AH

二、二进制数的运算

1. 二进制数的算术运算

算术运算是指加、减、乘、除等四则运算,是计算机运算最基本的功能。再复杂的函数运算都能化成四则运算,例如:

$$e^x = 1 + x + \frac{x^2}{2!} + \frac{x^3}{3!} + \cdots$$

利用数值计算方法,把各种复杂的计算转化成基本运算方法即能完成计算任务。于是,代数方程组,微分方程组的求解或其他令人生畏的数学求解变得不再困难。

(1) 二进制数加法运算法则。

$$0 + 0 = 0, 1 + 0 = 0 + 1 = 1, 1 + 1 = 10(向高位进位)$$

例如: 110

          +) 1011   进位 111

          10001

(2) 二进制数减法运算法则。

$$0 - 0 = 1 - 1 = 0, 1 - 0 = 1, 0 - 1 = 1(向高位借位)$$

例如：　　　　　　　　11000011

　　　　　　　一）　00101101　　　　　借位　1111

　　　　　　　　　　10010110

（3）二进制数乘法运算法则。

$$0\times0 = 0\times1 = 1\times0 = 0,1\times1 = 1$$

算式省略，有兴趣的读者可以自行试算。

（4）二进制数除法运算法则。

$$0\div1 = 0,1\div1 = 1(1\div0 \text{ 或 } 0\div0 \text{ 无意义})$$

算式省略，有兴趣的读者可以自行试算。

实际上，在计算机的运算器中，减法是通过负数的加法来实现，同理，可以将乘法和除法转化为二进制的加法运算来实现。因此，二进制数的加法运算是计算机中最基本的运算。

2. 二进制数的逻辑运算

逻辑运算是对逻辑变量作"与""或""非""异或"等逻辑运算。逻辑变量只能取"1""0"两值，前者表示真，命题成立，后者表示假，命题错误。逻辑运算的输入和输出关系（运算规则）用真值表（Truth Table）表示。见表 4-3～表 4-6。

表 4-3　与（∧）运算

输入 A	输入 B	输出 A∧B
0	0	0
0	1	0
1	0	0
1	1	1

表 4-4　或（+）运算

输入 A	输入 B	输出 A+B
0	0	0
0	1	1
1	0	1
1	1	1

表 4-5　非（一）运算

输入 A	输出 Ā
0	1
1	0

表 4-6　异或（⊕）运算

输入 A	输入 B	输出 A⊕B
0	0	0
0	1	1
1	0	1
1	1	0

4.2.2　信息的编码

信息是现实世界中事物的状态、运动方式和相互关系的变现形式，信息技术就是获取、处理、传递、存储和使用信息的技术。表示信息的媒体形式可以是数值、文字、声音、图形、图像和动画等，这些媒体表示都是数据的一种形式。利用计算机进行信息处理，就是要将这些媒体形式用计算机能够识别的数据予以表示。

一、数值数据

计算机处理的数据既有数值数据也有非数值数据,对数值数据,计算机采用的是二进制数字系统,而对非数值数据,如各种符号、字母以及字符等,计算机采用特定的二进制编码来表示。这种对数据进行编码的规则,称为码制。

1. 原码、反码和补码

对数值数据,计算机内部都是采用二进制来表示的,但数有正负之分,就需要在数值位的前面设置一个符号位,用"0"表示正,用"1"表示负。在计算机中有多种符号位和数值位一起编码的方法,常用的有原码、反码、补码。

原码的编码规则是:符号位用"0"表示正,用"1"表示负。数值部分用二进制的绝对值表示。

反码的编码规则是:正数的反码是其原码,负数的反码则符号位为"1",数值部分是对应的原码按位取反。

补码的编码规则是:正数的补码是其原码,负数的补码则是其反码再加1。

例如:两个整数的加减法运算。计算机内的整数,都用补码表示。

如用两字节存放数值,其中最高位为符号位,则42-84的补码表示如图4-18所示。

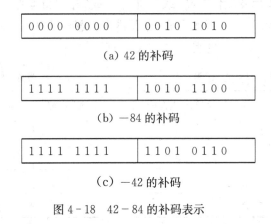

(a) 42 的补码

(b) —84 的补码

(c) —42 的补码

图 4-18 42-84 的补码表示

2. 浮点数与表示法

浮点数在计算机中用以近似表示任意某个实数。在计算机内部,实型数被表示为 $a \times 2^b$ 的形式,a 为尾数,b 为指数,这种形式被称为浮点表示法。计算机中称指数部分为阶码,数值部分为尾数,如图4-19所示。

阶符	阶码值	尾符	尾数值
（阶码）		（尾数）	

图 4-19 浮点数表示

二、西文字符

目前对非数值数据使用最广泛的编码是美国标准信息交换码(American Standard Code for Information Interchange),简称 ASCII 码。ASCII 码是用七位二进制数来进行编码的。这样可以表示 128 种不同的字符。在这 128 个字符中,包括 0~9,52 个大小写英文字母,32 个标点符号和 34 个不可打印或显示的控制代码,每个字符在计算机内正好占用一个字节 8 个二进制位中的 7 位,最高位不用,见表 4-7。

从码表中可以得知,字母 A 对应的 ASCII 码为 1000001(41H)、字母 a 对应的 ASCII 码为 1100001(61H)。

表 4-7 ASCII 码表

	000	001	010	011	100	101	110	111
0000	NUL	DLE	SP	0	@	P	`	p
0001	SOH	DC1	!	1	A	Q	a	q
0010	STX	DC2	"	2	B	R	b	r
0011	ETX	DC3	#	3	C	S	c	s
0100	EOT	DC4	$	4	D	T	d	t
0101	ENQ	NAK	%	5	E	U	e	u
0110	ACK	SYN	&	6	F	V	f	v
0111	BEL	ETB	'	7	G	W	g	w
1000	BS	CAN	(	8	H	X	h	x
1001	HT	EM	)	9	I	Y	i	y
1010	LF	SUB	*	:	J	Z	j	z
1011	VT	ESC	+	;	K	[	k	{
1100	FF	FS	'	<	L	\	l	|
1101	CR	GS	—	=	M	]	m	}
1110	SO	RS	.	>	N	↑	n	~
1111	SI	US	/	?	O	↓	o	DEL

三、汉字编码

我国是使用汉字的国家,汉字信息处理的首要任务就是要解决汉字在计算机中如何用二进制代码来表示(汉字编码),其次要解决汉字如何输入以及汉字如何输出的问题。由于目前微机的输入设备主要是键盘,因此人们首先研究了各种从计算机键盘输入汉字的方法,同样为了能在屏幕显示汉字,人们首先考虑如何用"描点"的方式将汉字显示出来。

每一个汉字从键盘输入,到汉字在计算机内的存储和处理,再到屏幕上输出有各种字体的汉字字形,其中要经过一系列的处理和转换。计算机在处理汉字信息过程中的转换和处理过程可用如下流程表示:

$$汉字 \xrightarrow{输入} 汉字输入码 \xrightarrow{转换} 机内码 \xrightarrow{转换处理} 地址码 \xrightarrow{处理} 字形码 \xrightarrow{输出} 汉字$$

1. 国家标准 GB 2312—1980(信息交换用汉字编码字符集基本集)

1980 年我国颁布的第一个汉字编码字符集标准,简称 GB 2312—80 或 GB 2312,它是现在所有简体汉字系统的基础,GB 2312 共有字符 7 445 个,其中汉字占 6 763 个,图形符号 682 个。在计算机内存储时采用双字节编码方式。

GB 2312—80 规定,所有的国标汉字与符号组成一个 94×94 的矩阵,在此方阵中的每一行称为一个"区",每一列称为一个"位",每个"区"和"位"的编号分别为 01～94,因此任意一个国标汉字都有一个确切的区号和位号相对应。

GB 2312 的汉字编码方案如下。

① 01～09 区：图形符号，共 682 个，如数学序号符、日文假名、表格符号等。

② 16～55 区：一级汉字字符，共 3 755 个常用汉字，按拼音/笔形顺序排列。

③ 56～86 区：二级汉字字符，共 3 008 个次常用汉字，按部首/笔画顺序排列。

④ 10～15 区以及 87～94 区：空白位置，用于扩展及用户造字范围。

鉴于汉字数量众多，为避免与 ASCII 基本集冲突，机内码两个字节均取码 A1 到 FE。区位码主要用于定义汉字编码，机内码可直接用于计算机的信息处理。

（1）区位码。

将汉字在 GB 2312 中的区号和位号直接转换为二进制后各使用一个字节表示，每个字节各有 94 种码选。如"啊"字位于 16 区 01 位，则其对应的区位码为 1601。

（2）机内码。

也称内码，由两个字节组成，分别称为机内码的高位字节和低位字节，与区位码有对应关系：机内码高位字节＝区码＋A0H，机内码低位字节＝位码＋A0H。如"啊"字的区码是 10H，位码是 01H，则机内码的首字节为 10H＋A0H＝B0H，次字节为 01H＋A0H＝A1H，因此"啊"字的机内码为 B0A1。

2. BIG5 码（大五码）

BIG5 是通行于台、港、澳地区的一个繁体字编码方案（事实上的标准）。BIG5 码也是双字节编码方案，首字节在 A0 到 FE 之间，次字节在 40 到 7E 和 A1 到 FE 之间。共收录 13 461 个汉字和符号，按照首字节分三个区。

① A1 到 A3：符号，408 个。

② A4 到 C6：常用汉字，5 401 个。

③ C9 到 F9：次常用字，7 652 个。

3. GBK 码（汉字内码扩展规范）

GB 2312—80 仅收汉字 6 763 个，远不够日常工作、生活应用所需，为了扩展汉字编码，以及配合 Unicode 的实施，中国信息化技术委员会于 1995 年 12 月 1 日制订颁布了 GBK（汉字内码扩展规范，GB 即国标，K 是扩展的汉语拼音第一个字母），并在 Microsoft Windows 9x/Me/NT/2000/XP、IBM OS/2 的系统中广泛应用。GBK 向下与 GB 2312 完全兼容，向上支持 ISO 10646 国际标准。GBK 共收入 21 886 个汉字和图形符号，收录包括了 GB 2312、BIG5、CJK 中的所有汉字及符号。GBK 采用双字节表示，总体编码范围为 8140～FEFE 之间，首字节在 81～FE 之间，次字节在 40～FE 之间，剔除 xx7F 一条线。GBK 总设计了 23 940 个码位，编码排列包括：

① GB 2312 兼容符号区，GBK/1，A1A1～A9FE（GB 2312 的 01～09 区），共 717 个。

② GB 2312 兼容汉字区，GBK/2，B0A1～F7FE（GB 2312 的 16～87 区），共 6 763 个。

③ GB 2312 兼容空白区，AAA1～AFFE 与 F8A1～FEFE（GB 2312 的 10～15 区与 88～94 区）。

④ 扩展汉字区，GBK/3，8140～A0FE，收录 CJK 汉字 6 080 个。

⑤ 扩展汉字区，GBK/4，AA40～FEA0，收录 CJK 汉字和增补的汉字 8 160 个。

⑥ 扩展符号区,GBK/5,A840~A9A0,收录扩展的非汉字符号,共 166 个。

⑦ 扩展空白区,A140~A7A0,该区限制使用,不排除未来在此增补新字符的可能性。

4. 国家标准 GB 18030—2000(信息技术信息交换用汉字编码字符集基本集的扩充)

GB 18030—2000 编码标准是在原来的 GB 2312 和 GBK 编码标准的基础上进行扩充,增加了四字节部分的编码。总编码空间超过 150 万个码位,目前收录了 27 484 个汉字,包括 GB 2312、GBK、CJK 及其扩充 A 的全部字符。随着中国汉字整理和编码研究工作的不断深入,以及国际标准 ISO/IEC 10646 的不断发展,GB 18030 所收录的字符将在新版本中增加。GB 18030 是 GBK 的超集,并且兼容 GBK。

GB 18030 标准采用单字节、双字节和四字节 3 种方式对字符进行编码。

① 单字节。使用 00~7F,即 ASCII 基本码。

② 双字节。首字节从 81~FE,次字节是 40~7E 和 80~FE,即 GBK 编码。

③ 四字节。第一、三字节为 81~FE,第二、四字节采用 30~39,以避免与双字节方式冲突,其范围为 81308130~FE39FE39。

5. 国际标准 ISO 10646.1 和 Unicode、国家标准 GB 13000.1—1993

为了统一全世界所有字符集(包括原西方以 ASCII 码为核心的各语种、中日韩等象形文字、阿拉伯语、泰国语等世界其他语种、数学和科学等图形符号),国际标准化组织 ISO 于 1992 年通过 ISO10646 标准,它与 Unicode 组织的 Unicode 编码完全兼容。ISO 10646.1 是该标准的第一部分。我国 1993 年以 GB 13000.1 国家标准的形式予以认可(即 GB 13000.1 等同于 ISO 10646.1)。

ISO 10646 的字符集称为通用多八位编码字符集(Universal Multiple-Octet Coded Character Set,UCS),用来实现全球所有文种的统一编码。该标准被广泛应用于表示、传输、交换、处理、储存、输入及现显世界上各种语言的书面形式以及附加符号。

UTF-8,UTF-16 是 Unicode 在计算机中的不同存储方式。UTF-8(8-bit Unicode Transformation Format)是一种针对 Unicode 的可变长度字符编码,又称万国码,由 Ken Thompson 于 1992 年创建。UTF-8 用 1 到 6 个字节编码 Unicode 字符,编码中的第一个字节仍与 ASCII 兼容,这使得原来处理 ASCII 字符的软件无须或只需做少部分修改,即可继续使用,它逐渐成为电子邮件、网页及其他存储或传送文字的应用中,优先采用的编码。

6. 汉字输入编码

汉字输入的目的是使计算机能够记录并处理汉字,目前,汉字输入方法可分类两大类:键盘输入法和非键盘输入法。

(1) 键盘输入法。

键盘输入法,就是利用键盘,根据一定的编码规则来输入汉字的一种方法。目前常用输入法有以下几类:对应码、音码、形码、音形码等。

(2) 非键盘输入法。

除了键盘输入法外,所有不通过键盘的输入法统称为非键盘输入法,其特点是使用简单,但都需要特殊设备支持。目前常用输入法有以下几类:手写输入法、语音输入法、OCR 输入等。

7. 汉字字模信息

为了在屏幕上显示字符或用打印机打印汉字,还需要建立一个汉字字模库。字模库中所

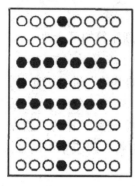

图 4 - 20 "中"的 8×8 字模

存放的是字符的形状信息。它可以用二进制"位图"即点阵方式表示，也可以用"矢量"方式表示。位图中最典型的是用"1"来表示有笔画经过，"0"表示空白，如图 4 - 20 所示。位图方式占存储量相当大，例如，采用 64×64 点阵来表示一个汉字（其精度基本上可以提供给激光打印机输出），则一个汉字占 64×64÷8=512 字节＝0.5 kB，一种字体（例如宋体）的一二级国标汉字（6 763 个）所占的存储量为 0.5 kB×6 763＝3 384 kB，接近 3.4 MB。由于汉字常用的字体种类多，字模库所占的存储量是相当大的。

四、条形码

从食品到日用品、从衣服到书籍，条形码在我们生活中随处可见。据统计，人们每天要扫描 50 亿次条形码。条形码技术，是随着计算机与信息技术的发展和应用而诞生的，它是集编码、印刷、识别、数据采集和处理于一身的新型技术。

条形码（barcode）是将宽度不等的多个黑条和空白，按照一定的编码规则排列，用以表达一组信息的图形标识符。常见的条形码是由反射率相差很大的黑条（简称条）和白条（简

图 4 - 21　条形码

称空）排成的平行线图案。条形码可以标出物品的生产国、制造厂家、商品名称、生产日期、图书分类号、邮件起止地点、类别、日期等许多信息，因而在商品流通、图书管理、邮政管理、银行系统等许多领域都得到广泛的应用。条形码如图 4 - 21 所示。

条形码技术在当今的自动识别技术中占有重要的地位。现如今条码辨识技术已相当成熟，其读取的错误率约为百万分之一，首读率大于 98%，是一种可靠性高、输入快速、准确性高、成本低、应用面广的资料自动收集技术。世界上约有 225 种以上的一维条码，每种一维条码都有自己的一套编码规格，规定每个字母（可能是文字或数字或文数字）是由几个线条（Bar）及几个空白（Space）组成，以及字母的排列。一般较流行的一维条码有 39 码、EAN 码、UPC 码、128 码，以及专门用于书刊管理的 ISBN、ISSN 等。

1. 条形码的主要种类

目前，国际广泛使用的条码种类有 EAN、UPC 码（商品条码，用于在世界范围内唯一标识一种商品。我们在超市中最常见的就是这种条码）、Code39 码（可表示数字和字母，在管理领域应用最广）、ITF25 码（在物流管理中应用较多）、Codebar 码（多用于医疗、图书领域）、Code93 码、Code128 码等。其中，EAN 码是当今世界上广为使用的商品条码，已成为电子数据交换（EDI）的基础；UPC 码主要为美国和加拿大使用；在各类条码应用系统中，Code39 码因其可采用数字与字母共同组成的方式而在各行业内部管理上被广泛使用；在血库、图书馆和照相馆的业务中，Codebar 码也被广泛使用。

EAN 码是国际物品编码协会制定的一种商品用条码，通用于全世界。EAN 码符号有标准版（EAN-13）和缩短版（EAN-8）两种，我国的通用商品条码与其等效，日常购买的商品包装上所印的条码一般就是 EAN 码。如图 4 - 22 所示。

(a) EAN-13码　　　　　(b) EAN-8码

图 4 - 22　EAN 条形码

2. 条形码编码

以 EAN-13 格式的条形码 6936983800013 为例,此条形码分为 4 个部分,从左到右分别为:

① 1～3 位。共 3 位,对应该条码的 693,是中国的国家代码之一。(690～695 都是中国的代码,由国际上分配)

② 4～8 位。共 5 位,对应该条码的 69838,代表着生产厂商代码,由厂商申请,国家分配。

③ 9～12 位。共 4 位,对应该条码的 0001,代表着厂内商品代码,由厂商自行确定。

第 13 位:共 1 位,对应该条码的 3,是校验码,依据一定的算法,由前面 12 位数字计算而得到。

公式第 13 位算法为:

① 取出该数的奇数位的和,$c1 = 6 + 3 + 9 + 3 + 0 + 0 = 21$;

② 取出该数的偶数位的和,$c2 = 9 + 6 + 8 + 8 + 0 + 1 = 32$;

③ 将奇数位的和与"偶数位的和的三倍"相加;

④ 取出结果的个位数:117($117 \% 10 = 7$);

⑤ 用 10 减去这个个位数:$10 - 7 = 3$;

⑥ 得到的数再取个位数(对 10 去余)$3 \% 10 = 3$。

3. 扫描原理

条形码的扫描需要扫描器,扫描器利用自身光源照射条形码,再利用光电转换器接受反射的光线,将反射光线的明暗转换成数字信号。不论是采取何种规则印制的条形码,都由静区、起始字符、数据字符与终止字符组成。有些条码在数据字符与终止字符之间还有校验字符。

(1) 静区。静区也叫空白区,分为左空白区和右空白区,左空白区是让扫描设备做好扫描准备,右空白区是保证扫描设备正确识别条码的结束标记。

为了防止左右空白区(静区)在印刷排版时被无意中占用,可在空白区加印一个符号(左侧没有数字时印＜号,右侧没有数字时加印＞号)这个符号就叫静区标记。主要作用就是防止静区宽度不足。只要静区宽度能保证,有没有这个符号都不影响条码的识别。

(2) 起始字符:第一位字符,具有特殊结构,当扫描器读取到该字符时,便开始正式读取代码了。

(3) 数据字符:条形码的主要内容。

(4) 校验字符:检验读取到的数据是否正确。不同编码规则可能会有不同的校验规则。

(5) 终止字符:最后一位字符,一样具有特殊结构,用于告知代码扫描完毕,同时还起到只是进行校验计算的作用。

五、二维码

二维码是一种比一维码更高级的条码格式。一维码只能在一个方向(一般是水平方向)上表达信息,而二维码在水平和垂直方向都可以存储信息。一维码只能由数字和字母组成,而二维码能存储汉字、数字和图片等信息,因此二维码的应用领域要广得多。智能手机和平板电脑的普及应用催生了二维码应用,二维码被认为是移动互联网入口。

1. 二维码的原理

二维码(2-Dimensional Bar Code)是用某种特定的几何图形按一定规律在平面(二维方向上)分布的黑白相间的图形记录数据符号信息的;在代码编制上巧妙地利用构成计算机内部逻辑基础的"0""1"比特流的概念,使用若干个与二进制相对应的几何形体来表示文字数值信息,通过图像输入设备或光电扫描设备自动识读以实现信息自动处理。

2. 二维码的种类

二维码可以分为堆叠式/行排式二维条码和矩阵式二维条码。堆叠式/行排式二维条码形态上是由多行短截的一维条码堆叠而成;矩阵式二维条码以矩阵的形式组成。如图 4-23 所示。

(a) 堆叠式　　　　　　　　　　　　(b) 矩阵式

图 4-23　二维码

(1) 堆叠式/行排式。

堆叠式/行排式二维码编码原理是建立在一维条码基础之上,按需要堆积成二行或多行。它在编码设计、校验原理、识读方式等方面继承了一维条码的一些特点,识读设备与条码印刷与一维条码技术兼容。但由于行数的增加,需要对行进行判定,其译码算法与软件也不完全相同于一维条码。有代表性的行排式二维条码有:Code 16K、Code 49、PDF417、MicroPDF417 等。

(2) 矩阵式二维码。

矩阵式二维码是在一个矩形空间通过黑、白像素在矩阵中的不同分布进行编码。在矩阵相应元素位置上,用点(方点、圆点或其他形状)的出现表示二进制"1",点的不出现表示二进制的"0",点的排列组合确定了矩阵式二维条码所代表的意义。矩阵式二维条码是建立在计算机图像处理技术、组合编码原理等基础上的一种新型图形符号自动识读处理码制。具有代表性的矩阵式二维条码有:Code One、MaxiCode、QR Code、Data Matrix、Han Xin Code、Grid Matrix 等。

QR Code 码是当前应用广泛的二维码,是由日本 Denso 公司于 1994 年 9 月研制的一种矩阵二维码符号,它具有信息容量大、可靠性高、可表示汉字及图像多种文字信息、保密防伪性强等优点。

3. 二维码的特点

(1) 高密度编码,信息容量大。可容纳多达 1 850 个大写字母或 2 710 个数字或 1 108 个字节,或 500 多个汉字,比普通条码信息容量约高几十倍。

(2) 编码范围广。该条码可以把图片、声音、文字、签字、指纹等可以数字化的信息进行编码,用条码表示出来,可以表示多种语言文字,也可表示图像数据。

(3) 容错能力强,具有纠错功能。这使得二维条码因穿孔、污损等引起局部损坏时,照样可以正确得到识读,损毁面积达 50％仍可恢复信息。

(4) 译码可靠性高。它比普通条码译码错误率百万分之二要低得多,误码率不超过千万分之一。

(5) 可引入加密措施。保密性、防伪性好。

(6) 成本低,易制作,持久耐用。

(7) 条码符号形状、尺寸大小比例可变。

(8) 二维条码可以使用激光或 CCD 阅读器识读。

习　　题

一、单选题

1. 计算机进行数据处理时,数据在计算机内部都是以_____代码表示。

A. 十进制　　　　　B. 十六进制　　　　C. 二进制　　　　D. 八进制

2. 以下数字哪一个为最大_____。

A. 1256H　　　　　B. 3246Q　　　　　C. 3246D　　　　　D. 10001100B

3. 人们通常用十六进制而不用二进制书写计算机中的数,理由有_____。

A. 十六进制的运算规则比二进制简单　　　B. 十六进制的书写表达比二进制方便

C. 十六进制表达的范围比二进制大　　　　D. 计算机内部采用的是十六进制

4. 十六进制数 A22 转换成十进制数和二进制数分别是_____。

A. 2594 和 101000100010　　　　　　　B. 2594 和 0010010110010100

C. 2338 和 101000100010　　　　　　　D. 1842 和 0010010110010100

5. 十进制数 13.375 转换成十六进制数是_____。

A. 13.375　　　　　B. C.B　　　　　　C. C.6　　　　　D. D.6

6. ASCII 码是表示_____的代码。

A. 汉字　　　　　B. 汉字与西文字符　　C. 西文字符　　　D. 各种文字

7. 0011 逻辑或 0110 的结果为_____。

A. 0111　　　　　B. 1001　　　　　　C. 1000　　　　　D. 0110

8. 0011 逻辑与 0110 的结果为_____。

A. 0111　　　　　B. 1001　　　　　　C. 1000　　　　　D. 0010

9. 0011 逻辑异或 0110 的结果为_____。

A. 0101　　　　　B. 0000　　　　　　C. 1001　　　　　D. 0110

10. 9 的反码是_____。

A. 0000 0000 0000 1001　　　　　　　B. 1111 1111 1111 0110

C. 1000 0000 0000 0011　　　　　　　D. 0000 0000 0000 0110

11. −6 的补码是_____。

A. 1111 1111 1111 0111　　　　　　　B. 1111 1111 1111 1010

C. 0111 1111 1111 1001　　　　　　　D. 1000 000 0000 0111

12. 在计算机内部采用的"浮点数",如果要扩大它表示的数值范围,最有效的做法是_____。

A. 增加阶码的位数　　　　　　　　　B. 增加尾数的位数

C. 把阶码转换成十六进制　　　　　　D. 把阶码转换成十六进制

13. 关于汉字处理代码及其相互关系叙述中,_____是错的。

A. 汉字输入时采用输入码　　　　　　B. 汉字库中寻找汉字字模时采用机内码

C. 汉字输出打印时采用点阵码　　　　D. 存储或处理汉字时采用机内码

14. _____是通行于台、港、澳地区的一个繁体字编码方案(事实上的标准)。

A. BIG5 码　　　　B. GB 码　　　　C. GBK 码　　　　D. UCS 码

15. 汉字国标码在两个字节中各占用_____位。

A. 8　　　　　　　B. 7　　　　　　　C. 6　　　　　　　D. 5

16. 在计算机内部,汉字的表示方法必然采用_____。

A. 区位码　　　　B. 国标码　　　　C. ASCII 码　　　　D. 机内码

17. 采用 64×64 点阵来表示一个汉字,则一种有 6 763 个汉字组成的字体文件所占的存储量约为_____。

A. 6.8 M　　　　　B. 3.4 M　　　　　C. 1.7 M　　　　　D. 5 M

18. 在计算机内,多媒体数据最终是以_____形式存在的。

A. 二进制代码　　B. 特殊的压缩码　　C. 模拟数据　　D. 图形

19. 计算思维是一种_____。

A. 逻辑思维　　　B. 形象思维　　　C. 递归思维　　　D. 实证思维

20. 计算思维是_____。

A. 计算机出现以后才有的

B. 从人类思维出现以后就一直相伴而存在的

C. 一种逻辑思维

D. 一种实证思维

21. 计算思维中最根本的两个概念是:_____。

A. 抽象和自动化　　B. 抽象和程序化　　C. 概念和程序化　　D. 概念和自动化

22. 以下属于计算思维特征的是:_____。

A. 概念化　　　　　　　　　　　　　B. 程序化

C. 计算机的思维方式　　　　　　　　D. 机械化思维方式

23. 改变着物理学家的思考方式的是_____。

A. 计算博弈理论　　B. 量子计算　　　C. 纳米计算　　　D. 数据结构和算法

24. 储存在计算机或传送在计算机之间的数据都是采用_____数字的形式予以表达的。

A. 十进制　　　　　B. 八进制　　　　　C. 二进制　　　　D. 十六进制

25. 在计算机科学中被广泛使用的"二进制位"称为_____,其值可以是 0 或 1。

A. 比特(Bit)　　　B. 基数(Base)　　　C. 字节(Byte)　　　D. 以上都是

26. 当发生一系列错误时,_____情况下计算机能利用奇偶校验位来检测并修正错误。

A. 发生了 2 个错误   B. 发生了一个错误

C. 发生了 4 个错误   D. 发生了 3 个错误

27. _____是一种需要将整个序列反复扫描，并交换所有相对位置错误的相邻数据的方法。

    A. 选择排序法   B. 快速排序法   C. 冒泡排序   D. 归并排序法

28. _____是在一个未排序的序列中依次移出每个对象，将它们插入到有序序列的正确位置的方法。

    A. 归并排序法   B. 并行排序法   C. 网络排序法   D. 插入排序法

29. 属于搜索方式的算法为_____。

    A. 哈希法搜索   B. 二分法搜索   C. 线性搜索   D. 以上都是

30. 导致死锁的算法是：_____。

    A. 线性算法   B. 校验算法   C. 贪婪算法   D. 随机算法

31. 所谓图灵测试是一种_____。

    A. 关于机器智能的定义   B. 测试机器是不是具备人类智能的方法

C. 关于"机器思维"的概念   D. 求解机器智能难题的方法

32. 读心术魔术背后的秘密是：卡片上的数字能通过_____来算出。

    A. 6 位二进制数   B. 5 位二进制数

C. 将这些卡片中的第一个数字相加   D. 十进制数

33. 由于全自动区分计算机和人类的测试（CAPTCHA）是由_____，人们有时称 CAPTCHA 是一种反向图灵测试。

    A. 人类来考人类   B. 计算机来考人类

C. 人类来考计算机   D. 计算机来考计算机

二、多选题

1. 下列十进制数中，_____可以用二进制表示。

    A. 56   B. 0   C. 3.45   D. −864

2. 八进制有八个不同的数码，以下_____可以作为八进制的数码。

    A. 0   B. 3   C. 7   D. D

3. 以下关于汉字编码的说法中，_____是正确的。

    A. 区位码就是国际码   B. 机内码就是国际码

C. 一个汉字的 GB 内码占两个字节   D. 一个汉字的 GBK 内码占两个字节

4. 以下_____称为非键盘输入法。

    A. 手写输入法   B. 语音输入法   C. OCR 输入法   D. 键盘输入法

5. 关于汉字，以下说法正确的是_____。

    A. 汉字内码用于汉字在计算机内部的表示

    B. 汉字字库用于显示汉字的形状

    C. 汉字输入法是向计算机表示汉字的手段

    D. 以上说法都不对

6. 科学思维的三个主要特征是_____。一种思维是否具备科学性，关键在于它是否具备这三个特征。

    A. 实证思维   B. 逻辑思维   C. 构造思维   D. 形象思维

    7. 计算思维是通过_____等方法,把一个看来困难的问题重新阐释成一个我们知道问题怎样解决的思维方法。

    A. 约简   B. 嵌入   C. 转化   D. 仿真

    8. 计算思维是利用海量数据来加快计算,_____进行折衷的思维方法。

    A. 在时间和空间之间   B. 在时间和效率之间

    C. 在处理能力和存储容量之间   D. 在处理效率和存储速率之间

    9. 以下属于计算思维特征的是_____。

    A. 根本的技能   B. 数学和工程思维的互补与融合嵌入

    C. 计算机的思维方式   D. 是人的思维方式。

    10. 以下属于排序算法的是_____。

    A. 合并排序法   B. 插入排序法   C. 快速排序法   D. 选择排序法

    11. 二维码的特点包括:_____。

    A. 高密度编码,信息容量大   B. 容错能力强,译码可靠性高

    C. 保密性、防伪性好   D. 成本低,易制作

三、填空题

    1. 将十进制数 8.875 转换为二进制数,是_____。

    2. 将十六进制数 3805 转换为十进制数,是_____。

    3. 将十六进制数 200 表示成十进制数是(用十进制阿拉伯数字表示)_____。

    4. 计算思维是运用_____的基础概念进行问题求解、系统设计以及人类行为理解的涵盖了计算机科学之广度的一系列思维活动。

    5. 中国古代学者认为,当一个问题能够在算盘上解算的时候,这个问题就是_____的,这就是中国的"算法化"思想。

    6. 算法是完成特定任务的方法,它通常由一个_____序列来描述,即计算机程序。

    7. 哈希法基于的原理:每个_____生成的"随机"数字都不尽相同,这一点保证了算法的成功。

    8. 当许多人同时使用同一个资源时,常常会发生_____。

    9. 将信息发送给正确的目的地被称为"_____"。

    10. _____是当前应用广泛的二维码,是由日本 Denso 公司于 1994 年 9 月研制的一种矩阵二维码符号。

四、简答题

    1. 简述计算机使用二进制数的原因。

    2. 将下列二进制数转换成十进制数:

    (1) 1101001.11010   (2) 0.110101

    3. 将下列十进制数转换成二进制、八进制、十六进制数:

    (1) 7862   (2) 73.432

    4. 什么是图灵测试?

5. CAPTCHA 程序是怎样鉴别人类的?

6. 简述搜索的几种算法。

7. 简述排序的几种算法。

8. 简述奇偶校验法。

9. 简述二维码的主要种类和特点。

第5章 程序设计初步

5.1 程序设计初步

人与人之间互相交流,应能够听懂彼此的语言;人与计算机交流,计算机应能够"听懂"人的语言。程序设计就是为计算机编制程序的过程,即利用计算机"听得懂"的语言来描述人类自然语言所描述问题的解决步骤的过程,以便与计算机交流。

5.1.1 程序设计的基本概念

程序设计是给出解决特定问题程序的过程,是软件构造活动中的重要组成部分。程序设计往往以某种程序设计语言为工具,给出这种语言下的程序。程序设计过程应当包括分析、设计、编码、测试、排错等不同阶段。专业的程序设计人员常被称为程序员。

1. 计算思维的核心

(1) 计算思维的核心之一是算法思维,同时算法思维也是计算机科学的精髓;而算法思维的实现离不开程序设计,所以对于计算思维的学习和认识必须从程序设计开始。程序设计主要步骤如下:

① 分析问题。对于接受的任务要进行认真的分析,研究所给定的条件,分析最后应达到的目标,找出解决问题的规律,选择解题的方法,完成实际问题。

② 设计算法。即设计出解题的方法和具体步骤。

③ 编写程序。将算法翻译成计算机程序设计语言,对源程序进行编辑、编译和连接。

④ 运行程序。分析结果:运行可执行程序,得到运行结果。能得到运行结果并不意味着程序正确,要对结果进行分析,看它是否合理。不合理要对程序进行调试,即通过上机发现和排除程序中的故障的过程。

⑤ 编写程序文档。许多程序是提供给别人使用的,如同正式的产品应当提供产品说明书一样,正式提供给用户使用的程序,必须向用户提供程序说明书。内容应包括:程序名称、程序功能、运行环境、程序的装入和启动、需要输入的数据,以及使用注意事项等。

(2) 程序设计是一门技术,也是算法设计的基本工具,需要相应的理论、技术、方法和工具来支持。程序设计主要涉及以下问题:

① 做什么。就是程序需要实现的功能。

② 怎么做。就是如何实现程序的功能,在编程中,称为逻辑,即实现的步骤。

③ 如何描述。就是把怎么做用程序语言的格式描述出来。

(3) 程序设计是一个创新的过程,编写的程序由以下两个主要方面组成。

① 算法的集合：就是将指令组织成程序来解决某个特点的问题。

② 数据的集合：算法在这些数据上操作，已提供问题的解决方案。

（4）程序设计主要经历了结构化程序设计和面向对象程序设计的发展阶段，程序设计环境则经历了文本化到可视化的发展过程。

① 结构化程序设计。

结构化程序设计（structural programming）是一种以功能为中心，基于功能分解的程序设计方法。一般采用自顶向下、逐步求精的方法，将一个复杂的系统功能逐步分解成由许多简单的子功能构成，然后分别对子功能进行编程实现。程序＝算法＋数据结构，算法是对数据的加工步骤的描述，而数据结构是对算法所加工的数据的描述。数据与操作分离，缺乏对数据的保护；功能会随着需求的改变而变化，而功能子程序的重新设计往往会导致整个程序结构的变动，使得程序难以维护。

② 面向对象程序设计。

在面向对象程序设计（object-oriented programming）中，把数据和对数据的操作封装在一起，对数据的操作必须通过相应的对象来进行，从而加强了数据的保护。程序＝对象/类＋对象/类＋…；对象/类＝数据＋操作。

从计算机的角度来看，面向对象就是运用对象、类、继承、封装与多态等面向对象的概念对问题进行分析和求解的系统开发技术，有以下几个主要优点：

（a）与人类习惯的思维方法一致。

（b）稳定性好。

（c）可重用性好。

（d）易于开发大型软件产品。

（e）可维护性好。

5.1.2　算法描述

1. 算法及其特性

（1）什么是算法。

算法（Algorithm）就是一组有穷的规则，它规定了解决某一特定问题的一系列运算。通俗地说，为解决问题而采用的方法和步骤就是算法。

（2）算法的特性。

① 确定性（Definiteness）。算法的每个步骤必须要有确切的含义，每个操作都应当是清晰的、无二义性的。

② 有穷性（Finiteness）。一个算法应包含有限的操作步骤且在有限的时间（人们可以接受的）内能够执行完毕。

③ 有效性（Effectiveness）。算法中的每个步骤都应当能有效地执行，并得到确定的结果。

④ 有零个或多个输入（Input）。在算法执行的过程中需要从外界取得必要的信息，并以此为基础解决某个特定问题。

⑤ 有一个或多个输出（Output）。设计算法的目的就是要解决问题，算法的计算结果就是输出。没有输出的算法是没有意义的。输出与输入有着特定的关系，通常，输入不同，会产生不同的输出结果。

（3）算法的分类。

根据待解决问题的形式模型和求解要求，算法分为数值和非数值两大类：

① 数值运算算法是以数学方式表示的问题求数值解的方法。例如，代数方程计算、线性方程组求解、矩阵计算、数值积分、微分方程求解等。通常，数值运算有现成的模型，这方面的现有算法比较成熟。

② 非数值运算算法，通常是求非数值解的方法。例如，排序、查找、表格处理、文字处理、人事管理、车辆调度等。

2. 算法的表示方法

设计出一个算法后，为了存档，以便将来算法的维护或优化，或者为了与他人交流，让他人能够看懂、理解算法，需要使用一定的方法来描述、表示算法。算法的表示方法很多，常用的有自然语言、流程图和伪代码等。我们以求解 $sum=1+2+3+4+5\cdots+(n-1)+n$ 为例，怎样使用这 3 种不同的表示方法去描述解决问题的过程。

（1）自然语言（Natural Language）。

用人们日常生活中使用的语言，如中文、英文、法文等来描述算法。中文描述上述从 1 开始的连续 n 个自然数求和问题的算法如下：

① 确定一个 n 的值；

② 假设等号右边的算式项中的初始值 i 为 1；

③ 假设 sum 的初始值为 0；

④ 如果 $i \leqslant n$ 时，执行⑤，否则转出执行⑧；

⑤ 计算 $sum+i$ 的值后，重新赋值给 sum；

⑥ 计算 $i+1$，然后将值重新赋值给 i；

⑦ 转去执行④；

⑧ 输出 sum 的值，算法结束。

使用自然语言描述算法的优点是通俗易懂，没有学过算法相关知识的人也能够看懂算法的执行过程。但是自然语言本身所固有的不严密性使得这种描述方法存在以下缺陷：

① 文字冗长，容易产生歧义性；

② 难以描述算法中的分支和循环等结构，不够方便、直观。

（2）流程图（Flow Chart）。

流程图是最常见的算法图形化表达，有传统流程图和 N-S 流程图两种形式。传统流程图使用美国国家标准化学会（American National Standards Institute，ANSI）规定的一些图框、线条来形象、直观地描述算法处理过程。常见的流程图符号如表 5-1 所示。

表 5-1 常见流程图符号

符 号	名 称	作 用
⬭	开始、结束符	表示算法的开始和结束符号。
▱	输入、输出框	表示算法过程中，从外部获取的信息（输入），然后将处理过的信息输出。

（续表）

符　号	名　称	作　　用
	处理框	表示算法过程中,需要处理的内容,只有一个入口和一个出口。
	判断框	表示算法过程中的分支结构,菱形框的 4 个顶点中,通常用上面的顶点表示入口,根据需要用其余的顶点表示出口。
	流程线	算法过程中的指向流程的方向。

使用流程图描述从 1 开始的连续 n 个自然数求和的算法如图 5-1 所示：

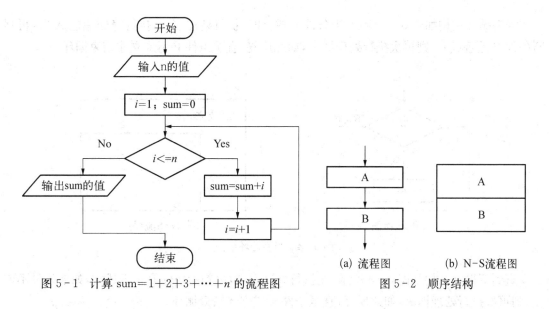

图 5-1　计算 sum=1+2+3+…+n 的流程图　　　　图 5-2　顺序结构

在使用过程中,人们发现流程线不一定是必需的,随着结构化程序设计方法的出现,1973 年美国学者 I.Nassi 和 B.Shneiderman 提出了一种新的流程图形式,这种流程图完全去掉了流程线,算法的每一步都用一个矩形框来描述,把一个个矩形框按执行的次序连接起来就是一个完整的算法描述。这种流程图用两位学者名字的第一个字母来命名,称为N-S流程图。

为了提高算法的质量,便于阅读理解,应限制流程的随意转向。为了达到这个目的,人们规定了三种基本结构,由这些基本机构按一定规律组成一个算法结构。

① 顺序结构：是最简单的一种基本结构,各操作是按先后顺序执行的,如图 5-2 所示。图中操作 A 和操作 B 按照出现的先后顺序依次执行。

② 选择结构：又称分支结构,根据是否满足给定条件从两组操作中选择执行一种操作,某一部分的操作可以为空操作,如图 5-3 所示。如果条件 P 成立则执行处理框 A,否则执行处理框 B。

③ 循环结构：又称重复结构,即在一定条件下,反复执行某一部分的操作。循环结构又分为当型和直到型两种类型。

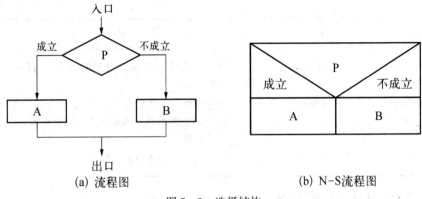

(a) 流程图　　　　　　　　　　(b) N-S流程图

图 5-3　选择结构

当型循环结构如图 5-4 所示,当条件 P 成立时,执行处理框 A,执行完处理框 A 后,再判断条件 P 是否成立,则再次执行处理框 A,如此反复,直至条件 P 不成立才结束循环。

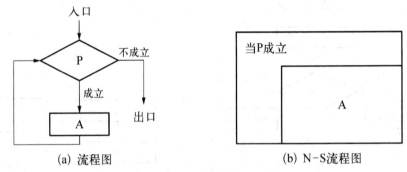

(a) 流程图　　　　　　　　　　(b) N-S流程图

图 5-4　当型循环结构

直到型循环结构如图 5-5 所示,先执行处理框 A,再判断条件 P 是否成立,如果条件不成立,则再次执行处理框 A,如此反复,直至条件 P 成立才结束循环。

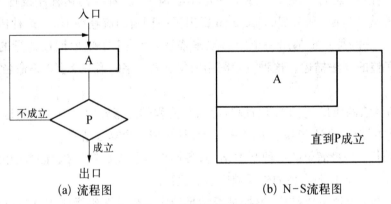

(a) 流程图　　　　　　　　　　(b) N-S流程图

图 5-5　直到型循环结构

以上三种基本结构具有以下特点:

① 只有一个入口和一个出口。

② 结构内的每一部分都有机会被执行到。

③ 结构内不存在"死循环"(无终止的循环)。

(3) 伪代码(Pseudocode)。

伪代码是一种用来书写程序或描述算法时使用的非正式、透明的表述方法。它并非是一种编程语言,这种方法针对的是一台虚拟的计算机。伪代码通常采用自然语言、数学公式和符号来描述算法的操作步骤,同时采用计算机高级语言(如 C、Pascal、VB、C++、Java 等)的控制结构来描述算法步骤的执行。

使用伪代码描述从 1 开始的连续 n 个自然数求和的算法如下:

① 算法开始。

② 输入 n 的值;

③ $i \leftarrow 1$;　　　　　　　　/* 为变量 i 赋初值 */

④ sum $\leftarrow 0$;　　　　　　　　/* 为变量 sum 赋初值 */

⑤ do while $i <= n$　　　　/* 当变量 $i < = n$ 时,执行下面的循环体语句 */

⑥ { sum $\leftarrow$ sum $+ i$;

⑦ $i \leftarrow i + 1$;}

⑧ 输出 sum 的值;

⑨ 算法结束。

5.2　基于 RAPTOR 的可视化程序设计

RAPTOR 是一种基于流程图的可视化程序设计环境。而流程图是一系列相互连接的图形符号的集合,其中每个符号代表要执行的特定类型的指令。符号之间的连接决定了指令的执行顺序。使用 RAPTOR 的好处有:

(1) RAPTOR 开发环境可以在最大限度地减少语法要求的情形下,帮助用户编写正确的程序指令;

(2) RAPTOR 开发环境是可视化的。RAPTOR 程序实际上是一种有向图,可以一次执行一个图形符号,以便帮助用户跟踪 RAPTOR 程序的指令流执行过程;

(3) RAPTOR 是为易用性而设计的;

(4) 使用 RAPTOR 所设计的程序调试和报错消息更容易为初学者理解;

(5) 使用 RAPTOR 的目的是进行算法设计和运行验证,所以避免了重量级编程语言(如 C++或 Java)的过早引入给初学者带来的学习负担。

5.2.1　RAPTOR 简介

1. RAPTOR 概述

RAPTOR(the Rapid Algorithmic Prototyping Tool for Ordered Reasoning,用于有序推理的快速算法原型工具)是一款基于流程图的高级程序语言算法工具。它是一种可视化的程序设计环境,为程序和算法设计的基础课程的教学提供实验环境。使用 RAPTOR 设计的程序和算法可以直接转换成 C++、C#和 Java 等高级程序语言,这就为程序和算法的初学者架起了一条平缓、自然的学习阶梯。

2. RAPTOR 安装

RAPTOR 是一款开源工具，可以从 RAPTOR 官方网站 http://raptor.martincarlisle. com 下载，也可从从 ftp://ftp.cc.shu.edu.cn\pub\class 下载。当前最新版本是 2014 版，文件名称为 raptor_2014.msi。双击运行该文件，弹出如图 5-6 所示的安装界面，按提示选择默认选项完成安装。

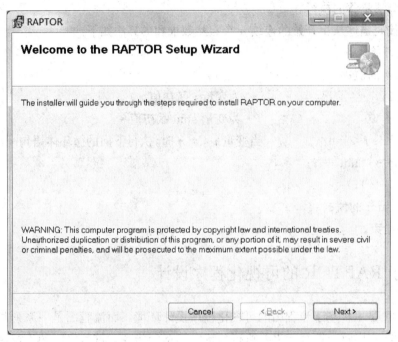

图 5-6　RAPTOR 安装主页面

安装完成后，在程序菜单中就会出现 RAPTOR，单击启动，出现 RAPTOR 界面，主要包含两部分：程序设计（Raptor）界面和主控制台（MasterConsole）界面，分别如图 5-7 和图 5-8 所示。程序设计界面主要用来进行程序设计；主控制台界面用于显示程序的运行结果和错误信息等。

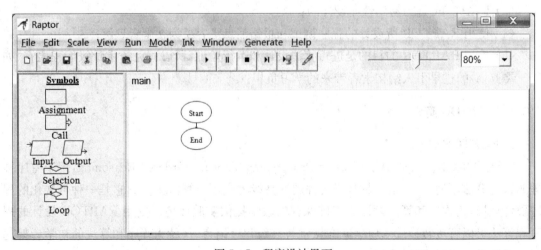

图 5-7　程序设计界面

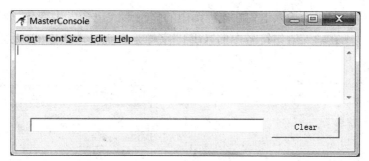

图 5-8　主控制台界面

5.2.2　RAPTOR 基本语句

为了能实现更复杂、更有趣的程序设计,需要先学习 RAPTOR 的基本语句。RAPTOR 有 6 种基本符号,如图 5-9 所示,其中每个符号代表一个独特的指令(语句)类型。

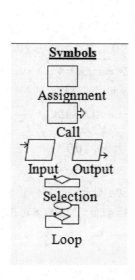

图 5-9　RAPTOR 的 6 种基本符号

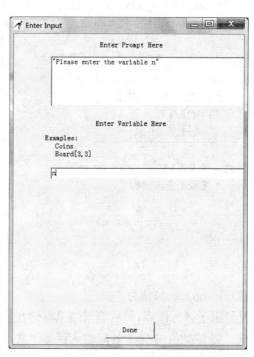

图 5-10　输入语句的编辑对话框

1. 输入(Input)语句

输入语句允许用户在程序执行过程中输入变量的数据值。在定义一个输入语句时,一定要在提示文本框(Enter Prompt Here)中说明所需要的输入,让用户明白当前程序中需要什么类型的数据及其值的大小。提示应尽可能明确,如预期值所需要的单位或量纲(如英尺、米或英里)等,如图 5-10 所示。

由图 5-10 所示的 Enter Input 对话框所产生的输入语句在运行时(Run-Time)将显示一个输入对话框,如图 5-11 所示。在用户输入一个值,并按下 Enter 键(或单击 OK 按钮),用户输入的值由输入语句赋给变量。

此外,已经编辑完毕的输入语句在流程图中的显示形式也会发生变化,如图5-12所示。注意,图5-12显示在输入语句符号中的"GET"字样是系统自动给定的,无需用户在编辑中输入。

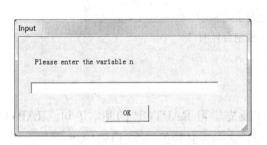

图5-11 输入语句在运行时的对话框

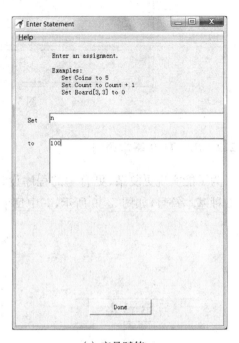

(a) 变量赋值

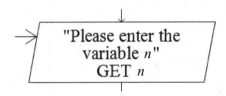

图5-12 输入语句编辑完成后在流程图中显示的状态

$$n \leftarrow 100$$

(b) 显示结果

图5-13 赋值语句的编辑对话框

2. 赋值(Assignment)语句

赋值符号用于执行计算,然后将其结果存储在变量中。赋值语句的定义使用如图5-13所示的对话框。需要赋值的变量名需输入到 Set 文本框中,需要执行的计算输入到 to 文本框中。图5-13所示的示例是将变量 n 赋值为100。

RAPTOR 使用的赋值语句语法如下:Variable←----Expression(变量←----表达式)。图5-13(a)所示对话框中的创建语句在 RAPTOR 的流程图中显示为图5-13(b)。

一个赋值语句只能改变一个变量的值,也就是箭头左边所指的变量。如果这个变量在先前的语句中未曾出现过,则 RAPTOR 会创建一个新的变量;如果这个变量在先前的语句已经出现,那么先前的值将被目前所执行的计算所得的值所取代。而位于箭头右侧(即表达式)中的变量值则不会被赋值语句改变。

3. 过程调用(Call)语句

一个过程是一些编程语句的命名集合,用来完成某项任务。调用过程时,首先暂停当前程序的执行,再执行过程中的程序指令,然后在先前暂停的程序下一语句恢复执行原来的程序。

RAPTOR 设计中,在过程调用的编辑对话框 Enter Call 中,会随用户的输入,按部分匹配原则提示过程名称。例如,输入 set 三个字母后,窗口的下部会列出所有以 set 开头的内置的过程及所需的参数,如图 5-14 所示。

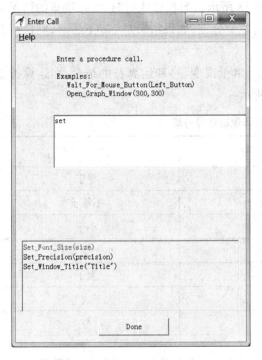

图 5-14 过程调用的编辑对话框

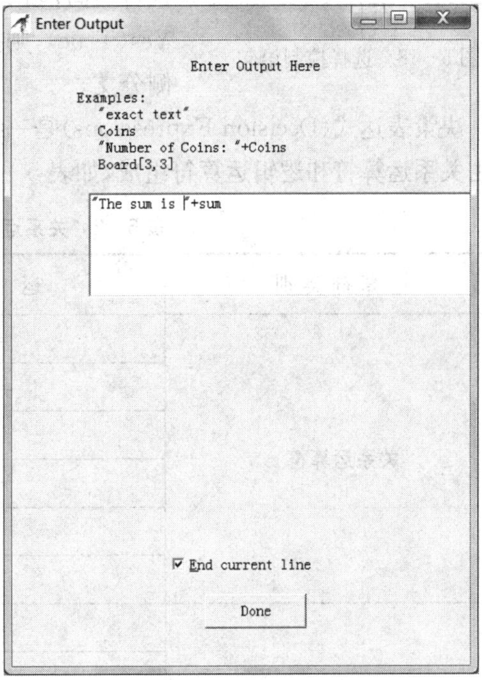

图 5-16 输出编辑对话框

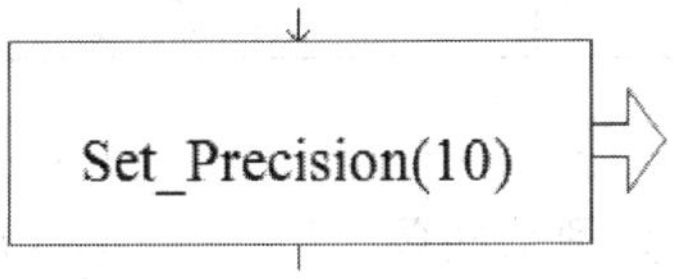

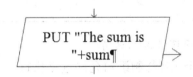

图 5-15 设置完毕的过程调用显示

图 5-17 输出语句在流程图中显示状态

当一个过程调用显示在 RAPTOR 程序中时,可以看到被调用过程的名称和参数值,如图 5-15 所示。

4. 输出(Output)语句

RAPTOR 环境中,执行输出语句将在主控(Master Console)窗口显示输出结果。当定义一个输出语句时,需要使用 Enter Output 对话框进行编辑,如图 5-16 所示,如果 sum 的值为 5 050,则输出语句把文本内容"The sum is 5 050"输出到主控窗口上,并另起一行。这是由于 End current line 复选框被选中,该输出语句以后的输出内容将从新的一行开始显示。

可以使用字符串和连接(+)运算符,将两个或多个字符串构成一个单一的输出语句。字符串必须包含在双引号中以区分字符串和变量,而双引号本身不会显示在输出窗口中。

已经编辑完毕的输出语句在流程图中的显示形式如图 5-17 所示,"PUT"字样由系统自动给定。

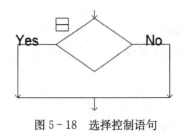

图 5-18 选择控制语句

5. 选择(Selection)语句

一般情况下,程序需要根据数据的一些条件来决定是否执行某些语句,RAPTOR 的选择控制语句用一个菱形的符号表示,用"Yes/No"表示对问题的决策结果以及决策后程序语句的执行指向,如图 5-18 所示。当程序执行时,如果决策的结果是 Yes(True),则执行左侧分支;如果结果是 No(False),则执行右侧分支。

决策表达式(Decision Expressions)是一组值(常量或变量)和运算符的结合,而运算符主要由关系运算符和逻辑运算符组成,如表 5-2 所示:

表 5-2 关系运算符和逻辑运算符表

运 算 符 类 别	运 算 符	说 明
关系运算符	==	等于
	! = 或/=	不等于
	<	小于
	<=	小于或等于
	>	大于
	>=	大于或等于
逻辑运算符	and	与
	or	或
	xor	异或
	not	非

6. 循环(Loop)语句

一个循环控制语句允许重复执行一个或多个语句,直到某些条件变为真值(True)。在 RAPTOR 中一个椭圆和一个菱形符号组合在一起被用来表示一个循环过程,循环执行的次数由菱形符号中的决策表达式来控制。在执行过程中,菱形符号中的表达式结果为False,则执行 No 的分支,这将导致循环语句和重复。要重复执行的语句可以放在菱形符号上方或下方,如图 5-19 所示。

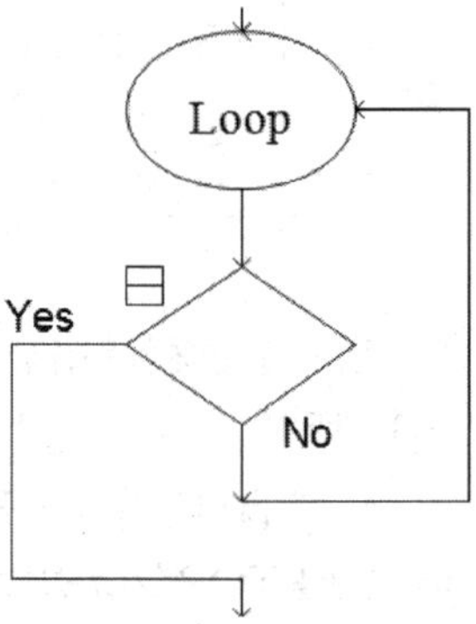

图 5-19 循环控制语句

7. 注释

像其他许多编程语言一样,RAPTOR 的开发环境允许对程序进行注释。注释本身对计算机毫无意义,并不会被执行,其目的是增强程序的可读性,帮助他人理解你所设计的程序或算法,特别是在程序代码比较复杂、很难理解的情况下。

要为某个语句添加注释,用户可用鼠标右击相关的语句符号,选择 Enter Comment,进入 Enter Comment 对话框,输入注释内容。注释可以在 RAPTOR 窗口被移动,但建议不需要移动注释的默认位置,以防在需要更改注释时,因错位引起寻找的麻烦。

5.2.3　RAPTOR 简单程序

RAPTOR 程序是一组连接的符号,表示要执行的一系列动作。符号间的连接箭头确定所有操作的执行顺序。程序执行时,从开始(Start)符号起步,并按照箭头所指方向执行程序。程序执行到结束(End)符号时停止。在开始和结束符号之间插入一系列 RAPTOR 符号,就可以创建有意义的程序了。

例1　编写程序,输出"Hello,World!"。

这是一个最简单的 RAPTOR 程序,只需要在开始符号 Start 和结束符号 End 之间添加输出语句,完成题目所要求的字符串"Hello,World!"的输出即可。RAPTOR 中有专门的输出语句,并配有输出提示,如图 5-20 所示。编辑以后的程序流程,如图 5-21 所示,运行结果如图 5-22 所示。

例2　编写程序,输入一个分数,判断该分数是否大于等于 60,若是,输出"Pass";否则输出"Fail"。

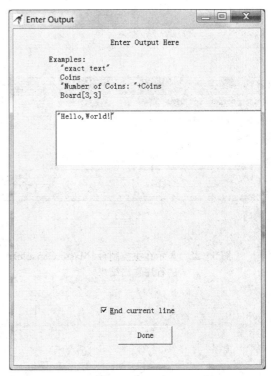

图 5-20　RAPTOR 的输出语句编辑窗口

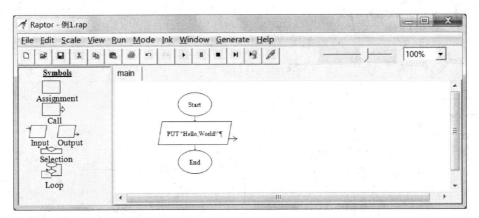

图 5-21　显示在 RAPTOR 工作区的程序流程图

该题是典型的两分支选择运算,算法如图 5-23 所示。

例3　编写程序,输入一个分数,输出其对应的等级。分数 90~100 输出等级"A",80~89 输出等级"B",70~79 输出等级"C",60~69 输出等级"D",60 分以下输出等级"F"。

该题为多分支的选择结构,算法如图 5-24 所示。

例4　编写程序,求解并输出 1+2+3+⋯+100 的和。

该题为用循环实现的累加运算,算法如图 5-25 所示。

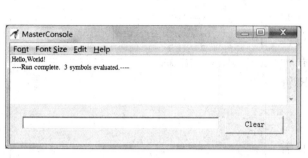

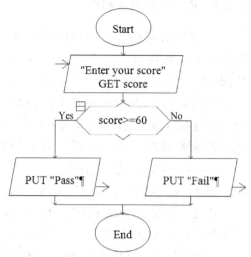

图 5 - 22　显示在主控制台(MasterConsole)
　　　　　 的程序输出结果

图 5 - 23　两分支选择结构示例

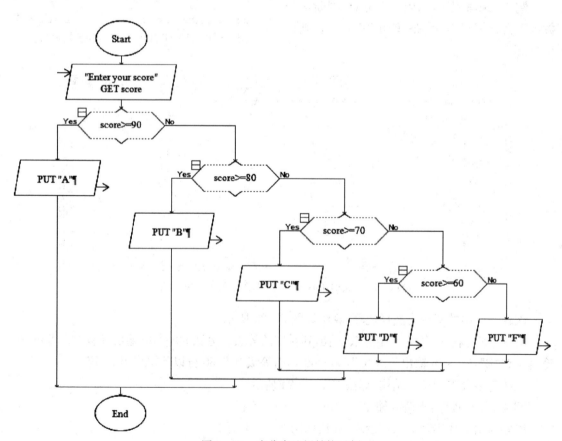

图 5 - 24　多分支选择结构示例

5.3　常用算法的可视化设计实现

算法设计的任务是对各类问题设计良好的算法及研究设计算法的规律和方法。针对一个给定的实际问题,要找出确实行之有效的算法,就需要掌握设计的策略和基本方法。

1. 穷举法(Exhaustive Algorithm)

穷举法也称为枚举法、蛮力法,是一种简单、直接解决问题的方法。使用穷举法解决问题的基本思路:依次穷举问题所有可能的解,按照问题给定的约束条件进行筛选,如果满足约束条件,则得到一组解,否则不是问题的解。将这个过程不断地进行下去,最终得到问题的所有解。

要使用穷举法解决实际问题,应当满足以下两个条件:

① 能够预先确定解的范围并能以合适的方法列举。

② 能够对问题的约束条件进行精确描述。

穷举法的优点是比较直观,易于理解,算法的正确性比较容易证明;缺点是需要列举许多种状态,效率比较低。

例5　百钱买白鸡问题:某个人有 100 元钱,打算买 100 只鸡。公鸡 5 元钱一只,母鸡 3 元钱一只,小鸡 1 元钱三只。请编写一个算法,算出如何能刚好用 100 元钱买 100 只鸡?

此题可用穷举法来解,以 3 种鸡的个数为穷举对象(分别设为 x,y 和 z),以 3 种鸡的总数($x+y+z$)和买鸡用去的钱的总数($5x+3y+z/3$)为判定条件,穷举各种鸡的个数。由于 3 种鸡的

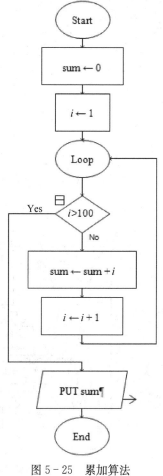

图 5-25　累加算法

和是固定的,只要穷举两种鸡(x 和 y),第 3 种鸡就可以根据约束条件求得($z=100-x-y$),这样就缩小了穷举范围,该算法的流程参见图 5-26。

2. 递推法(Recurrence)

递推法是一种重要的算法设计思想。一般是从已知的初始条件出发,依据某种递推关系,逐次推出所要求的各中间结果及最后结果。其中初始条件可能由问题本身给定,也可能是通过对问题的分析与化简后确定。在实际应用中,题目很少会直接给出递推关系式,而是需要通过分析各种状态,找出递推关系式,这也是应用递推法解决问题的难点所在。递推算法可分为顺推法和逆推法两种。

(1)顺推法。从已知条件出发,逐步推算出要解决问题的方法。例如,斐波那契数列就可以通过顺推法不断推算出新的数据。

(2)逆推法。也称为倒推法,是顺推法的逆过程,该方法从已知的结果出发,用迭代表达式逐步推算出问题开始的条件。

例6　使用顺推法解决斐波那契数列问题。

斐波那契数列指的是这样一个数列:1, 1, 2, 3, 5, 8, 13, 21, 34, 55, 89, 144, …,这个数列从第三项开始,每一项都等于前两项之和。使用数学公式来表示:

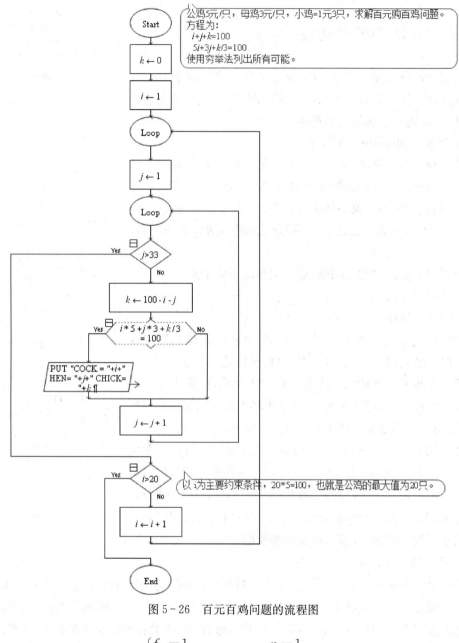

图 5 - 26　百元百鸡问题的流程图

$$\begin{cases} f_1 = 1, & n = 1 \\ f_2 = 1, & n = 2 \\ f_n = f_{n-1} + f_{n-2}, & n \geqslant 3。 \end{cases}$$

从以上的分析可知,斐波那契数列可使用递推算法来计算求得。图 5 - 27 就是使用顺推法解决斐波那契数列前 12 项问题的流程图。

例 7　使用逆推法解决猴子吃桃问题。猴子第一天摘下若干个桃子,当即吃了一半,还不过瘾,又多吃了一个。第二天早上又将剩下的桃子吃掉一半,又多吃了一个。以后每天早上都吃了前一天剩下的一半多一个。到第 10 天早上想再吃时,只剩一个桃子了。问第一天共摘了多少桃子?

分析后可知,猴子吃桃问题的递推关系为:

$$S_n = \begin{cases} 1, & n = 10 \\ 2(S_{n+1} + 1), & 1 \leqslant n < 10 \text{。} \end{cases}$$

在此基础上,以第10天的桃数作为基数,用以上归纳出来的递推关系设计出一个循环过程,将第1天的桃数推算出来,递推算法如图 5-28 所示。

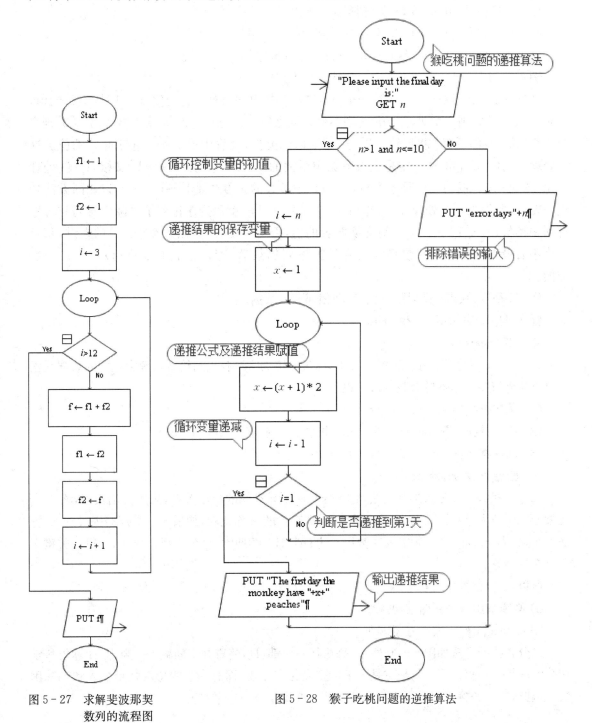

图 5-27　求解斐波那契
　　　　数列的流程图

图 5-28　猴子吃桃问题的递推算法

3. 排序(Sort)

将杂乱无章的数据元素,通过一定的方法按关键字顺序排列的过程叫做排序。常见的基本排序算法有 5 类:

交换排序(Exchange Sort),如冒泡排序、快速排序等。

插入排序(Insertion Sort),如直接插入排序、二分插入排序等。

选择排序(Selection Sort),如选择排序、堆排序等。

归并排序(Merge Sort),如归并排序、多相归并排序等。

分布排序(Distribution Sort),如桶排序、基数排序等。

例 8 使用冒泡排序算法将 n 个数从小到大排序。

已知一组无序数据 a[1]、a[2]、…a[n],需将其按升序排列。首先比较 a[1]与 a[2]的值,若 a[1]大于 a[2]则交换两者的值,否则不变。再比较 a[2]与 a[3]的值,若 a[2]大于 a[3]则交换两者的值,否则不变。再比较 a[3]与 a[4],以此类推,最后比较 a[$n-1$]与 a[n]的值。这样处理一轮后,a[n]的值一定是这组数据中最大的。再对 a[1]~a[$n-1$]以相同方法处理一轮,则 a[$n-1$]的值一定是 a[1]~a[$n-1$]中最大的。再对 a[1]~a[$n-2$]以相同方法处理一轮,以此类推。共处理 $n-1$ 轮后 a[1]、a[2]…a[n]就以升序排列了。降序排列与升序排列相类似,若 a[1]小于 a[2]则交换两者的值,否则不变,后面以此类推。总的来讲,每一轮排序后最大(或最小)的数将移动到数据序列的最后,理论上总共要进行 $n(n-1)/2$ 次交换。

优点:稳定;缺点:慢,每次只能移动相邻两个数据。

冒泡排序算法如图 5-29 所示。

4. 查找(Search)

在一些(有序的/无序的)数据元素中,通过一定的方法找出与给定关键字相同的数据元素的过程叫做查找。基本的查找算法有以下 4 种:

(1) 顺序查找(Sequential Search)。

(2) 比较查找(Comparison Search),也称二分查找(Binary Search)。

(3) 基数查找(Radix Search),也称分块查找。

(4) 哈希查找(Hash Search)。

二分查找法也称为折半查找法,它充分利用了元素间的次序关系,采用分治策略,将 n 个元素分成个数大致相同的两半,取 a[$n/2$]与欲查找的 x 作比较,如果 $x=$a[$n/2$]则找到 x,算法终止;如果 $x>$a[$n/2$],则需要在数组 a 的右半部继续搜索,直至找到 x 为止,或得出关键字不存在的结论。

所以,二分法要求:

① 必须采用顺序存储结构。

② 必须按关键字大小有序排列。

二分查找的算法如图 5-30 所示,每执行一次都可以将查找空间减少一半,是计算机科学中分治思想的完美体现。其缺点是要求待查表为有序表,而有序表的特点则是插入和删除困难。因此,二分查找方法适用于不经常变动而查找频繁的有序列表。

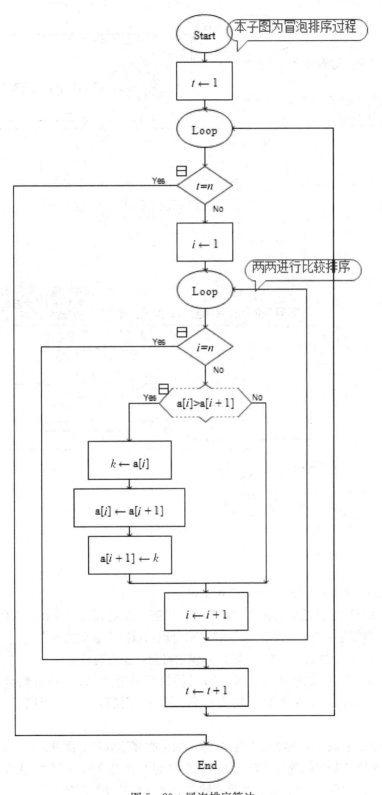

图 5 - 29　冒泡排序算法

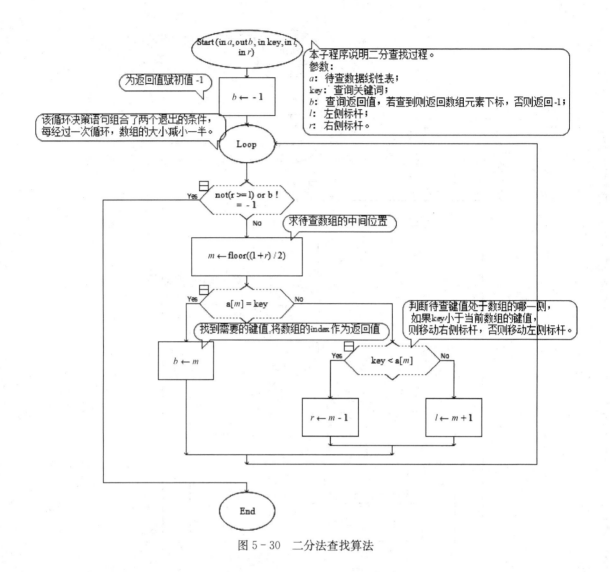

图 5-30　二分法查找算法

5. 简单数论问题（Simple Number Theory）

数论的本质是对素数性质的研究，例如，哥德巴赫猜想是数论中存在最久的问题之一，哥德巴赫猜想可以陈述为："任一大于 2 的偶数，都可表示成两个素数之和"。

例 9　试设计一个算法，求解 100 以内的偶数符合哥德巴赫猜想。

为了验证哥德巴赫猜想对 100 以内的正偶数都是成立的，要将整数分解为两部分，然后判断出分解出的两个整数是否均为素数。若是，则满足题意；否则重新进行分解和判断。

图 5-31 显示了该算法的测素子程序，这是数论类算法的核心部分。

图 5-32 是验证某个偶数是否符合哥德巴赫猜想的算法的 main 子图，主要包括了用户交互，调用测素子程序判断两个数是否同为素数并输出计算结果的部分。

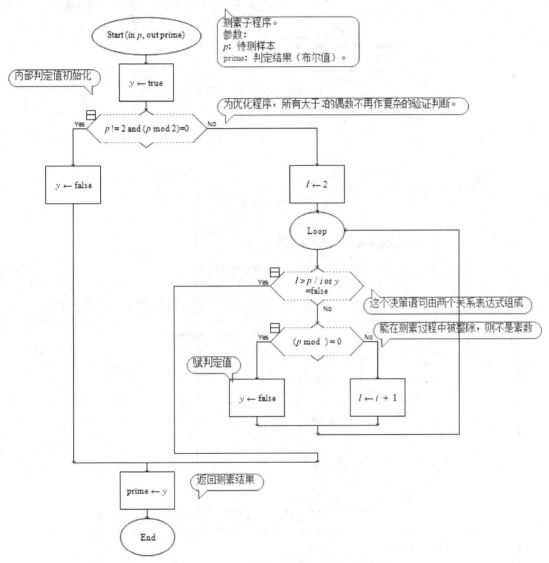

图 5 - 31 哥德巴赫猜想验证算法的测素子程序

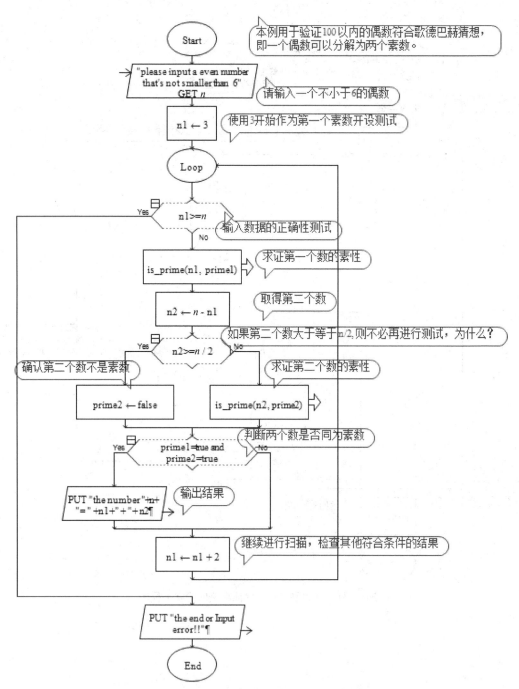

图 5 - 32   验证哥德巴赫猜想算法的 main 程序

习 题

一、简答题

1. 简述程序设计的基本要素。

2. 简述 RAPTOR 的 6 种基本符号的含义,试论证这 6 种基本符号可以表达的各种程序结构。

二、编程题

1. 求[1,100]内所有能被 2 整除但不能同时被 3 和 5 整除的整数之和。

2. 请设计一个程序,可以检验输入的自然数是否为素数。

3. 求[1,100]内所有能被 6 或 8 整除的所有自然数的平方根的和。

第6章　数据统计与分析

数据统计分析是指使用计算机工具，运用数学模型，对数据进行定量分析和解释的过程。随着信息技术的高速发展，人们积累的数据量急剧增长，这些数据中包含着有用的信息。若要准确地、科学地提取这些信息，需要应用各种统计分析方法，使用统计分析软件对数据进行处理。

6.1　概述

数据统计分析通过收集数据、整理数据和分析数据等步骤，对数据进行描述统计或推断统计。常用的统计分析软件集成了多种成熟的统计分析方法，能够帮助我们方便地进行数据统计分析工作。

6.1.1　数据统计与分析简介

在一家超市中，人们发现了一个特别有趣的现象：尿布与啤酒这两种风马牛不相及的商品居然摆在一起。但这一奇怪的举措居然使尿布和啤酒的销量大幅增加了。这可不是一个笑话，而是一直被商家所津津乐道的发生在美国沃尔玛连锁超市的真实案例。原来，美国的妇女通常在家照顾孩子，所以她们经常会嘱咐丈夫在下班回家的路上为孩子买尿布，而丈夫在买尿布的同时又会顺手购买自己爱喝的啤酒，这个发现为商家带来了大量的利润。可以发现，数据统计与分析使得从浩如烟海却又杂乱无章的数据中，发现了啤酒和尿布销售之间的联系。

在社会各项经济活动和科学研究过程中，会获得大量数据，这些数据中包含着有用的信息。若要准确地、科学地提取这些信息，就要应用各种统计分析方法。统计是对数据进行定量处理的理论与技术，统计分析，指对收集到的有关数据资料进行整理归类并进行解释的过程。图6-1给出了数据统计与分析的使用过程。

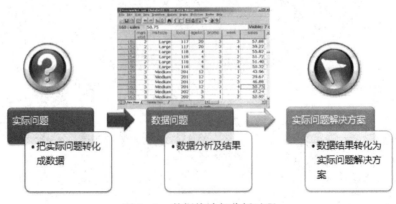

图6-1　数据统计与分析过程

1. 统计分析方法的主要类别

根据不同的分类标准,统计分析方法可划分为不同的类别,常用的分类标准是功能标准,依此标准进行划分,统计分析可分为描述统计和推断统计。

(1) 描述统计。

描述统计是指对数据资料进行整理分析,以此描述和归纳数据的分布状态、特征及变量之间关系的一种基本统计方法。描述统计主要涉及数据的集中趋势、离散程度和相关强度等。

(2) 推断统计。

推断统计指用概率形式来决断数据之间是否存在某种关系及用样本统计值来推测总体特征的统计方法。

例如,在教育领域中,在对某幼儿园大班开展一项识字教改实验,期末进行一次测试,并对测试所得数据进行统计分析。如果只需了解该班儿童识字的成绩(平均数及标准差)及其分布,此时,应采用描述统计方法;若还需进一步了解该实验班与另一对照班(未进行教改实验)儿童的识字成绩有无差异,从而判断教改实验是否有效时,除了要对两个班的成绩进行描述统计之外,还需采用推断统计方法。

2. 统计分析的基本步骤

(1) 收集数据。

收集数据是进行统计分析的前提和基础。收集数据的可通过实验、观察、测量、调查等获得直接资料,也可通过文献检索、阅读等来获得间接资料。

(2) 整理数据。

整理数据是按一定的标准对收集到的数据进行归类汇总的过程。

(3) 分析数据。

分析数据指在整理数据的基础上,通过统计运算,得出结论的过程,它是统计分析的核心和关键。

6.1.2 常用的统计分析软件

本节简介常用的统计分析软件。统计分析软件的一般特点有:

(1) 功能全面,系统地集成了多种成熟的统计分析方法。

(2) 有完善的数据定义、操作和管理功能。

(3) 方便地生成各种统计图形和统计表格。

(4) 使用方式简单,有完备的联机帮助功能。

(5) 软件开放性好,能方便地和其他软件进行数据交换。

1. Excel

Microsoft Excel 是微软公司的办公软件 Microsoft office 的组件之一,可以进行各种数据的处理、统计分析和辅助决策操作,广泛地应用于管理、统计财经、金融等众多领域。图6-2是 Excel 软件主界面。

2. SPSS

SPSS 是世界上最早的统计分析软件,由美国斯坦福大学的 3 位研究生于 20 世纪 60 年代末研制,同时成立了 SPSS 公司。SPSS 软件广泛应用于银行、证券、保险、通讯、医疗、制造、商业、科研教育等多个领域和行业。图 6-3 是 SPSS 软件界面。

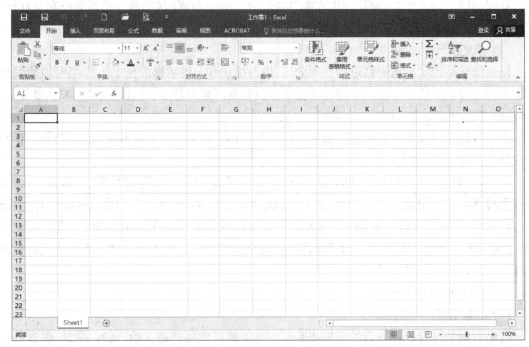

图 6-2　Excel 软件主界面

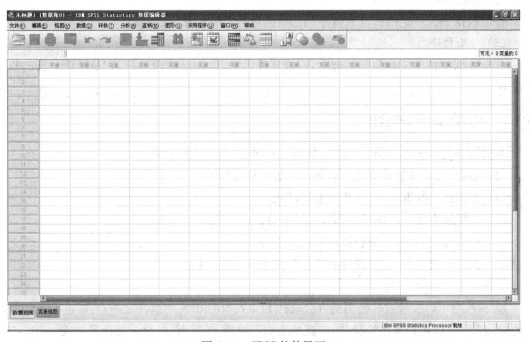

图 6-3　SPSS 软件界面

3. EViews

EViews(Econometric Views)是美国 QMS 公司(Quantitative Micro Software Co.)开发的一款运行于 Windows 环境下的经济计量分析统计软件,广泛应用于经济学、金融保险、社会科学、自然科学等众多领域。图6-4是EViews软件主界面。

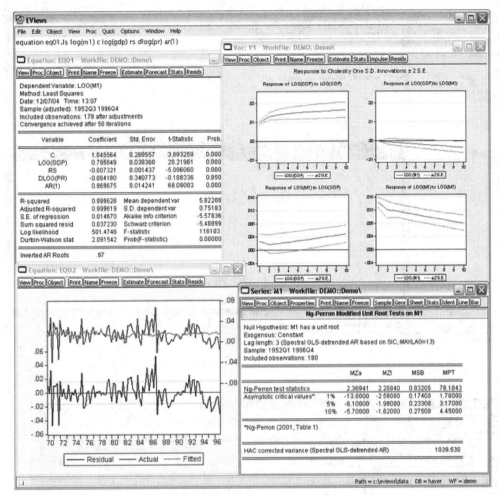

图6-4 EViews软件主界面

4. SAS

SAS系统全称为Statistics Analysis System,最早由北卡罗来纳大学的两位生物统计学研究生编制,并于1976年成立了SAS软件研究所,正式推出了SAS软件。SAS是用于决策支持的大型集成信息系统。经过多年的发展,SAS已被全世界120多个国家和地区的近三万家机构所采用,遍及金融、医药卫生、生产、运输、通讯、政府和教育科研等领域。图6-5是SAS软件主界面。

5. MATLAB

MATLAB是矩阵实验室(Matrix Laboratory)的简称,是美国MathWorks公司出品的商业数学软件,用于算法开发、数据可视化、数据分析以及数值计算的高级技术计算语言和交互式环境。图6-6是MATLAB软件主界面。

6. Stata

Stata是Statacorp公司开发的数据分析、数据管理以及绘制专业图表的完整及整合性统计软件,广泛应用于经济学、社会学、政治学及医学等领域。图6-7是Stata软件主界面。

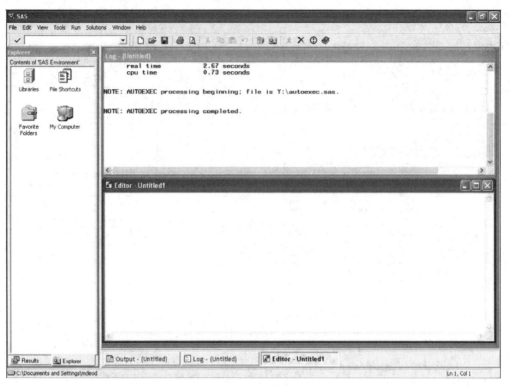

图 6-5　SAS 软件主界面

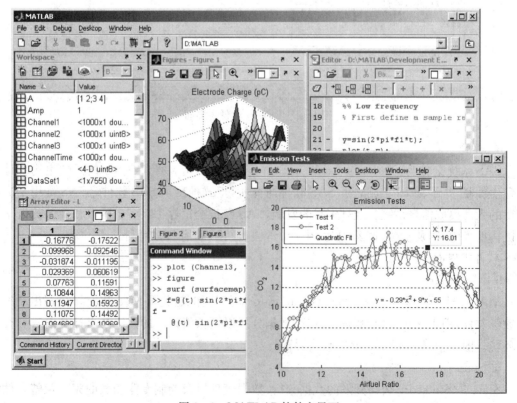

图 6-6　MATLAB 软件主界面

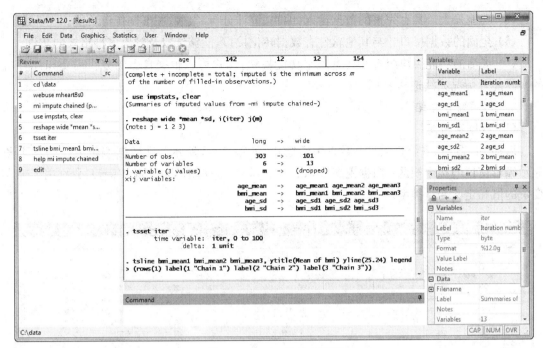

图 6-7　Stata 软件主界面

6.2　SPSS 软件介绍

SPSS 是世界上最早的统计分析软件,由美国斯坦福大学的三位研究生于 20 世纪 60 年代末研制,同时成立了 SPSS 公司,并于 1975 年在芝加哥组建了 SPSS 总部。1984 年 SPSS 总部首先推出了世界上第一个统计分析软件微机版本 SPSS/PC＋,开创了 SPSS 微机系列产品的开发方向,极大地扩充了它的应用范围,并使其能很快地应用于自然科学、技术科学、社会科学的各个领域。迄今 SPSS 在全球约有 25 万家产品用户,分布于通讯、医疗、银行、证券、保险、制造、商业、市场研究、科研教育等多个领域和行业,是世界上应用最广泛的专业统计软件。2009 年 7 月 28 日,IBM 以 12 亿美元收购了 SPSS。

6.2.1　SPSS 简介

SPSS 是软件英文名称的首字母缩写,原意为 Statistical Package for the Social Sciences,即"社会科学统计软件包"。随着 SPSS 产品服务领域的扩大和服务深度的增加,SPSS 公司于2000 年正式将英文全称更改为 Statistical Product and Service Solutions,意为"统计产品与服务解决方案",标志着 SPSS 的战略方向正在做出重人调整。

1. SPSS 的特点

(1) 操作简便。界面非常友好,除了数据录入及部分命令程序等少数输入工作需要键盘键入外,大多数操作可通过鼠标拖曳、点击"菜单""按钮"和"对话框"来完成。

(2) 编程方便。具有第四代语言的特点,SPSS 只需用户粗通统计分析原理和算法,即可得到统计分析结果。

（3）功能强大。具有完整的数据输入、编辑、统计分析、报表、图形制作等功能。

（4）全面的数据接口。与其他软件有数据转化接口，能够读取及输出多种格式的文件。

（5）灵活的功能模块组合。具有若干功能模块，用户可以根据自己的分析需要和计算机的实际配置情况灵活选择。

2. SPSS 窗口介绍

（1）数据编辑窗口。

启动 SPSS 后，系统自动打开数据编辑窗口，如图 6-8 所示。在数据编辑窗口的左下角显示编辑窗口的两个视区：数据视图（Data View）和变量视图（Variable View），分别用于输入变量的值和定义变量类型。

图 6-8　SPSS 数据编辑窗口

（2）输出窗口。

SPSS 的输出窗口用于显示和编辑数据分析的输出结果。如果分析过程中所设的参数和统计过程正确，则显示分析结果；如果分析过程中发生错误使处理失败，则在该窗口中显示系统给出的错误信息。

6.2.2　SPSS 案例

1. SPSS 的描述性分析案例

描述性统计分析是基础的统计分析过程，通过描述性统计分析，可以挖掘出多个统计量的特征。图 6-9 是从某校中选取的 3 个班级共 16 名学生的体检列表，列出了性别、年龄、体重、身高的数据，以班级为单位列表计算年龄、体重、身高的统计量。

分析操作步骤如下：

班级	性别	年龄	体重	身高
1	2	15	46.00	156.00
1	1	15	50.00	160.00
1	1	14	38.00	150.00
2	1	16	60.00	170.00
2	2	16	60.00	165.00
1	2	14	41.00	149.00
1	1	13	48.00	155.00
2	1	16	55.00	165.00
2	2	17	50.00	160.00
2	1	17	65.00	175.00
3	2	18	65.00	165.00
3	1	18	70.00	180.00
3	1	17	68.00	176.00
3	2	17	58.00	160.00
3	2	18	61.00	162.00
3	1	16	55.00	171.00

图 6-9 学生体检数据

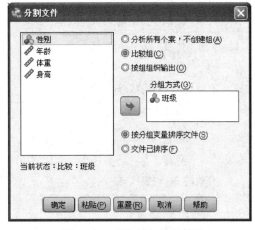

图 6-10 "分割文件"对话框

（1）打开数据文件。执行"数据"|"分割文件"命令，打开"分割文件"对话框，如图 6-10 所示；选择"比较组"单选项，再将数据列表中的"班级"变量移至"分组方式"列表框，单击"确定"按钮，完成数据按班级拆分的操作。

（2）执行"分析"|"描述统计"|"描述"，打开"描述性"对话框，如图 6-11 所示。在变量列表中选择变量"年龄""体重""身高"，单击方向箭头按钮，将选择的变量移动到"变量"列表框，并选择"将标准化得分另存为变量"复选框，即要求以变量形式保存标准值。

（3）单击"选项"按钮，打开"描述：选项"子对话框，如图 6-12 所示。选择统计量"均值""标准差""最小值""方差""最大值""范围"，单击"继续"按钮，返回到主对话框。单击"确定"按钮，执行描述性分析操作。

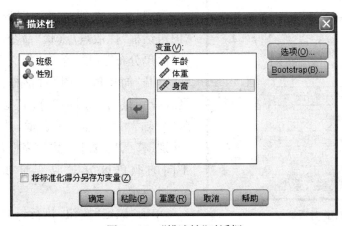

图 6-11 "描述性"对话框

图 6-12 "描述：选项"子对话框

表 6-1 是经过描述性统计分析的结果，分别给出了三个班级的相应统计量。

表6-1 学生体检数据的描述性分析

班级	变量	N	全距	极小值	极大值	均值	标准差	方差
1	年龄	5	2	13	15	14.20	.837	.700
	体重	5	12.00	38.00	50.00	44.600 0	4.979 96	24.800
	身高	5	11.00	149.00	160.00	154.000 0	4.527 69	20.500
	有效的 N(列表状态)	5						
2	年龄	5	1	16	17	16.40	.548	.300
	体重	5	15.00	50.00	65.00	58.000 0	5.700 88	32.500
	身高	5	15.00	160.00	175.00	167.000 0	5.700 88	32.500
	有效的 N(列表状态)	5						
3	年龄	6	2	16	18	17.33	.816	.667
	体重	6	15.00	55.00	70.00	62.833 3	5.845 23	34.167
	身高	6	20.00	160.00	180.00	169.000 0	8.000 00	64.000
	有效的 N(列表状态)	6						

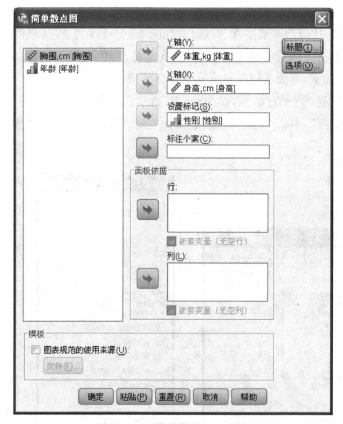

图6-13 "简单散点图"对话框

2. 统计图形的创建

图形是对数据的直观显示与概括,SPSS具有强大的图形功能,可以生成20多种图形,并可以对输出图形进行多种形式的编辑和修改。

本例以散点图为例简介SPSS的图形功能。散点图是以点的分布反映变量之间相关情况的统计图形,根据图中各点分布走向和密集程度,判定变量之间关系。

打开数据文件,执行"图形"|"旧对话框"|"散点/点状"命令,选择"简单分布"选项,单击"定义"按钮,打开"简单散点图"对话框,分别选择变量"体重"和"身高"移动到"Y 轴"和"X 轴"列表框,选择"性别"移至"设置标记"列表框,用不同的颜色区分对应变量如图6-13所示。

单击"确定"按钮,执行绘制散点图操作。从图 6-14 中可以观察到身高和体重呈近似正相关的变化趋势。

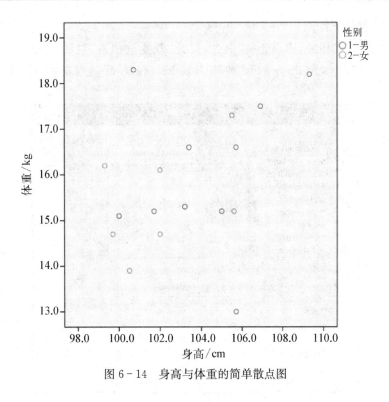

图 6‑14　身高与体重的简单散点图

3. 相关分析

相关分析是研究变量之间密切程度的一种统计方法。在统计分析中常利用相关系数定量地描述两个变量之间线性关系的密切程度。例如,家庭输入和支出、子女的身高和父母的身高之间的关系等。

本例给出 157 例各种不同车型的数据,表 6‑2 显示变量列表。数据包括汽车生产厂家,汽车型号,各种型号汽车的销售额、价格、燃油效率等相关数据,要求分析汽车价格和汽车燃油效率之间是否存在显性关系。

表 6‑2　数据文件的变量信息

变　　量	变量标签	变　　量	变量标签
manufact	生产厂家	Wheelbase	轮　胎
model	型　号	width	宽　度
sales	销售额(千)	length	长　度
resale	4 年销售总额	curb_wgt	重　量
type	汽车类型	fuel_cap	燃料容量
price	价　格	mpg	燃油效率
engine_s	发动机尺寸	lnsales	销售额的对数
horsepow	功　率		

分析操作步骤如下。

(1)执行"分析"|"相关"|"双变量"命令,打开"双变量相关"对话框,如图6-15所示;在该对话框中将变量"sales in thousands"和"fuel efficiency"从变量列表框中移至"变量"中。

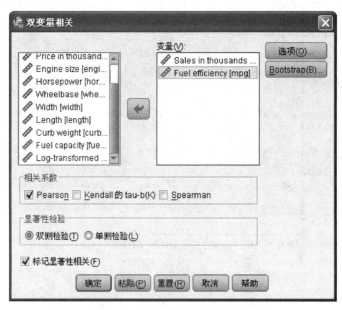

图6-15 "双变量相关"对话框

(2)单击"选项"按钮,在打开的"双变量相关性"对话框中选择"均值和标准差"和"叉积偏差和协方差"选项,单击"继续"按钮,返回主对话框。单击"确定"按钮,执行相关分析操作。从表6-3中可以看出,两个变量的Pearson的相关系数为-0.017,小于零;呈负相关,表示燃油效率低的汽车销售额有增高的趋势。

表6-3 相关分析结果

相关系数	Sales in thousands	Fuel efficiency
Pearson 相关性	1	−.017
显著性(双侧)	—	.837
平方与叉积的和	721 968.352	−750.071
协方差	4 628.002	−4.902
N	157	154

6.3 MATLAB 软件介绍

MATLAB是矩阵实验室(Matrix Laboratory)的简称,是美国MathWorks公司出品的商业数学软件,用于算法开发、数据可视化、数据分析以及数值计算的高级技术计算语言和交互式环境。

6.3.1　MATLAB 简介

MATLAB 为科学研究、工程设计以及进行有效数值计算的众多科学领域提供了一种全面的解决方案,并在很大程度上摆脱了传统非交互式程序设计语言的编辑模式,代表了当今国际科学计算软件的先进水平。

1. MATLAB 的特点

(1) 高效的数值计算及符号计算功能,使用户从繁杂的数学运算分析中解脱出来。

(2) 具有完备的图形处理功能,实现计算结果和编程的可视化。

(3) 友好的用户界面及接近数学表达式的自然化语言,使学习易于学习和掌握。

(4) 功能丰富的应用工具箱,如金融工具箱、信号处理工具箱、通信工具箱等,为用户提供了大量方便实用的处理工具。

2. MATLAB 界面

图 6-16 是 MATLAB 软件主界面,主要由命令窗口、工作空间窗口和历史命令窗口组成。

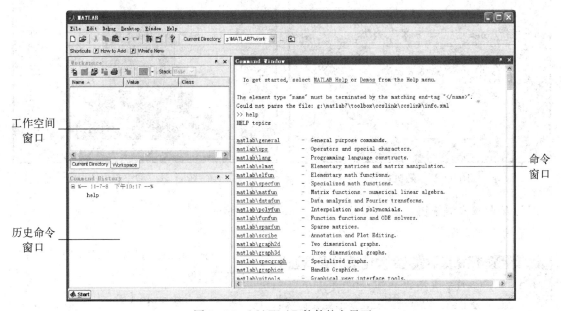

图 6-16　MATLAB 软件的主界面

(1) 命令窗口:是用来接受 MATLAB 命令的窗口。在命令窗口中直接输入命令,可以实现显示、清除、计算、绘图等功能。MATLAB 命令窗口中的符号“＞＞”为运算提示符,表示 MATLAB 处于准备状态。当在提示符后输入一段程序或一段运算式后按回车键,MATLAB 会给出计算结果。

(2) 工作空间窗口:显示当前 MATLAB 的内存中使用的所有变量的变量名、变量的大小和变量的数据结构等信息,数据结构不同的变量对应不同的图标。

(3) 历史命令窗口:显示所执行过的命令及使用时间。利用该窗口,一方面可以查看曾经执行过的命令;另一方面,可以重复使用原来输入的命令,只需在命令历史窗口中直接双击某个命令,就可以执行该命令。

6.3.2　MATLAB 案例

MATLAB 中的统计工具箱(Statistics Toolbox)是一套建立在 MATLAB 数值计算环境下的统计分析工具,包含了 200 多个用于概率统计的功能函数,且具有简单的接口操作,能够支持范围广泛的统计计算任务。

1. 随机数

MATLAB 中可以产生指定分布的随机数。

>>rd＝normrnd(0,1,1,500);　　　％产生 500 个服从 N(0,1)正态分布的随机数

>>plot(rd,'o');　　　　　　　　％画出这些随机数点,如图 6-17 所示。

>>hist(rd);　　　　　　　　　％绘制随机数的频率直方图,如图 6-18 所示。

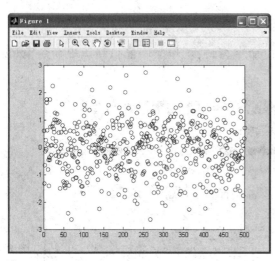

图 6-17　随机数点

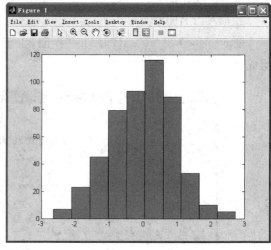

图 6-18　频率直方图

2. 绘制正态概率图

在命令窗口输入:

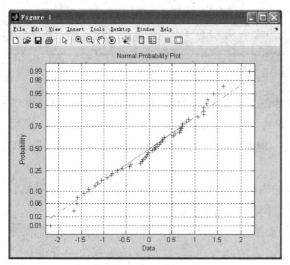

图 6-19　正态概率

>>x＝normrnd(0,1,50,1);　％产生正态随机数

>>h＝normplot(x);

得到正态概率,如图 6-19 所示。由于样本是由正态随机数发生器产生的,因此其服从正态分布,故所得的概率图呈线性。

3. 聚类分析

将物理或抽象对象的集合分成由类似的对象组成的多个类的过程被称为聚类。由聚类所生成的簇是一组数据对象的集合,这些对象与同一个簇中的对象彼此相似,与其他簇中的对象相异。

下表是各个地区的信息值,根据信息值

对各个地区进行聚类。

表 6‑4　数据文件信息

	A	B	C	D	E	F	G	H	I
1	地　区	食品	衣　着	居　住	家庭设备用品及服务	医疗保健	交通和通信	教育文化娱乐服务	杂项商品和服务
2	北　京	4934.05	1512.88	1246.19	981.13	1294.07	2328.51	2383.96	649.66
3	天　津	4249.31	1024.15	1417.45	760.56	1163.98	1309.94	1639.83	463.64
4	河　北	2789.85	975.94	917.19	546.75	833.51	1010.51	895.06	266.16
5	山　西	2600.37	1064.61	991.77	477.74	640.22	1027.99	1054.05	245.07
6	内蒙古	2824.89	1396.86	941.79	561.71	719.13	1123.82	1245.09	468.17
7	辽　宁	3560.21	1017.65	1047.04	439.28	879.08	1033.36	1052.94	400.16
8	吉　林	2842.68	1127.09	1062.46	407.35	854.8	873.88	997.75	394.29
9	黑龙江	2633.18	1021.45	784.51	355.67	729.55	746.03	938.21	310.67
10	上　海	6125.45	1330.05	1412.1	959.49	857.11	3153.72	2653.67	763.8
11	江　苏	3928.71	990.03	1020.09	707.31	689.37	1303.02	1699.26	377.37
12	浙　江	4892.58	1406.2	1168.08	666.02	859.06	2473.4	2158.32	467.52
13	安　徽	3384.38	906.47	850.24	465.68	554.44	891.38	1169.99	309.3
14	福　建	4296.22	940.72	1261.18	645.4	502.41	1606.9	1426.34	375.98
15	江　西	3192.61	915.09	728.76	587.4	385.91	732.97	973.38	294.6
16	山　东	3180.64	1238.34	1027.58	661.03	708.58	1333.63	1191.18	325.64
17	河　南	2707.44	1053.13	795.39	549.14	626.55	858.33	936.55	300.19
18	湖　北	3455.98	1046.62	856.97	550.16	525.32	903.02	1120.29	242.82
19	湖　南	3243.88	1017.59	869.59	603.18	668.53	986.89	1285.24	315.82
20	广　东	5056.68	814.57	1444.91	853.18	752.52	2966.08	1994.86	454.09
21	广　西	3398.09	656.69	803.04	491.03	542.07	932.87	1050.04	277.43
22	海　南	3546.67	452.85	819.02	519.99	503.78	1401.89	837.83	210.85
23	重　庆	3674.28	1171.15	968.45	706.77	749.51	1118.79	1237.35	264.01
24	四　川	3580.14	949.74	690.27	562.02	511.78	1074.91	1031.81	291.32
25	贵　州	3122.46	910.3	718.65	463.56	354.52	895.04	1035.96	258.21
26	云　南	3562.33	859.65	673.07	280.62	631.7	1034.71	705.51	174.23
27	西　藏	3836.51	880.1	628.35	271.29	272.81	866.33	441.02	335.66
28	陕　西	3063.69	910.29	831.27	513.08	678.38	866.76	1230.74	332.84
29	甘　肃	2824.42	939.89	768.28	505.16	564.25	861.47	1058.66	353.65
30	青　海	2803.45	898.54	641.93	484.71	613.24	785.27	953.87	331.38
31	宁　夏	2760.74	994.47	910.68	480.84	645.98	859.04	863.36	302.17
32	新　疆	2760.69	1183.69	736.99	475.23	598.78	890.3	896.79	331.8

使用 MATLAB 进行聚类，结果如图 6‑20 所示。

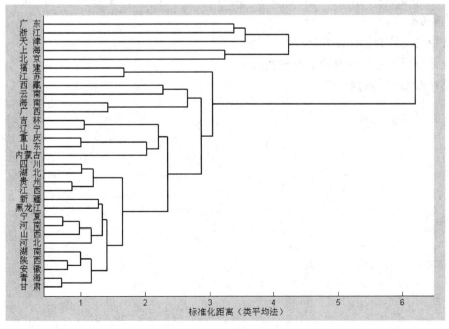

图 6‑20　聚类结果

习　题

一、单选题

1. 统计分析软件_____是指"统计产品与服务解决方案"软件,2009 年 7 月被 IBM 以 12 亿美元收购。

A. EViews　　　　B. EXCEL　　　　C. SPSS　　　　D. MATLAB

2. _____是美国 MathWorks 公司出品的商业数学软件,用于算法开发、数据可视化、数据分析以及数值计算的高级技术计算语言和交互式环境。

A. EXCEL　　　　B. MATLAB　　　　C. EViews　　　　D. SPSS

3. _____是研究数据变量之间密切程度的一种统计方法。

A. 分类汇总　　　　B. 相关分析　　　　C. 均值　　　　D. 标准差

二、多选题

1. 统计分析的基本步骤有_____。

A. 收集数据　　　　B. 观察数据　　　　C. 整理数据　　　　D. 分析数据

2. 下列属于统计分析软件的有_____。

A. SPSS　　　　B. Access　　　　C. SAS　　　　D. MATLAB

E. EXCEL　　　　F. EViews　　　　G. Linux

三、填空题

1. 从功能标准上,统计分析可分为描述统计和_____。

2. 描述统计主要描述数据的集中趋势、离散程度和_____等特征。

3. _____软件是微软公司的办公软件 Microsoft office 的组件之一,可以进行各种数据的处理、统计分析和辅助决策操作,广泛地应用于管理、统计财经、金融等众多领域。

四、简答题

1. 常用的统计分析软件有哪些?

2. 统计分析软件的一般特点有哪些?

3. 简述 SPSS 软件的特点。

第7章 工 具 软 件

随着人类社会步入信息时代,计算机日益成为人们工作、生活不可或缺的工具。但随着计算机的日益普及,计算机技术的日新月异,对计算机的应用已不再局限于简单的文字处理了,而是能够借助各种工具软件提高工作、学习和生活的效率,以达到事半功倍、快速迅捷地解决问题的效果。

本章主要介绍电子阅读器、媒体工具和光盘工具,从实用的角度出发,对每一部分介绍几种经过精心挑选的常用工具软件的使用。

7.1 电子阅读器

随着网络应用的不断普及,人们阅读书籍的方式也逐步从纸质阅读转向电子阅读。电子文档具有体积小、内容形式丰富多彩的优点,尤其是语音和视频的内容形式,更增加了阅读的趣味性。

常见的电子文档格式有 EXE、DOC、XLS、PPT、CHM、PDF、PDG 和 CAJ 等。EXE 文件格式无需专门的阅读器就可以阅读,而其他的文件格式都需要专门的阅读器才能阅读。在无纸化阅读已成为潮流的当今社会,能否掌握电子文件格式相对应的阅读器的使用方法,将直接影响到阅读的效率。

7.1.1 PDF 文档阅读工具 Adobe Reader

PDF(Portable Document Format)文件格式是由 Adobe 公司开发的一种独特的跨平台的电子读物文件格式,它把文档的格式、字体、图形图像和声音等所有信息封装在一个特殊的整合文件中。由于其不依赖于硬件、操作系统和创建文档的应用程序,PDF 文件格式已成为新一代电子发行文档的事实上的标准。

Adobe Reader 是美国 Adobe 公司开发的一款优秀的免费 PDF 文档阅读工具,可以从官网 http://www.adobe.com/cn 下载。使用 Adobe Reader 可以查看、打印和管理 PDF 文档。本节介绍 Adobe Reader XI 11.0 的使用方法。

1. Adobe Reader 主界面

启动 Adobe Reader,打开某 PDF 文档后,其主界面如图 7-1 所示。主界面主要包括标题栏、菜单栏、工具栏、导航面板和浏览区。

(1)标题栏用于显示当前打开的 PDF 文档的文件名。

(2)菜单栏以菜单方式列出包括查看、打印和管理 PDF 文档的所有操作命令。菜单栏包括"文件""编辑""视图""窗口"和"帮助"5 个菜单项。

菜单栏　　　　　　　　　　　　　　　　　　　　　　　　　　　　　　　　工具栏

导航
面板　　　　　　　　　　　　　　　　　　　　　　　　　　　　　　　　　浏览区

图 7-1　Adobe Reader 主界面

（3）工具栏以按钮方式列出菜单命令的快捷方式。通常包括文件工具、页面导览、选择和缩放工具和页面显示等工具。（可以通过"视图"|"显示/隐藏"|"工具栏项目"下的相应命令显示或隐藏某工具）

（4）导航面板包括"页面缩略图""书签"和"附件"三个按钮，其中"页面缩略图"用于显示所有页面的缩略图，"书签"用于显示所有的目录，通过这两个按钮可以从整体上了解该 PDF的内容结构。

（5）浏览区是查看 PDF 的主要区域。

2. Adobe Reader 基本使用

（1）浏览 PDF 文档。

打开 PDF 文档后，单击工具栏中的"放大"或"缩小"按钮可以调整到合适的比例显示；单击工具栏上的"适合窗口宽度并启用滚动"或"适合一个整页至窗口"按钮，可将页面调节到最佳阅读的形式；执行"视图"|"全屏模式"命令可实现全屏阅读；执行"视图"|"页面显示"|"自动滚动"命令可使文档具有自动滚屏功能。

如果需要阅读文档中某章节的内容时，可以使用书签或页面缩略图跳转页面。

① 单击导航面板中的"页面缩略图"按钮，显示 PDF 文档每一页的缩略图，然后单击相应缩略图，便可快速打开对应的页面进行阅读。

② 单击导航面板中的"书签"按钮，显示 PDF 文档的目录，然后单击相应目录链接，便可快速打开相关页面进行阅读。

（2）摘录 PDF 文档中的内容。

在阅读 PDF 文档时，不能直接在其中编辑内容，但可以复制其中的内容，以获取有用的文本和图片。操作步骤如下：

① 右击浏览区，执行快捷菜单中的"选择工具"命令，选择需要的内容。

② 右击选择的文本，执行快捷菜单中的"复制"命令；或右击选择的图片，执行快捷菜单中的"复制图像"命令，复制 PDF 文档内容到剪贴板。复制完成后就可以将该内容粘贴到其他地方。

（3）搜索 PDF 文档中的文字。

使用"查找"命令或"高级搜索"命令可以搜索页面内容。可以执行简单的搜索，在单个文件中查找数据，也可以执行复杂的搜索，在一个或多个 PDF 文件中查找各种数据。

① 用"查找"命令查找数据。

执行"编辑"|"查找"命令，打开查找对话框，在文本框中输入要查找的数据，比如"编译器"，如图 7 - 2 所示，按"Enter"键，就可以查到第一个，单击"下一步"按钮，就可以找到下一个。

② 使用"高级搜索"命令查找数据。

执行"编辑"|"高级搜索"命令，打开如图 7 - 3 所示的"搜索"对话框。在"您要搜索哪个位置？"区域选择搜索位置，在"您要搜索哪些单词或短语？"文本框中输入要搜索的关键词，并可根据需要勾选所需的复选框。单击"搜索"按钮，就可以搜索数据。

图 7 - 2 查找对话框

（4）朗读 PDF 文档。

PDF 文档的内容往往比较多，如果看累了，可以使用 Adobe Reader 提供的朗读功能自动朗读文档中的文本，这个功能对有特殊需求的用户是非常有用的。实现全文朗读的操作步骤如下：

① 执行"视图"|"朗读"|"启用朗读"命令。

② 执行"视图"|"朗读"|"朗读到文档结尾处"命令，即可实现全文朗读。

在自动朗读过程中，执行"视图"|"朗读"|"暂停"命令可以暂停朗读，执行"视图"|"朗读"|"停止"命令可以停止朗读，执行"视图"|"朗读"|"停用朗读"命令可以停用朗读功能。

（5）对 PDF 文档添加注释

默认情况下，可以在 PDF 文档中添加附注和高亮文本。单击工具栏中的"添加附注"按钮，在需加附注的地方单击，打开注释框，在其中输入文本即可添加附注。单击工具栏中的"高亮文本"按钮，拖动需设置高亮的文本即可在文档中为文本添加高亮（底纹）。

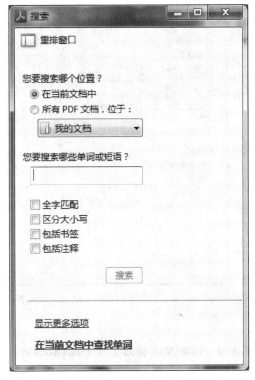

图 7 - 3 "搜索"对话框

（6）将 PDF 另存为文本。

如果要复制大量的文本，可以执行"文件"|"另存为其他"|"文本"命令，在打开的"另存为"

对话框中指定文件名和保存位置，单击"保存"按钮，即可复制 PDF 文档中所有文本到指定的文件名中。

（7）打印 PDF 文档。

如果需要将正在浏览的 PDF 文档打印，则执行"文件"|"打印"命令，打开如图 7-4 的对话框，对打印机、要打印的页面和调整页面大小和处理页面等选项进行设置后，单击"打印"按钮进行打印。

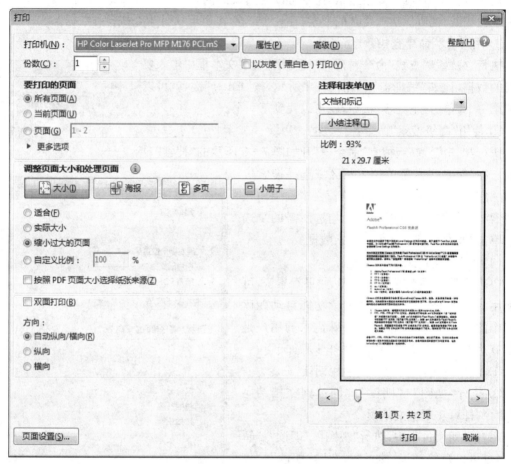

图 7-4 "打印"对话框

7.1.2 PDF 文档阅读工具 Foxit Reader

Foxit Reader，即福昕阅读器，由福昕软件开发有限公司开发的一款阅读 PDF 格式文档的工具软件，可以从其官网 http://www.foxitsoftware.cn 下载安装。与 Adobe Reader 相比，它具有体积小巧、速度快捷、功能丰富、使用更加方便等优点，而且具有添加附件，填写表单和为 PDF 文档添加图片等简单易用的高级编辑功能，是真正绿色免费的 PDF 阅读器。

启动 Foxit Reader，打开某 PDF 文档后，其主界面如图 7-5 所示。主界面主要包括功能区、导航面板、文档区域和状态栏。功能区包含"文件""主页""注释""视图""表单""保护""共享""浏览""特色功能"和"帮助"选项卡，所有工具按功能分别放置在不同的选项卡中，用户可

图 7-5 Foxit Reader 主界面

以根据需要选择相应选项卡中的工具。

导航面板位于文档区域的左侧,导航面板包含"添加、移除、管理书签""查看页面缩略图"和"查看文档注释"按钮,这些按钮方便用户以不同方式浏览当前文档。如单击"查看页面缩略图"按钮,展开页面面板,页面面板包含当前 PDF 文档中每页的缩略图,单击缩略图,可打开缩略图对应的页面。

文档区域显示 PDF 文档内容。在"主页"选项卡的"工具"组中,单击"选择"下拉框中"选择文本"工具可摘录文本,单击"截图"工具以图片方式摘录文本和图片。

需特别强调的是,Foxit Reader 提供了强大的注释功能。注释是一种书面的解释说明和注解图画。注释既可以是作者为了他人更易看懂文章内容作的说明,也可以是读者阅读文章后作的读书笔记。利用"注释"选项卡中的"文本标注""图钉""打字机"和"绘图"工具组中的工具可以轻松地为文档添加注释。

例如,在"注释"选项卡的"文本标注"工具组中,单击"波浪下划线"工具可以为文本添加锯齿形的下划线。又如在"注释"选项卡的"绘图"工具组中,单击"箭头"工具,在文档区域添加附注处拖动鼠标,绘制箭头,双击箭头,打开"箭头"注释框,如图 7-6 所示。在"箭头"注释框中可以输入文本。

7.1.3 PDF 文档生成工具 PDF24 Creator

PDF24 Creator 是一款简单易用、功能独特的 PDF 生成工具,可以将其他格式的文件(如 Word 文档、JPEG 格式文件等)转换成 PDF 格式。

启动 PDF24 Creator 后,主界面如图 7-7 所示,由标题栏、菜单栏、工具栏和浏览区组成。

将 Word 文档转换成 PDF 文档的操作步骤如下:

图 7-6　添加箭头注释

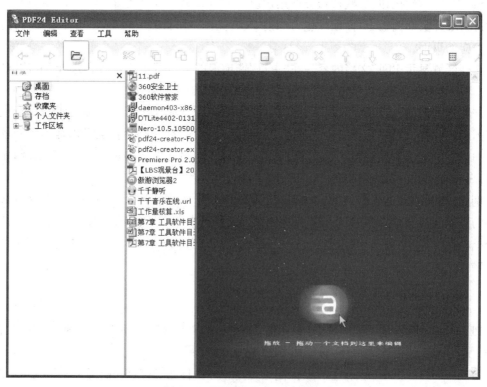

图 7-7　PDF24 Creator 主界面

（1）执行"文件"|"打开"命令，打开"选择文档"对话框。在该对话框中，选择所需转换的文档，如图 7-8 所示。

图 7-8 "选择文档"对话框

（2）单击"打开"按钮，打开如图 7-9 所示的窗口。

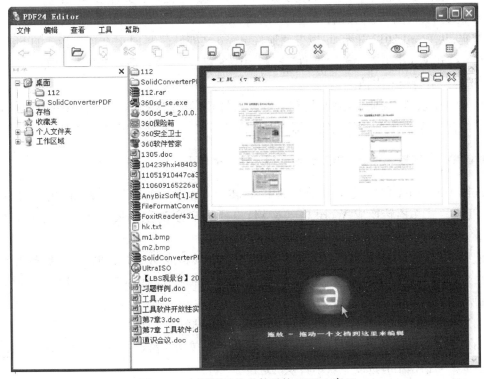

图 7-9 打开需转换文件后的 PDF24 窗口

(3) 执行"文件"|"保存"命令,打开"格式属性"对话框,如图 7-10 所示。

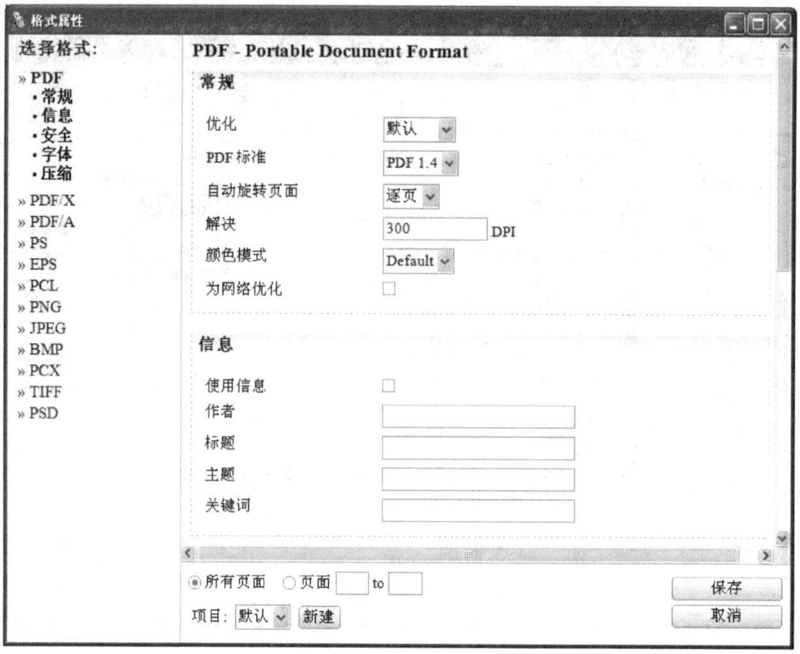

图 7-10 "格式属性"对话框

(4) 单击"保存"按钮,打开"另存为"对话框,设置保存位置和文件名,单击"保存"命令,即将 Word 文档转换成 PDF 文档。

其实,从 Word 2010 开始,可以方便地将 Word 文档另存为 PDF 文档。步骤如下:

(1) 打开 Word 2010,单击"文件"选项卡中的"打开"命令,打开"打开"对话框。在该对话框中,选择所需转换的文档。

(2) 单击"文件"选项卡中的"另存为"命令,打开"另存为"对话框。在该对话框中,选择"PDF"保存类型,单击"保存"按钮。即方便地将 Word 文档转换成 PDF 文档。

7.1.4 PDF 文档转 Word 文档工具 Solid Converter PDF

Solid Converter PDF 是一款专业的 PDF 转 Word 格式的转换工具,使用它可以方便地将 PDF 格式文档转换成 Word 格式文档,以便用户修改和使用文档中的文字、表格等内容。

使用 Solid Converter PDF 工具软件将 PDF 文档转换成 Word 文档的操作步骤如下:

(1) 启动 Solid Converter PDF,在打开的对话框中选择需转换的 PDF 文档,如图 7-11 所示。

(2) 单击"转换"按钮,打开如图 7-12 所示的对话框。

(3) 依次单击"下一步"按钮,选择默认选项,最后单击"完成"按钮,打开如图 7-13 所示的对话框。对话框中有进度条表示转换的进度。

(4) 转换完成后,打开如图 7-14 所示的对话框。

图 7-11 Solid Converter PDF 界面

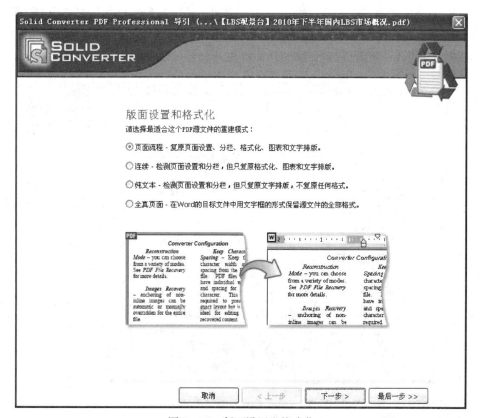

图 7-12 版面设置和格式化

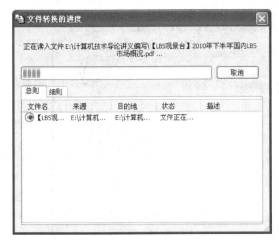

图 7-13 "文件转换的进度"对话框

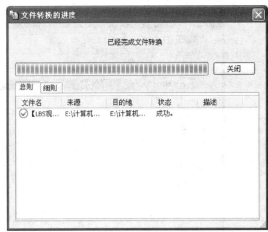

图 7-14 完成文件转换

7.1.5 其他文档阅读工具(CAJViewer)

CAJ 是目前国内电子刊物的一种格式,可以使用专门的阅读工具 CAJViewer 来阅读。

CAJViewer,又名 CAJ 全文浏览器,可以从官网 http://cajviewer.cnki.net 下载安装。CAJViewer 是中国期刊网的专用全文格式阅读器,支持中国期刊网的 CAJ、NH、KDH 和 PDF 格式文件,既可以在线阅读中国期刊网的原文,也可以阅读下载到本地硬盘的中国期刊网全文,并且它的打印效果与原版的显示效果一致。

CAJViewer 主要有浏览页面、搜索文字、文本摘录、图像摘录、添加注释以及打印等功能。

启动 CAJViewer,打开某 CAJ 文档后,其主界面如图 7-15 所示。主界面主要包括标题栏、菜单栏、工具栏、导航面板、主页面和任务窗格等。

图 7-15 CAJViewer 主界面

（1）标题栏用于显示当前打开的 CAJ 文档的文件名。

（2）菜单栏以菜单方式列出 CAJViewer 的所有操作命令。菜单栏包括"文件""编辑""查看""工具""窗口"和"帮助"6 个菜单项。

（3）工具栏以按钮方式列出菜单命令的快捷方式。通常包括文件、选择、导航和布局等工具。可以通过"查看"|"工具栏"下的相应命令显示或隐藏某工具。

（4）导航面板包括页面、标注和属性等标签。当鼠标移至页面标签上时（或执行"查看"|"页面"命令），即展开页面窗口，默认情况下，该窗口是以书签形式显示文档所有页。右击页面窗口，执行快捷菜单中的"以缩略图显示"命令，页面窗口即以缩略图方式显示。

（5）主页面是查看 CAJ 文档内容的主要区域。

（6）任务窗格在主页面的右侧，包括文档、搜索和帮助等任务窗格。文档任务窗格包括打开、操作、PDL 和链接 4 个内容。帮助任务窗格包括协助、CAJViewer Oline 和 CNKI 事件 3 个内容。如果关闭了任务窗格，可以执行"查看"|"工具栏"|"任务"命令，即可显示任务窗格。

7.2 媒体工具

视频是多媒体中一种重要的媒体形式，通过计算机观看电影、欣赏 MTV 以及在线观看热播影视剧等已经成为大家重要的休闲和娱乐方式。常见的视频文件类型包括：Avi、Mpeg、Mov、Mp4、Rm、Rmvb、Asf、Flv 等。

视频播放器是指能播放以数字信号形式存储的视频的软件，也指具有播放视频功能的电子器件产品。视频播放器的种类众多，常见的播放工具包括：RealPlayer、MPC‐HC、射手影音、爱奇艺影音、快播（QvodPlayer）、迅雷看看、皮皮（PIPI）等。

常见的视频格式有很多，有时因某种需要需转换视频格式，比如 Avi 格式视频文件比较大，而提供存放的空间有限，这时需要将 Avi 格式的视频文件转换为 Mp4 类型以减少文件占的空间，这个转换可以由格式转换工具完成。常用的格式转换工具包括：格式工厂、暴风转码、狸窝全能视频转换器、超级转换秀、3gp 视频格式转换器、私房视频格式转换器等。

7.2.1 媒体播放工具 MPC‐HC

Media Player Classic Home Cinema，简称 MPC‐HC，是一款简洁、开源、免费的媒体播放器，是 Media Player Classic 的后续版本。可以从官网 https://mpc-hc.org 下载。

MPC‐HC 可以播放 DVD 光盘，能够利用具有硬解功能的显卡加速播放最新一代 H.264 与 VC‐1 格式的视频文件，能够与第二个监视器（电视）正确配合，支持的字幕种类多，可以处理 QuickTime 和 RealVideo 的格式等。该播放器有一个非常简洁的外观界面，与界面相关的语言已被翻译成 14 种。它完全与 Windows XP，Windows Vista，windows 7，windows 8 和 windows 10 兼容，而且有 32 位与 64 位两个版本。MPC‐HC 最大的特色就是提供了 64 位的版本，让使用 64 位处理器的使用者可以继续享受这款小巧播放器所带来的优点。

启动 MPC‐HC 后，主界面如图 7‐16 所示。主界面主要包括标题栏、菜单栏、视频窗口、按钮和状态栏。

图 7-16　暴风影音主界面

1. 设置 MPC-HC

执行"查看"|"选项"命令，在"选项"对话框，如图 7-17 所示。在该对话框中可以对播放器、回放、内部滤镜、字幕等进行设置。

图 7-17　"选项"对话框

2. 播放媒体文件

执行"文件"|"打开文件"命令，在"打开"对话框中单击"浏览"按钮，选择要播放的媒体，单击"打开"按钮，单击"确定"按钮，开始播放。

执行"文件"|"打开目录"命令，在"选择目录"对话框中，选择要播放的文件所在的目录，单击"选择文件夹"按钮，即开始依次播放该目录中的所有媒体文件。

其实，直接用鼠标将媒体文件或媒体所在的目录拖动到 MPC-HC 窗口，也可以开始播放。在播放媒体时，可以单击"静音"按钮设置静音，也可以通过拖动音量滑块调整音量。

3. 制作字幕

为影音文件添加字幕,可提高影片的观看效果。字幕文件通常有两种形式:一是 srt 文件,二是 idx 和 sub 文件。对于 srt 文件,可以从网上直接下载。

简单的字幕可以使用纯文本编辑器来制作,如"记事本"。例如在一个 Avi 文件的 1.00~3.00 秒插入字幕"仅以此片献给",设置字体颜色为红色,3.10~6.00 秒插入字幕"跟我一起走天下的",设置字体颜色为蓝色,操作步骤如下:

(1) 启动"记事本",输入代码。

00:00:01,000 ——> 00:00:03,000

<font color="red">仅以此片献给</font>

00:00:03,100 ——> 00:00:06,000

<font color="blue">跟我一起走天下的</font>

SRT(Subripper)是简单的文字字幕格式,分三行组成,一行是字幕序号,一行是时间代码,一行是字幕数据。

其中,时间 00:00:00:000 分别是小时:分:秒:毫秒。常用代码包括:

斜体字

换行</br>

<u>加下划线</u>

<font color="red">和<font color="#ff0000">一样,可以设置字幕的字体颜色为红色。

有兴趣的话,可以自己去查阅代码。

(2) 以 srt 为文件扩展名,文件名和 Avi 文件相同,并且将字幕文件保存到 Avi 文件所在的文件夹中。

(3) 在 MPC-HC 中打开该视频文件,字幕会自动载入。

7.2.2　格式转换工具格式工厂

格式工厂(Format Factory)是一款应用于 Windows 操作系统下的多功能的多媒体格式转换软件,可以实现大多数视频、音频以及图像不同格式之间的相互转换。

格式工厂可以在转换过程中修复一些损坏的视频文件,支持 Iphone、Psp 等设备,图像文件转换时支持缩放、旋转等。

启动格式工厂,主界面如图 7-18 所示。主界面包含"视频""音频""图片""光驱设备\DVD\CD\ISO"和"高级"五个选项。

如要将 Avi 转换为 Mp4,操作步骤如下所示:

(1) 单击"视频"选项下的">Mp4"按钮。

(2) 在弹出的对话框中,单击"添加文件"按钮,打开 Avi 文件所在的盘符和路径,选取相关文件,按 Ctrl 同时单击文件名,可以同时选取同一文件夹下的多个文件,单击"打开"按钮。

(3) 在"输出文件夹"中,单击"改变"按钮,选择输出视频文件所存放的文件夹,单击"确定"按钮。

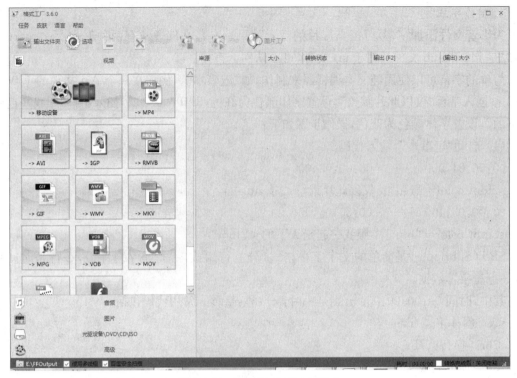

图 7-18 软件格式工厂主界面

（4）单击"确定"按钮，返回格式工厂主界面，单击"开始"按钮。即可转换为 Mp4 格式文件。

如要将 DVD 转换为视频文件，可以单击"光驱设备\DVD\CD\ISO"选项下的"DVD 转到视频文件"按钮。

如要将多个视频文件（音频文件）合并输出为一个视频文件（音频文件），可以单击"高级"选项下的"视频合并"按钮（"音频合并"按钮）。

7.3 光盘工具

随着个人计算机的普及和多媒体技术的快速发展，光盘存储器的作用也越来越大。和磁盘存储器相比，光盘存储器具有记录密度低、容量大、成本低以及便于携带等优点。由于它具有许多磁盘存储器所不具备的优点，光盘存储器在现代信息社会的各个领域发挥它独特的作用和优势。鉴于这些，掌握与光盘存储器相关的一些工具软件的使用就显得尤为重要。

7.3.1 光盘刻录工具 Nero Burning ROM

随着计算机价格的下降，刻录光驱（光盘刻录机）已成为微机和笔记本的标准配置。越来越多的人希望通过刻录光盘将自己重要的文件（如照片、视频等）保存下来。要进行光盘刻录，除了需光盘刻录机、可以刻录的光盘外，还必须有一个光盘刻录软件。

Nero Burning ROM 是由德国 Nero 公司出品的一款优秀的专业光盘刻录软件，它的功能强大而且操作简单,无论是数据,音频还是视频都可以刻录到光盘。本节介绍的 Nero Burning ROM 版本是作为 Nero Multimedia Suite 10 程序的一部分。

1. Nero Burning ROM 主界面

启动 Nero Burning ROM 后,其主界面由标题栏、菜单栏和工具栏组成,如图 7 - 19 所示。

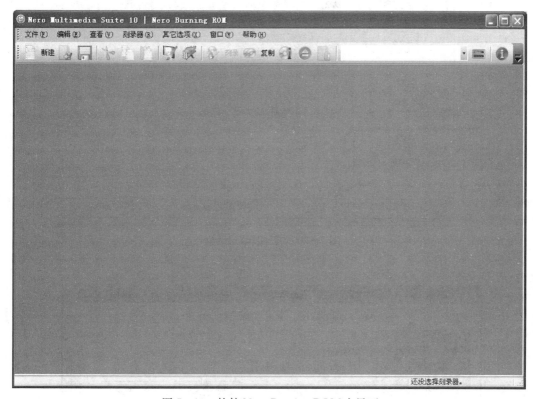

图 7 - 19　软件 Nero Burning ROM 主界面

Nero Burning ROM 的主要功能是选择文件和文件夹,并将其刻录到光盘。实现这个功能需以下三个基本步骤:

(1) 在"新编辑"对话框中,选择光盘类型和光盘格式,并在选项卡上设置选项。

(2) 在选择屏幕中,选择要刻录的文件。

(3) 开始刻录过程。

2. Nero Burning ROM 基本使用

(1) 刻录光盘。

刻录光盘的操作步骤如下:

① 将一张空白光盘放入刻录机。

② 在图 7 - 20 所示的"新编辑"对话框的光盘类型下拉菜单中,选择所刻光盘的格式(如选择"DVD"选项)。如果"新编辑"对话框未打开,可单击主界面工具栏中的"新建"按钮。

③ 在下面的列表框中为选择的光盘格式选择编辑类型,如选择"DVD - ROM(ISO)"。

④ 在选项卡上设置所需选项,如单击"标签"选项卡,在"光盘名称"文本框中输入多媒体

图 7 - 20 "新编辑"对话框

图 7 - 21 "新编辑"对话框

软件。如图 7 - 21 所示。

⑤ 单击"新建"按钮,关闭"新编辑"对话框,并打开选择屏幕。

⑥ 从浏览器区域中选择要刻录的文件(可以同时选择多个文件),将其拖到左侧编辑区域

中,选择的文件即会添加到编辑区域中,同时容量栏会指示所需要的光盘空间,如图 7 - 22
所示。

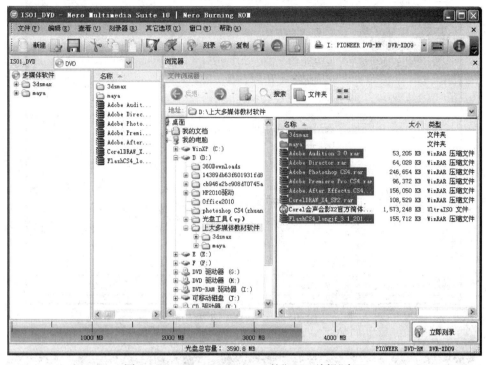

图 7 - 22　Nero Buring Rom 的"DVD 编辑"窗口

　　⑦ 执行"刻录器"|"选择刻录器"命令,打开"选择刻录器"对话框,选择所用的刻录器,如
图 7 - 23 所示。

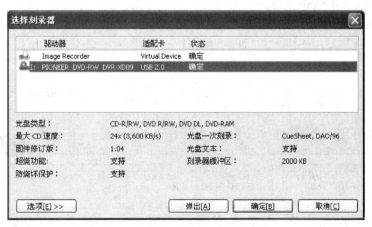

图 7 - 23　"选择刻录器"对话框

　　⑧ 单击"确定"按钮。执行"刻录器"|"刻录编译"命令,打开"刻录编译"对话框,如图
7 - 24 所示。
　　⑨ 单击"刻录"按钮,开始刻录过程。屏幕上会显示"写入光盘"对话框,其中有一个进度
条,指示刻录过程的当前进度,如图 7 - 25 所示。

图 7 - 24　"刻录编译"对话框

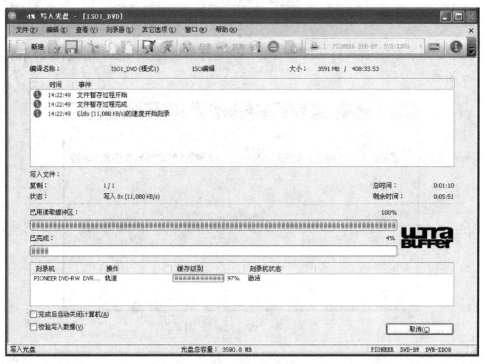

图 7 - 25　"写入光盘"对话框

⑩ 刻录完成后,跳出如图 7 - 26 所示的对话框。单击"确定"按钮,完成刻录光盘,最后从刻录机中取出光盘。

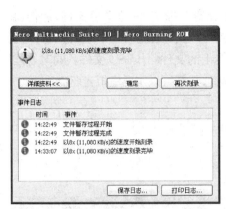

图 7 - 26 刻录完毕

图 7 - 27 "打开"对话框

（2）刻录映像文件。

如果要刻录的是已有的 ISO 文件，比如 Windows 安装程序（SHU - XPSP3 - Cn.iso），则可以按以下步骤操作：

① 将一张空白 CD 光盘放入刻录机。

② 执行"刻录器"|"刻录映像文件"命令，打开"打开"对话框，如图 7 - 27 所示。

③ 选择需刻录的映像文件，如"SHU - XPSP3 - Cn.iso"，单击"打开"按钮，打开"刻录编译"对话框，如图 7 - 28 所示。

图 7 - 28 "刻录编译"对话框

④ 单击"刻录"按钮，开始刻录过程。屏幕上会显示一个进度条，指示刻录过程的当前进度。

⑤ 刻录完毕后，屏幕提示刻录完毕。单击"确定"按钮，完成刻录光盘。

7.3.2 光盘镜像文件制作工具 UltraISO

UltraISO 是一款功能强大且方便实用的光盘工具,集光盘映像文件(即 ISO 文件)制作、编辑、转换、刻录于一身。使用 UltraISO,用户不仅可以直接编辑光盘映像文件和从映像文件中提取文件和目录,而且可以从光盘制作光盘映像文件或将硬盘上的文件制作 ISO 文件。同时,可以处理 ISO 文件的启动信息,从而制作可引导光盘和启动 U 盘,甚至可以实现虚拟光驱。

1. UltraISO 主界面

启动 UltraISO 后,主界面如图 7-29 所示。主界面由标题栏、菜单栏、工具栏、状态栏、映像编辑窗口和文件浏览窗口组成。

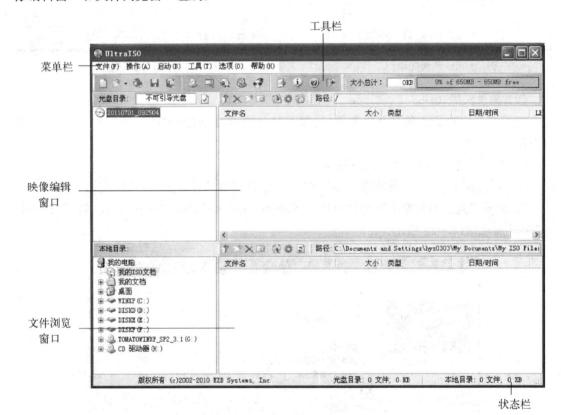

图 7-29 UltraISO 主界面

映像编辑窗口包括光盘目录、光盘文件和工具栏。其中光盘目录显示映像文件的卷标和目录结构,光盘文件显示当前目录下的文件和文件夹列表。文件浏览窗口包括本地目录、本地文件和工具栏。其中本地目录显示本机磁盘目录结构,本地文件显示当前目录下的文件和文件夹列表。

2. UltraISO 基本使用

(1) 新建 ISO 文件。

① 启动 UltraISO 后,默认新建一个名类似于"20110630 _160455"的空文档,如图 7-30 所示,将其重命名为"testISO"。

② 在文件浏览窗口中,选择需制成 ISO 文件的文件或文件夹,单击"添加"按钮 ,将选

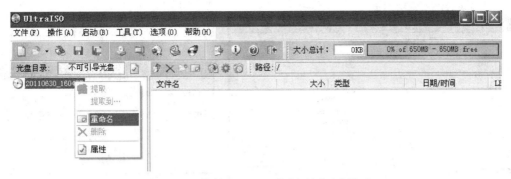

图 7-30 软件 UltraISO 的"文档命名"界面

择的文件或文件夹添加到映像文件窗口中,如图 7-31 所示。

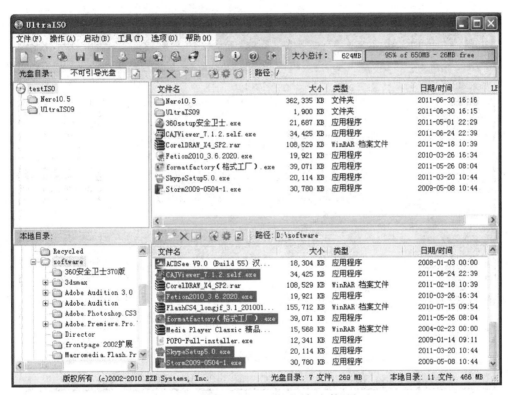

图 7-31 软件 UltraISO 的"添加文件"界面

③ 执行"文件"|"保存"命令,打开"ISO 文件另存"对话框,指定保存位置,如图 7-32 所示。

④ 单击"保存"按钮,系统会显示制作进度,如图 7-33 所示。在此过程中,可以按"停止"按钮终止制作过程。

(2) 编辑 ISO 文件。

① 打开需要编辑的 ISO 文件,编辑窗口如图 7-34 所示。

② 在映像编辑窗口中,右击需要编辑的文件或文件夹,执行快捷菜单中的相应命令,如执行快捷菜单中的"删除"命令,即将选择的文件或文件夹从映像文件中删除;如执行快捷菜单中的"提取"命令,即从映像文件中提取选择的文件或文件夹。

图 7-32　"ISO 文件另存"对话框

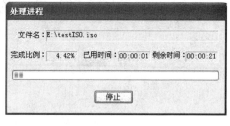

图 7-33　新建 ISO 文件"处理进程"对话框

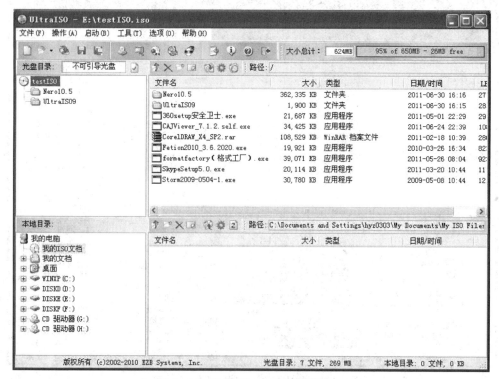

图 7-34　软件 UltraISO 的编辑窗口

③ 如需添加文件到映像文件中,可以在文件浏览窗口中,选择需添加的文件或文件夹,单击"添加"按钮 ,将选择的文件或文件夹添加到映像文件窗口中。

④ 单击工具栏中的"保存"按钮保存。

(3) 从已有光盘制作完整映像文件。

单击主界面工具栏中的"制作光盘映像"按钮 ,或者执行"工具"|"制作光盘映像文件"命令,可以逐扇区复制光盘,制作包含引导信息的完整映像文件。操作步骤如下:

① 将光盘插入光盘驱动器,在文件浏览窗口选择已插入光盘的光驱。

② 单击主界面工具栏中的"制作光盘映像"按钮 ,打开"制作光盘映像文件"对话框,如

图 7-35 所示。

③ 在"输出映像文件名"的文本框中指定映像文件名。

④ 单击"制作"按钮,系统会显示制作的进度,如图 7-36 所示。在此过程中,可以按"停止"按钮终止制作过程。

⑤ 制作完成后,弹出如图 7-37 所示的"提示"对话框。

⑥ 可以根据需要单击相应的按钮。单击"是"按钮,打开光盘映像文件。单击"否"按钮,不打开光盘映像文件。

图 7-35 "制作光盘映像文件"对话框

图 7-36 编辑 ISO 文件"处理进程"对话框

图 7-37 "提示"对话框

(4) 刻录光盘。

可以将光盘映像文件刻录到光盘,具体操作步骤如下:

① 将一张空白光盘放入刻录机。

② 执行"工具"|"刻录光盘映像"命令,打开"刻录光盘映像"对话框,如图 7-38 所示。

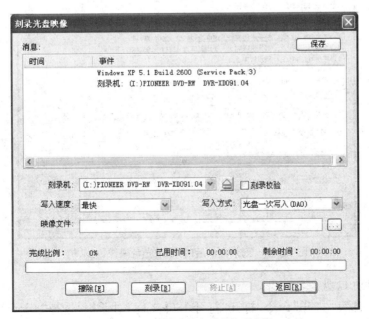

图 7-38 "刻录光盘映像"对话框

③ 单击"映像文件："文本框后面的 ┄ 按钮，选择需刻录的映像文件。

④ 单击"刻录"按钮，开始刻录过程。"刻录光盘映像"对话框中有完成比例进度条，指示刻录过程的当前完成比例，如图 7-39 所示。

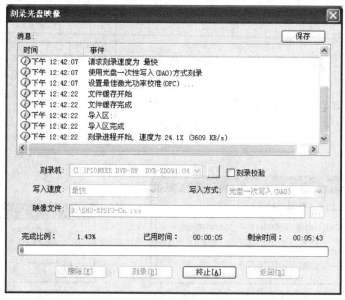

图 7-39 "刻录光盘映像"对话框中的完成比例进度条

⑤ 刻录完成后，"刻录光盘映像"对话框如图 7-40 所示。单击"返回"按钮关闭窗口。

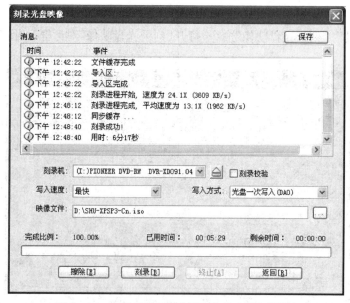

图 7-40 刻录完成后的"刻录光盘映像"对话框

（5）制作启动 U 盘。

① 执行"文件"|"打开"命令，打开"打开 ISO 文件"对话框，选择"winpeboot.iso"，如图 7-41 所示。单击"打开"按钮。有很多启动映像文件，这里采用 Winpe。

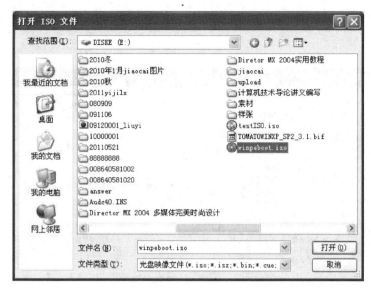

图 7-41　"打开 ISO 文件"对话框

② 将 U 盘插入 USB 口,执行"启动"|"写入硬盘映像"命令,打开如图 7-42 所示的对话框。

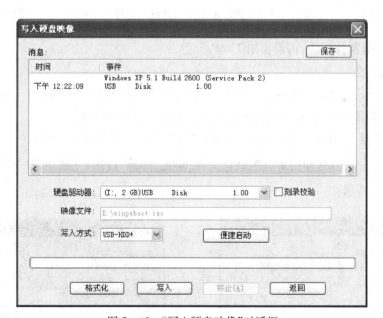

图 7-42　"写入硬盘映像"对话框

③ 单击"写入"按钮,打开如图 7-43 所示的对话框。

图 7-43　"提示"对话框

④ 单击"是",开始制作带 Winpe 启动的 U 盘。写入完成后,"写入硬盘映像"对话框如图 7-44 所示。

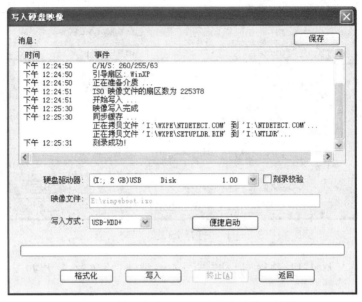

图 7-44 刻录完成后的"写入硬盘映像"对话框

⑤ 启动 U 盘制作完成,可以拔出 U 盘。

(6) 虚拟光驱。

安装完 UltraISO 后,可发现多了个光驱,这个就是虚拟光驱。使用 UltraISO 可以加载映像文件到虚拟光驱,也可以从虚拟光驱卸载映像文件。操作步骤如下:

① 执行"工具"|"加载到虚拟光驱"命令,打开"虚拟光驱"对话框,如图 7-45 所示。

② 单击 ... 按钮,选择需加载的映像文件,单击"加载"按钮,完成加载后的"虚拟光驱"对话框如图 7-46 所示。

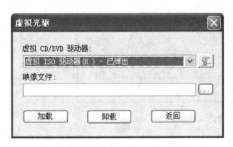
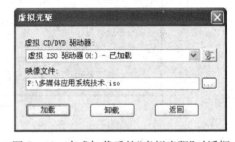

图 7-45 "虚拟光驱"对话框   图 7-46 完成加载后的"虚拟光驱"对话框

③ 装载成功后,就可像操作真实光驱一样操作虚拟光驱了。

④ 单击"虚拟光驱"对话框中的"卸载"按钮,可以从虚拟光驱中卸载已加载的映像文件。

7.3.3 虚拟光驱软件 Daemon-Tools

Daemon-Tools 是一种使用最广泛的模拟光驱工作的工具软件,安装此软件后,可以生成与真实光驱功能一样的虚拟光驱。用户可以将硬盘上的映像文件如 ISO、BIN 等文件加载到虚拟光驱,这样就可像真实光驱一样使用。

启动 Daemon-Tools 后,在 Windows 桌面的任务栏的任务按钮区出现 图标。

1. 装载映像文件

装载映像文件的操作步骤如下:

① 右击 ,执行快捷菜单"Virtual CD/DVD - ROM"|"Device0:[G:] No media"|"Mount image"命令,如图 7 - 47 所示。

Virtual CD/DVD-ROM ▶	Device 0: [G:] No media ▶	Mount image
Emulation ▶	Unmount all drives	Set device parameters
Options ▶	Set number of devices... ▶	
Help ▶		
Exit		

图 7 - 47　快捷菜单(加载)

② 打开"Select new image file"对话框,选择"SHU - XPSP3 - Cn.iso",如图 7 - 48 所示。

图 7 - 48　"Select new image file"对话框

③ 单击"打开"按钮,即将该映像文件装载到虚拟光驱。装载文件完成后,可以像真实光驱一样使用虚拟光驱了。

2. 卸载映像文件

卸载映像文件的操作步骤如下:

① 如果查看虚拟光驱中的文件的窗口未关闭,需先关闭。

② 右击 ,执行快捷菜单"Virtual CD/DVD - ROM"|"Device0:[G:] D:\SHU - XPSP3 - CN.ISO"|"Unmount image"命令,如图 7 - 49 所示,即可将映像文件卸载。

图 7-49　快捷菜单(卸载)

习　题

一、单选题

1. PDF 文件格式时由 Adobe 公司开发的电子读物文件格式,这种格式文件可以用_____工具阅读。

A. Foxit Reader　　　　　　　　　　B. UltraISO

C. Nero　　　　　　　　　　　　　　D. Winrar

2. _____工具软件提供朗读功能。

A. Foxit Reader　　　　　　　　　　B. CAJViewer

C. UltraISO　　　　　　　　　　　　D. Adobe Reader

3. CAJViewer,又名 CAJ 全文浏览器,是中国期刊网的专用全文格式阅读器。其中的工具栏的显示或隐藏可以通过执行_____下的命令完成。

A. "编辑"|"工具栏"　　　　　　　　B. "视图"|"工具栏"

C. "查看"|"工具栏"　　　　　　　　D. "工具"|"工具栏"

4. 可以用_____工具制作启动 U 盘。当计算机系统出现问题时,可以用启动 U 盘启动计算机,以检测维护计算机系统。

A. Daemon-Tools　　　　　　　　　B. UltraISO

C. PDF24 Creator　　　　　　　　　D. ACDSee

5. _____光盘工具集光盘映像文件制作、编辑、转换、刻录于一身。

A. Daemon-Tools　　　　　　　　　B. PDF24 Creator

C. UltraISO　　　　　　　　　　　　D. Nero

二、多选题

1. PDF 格式文档可以用_____工具阅读。

A. Adobe Reader　　　　　　　　　B. CAJViewer

C. ACDSee　　　　　　　　　　　　D. Foxit Reader

2. _____软件工具安装以后,可以生成与真实光驱功能一样的虚拟光驱。

A. Adobe Reader　　　　　　　　　B. Daemon-Tools

C. UltraISO　　　　　　　　　　　　D. Nero

三、填空题

1. _____是美国 Adobe 公司开发的免费的 PDF 文档阅读工具。

2. Nero Burning ROM 是由德国 Nero 公司出品的一款优秀的专业_____软件。

3. 在 UltraISO 中，映像编辑窗口包括光盘目录、光盘文件和工具栏。文件浏览窗口包括_____、本地文件和工具栏。

四、简答题

1. 在 CAJViewer 中，如何摘录 PDF 格式文档中的部分文字和图片？

2. Nero Burning ROM 的主要功能是选择文件和文件夹并将其刻录到光盘，简述实现这个功能的基本步骤。

3. 如何使用 Daemon-Tools 工具软件加载映像文件到虚拟光驱？

第8章 信息安全与计算机新技术

计算机技术正在日新月异地迅猛发展,特别是 Internet 在世界范围的普及,将把人类推向一个崭新的信息时代。然而人们在欣喜地享用这些高科技新成果的同时,却不得不对另一类普遍存在的社会问题产生越来越大的顾虑和不安,这就是计算机的安全技术问题。本章简单介绍信息系统安全相关知识及计算机新技术。

8.1 计算机系统安全概述

对计算机系统的威胁和攻击主要有两种:一种是对计算机系统实体的威胁和攻击;另一种是对信息的威胁和攻击。计算机犯罪和计算机病毒则包含了对实体和信息两方面的威胁和攻击。因此,为了保证计算机系统的安全性,必须系统、深入地研究计算机的安全技术与方法。

8.1.1 计算机系统面临的威胁和攻击

计算机系统所面临的威胁和攻击,大体上可以分为两种:一种是对实体的威胁和攻击,另一种是对信息的威胁和攻击。计算机犯罪和计算机病毒则包括了对计算机系统实体和信息两方面的威胁和攻击。

1. 对实体的威胁和攻击

对实体的威胁和攻击主要指对计算机及其外部设备和网络的威胁和攻击,如各种自然灾害、人为破坏、设备故障、电磁干扰、战争破坏以及各种媒体的被盗和丢失等。对实体的威胁和攻击,不仅会造成国家财产的重大损失,而且会使系统的机密信息严重破坏和泄漏。因此,对系统实体的保护是防止对信息威胁和攻击的首要一步,也是防止对信息威胁和攻击的天然屏障。

2. 对信息的威胁和攻击

对信息的威胁和攻击主要有两种,即信息泄漏和信息破坏。信息泄漏是指偶然地或故意地获得(侦收、截获、窃取或分析破译)目标系统中信息,特别是敏感信息,造成泄漏事件。信息破坏是指由于偶然事故或人为破坏,使信息的正确性、完整性和可用性受到破坏,如系统的信息被修改、删除、添加、伪造或非法复制,造成大量信息的破坏、修改或丢失。

对信息进行人为的故意破坏或窃取称为攻击。根据攻击的方法不同,可分为被动攻击和主动攻击两类。

(1) 被动攻击。

被动攻击是指一切窃密的攻击。它是在不干扰系统正常工作的情况下进行侦收、截获、窃取系统信息,以便破译分析;利用观察信息、控制信息的内容来获得目标系统的位置、身份;利用研究机密信息的长度和传递的频度获得信息的性质。被动攻击不容易被用户察觉出来,因此它的攻击持续性和危害性都很大。

被动攻击的主要方法有:直接侦收、截获信息、合法窃取、破译分析以及从遗弃的媒体中分析获取信息。

(2) 主动攻击。

主动攻击是指篡改信息的攻击。它不仅能窃密,而且威胁到信息的完整性和可靠性。它是以各种各样的方式,有选择地修改、删除、添加、伪造和重排信息内容,造成信息破坏。

主动攻击的主要方式有:窃取并干扰通信线中的信息、返回渗透、线间插入、非法冒充以及系统人员的窃密和毁坏系统信息的活动等。

3. 计算机犯罪

计算机犯罪是利用暴力和非暴力形式,故意泄露或破坏系统中的机密信息,以及危害系统实体和信息安全的不法行为。暴力形式是对计算机设备和设施进行物理破坏,如使用武器摧毁计算机设备,炸毁计算机中心建筑等。而非暴力形式是利用计算机技术知识及其他技术进行犯罪活动,它通常采用下列技术手段:线路窃收、信息捕获、数据欺骗、异步攻击、漏洞利用和伪造证件等。

目前全世界每年被计算机罪犯盗走的资金达 200 多亿美元,许多发达国家每年损失几十亿美元,计算机犯罪损失常常是常规犯罪的几十至几百倍。Internet 上的黑客攻击从 1986 年首例发现以来,十多年间以几何级数增长。计算机犯罪具有以下明显特征:采用先进技术、作案时间短、作案容易且不留痕迹、犯罪区域广、内部工作人员和青少年犯罪日趋严重等。

8.1.2　计算机系统安全的概念

计算机系统安全是指采取有效措施保证计算机、计算机网络及其中存储和传输信息的安全、防止因偶然或恶意的原因使计算机软硬件资源或网络系统遭到破坏及数据遭到泄露、丢失和篡改。

保证计算机系统的安全,不仅涉及安全技术问题,还涉及法律和管理管理问题,可以从以下三个方面保证计算机系统的安全:法律安全、管理安全和技术安全。

1. 法律安全

法律是规范人们一般社会行为的准则。它从形式上分有宪法、法律、法规、法令、条令、条例和实施办法、实施细则等多种形式。有关计算机系统的法律、法规和条例在内容上大体可以分成两类,即社会规范和技术规范。

社会规范是调整信息活动中人与人之间的行为准则。要结合专门的保护要求来定义合法的信息实践,并保护合法的信息实践活动,对于不正当的信息活动要受到民法和刑法的限制或惩处。它发布阻止任何违反规定要求的法令或禁令,明确系统人员和最终用户应该履行的权利和义务,包括宪法、保密法、数据保护法、计算机安全、保护条例、计算机犯罪法等。

技术规范是调整人和物、人和自然界之间的关系准则。其内容十分广泛,包括各种技术标准和规程,如计算机安全标准、网络安全标准、操作系统安全标准、数据和信息安全标准、电磁泄露安全极限标准等。这些法律和技术标准保证计算机系统安全的依据和主要的社会保障。

2. 管理安全

管理安全是指通过提高相关人员安全意识和制定严格的管理工作措施来保证计算机系统的安全,主要包括软硬件产品的采购、机房的安全保卫工作、系统运行的审计与跟踪、数据的备份与恢复、用户权限的分配、账号密码的设定与更改等方面。

许多计算机系统安全事故都是由于管理工作措施不到位及相关人员疏忽造成的,如自己的账号和密码不注意保密导致被他人利用,随便使用来历不明的软件造成计算机感染病毒,重要数据不及时备份导致破坏后无法恢复等。

3. 技术安全

计算机系统安全技术涉及的内容很多,尤其是在网络技术高速发展的今天。从使用出发,大体包括以下几个方面:

(1) 实体硬件安全。

计算机实体硬件安全主要是指为保证计算机设备和通信线路以及设施、建筑物的安全,预防地震、水灾、火灾、飓风和雷击,满足设备正常运行环境的要求。其中还包括电源供电系统以及为保证机房的温度、湿度、清洁度、电磁屏蔽要求而采取的各种方法和措施。

(2) 软件系统安全。

软件系统安全主要是针对所有计算机程序和文档资料,保证它们免遭破坏、非法复制和非法使用而采取的技术与方法,包括操作系统平台、数据库系统、网络操作系统和所有应用软件的安全,同时还包括口令控制、鉴别技术、软件加密、压缩技术、软件防复制以及防跟踪技术。

(3) 数据信息安全。

数据信息安全主要是指为保证计算机系统的数据库、数据文件和所有数据信息免遭破坏、修改、泄露和窃取,为防止这些威胁和攻击而采取的一切技术、方法和措施。其中包括对各种用户的身份识别技术、口令或指纹验证技术、存取控制技术和数据加密技术以及建立备份和系统恢复技术等。

(4) 网络站点安全。

网络站点安全是指为了保证计算机系统中的网络通信和所有站点的安全而采取的各种技术措施,除了主要包括防火墙技术外,还包括报文鉴别技术、数字签名技术、访问控制技术、加压加密技术、密钥管理技术、保证线路安全或传输安全而采取的安全传输介质、网络跟踪、检测技术、路由控制隔离技术以及流量控制分析技术等。

(5) 运行服务安全。

计算机系统运行服务安全主要是指安全运行的管理技术,它包括系统的使用与维护技术、随机故障维护技术、软件可靠性和可维护性保证技术、操作系统故障分析处理技术、机房环境检测维护技术、系统设备运行状态实测和分析记录等技术。以上技术的实施目的在于及时发现运行中的异常情况,及时报警,提示用户采取措施或进行随机故障维修和软件故障的测试与维修,或进行安全控制和审计。

(6) 病毒防治技术。

计算机病毒威胁计算机系统安全,已成为一个重要的问题。要保证计算机系统的安全运行,除了运行服务安全技术措施外,还要专门设置计算机病毒检测、诊断、杀除设施,并采取系统的预防方法防止病毒再入侵。计算机病毒的防治涉及计算机硬件实体、计算机软件、数据信息的压缩和加密解密技术。

（7）防火墙技术。

防火墙是介于内部网络或 Web 站点与 Internet 之间的路由器或计算机,目的是提供安全保护,控制谁可以访问内部受保护的环境,谁可以从内部网络访问 Internet。Internet 的一切业务,从电子邮件到远程终端访问,都要受到防火墙的鉴别和控制。

8.2　计算机病毒

在网络发达的今天,计算机病毒已经有了无孔不入,无处不在的趋势了。无论是上网,还是使用移动硬盘、U 盘都有可能使计算机感染病毒。计算机感染病毒后,就会出现计算机系统运行速度减慢、计算机系统无故发生死机、文件丢失或损坏等现象,给学习和工作带来许多不便。为了有效地、最大限度地防治病毒,学习计算机病毒的基本原理和相关知识是十分必要的。

8.2.1　计算机病毒的概念

计算机病毒(Computer Virus)在《中华人民共和国计算机信息系统安全保护条例》中被明确定义,是指"编制者在计算机程序中插入的破坏计算机功能或者破坏数据,影响计算机使用并且能够自我复制的一组计算机指令或者程序代码"。

计算机病毒其实就是一种程序,之所以把这种程序形象地称为计算机病毒,是因为其与生物医学上的"病毒"有类似的活动方式,同样具有传染和损失的特性。

现在流行的病毒是由人为故意编写的,多数病毒可以找到作者和产地信息,从大量的统计分析来看,病毒作者主要情况和目的是:一些天才的程序员为了表现自己和证明自己的能力,出于对上司的不满,为了好奇,为了报复,为了祝贺和求爱,为了得到控制口令,为了软件拿不到报酬预留的陷阱等.当然也有因政治,军事,宗教,民族.专利等方面的需求而专门编写的,其中也包括一些病毒研究机构和黑客的测试病毒。

计算机病毒一般不是独立存在的,而是依附在文件上或寄生在存储媒体中,能对计算机系统进行各种破坏;同时有独特的复制能力,能够自我复制;具有传染性,可以很快地传播蔓延,当文件被复制或在网络中从一个用户传送到另一个用户时,它们就随同文件一起蔓延开来,但又常常难以根除。

8.2.2　计算机病毒的概念特征

计算机病毒作为一种特殊程序,一般具有以下特征。

1. 寄生性

计算机病毒寄生在其他程序之中,当执行这个程序时,病毒就起破坏作用,而在未启动这个程序之前,它是不易被人觉的。

2. 传染性

是否具有传染性是判别一个程序是否为计算机病毒的最重要条件。计算机病毒是一段人为编制的计算机程序代码,这段程序代码一旦进入计算机并得以执行,它就会搜寻其他符合其传染条件的程序或存储介质,确定目标后再将自身代码插入其中,达到自我繁殖的目的。只要一台计算机染毒,如不及时处理,那么病毒会在这台机子上迅速扩散,计算机病毒可通过各种可能的渠道,如 U 盘、计算机网络去传染其他的计算机。计算机病毒的传染性也包含了其寄生性特征,即病毒程序是嵌入到宿主程序中,依赖与宿主程序的执行而生存。

3. 潜伏性

大多数计算机病毒程序,进入系统之后一般不会马上发作,而是能够在系统中潜伏一段时间,悄悄地进行传播和繁衍,当满足特定条件时才启动其破坏模块,也称发作。这些特定条件主要有:某个日期、时间;某种事件发生的次数,如病毒对磁盘访问次数、对中断调用次数、感染文件的个数和计算机启动次数等;某个特定的操作,如某种组合按键、某个特定命令、读写磁盘某扇区等。显然,潜伏性越好,病毒传染的范围就越大。

4. 隐蔽性

计算机病毒具有很强的隐蔽性,有的可以通过病毒软件检查出来,有的根本就查不出来,有的时隐时现、变化无常,这类病毒处理起来通常很困难。

5. 破坏性

计算机病毒发作时,对计算机系统的正常运行都会有一些干扰和破坏作用。主要造成计算机运行速度变慢、占用系统资源,破坏数据等,严重的则可能导致计算机系统和网络系统的瘫痪。即使是所谓的"良性病毒",虽然没有任何破坏动作,但也会侵占磁盘空间和内存空间。

8.2.3　计算机病毒的分类

对计算机病毒的分类有多种标准和方法,其中按照传播方式和寄生方式,可将病毒分为引导型病毒、文件型病毒、复合型病毒、宏病毒、脚本病毒、蠕虫病毒、"特洛伊木马"程序等。

1. 引导型病毒

引导型病毒是一种寄生在引导区的病毒,病毒利用操作系统的引导模块放在某个固定的位置,并且控制权的转交方式是以物理位置为依据,而不是以操作系统引导区的内容为依据,因而病毒占据该物理位置即可获得控制权,而将真正的引导区内容搬家转移,待病毒程序执行后,将控制权交给真正的引导区内容,使得这个带病毒的系统看似正常运转,而病毒已隐藏在系统中并伺机传染、发作。

2. 文件型病毒

寄生在可直接被 CPU 执行的机器码程序的二进制文件中的病毒称为文件型病毒。文件型病毒是对计算机的源文件进行修改,使其成为新的带毒文件。一旦计算机运行该文件就会被感染,从而达到传播的目的。

3. 复合型病毒

复合型病毒是一种同时具备了"引导型"和"文件型"病毒某些特征的病毒。这类病毒查杀难度极大,所用的杀毒软件要同时具备杀两类病毒的能力。

4. 宏病毒

宏病毒是指一种寄生在 Office 文档中的病毒。宏病毒的载体是包含宏病毒的 Office 文档,传播的途径多种多样,可以通过各种文件发布途径进行传播,比如光盘、Internet 文件服务等,也可以通过电子邮件进行传播。

5. 脚本病毒

脚本病毒通常是用脚本语言(如 JavaScript、VBScript)代码编写的恶意代码,该病毒寄生在网页中,一般通过网页进行传布。该病毒通常会修改 IE 首页、修改注册表等信息,造成用户使用计算机不方便。红色代码(Script.Redlof)、欢乐时光(VBS.Happytime)都是脚本病毒。

6. 蠕虫病毒

蠕虫病毒是一种常见的计算机病毒,与普通病毒有较大区别。该病毒并不专注于感染其他文件,而是专注于网络传播。该病毒利用网络进行复制和传播,传染途径是通过网络和电子邮件,可以在很短时间内蔓延整个网络,造成网络瘫痪。最初的蠕虫病毒定义是因为在 DOS 环境下,病毒发作时会在屏幕上出现一条类似虫子的东西,胡乱吞吃屏幕上的字母并将其改形。"勒索病毒"和"求职信"都是典型的蠕虫病毒。

7. "特洛伊木马"程序

"特洛伊木马"程序是一种秘密潜伏的能够通过远程网络进行控制的恶意程序。控制者可以控制被秘密植入木马的计算机的一切动作和资源,是恶意攻击者进行窃取信息等的工具。特洛伊木马没有复制能力,它的特点是伪装成一个实用工具或者一个可爱的游戏,这会诱使用户将其安装在自己的计算机上。

8.2.4　计算机病毒的危害

计算机病毒有感染性,它能广泛传播,但这并不可怕,可怕的是病毒的破坏性。一些良性病毒可能会干扰屏幕的显示,或使计算机的运行速度减慢;但一些恶性病毒会破坏计算机的系统资源和用户信息,造成无法弥补的损失。

无论是"良性病毒",还是"恶意病毒",计算机病毒总会有对计算机的正常工作带来危害,主要表现在以下两个方面:

1. 破坏系统资源

大部分病毒在发作时,都会直接破坏计算机的资源。如格式化磁盘、改写文件分配表和目录区、删除重要文件或者用无意义的"垃圾"数据改写文件、破坏 CMO5 设置等。轻则导致程序或数据丢失,重则造成计算机系统瘫痪。

2. 占用系统资源

寄生在磁盘上的病毒总要非法占用一部分磁盘空间,并且这些病毒会很快地传染,在短时间内感染大量文件,造成磁盘空间的严重浪费。

大多数病毒在动态下都是常驻内存的,这就必然抢占一部分系统资源。病毒所占用的基本内存长度大致与病毒本身长度相当。病毒抢占内存,导致内存减少,一部分软件不能运行。

病毒除占用存储空间外,还抢占中断、CPU 时间和设备接口等系统资源,从而干扰了系统的正常运行,使得正常运行的程序速度变得非常慢。

目前许多病毒都是通过网络传播的,某台计算机中的病毒可以通过网络在短时间内感染大量与之相连接的计算机。病毒在网络中传播时,占用了大量的网络资源,造成网络阻塞,使得正常文件的传输速度变得非常缓慢,严重的会引起整个网络瘫痪。

8.2.5　计算机病毒的防治

虽然计算机病毒的种类越来越多,手段越来越高明,破坏方式日趋多样化。但如果能采取适当、有效的防范措施，就能避免病毒的侵害，或者使病毒的侵害降低到最低程度。

对于一般计算机用户来说，对计算机病毒的防治可以从以下几个方面着手：

1. 安装正版杀毒软件

安装正版杀毒软件，并及时升级，定期扫描，可以有效降低计算机被感染病毒的概率。目前计算机反病毒市场上流行的反病毒产品很多，国内的著名杀毒软件有 360、瑞星、金山毒霸等，国外引进的著名杀毒软件有 Norton AntiVirus(诺顿)、Kaspersky Anti Virus(卡巴斯基)等。

2. 及时升级系统安全漏洞补丁

及时升级系统安全漏洞补丁，不给病毒攻击的机会。庞大的 Windows 系统必然会存在漏洞，包括螺虫、木马在内的一些计算机病毒会利用某些漏洞来入侵或攻击计算机。微软采用发布"补丁"的方式来堵塞已发现的漏洞，使用 Windows 的"自动更新"功能，及时下载和安装微软发布的重要补丁，能使这些利用系统漏洞的病毒随着相应漏洞的堵塞而失去活动。

3. 始终打开防火墙

防火墙具有很好的保护作用，入侵者必须首先穿越防火墙的安全防线，才能接触目标计算机。可以将防火墙配置成许多不同保护级别，高级别的保护可能会禁止一些服务，如视频流等。

4. 不随便打开电子邮件附件

目前，电子邮件已成计算机病毒最主要的传播媒介之一，一些利用电子邮件进行传播的病毒会自动复制自身并向地址簿中的邮件地址发送。为了防止利用电子邮件进行病毒传播，对正常交往的电子邮件附件中的文件应进行病毒检查，确定无病毒后才打开或执行，至于来历不明或可疑的电子邮件则应立即予以删除。

5. 不轻易使用来历不明的软件

对于网上下载或其他途径获取的盗版软件，在执行或安装之前应对其进行病毒检查，即便未查出病毒，执行或安装后也应十分注意是否有异常情况，以便达能及时发现病毒的侵入。

6. 备份重要数据

反计算机病毒的实践告诉人们：对于与外界有交流的计算机，正确采取各种反病毒措施，能显著降低病毒侵害的可能和程度，但绝不能杜绝病毒的侵害。因此，做好数据备份是抗病毒的最有效和最可靠的方法，同时也是抗病毒的最后防线。

7. 留意观察计算机的异常表现

计算机病毒是一种特殊的计算机程序，只要在系统中有活动的计算机病毒存在，它总会露出蛛丝马迹，即使计算机病毒没有发作，寄生在被感染的系统中的计算机病毒也会使系统表现出一些异常症状，用户可以根据这些异常症状及早发现潜伏的计算机病毒。如果发现计算机速度异常慢、内存使用率过高，或出现不明的文件进程时，就要考虑计算机是否已经感染病毒，并及时查杀。

8.3　防火墙技术

Internet 的普及应用使人们充分享受了外面的精彩世界，但同时也给计算机系统带来了极大的安全隐患。黑客使用恶意代码(如病毒、蠕虫和特洛伊木马)尝试查找未受保护的计算机。有些攻击仅仅是单纯的恶作剧，而有些攻击则是心怀恶意，如试图从计算机删除信息、使系统崩溃或甚至窃取个人信息,如密码或信用卡号。如何既能和外部互联网进行有效通信,充分互联网的丰富信息,又能保证内部网络或计算机系统的安全,防火墙技术应运而生。

8.3.1　防火墙的概念

防火墙的本义是指古代构筑和使用木质结构房屋的时候,为防止火灾的发生和蔓延,人们将坚固的石块堆砌在房屋周围作为屏障,这种防护构筑物就被称为"防火墙"。其实与防火墙一起起作用的就是"门"。如果没有门,各房间的人如何沟通呢,这些房间的人又如何进去呢? 当火灾发生时,这些人又如何逃离现场呢? 这个门就相当于防火墙技术中的"安全策略",所以防火墙实际并不是一堵实心墙,而是带有一些小孔的墙。这些小孔就是用来留给那些允许进行的通信,在这些小孔中安装了过滤机制。

如图 8-1 所示,网络防火墙是用来在一个可信网络(如内部网)与一个不可信网络(如外部网)间起保护作用的一整套装置,在内部网和外部网之间的界面上构造一个保护层,并强制所有的访问或连接都必须经过这一保护层,在此进行检查和连接。只有被授权的通信才能通过此保护层,从而保护内部网资源免遭非法入侵。

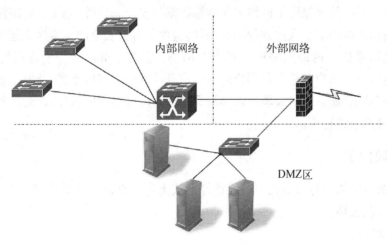

图 8-1　网络防火墙

防火墙的安全意义是双向的,一方面可以限制外部网对内部网的访问,另一方面也可以限制内部网对外部网中不健康或敏感信息的访问。防火墙的实现技术一般分为两种:一种是分组过滤技术,一种是代理服务技术。分组过滤技术是基于路由的技术,其机理是由分组过滤路由对 IP 分组进行选择,根据特定组织机构的网络安全准则过滤掉某些 IP 地址分组,从而保护内部网络。代理服务技术是由一个高层应用网关作为代理服务器,对于任何外部网的应用连接请求首先进行安全检查,然后再与被保护网络应用服务器连接。代理服务器技术可使内、外网信息流动受到双向监控。

8.3.2　防火墙的功能

防火墙一般具有如下功能:

1. 访问控制

这是防火墙最基本也是最重要的功能,通过禁止或允许特定用户访问特定资源,保护网络的内部资源和数据。防火墙禁止非法授权的访问,因此需要识别哪个用户可以访问何种资源。

2.内容控制

根据数据内容进行控制,例如,防火墙可以根据电子邮件的内容识别出垃圾邮件并过滤掉垃圾邮件。

3.日志记录

防火墙能记录下经过防火墙的访问行为,包括内、外网进出的情况。一旦网络发生了入侵或者遭到破坏,就可以对日志进行审计和查询。

4.安全管理

通过以防火墙为中心的安全方案配置,能将所有安全措施(如密码、加密、身份认证和审计等)配置在防火墙上。与将网络安全问题分散到各主机上相比,防火墙的这种集中式安全管理更经济、更方便。例如,在网络访问时,一次一个口令系统和其他的身份认证系统完全可以不必分散在各个主机上而集中在防火墙。

5.内部信息保护

通过利用防火墙对内部网络的划分,可实现内部网中重点网段的隔离,限制内部网络中不同部门之间互相访问,从而保障了网络内部敏感数据的安全。另外,隐私是内部网络非常关心的问题,一个内部网络中不引人注意的细节,可能包含了有关安全的线索而引起外部攻击者的兴趣,甚至由此而暴露了内部网络的某些安全漏洞。例如,Finger(一个查询用户信息的程序)服务能够显示当前用户名单以及用户的详细信息,DNS(域名服务器)能够提供网络中各主机的域名及相应的 IP 地址。防火墙可以隐藏那些透露内部细节的服务,以防止外部用户利用这些信息对内部网络进行攻击。

8.3.3　防火墙的类型

有多种方法对防火墙进行分类,从软、硬件形式上可以把防火墙分为软件防火墙、硬件防火墙以及芯片级防火墙。

1.软件防火墙

软件防火墙运行于特定的计算机上,它需要客户预先安装好的计算机操作系统的支持,一般来说这台计算机就是整个网络的网关。俗称"个人防火墙"。软件防火墙就像其他的软件产品一样需要先在计算机上安装并做好配置才可以使用。防火墙厂商中做网络版软件防火墙最出名的莫过于 Checkpoint。使用这类防火墙,需要网管对所工作的操作系统平台比较熟悉。

2.硬件防火墙

硬件防火墙是指"所谓的硬件防火墙"。之所以加上"所谓"二字是针对芯片级防火墙来说。它们最大的差别在于是否基于专用的硬件平台。目前市场上大多数防火墙都是这种所谓的硬件防火墙,他们都基于 PC 架构,就是说,它们和普通的家庭用的 PC 没有太大区别。在这些 PC 架构计算机上运行一些经过裁剪和简化的操作系统,最常用的有老版本的 Unix、Linux和 FreeBSD 系统。值得注意的是,由于此类防火墙采用的依然是别人的内核,因此依然会受到 OS(操作系统)本身的安全性影响。

传统硬件防火墙一般至少应具备三个端口,分别接内网,外网和 DMZ 区(非军事化区),现在一些新的硬件防火墙往往扩展了端口,常见四端口防火墙一般将第四个端口作为配置口、管理端口。很多防火墙还可以进一步扩展端口数目。

3. 芯片级防火墙

芯片级防火墙基于专门的硬件平台,没有操作系统。专有的 ASIC 芯片促使它们比其他种类的防火墙速度更快,处理能力更强,性能更高。做这类防火墙最出名的厂商有 NetScreen、FortiNet、Cisco 等。这类防火墙由于是专用操作系统,因此防火墙本身的漏洞比较少,不过价格相对比较高昂。

防火墙技术虽然出现了许多,但总体来讲可分为"包过滤型"和"应用代理型"两大类。前者以以色列的 Checkpoint 防火墙和美国 Cisco 公司的 PIX 防火墙为代表,后者以美国 NAI 公司的 Gauntlet 防火墙为代表。

8.3.4　360 木马防火墙

目前市场上有免费的、针对个人计算机用户的安全软件,具有某些防火墙的功能,例如:360 木马防火墙。

1. 360 木马防火墙简介

360 木马防火墙是一款专用于抵御木马入侵的防火墙,应用 360 独创的"亿级云防御",从防范木马入侵到系统防御查杀,从增强网络防护到加固底层驱动,结合先进的"智能主动防御",多层次全方位的保护系统安全,每天为 3.2 亿 360 用户拦截木马入侵次数峰值突破 1.2 亿次,居各类安全软件之首,已经超越一般传统杀毒软件防护能力。木马防火墙需要开机随机启动,才能起到主动防御木马的作用。

360 木马防火墙属于云主动防御安全软件,非网络防火墙(即传统简称为防火墙)。

360 木马防火墙内置在 360 安全卫士 7.1 及以上版本,360 杀毒 1.2 及以上版本中,完美支持 Windows 7 64 位系统。

2. 360 木马防火墙特点

传统安全软件"重查杀、轻防护",往往在木马潜入电脑盗取账号后,再进行事后查杀,即使杀掉了木马,也会残留,系统设置被修改,网民遭受的各种损失也无法挽回。360 木马防火墙则创新出"防杀结合、以防为主",依靠抢先侦测和云端鉴别,智能拦截各类木马,在木马盗取用户账号、隐私等重要信息之前,将其"歼灭",有效解决了传统安全软件查杀木马的滞后性缺陷。

360 木马防火墙采用了独创的"亿级云防御"技术。它通过对电脑关键位置的实时保护和对木马行为的智能分析,并结合了 3 亿 360 用户组成的"云安全"体系,实现了对用户电脑的超强防护和对木马的有效拦截。根据 360 安全中心的测试,木马防火墙拦截木马效果是传统杀毒软件的 10 倍以上。而其对木马的防御能力,还将随 360 用户数的增多而进一步提升。

为了有效防止驱动级木马、感染木马、隐身木马等恶性木马的攻击破坏,360 木马防火墙采用了内核驱动技术,拥有包括网盾、局域网、U 盘、驱动、注册表、进程、文件、漏洞在内的八层"系统防护",能够全面抵御经各种途径入侵用户电脑的木马攻击。另外,360 木马防火墙还有"应用防护",对浏览器、输入法、桌面图标等木马易攻击的地方进行防护。木马防火墙需要开机自动启动,才能起到主动防御木马的作用。

3. 系统防护

360 木马防火墙由八层系统防护及三类应用防护组成。系统防护包括:网页防火墙、漏洞防火墙、U盘防火墙、驱动防火墙、进程防火墙、文件防火墙、注册表防火墙、ARP防火墙,如图8-2所示。应用防护包括:桌面图标防护、输入法防护、浏览器防护。

图8-2 软件360木马防火墙的主界面

(1)网页防火墙。

主要用于防范网页木马导致的账号被盗,网购被欺诈。用户开启后在浏览危险网站时360会予以提示,对于钓鱼网站,360网盾会提示登录真正的网站。

此外网页防火墙还可以拦截网页的一些病毒代码,包含屏蔽广告、下载后鉴定等功能,如果安装360安全浏览器,则可以在下载前对文件进行鉴定,防止下载病毒文件。

(2)漏洞防火墙。

微软发布漏洞公告后用户往往不能在第一时间进行更新,此外如果使用的是盗版操作系统,微软自带的 Windows Update 不能使用,360漏洞修复可以帮助用户在第一时间打上补丁,防止各类病毒入侵电脑。

(3)U盘防火墙。

在用户使用U盘过程中进行全程监控,可彻底拦截感染U盘的木马,插入U盘时可以自动查杀。

(4)驱动防火墙。

驱动木马通常具有很高的权限,破坏力强,通常可以很容易地执行键盘记录,结束进程,强删文件等操作。有了驱动防火墙可以阻止病毒驱动的加载。从系统底层阻断木马,加强系统内核防护。

(5)进程防火墙。

在木马即将运行时阻止木马的启动,拦截可疑进程的创建。

（6）文件防火墙。

防止木马篡改文件，防止快捷键等指令被修改。

（7）注册表防火墙。

对木马经常利用的注册表关键位置进行保护，阻止木马修改注册表，从而达到用于防止木马篡改系统，防范电脑变慢、上网异常的目的。

（8）ARP 防火墙。

防止局域网木马攻击导致的断网现象，如果是非局域网用户，不必使用该功能。

4. 应用防护

（1）浏览器防护。

锁定所有外链的打开方式，打开此功能可以保证所有外链均使用用户设置的默认浏览器打开，该功能不会对任何文件进行云引擎验证。

（2）输入法防护。

当有程序试图修改注册表中输入法对应项时，360 木马防火墙会对操作输入法注册表的可执行程序以及 IME 输入法可执行文件进行云引擎验证。

（3）桌面图标防护。

高级防护监控所有桌面图标等相关的修改，提示桌面上的变化。

8.4　系统漏洞与补丁

为什么计算机病毒、恶意程序、木马能如此容易地入侵计算机？系统漏洞是其中的一个主要因素。正确认识系统漏洞，并且重视及时修补系统漏洞，对计算机系统的安全至关重要。

8.4.1　操作系统漏洞和补丁简介

1. 系统漏洞

根据唯物史观的认识，这个世界上没有十全十美的东西存在。同样，作为软件界的大鳄微软（Microsoft）生产的 Windows 操作系统同样也不会例外。随着时间的推移，它总是会有一些问题被发现，尤其是安全问题。

所谓系统漏洞，就是微软 Windows 操作系统中存在的一些不安全组件或应用程序。黑客们通常会利用这些系统漏洞，绕过防火墙、杀毒软件等安全保护软件，对安装 Windows 系统的服务器或者计算机进行攻击，从而控制被攻击计算机的目的，如冲击波、震荡波等病毒都是很好的例子。一些病毒或流氓软件也会利用这些系统漏洞，对用户的计算机进行感染，以达到广泛传播的目的。这些被控制的计算机，轻则导致系统运行非常缓慢，无法正常使用计算机；重则导致计算机上的用户关键信息被盗窃。

2. 补丁

针对某一个具体的系统漏洞或安全问题而发布的专门解决该漏洞或安全问题的小程序，通常称为修补程序，也叫系统补丁或漏洞补丁。同时，漏洞补丁不限于 Windows 系统，大家熟悉的 Office 产品同样会有漏洞，也需要打补丁。微软公司为提高其开发的各种版本的 Windows 操作系统和 Office 软件的市场占有率，会及时地把软件产品中发现的重大问题以安全公告的形式公布于众,这些公告都有一个唯一的编号。

3. 不补漏洞的危害

在互联网日益普及的今天,越来越多的计算机连接到互联网,甚至某些计算机保持"始终在线"的连接,这样的连接使他们暴露在病毒感染、黑客入侵、拒绝服务攻击以及其他可能的风险面前。操作系统是一个基础的特殊软件,它是硬件、网络与用户的一个接口。不管用户在上面使用什么应用程序或享受怎样的服务,操作系统一定是必用的软件。因此它的漏洞如果不补,就像门不上锁一样地危险,轻则资源耗尽,重则感染病毒、隐私尽泄,甚至会产生经济上的损失。

8.4.2　操作系统漏洞的处理

当系统漏洞被发现以后,微软会及时发布漏洞补丁。通过安装补丁,就可以修补系统中相应的漏洞,从而避免这些漏洞带来的风险。

有多种方法可以给系统打漏洞补丁,例如,Windows 自动更新、微软的在线升级。各种杀毒、反恶意软件中也集成了漏洞检测及打漏洞补丁功能。下面介绍微软的在线升级及使用360 安全卫士给系统打漏洞补丁的方法。

1. 微软的在线升级安装漏洞补丁

登录微软的软件更新网站 http://windowsupdate.microsoft.com,单击页面上的"快速"按钮或者"自定义"按钮,该服务将自动检测系统需要安装的补丁,并列出需要安装更新的补丁。单击"安装更新程序"按钮后,即开始下载安装补丁,如图 8-3 所示。

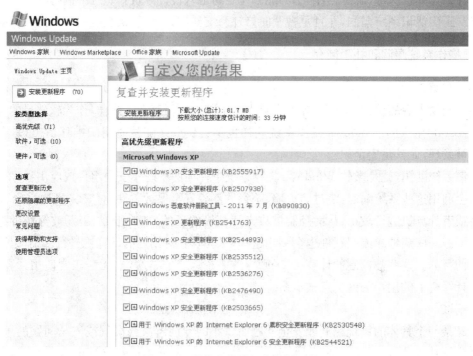

图 8-3　微软在线升级安装漏洞补丁

登录微软件更新网站,安装漏洞补丁时,必须开启"Windows 安全中心"中的"自动更新"

功能,并且所使用操作系统必须是正版的,否则很难通过微软的正版验证。

2. 使用 360 安全卫士安装漏洞补丁

360 安全卫士中的"修复漏洞"功能相当于 Windows 中的"自动更新"功能,能检测用户系统中的安全漏洞,下载和安装来自微软官方网站的补丁。

要检测和修复系统漏洞,可单击"修复漏洞"标签,360 安全卫士即开始检测系统中的安全漏洞,检测完成后会列出需要安装更新的补丁,如图 8-4 所示。单击"立即修复"按钮,即开始下载和安装补丁。

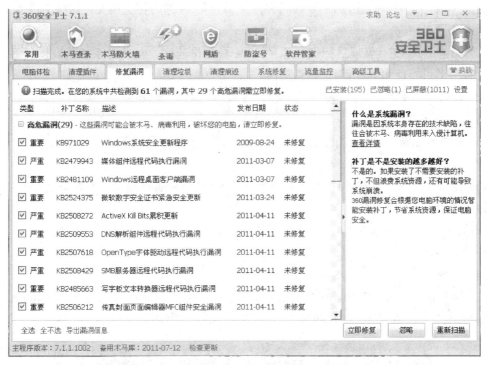

图 8-4　360 安全卫士安装漏洞补丁

8.5　系统备份与还原

病毒破坏、硬盘故障和误操作等各种原因,都有可能会引起 Windows 系统不能正常运行甚至系统崩溃,往往需要重新安装 Windows 系统。成功安装操作系统、安装运行在操作系统上的各种应用程序,短则几个小时,多则几天,所以重装系统是一项费时费力的工作。

通常系统安装完成以后,都要进行系统备份。系统发生故障时,利用系统备份进行系统还原。目前常用备份与还原的方法主要有 Norton Ghost 软件及 Windows 系统(Windows 7 以上版本)中的备份与还原工具。

8.5.1　用 Ghost 对系统备份和还原

Ghost(General Hardware Oriented System Transfer)是 Symantec 公司的 Norton 系列软件之一,其主要功能是:能进行整个硬盘或分区的直接复制;能建立整个硬盘或分区的镜像文件即对硬盘或分区备份,并能用镜像文件恢复还原整个硬盘或分区等。这里的分区是指主分区或扩展分区中的逻辑盘,如 C 盘。

利用 Ghost 对系统进行备份和还原时,Ghost 先为系统分区如 C 盘生成一个扩展为 gho 的镜像文件,当以后需要还原系统时,再用该镜像文件还原系统分区,仅仅需要几十分钟,就可以快速地恢复系统。

在系统备份和还原前应注意如下事项:

(1) 在备份系统前,最好将一些无用的文件删除以减少 Ghost 文件的体积。通常无用的文件有:Windows 的临时文件夹 IE 临时文件夹 Windows 的内存交换文件这些文件通常要占去 100 多兆硬盘空间。

(2) 在备份系统前,整理目标盘和源盘,以加快备份速度。在备份系统前及恢复系统前,最好检查一下目标盘和源盘,纠正磁盘错误。

(3) 在选择压缩率时,建议不要选择最高压缩率,因为最高压缩率非常耗时,而压缩率又没有明显的提高。

(4) 在恢复系统时,最好先检查一下要恢复的目标盘是否有重要的文件还未转移,千万不要等硬盘信息被覆盖后才后悔莫及。

(5) 在新安装了软件和硬件后,最好重新制作映像文件,否则很可能在恢复后出现一些莫名其妙的错误。

下面以 Ghost 32 11.0 为版本,简述利用 Ghost 进行系统备份和还原的方法。

1. 系统备份

利用 Ghost 进行系统备份的操作步骤如下:

(1) 用光盘或 U 盘启动操作系统 PE 版,执行 Ghost,在出现的"About Symantec Ghost"对话框中单击"OK"按钮后,打开如图 8-5 所示的 Ghost 主窗口。

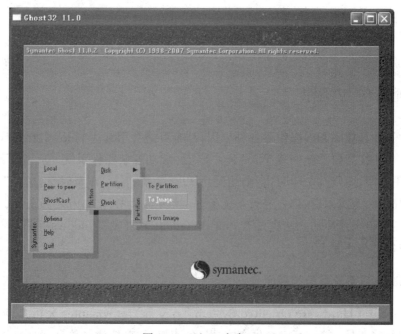

图 8-5 Ghost 主窗口

（2）执行"Local（本地）"｜"Partition（分区）"｜"To Image（生成镜像文件）"命令，打开"Select local source drive by clicking on the drive number（选择要制作镜像文件所在分区的硬盘）"对话框，如图 8-6 所示。

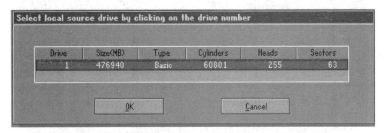

图 8-6 选择要制作镜像文件所在分区的硬盘对话框

（3）由于计算机系统中只有一个硬件盘，所以这里选择 Drive1 作为要制作镜像文件所在分区的硬盘，单击"OK"按钮，打开"Select source partitions from Basic drive：1（选择源分区）"对话框，该对话框列出了 Drive1 硬盘主分区和扩展分区中的各个逻辑盘及其文件系统类型、卷标、容量和数据已占用空间的大小等信息，如图 8-7 所示。

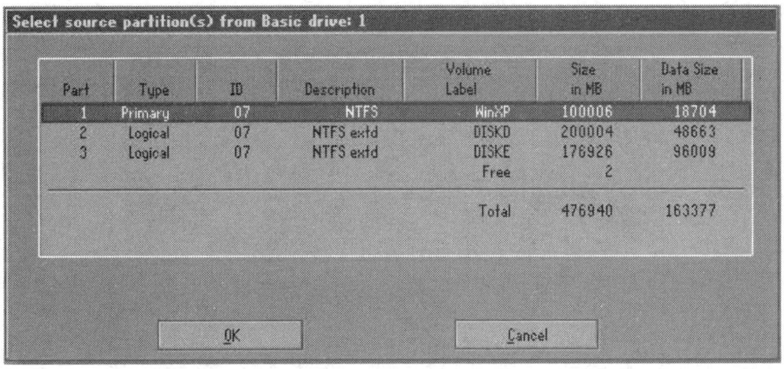

图 8-7 选择要制作镜像文件所在分区对话框

（4）在图 8-7 所示的对话框中，列出了 3 个逻辑盘，即主分区中的卷标为"WinXP"、扩展分区中卷标为"DISKD"及扩展分区中卷标为"DISKE"的分区。这里选择 Part 1（C 逻辑盘），作为要制作镜像文件所在的分区，单击"OK"按钮，打开"File name to copy image to（指定镜像文件名）"对话框。

（5）选择镜像文件的存放位置"D：1.2：[DISKD]NTFS drive"，"1.2"的意思是第一个硬盘中的第二个逻辑盘即 D 盘；输入镜像文件的文件名"systemback"，如图 8-8 所示。

（6）单击"Save"按钮，打开选择 Compress Image（1916）压缩方式对话框，如图 8-9 所示。有 3 个按钮表示 3 种选择："No"（不压缩）、"Fast"（快速压缩）和"High（高度压缩）"。高度压缩可节省磁盘空间，但备份速度相对较慢，而不压缩或快速压缩虽然占用磁盘空间较大，但备份速度较快，不压缩最快，这里选择"Fast"。

（7）选择压缩方式后，打开确认对话框，单击"Yes"按钮，开始制作镜像文件，如图 8-10 所示。等进度条走到 100%，表示镜像文件制作完毕，返回主窗口。

（8）执行"Quit"命令，退出 Ghost，重新启动计算机，完成系统备份。

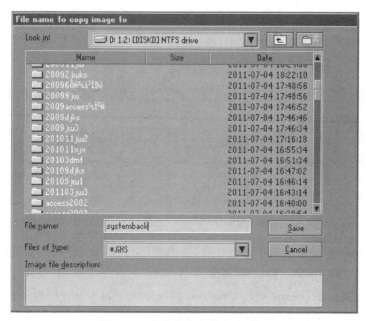

图 8-8　指定镜像文件名对话框

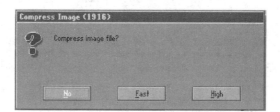

图 8-9　选择压缩方式对话框

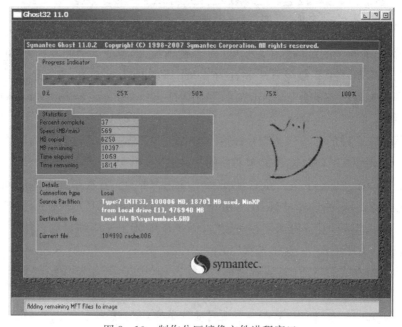

图 8-10　制作分区镜像文件进程窗口

2. 系统备份的还原

利用备份的镜像文件可恢复分区到备份时的状态，目标分区可以是原分区，也可以是容量大于原分区的其他分区，包括另一台计算机硬盘上的分区。

利用 Ghost 进行系统备份的还原操作步骤如下：

（1）用光盘或 U 盘启动操作系统，执行 Ghost，在出现"About Symantec Ghost"对话框中单击"OK"按钮后，屏幕出现如图 8-5 所示的 Ghost 主窗口。

（2）执行"Local（本地）"|"Partition（分区）"|"From Image（从镜像文件中恢复）"命令，打开"Image file name to restore from（选择要恢复的镜像文件）"对话框，如图 8-11 所示。

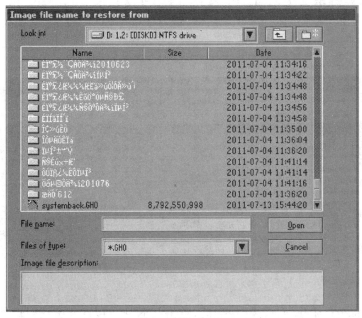

图 8-11　选择要恢复的镜像文件对话框

（3）选定要恢复的镜像文件"systemback.GHO"后，单击"Open"按钮后，打开"Select source partition from image file（从镜像文件中选择源分区）"对话框，如图 8-12 所示。该对话框列出了镜像文件中所包含的分区信息，可以是一个分区，也可以是多个不同的分区。

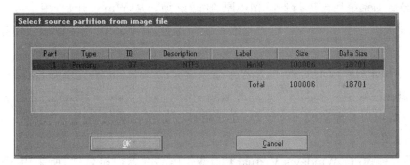

图 8-12　选择镜像文件中分区

（4）选择镜像文件中要恢复的分区后，单击"OK"按钮，打开"Select local destination drive（选择目标磁盘）"对话框，要求选择要恢复的目标分区所在的硬盘，如图 8-13 所示。

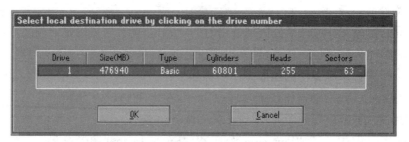

图 8-13 选择要恢复的目标分区所在的硬盘

（5）由于计算机系统中只有一个硬盘，因此可以直接单击"OK"按钮，打开"Select destination partition（选择目标分区）"对话框，该对话框中列出了目标硬盘上已有的分区，如图 8-14 所示。

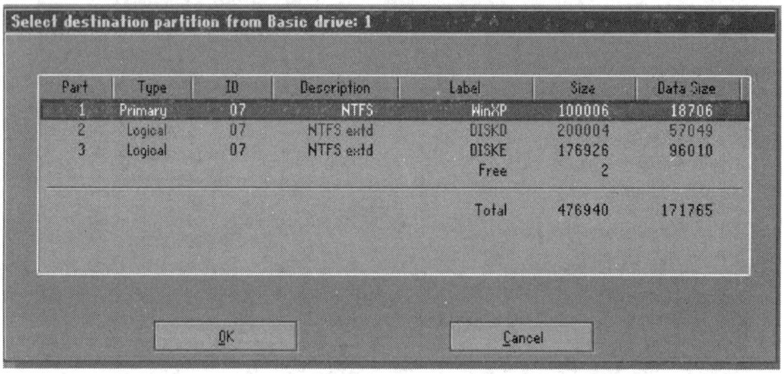

图 8-14 选择目标分区对话框

（6）选择目标分区 Part 1（C 逻辑盘）后，单击"OK"按钮，打开确认对话框，单击"Yes"按钮，开始从指定的镜像文件恢复指定分区，再次等待进度条走完 100%，镜像恢复成功。

8.5.2 用 VHD 技术进行系统备份与还原

用 Ghost 对系统备份和还原时，不能在操作系统本身运行时进行，必须用第三方软件 Windows PE 启动系统后再进行备份和还原，比较麻烦。从 Win 7 开始，用户可以通过 VHD 技术在控制面板里为 Windows 创建完整的系统映像，选择将映像直接备份在硬盘上、网络中的其他计算机或者光盘上。

VHD（Virtual Hard Disk）的中文名为虚拟硬盘。VHD 其实应该被称作 VHD 技术或 VHD 功能，就是能够把一个 VHD 文件虚拟成一个硬盘的技术，VHD 文件其扩展名是.vhd，一个 VHD 文件可以被虚拟成一个硬盘，在其中可以如在真实硬盘中一样操作：读取、写入、创建分区、格式化。

VHD 最早被 VPC（Windows Virtual PC，微软出品的虚拟机软件）所采用 VHD 是 VPC 创建的虚拟机的一部分如同硬盘是电脑的一部分，VPC 虚拟机里的文件存放在 VHD 上如同电脑里的文件存在硬盘上，然后 VHD 被用于 Windows Vista 完整系统备份，就是将完整的系统数据保存在一个 VHD 文件之中（Windows 7 以后的版本继承了此功能），在 Windows 7

出现之前 VHD 一直默默无闻如小家碧玉不为人所知,但随着 Windows 7 的横空出世 VHD 开始崭露头角乃至大放异彩。

由于 Windows 7 已将 WinRE(Windows Recovery Environment)集成在了系统分区,这使它的还原和备份一样容易实现。也就是说,Windows 7 以上版本的操作系统可以不需要用第三方软件 Windows PE 启动后对系统进行备份和还原。

1. 创建 Windows 7 的系统映像

利用 VHD 创建 Windows 7 的系统映像的操作步骤如下:

① 打开控制面板,执行"备份与还原"|"创建系统映像"命令,打开"创建系统映像"对话框,如图 8 – 15 所示。

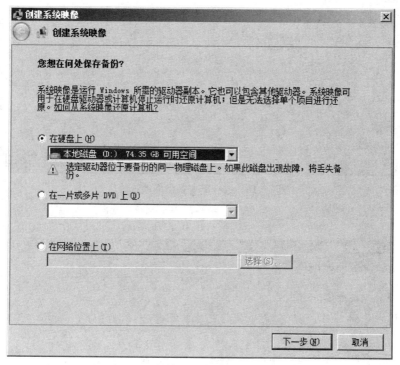

图 8 – 15　选择系统备份的目标分区

一般情况下,Windows 7 会自动扫描磁盘以帮助用户选择系统备份的目标分区,用户也可指定系统备份的目标分区。

② 单击"下一步"按钮,选择用户需要进行备份的系统分区。默认情况下,Windows 会自动选中系统所在分区,其他分区处于可选择状态,如图 8 – 16 所示。

③ 这里只需要选择系统分区,继续单击"下一步"按钮,打开如图 8 – 17 所示的对话框,确认备份设置。

④ 单击"开始备份"按钮,Windows 开始进行备份工作。此备份过程完全在 Windows 下进行,如图 8 – 18 所示。

⑤ 在映像创建完毕后,Windows 会询问是否创建系统启动光盘,如图 8 – 19 所示。这个启动光盘是一个最小化的 Windows PE,用于用户在无法进入 WinRE 甚至连系统安装光盘都丢失的情况下恢复系统使用。

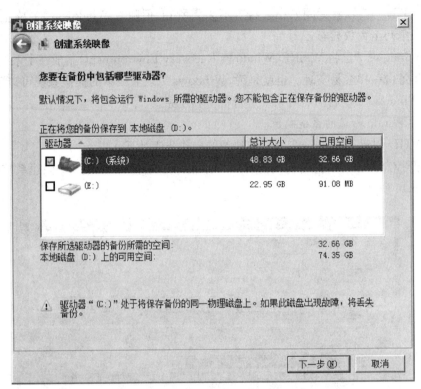

图 8-16 选择需要备份的系统分区

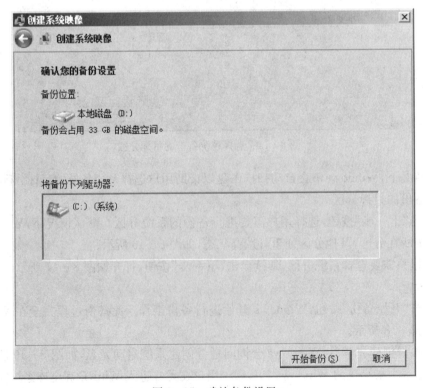

图 8-17 确认备份设置

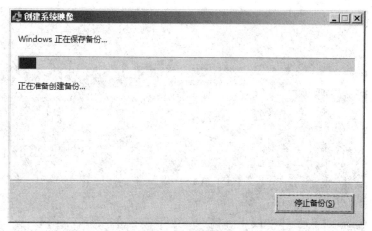

图 8 - 18　备份进行中

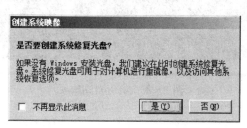

图 8 - 19　是否要创建系统修复光盘

⑥ 单击"否"命令按钮,完成系统映像的创建。

Windows 7 创建的映像文件存放在名为"WindowsImageBackup"的文件夹下,内部文件夹以备份时的计算机名命名。在使用 WinRE 进行映像还原时,Windows 会查找这两个文件夹的名称,用户可以改变 WindowsImageBackup 存放的位置,但是不可以改变它的名称。Windows 7 的映像文件是以 .vhd 的形式存在的,vhd 是微软的虚拟机 Virtual PC 的文件类型。

2. 使用 Windows 7 内置的 WinRE 还原

备份完成后就可以方便地对系统进行还原,还原方法有:使用控制面板中的"备份和还原"工具还原、使用 Windows 7 内置的 WinRE 还原及 Windows 7 系统盘引导还原,这里介绍第二种还原方法:使用 Windows 7 内置的 WinRE 还原。

由于 Windows 7 已经把 WinRE(Windows Recovery Environment)集成在了系统所在分区,这使得 Windows 的还原过程也变得如此轻松。当系统受损或计算机无法进入系统时,可以按以下步骤轻松还原计算机:

① 开机预启动时按 F8 功能键进入高级启动选项,如图 8 - 20 所示,选择"修复计算机"命令后,按回车进入 WinRE。

② 在打开的"系统恢复选项"对话框中,如图 8 - 21 所示,选择默认的键盘输入方式后,单击"下一步"命令按钮。

③ 在打开的"系统恢复选项"对话框中,如图 8 - 22 所示,选择系统备份时的用户名和密码后,单击"确定"命令按钮。

④ 在打开的"系统恢复选项"对话框中,选择恢复工具,WinRE 提供了多项实用的系统修复工具,如图 8 - 23 所示。现在目的是为了从映像还原计算机,因此选择"系统映像恢复"命令。

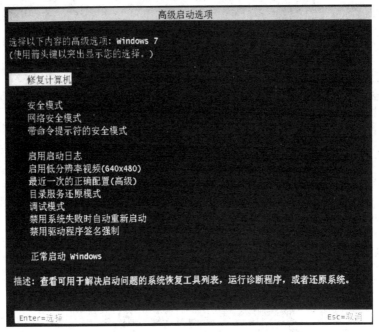

图 8-20　高级自动选项

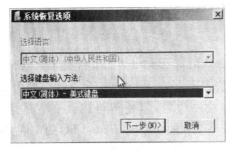

图 8-21　系统恢复选项对话框

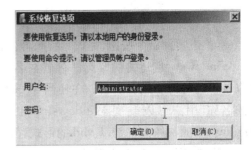

图 8-22　选择系统备份的用户名和密码

图 8-23　选择恢复工具

⑤ Windows 自动扫描磁盘中的系统映像文件,在打开的"对计算机进行重镜像"对话框中,如图 8-24 所示,选择"使用最新的可用系统映像",单击"下一步"命令按钮。

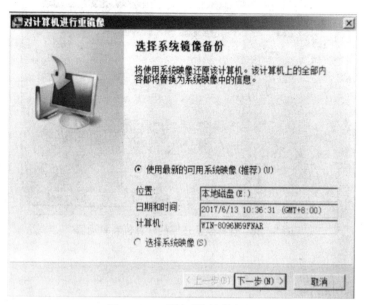

图 8-24 选择系统镜像备份

⑥ 在接下来打开的"对计算机进行重镜像"对话框中,如图 8-25 所示,单击"下一步"命令按钮。

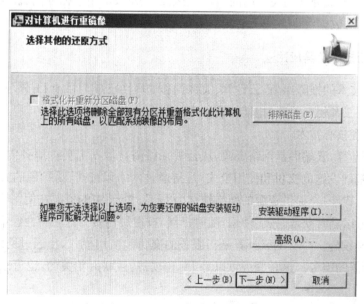

图 8-25 选择其他的还原方式

⑦ 在接下来打开的"对计算机进行重镜像"对话框中,如图 8-26 所示,选择默认的要还原的计算机、驱动器,单击"完成"按钮,系统开始恢复,直至完成还原。

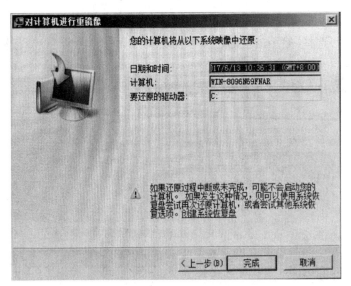

图 8-26　选择默认还原的计算机和驱动器

8.6　计算机新技术

随着大数据时代的到来，人们的各种互动、设备、社交网络和传感器正在生成海量的数据。云计算、物联网、社交网络等新兴服务促使人类社会的数据种类和规模正以前所未有的速度增长，大数据时代正式到来。数据从简单的处理对象开始转变为一种基础性资源，如何更好地管理和利用大数据已经成为普遍关注的问题，大数据的规模效应给数据存储、管理以及数据分析带来了极大的挑战，数据管理方式上的变革正在酝酿和发生。

8.6.1　计算机新技术及其应用

随着互联网技术的推陈出新，云计算、大数据和物联网已成为目前 IT 领域最有发展前景、最热门新兴技术，三者相互关联，相辅相成。三大前沿技术将成为影响全球科技格局和国家创新竞争力的趋势和核心技术。

一般来讲云计算，云端即是网络资源，从云端来按需获取所需要的服务内容就是云计算。云计算是指 IT 基础设施的交付和使用模式，是指通过网络以按需、易扩展的方式获得所需的资源（硬件、平台、软件）。提供资源的网络被称为"云"。"云"中的资源在使用者看来是可以无限扩展的，并且可以随时获取，按需使用，随时扩展，按使用付费。这种特性经常被称为像水电一样使用 IT 基础设施。广义的云计算是指服务的交付和使用模式，指通过网络以按需、易扩展的方式获得所需的服务。这种服务可以是 IT 和软件、互联网相关的，也可以是任意其他的服务。

大数据（Big Data），就是指种类多、流量大、容量大、价值高、处理和分析速度快的真实数据汇聚的产物。大数据或称巨量资料或海量数据资源，指的是所涉及的资料量规模巨大到无法通过目前主流软件工具，在合理时间内达到撷取、管理、处理、并整理成为帮助企业经营决策更积极目的的资讯。

简单理解：物物相连的互联网，即物联网。物联网在国际上又称为传感网，这是继计算机、互联网与移动通信网之后的又一次信息产业浪潮。世界上的万事万物，小到手表、钥匙，大到汽车、楼房，只要嵌入一个微型感应芯片，把它变得智能化，这个物体就可以"自动开口说话"。再借助无线网络技术，人们就可以和物体"对话"，物体和物体之间也能"交流"，这就是物联网。随着信息技术的发展，物联网行业应用版图不断增长。如：智能交通、环境保护、政府工作、公共安全、平安家居、智能消防、工业监测、老人护理、个人健康、花卉栽培、水系监测、食品溯源等。

物联网产生大数据，大数据助力物联网。目前，物联网正在支撑起社会活动和人们生活方式的变革，被称为继计算机、互联网之后冲击现代社会的第三次信息化发展浪潮。物联网在将物品和互联网连接起来，进行信息交换和通信，以实现智能化识别、定位、跟踪、监控和管理的过程中，产生的大量数据也在影响着电力、医疗、交通、安防、物流、环保等领域商业模式的重新形成。物联网握手大数据，正在逐步显示出巨大的商业价值。

大数据是高速跑车，云计算是高速公路。在大数据时代，用户的体验与诉求已经远远超过了科研的发展，但是用户的这些需求却依然被不断地实现。在云计算、大数据的时代，那些科幻片中的统计分析能力已初具雏形，而这其中最大的功臣并非工程师和科学家，而是互联网用户，他们的贡献已远远超出科技十年的积淀。

物联网、云计算等新兴技术也将被应用到电子商务之中。电子商务产业链整合及物流配套，正是物联网、云计算这些新兴技术的"用武之地"。

8.6.2　大数据

大数据是近几年来新出现的一个名词，它相比传统的数据描述，具有不同的特征。

1. 大数据的概述

最早提出大数据时代到来的是麦肯锡："数据，已经渗透到当今每一个行业和业务职能领域，成为重要的生产因素。人们对于海量数据的挖掘和运用，预示着新一波生产率增长和消费者盈余浪潮的到来。"

（1）大数据的定义。

对于"大数据"（Big Data），研究机构 Gartner 给出了这样的定义："大数据"是需要新处理模式才能具有更强的决策力、洞察发现力和流程优化能力来适应海量、高增长率和多样化的信息资产。

麦肯锡全球研究所给出的定义是：一种规模大到在获取、存储、管理、分析方面大大超出了传统数据库软件工具能力范围的数据集合，具有海量的数据规模、快速的数据流转、多样的数据类型和价值密度低四大特征。

大数据技术的战略意义不在于掌握庞大的数据信息，而在于对这些含有意义的数据进行专业化处理。换而言之，如果把大数据比作一种产业，那么这种产业实现盈利的关键，在于提高对数据的"加工能力"，通过"加工"实现数据的"增值"。

从技术上看，大数据与云计算的关系就像一枚硬币的正反面一样密不可分。大数据必然无法用单台的计算机进行处理，必须采用分布式架构。它的特色在于对海量数据进行分布式数据挖掘。但它必须依托云计算的分布式处理、分布式数据库和云存储、虚拟化技术。随着云时代的来临,大数据也吸引了越来越多的关注。分析师团队认为,大数据通常用来形容一个公司创造的大量非结构化数据和半结构化数据,这些数据在下载到关系型数据库用于分析时会花费过多时间和金钱。大数据分析常和云计算联系到一起,因为实时的大型数据集分析需要像 MapReduce 一样的框架来向数十、数百或甚至数千的电脑分配工作。

云计算和大数据的关系如图 8-27 所示,两者之间结合后会产生如下效应:可以提供更多基于海量业务数据的创新型服务;通过云计算技术的不断发展降低大数据业务的创新成本。

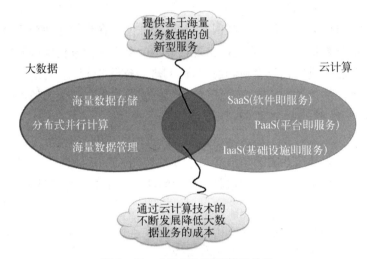

图 8-27　大数据与云计算的关系

大数据需要特殊的技术,以有效地处理大量的容忍经过时间内的数据。适用于大数据的技术,包括大规模并行处理(MPP)数据库、数据挖掘技术、分布式文件系统、分布式数据库、云计算平台、互联网和可扩展的存储系统。

(2) 大数据的特征。

业界(IBM 最早定义)将大数据的特征归纳为四个“V”:Volume(大量),Variety(多样),Value(价值),Velocity(高速)。或者说大数据特点有四个层面:第一,数据体量巨大,大数据的起始计量单位至少是 P、E 或 Z;第二,数据类型繁多,比如,网络日志、视频、图片、地理位置信息等;第三,价值密度低,商业价值高;第四,处理速度快。最后这一点也是和传统的数据挖掘技术有着本质的不同。

存储单元最小的基本单位是 bit,按顺序给出所有单位:bit、Byte、KB、MB、GB、TB、PB、EB、ZB、YB、BB、NB、DB。

它们按照进率 1 024(2 的 10 次方)来计算:

1 Byte ＝8 bit

1 KB ＝ 1 024 Bytes ＝ 8 192 bit

1 MB ＝ 1 024 KB ＝ 1 048 576 Bytes

1 GB ＝ 1 024 MB ＝ 1 048 576 KB

1 TB ＝ 1 024 GB ＝ 1 048 576 MB

1 PB ＝ 1 024 TB ＝ 1 048 576 GB

1 EB ＝ 1 024 PB ＝ 1 048 576 TB

1 ZB = 1 024 EB = 1 048 576 PB

1 YB = 1 024 ZB = 1 048 576 EB

1 BB = 1 024 YB = 1 048 576 ZB

1 NB = 1 024 BB = 1 048 576 YB

1 DB = 1 024 NB = 1 048 576 BB

除了上面的 4 个"V"以外，数据的真实性（Veracity）、复杂性（Complexity）和可变性（Variability）等也是大数据的特征。图 8-28 列出了大数据的一些相关特征。

图 8-28　大数据的相关特征

（3）大数据的价值。

现在的社会是一个高速发展的社会，科技发达，信息流通，人们之间的交流越来越密切，生活也越来越方便，大数据就是这个高科技时代的产物。阿里巴巴创办人马云说过，未来的时代将不是 IT 时代，而是 DT 的时代，DT 就是 Data Technology 数据科技，显示大数据对于阿里巴巴集团来说举足轻重。

有人把数据比喻为蕴藏能量的煤矿。煤炭按照性质有焦煤、无烟煤、肥煤、贫煤等分类，而露天煤矿、深山煤矿的挖掘成本又不一样。与此类似，大数据并不在于"大"，而在于"有用"。价值含量、挖掘成本比数量更为重要。对于很多行业而言，如何利用这些大规模数据是成为赢得竞争的关键。

有语云：三分技术，七分数据，得数据者得天下。先不论谁说的，但是这句话的正确性已经不用去论证了。维克托·迈尔-舍恩伯格在《大数据时代》一书中举了百般例证，都是为了说明一个道理：在大数据时代已经到来的时候，要用大数据思维去发掘人数据的潜在价值。书中，作者提及最多的是 Google 如何利用人们的搜索记录挖掘数据二次利用价值，比如预测某地流感爆发的趋势；Amazon 如何利用用户的购买和浏览历史数据进行有针对性的书籍购买推荐，以此有效提升销售量；Farecast 如何利用过去十年所有的航线机票价格打折数据，来预测用户购买机票的时机是否合适。

那么，什么是大数据思维？维克托·迈尔-舍恩伯格认为：① 需要全部数据样本而不是抽样;② 关注效率而不是精确度;③ 关注相关性而不是因果关系。

如果把大数据比作一种产业,那么这种产业实现盈利的关键,在于提高对数据的"加工能力",通过"加工"实现数据的"增值"。

Target 超市以 20 多种怀孕期间孕妇可能会购买的商品为基础,将所有用户的购买记录作为数据来源,通过构建模型分析购买者的行为相关性,能准确地推断出孕妇的具体临盆时间,这样 Target 的销售部门就可以有针对性地在每个怀孕顾客的不同阶段寄送相应的产品优惠券。

Target 的例子是一个很典型的案例,这样印证了维克托·迈尔-舍恩伯格提过的一个很有指导意义的观点:"通过找出一个关联物并监控它,就可以预测未来。Target 通过监测购买者购买商品的时间和品种来准确预测顾客的孕期,这就是对数据的二次利用的典型案例。如果,我们通过采集驾驶员手机的 GPS 数据,就可以分析出当前哪些道路正在堵车,并可以及时发布道路交通提醒;通过采集汽车的 GPS 位置数据,就可以分析城市的哪些区域停车较多,这也代表该区域有着较为活跃的人群,这些分析数据适合卖给广告投放商。

不管大数据的核心价值是不是预测,但是基于大数据形成决策的模式已经为不少的企业带来了盈利和声誉。

从大数据的价值链条来分析,存在 3 种模式:

① 手握大数据,但是没有利用好,比较典型的是金融机构、电信行业、政府机构等。

② 没有数据,但是知道如何帮助有数据的人利用它,比较典型的是 IT 咨询和服务企业,例如,埃森哲、IBM、Oracle 等。

③ 既有数据,又有大数据思维,比较典型的是 Google、Amazon、Mastercard 等。

未来在大数据领域最具有价值的是两种事物:第一是拥有大数据思维的人,这种人可以将大数据的潜在价值转化为实际利益;第二是还未有被大数据触及过的业务领域。这些是还未被挖掘的油井、金矿,是所谓的蓝海。

Wal-Mart 作为零售行业的巨头,他们的分析人员会对每个阶段的销售记录进行了全面的分析,有一次他们无意中发现虽不相关但很有价值的数据,在美国的飓风来临季节,超市的蛋挞和抵御飓风物品竟然销量都有大幅增加,于是他们做了一个明智决策,就是将蛋挞的销售位置移到了飓风物品销售区域旁边,看起来是为了方便用户挑选,但是没有想到蛋挞的销量因此又提高了很多。

还有一个有趣的例子,1948 年辽沈战役期间,司令员林彪要求每天要进行日常的"每日军情汇报",由值班参谋读出下属各个纵队、师、团用电台报告的当日战况和缴获情况。那几乎是重复着千篇一律枯燥无味的数据:每支部队歼敌多少、俘虏多少;缴获的火炮、车辆多少,枪支、物资多少……有一天,参谋照例汇报当日的战况,林彪突然打断他:"刚才念的在胡家窝棚那个战斗的缴获,你们听到了吗?"大家都很茫然,因为如此战斗每天都有几十起,不都是差不多一模一样的枯燥数字吗?林彪扫视一周,见无人回答,便接连问了三句:"为什么那里缴获的短枪与长枪的比例比其他战斗略高?""为什么那里缴获和击毁的小车与大车的比例比其他战斗略高?""为什么在那里俘虏和击毙的军官与士兵的比例比其他战斗略高?"林彪司令员大步走向挂满军用地图的墙壁,指着地图上的那个点说:"我猜想,不,我断定! 敌人的指挥所就在这里!"。果然,部队很快就抓住了敌方的指挥官廖耀湘,并取得这场重要战役的胜利。

　　这些例子真实的反映在各行各业,探求数据价值取决于把握数据的人,关键是人的数据思维;与其说是大数据创造了价值,不如说是大数据思维触发了新的价值增长。

　　大数据的价值体现在以下几个方面:

　　① 对大量消费者提供产品或服务的企业可以利用大数据进行精准营销。

　　② 做小而美模式的中小企业可以利用大数据做服务转型。

　　③ 面临互联网压力之下必须转型的传统企业需要与时俱进充分利用大数据的价值。

　　不过,"大数据"在经济发展中的巨大意义并不代表其能取代一切对于社会问题的理性思考,科学发展的逻辑不能被湮没在海量数据中。著名经济学家路德维希·冯·米塞斯曾提醒过:"就今日言,有很多人忙碌于资料之无益累积,以致对问题之说明与解决,丧失了其对特殊的经济意义的了解",这确实是需要警惕的。

　　(4) 大数据的发展趋势。

　　就现如今大数据发展状况来看,呈如下发展趋势:

　　① 数据的资源化。

　　资源化,是指大数据成为企业和社会关注的重要战略资源,并已成为大家争相抢夺的新焦点。因而,企业必须要提前制定大数据营销战略计划,抢占市场先机。

　　② 与云计算的深度结合。

　　大数据离不开云处理,云处理为大数据提供了弹性可拓展的基础设备,是产生大数据的平台之一。自 2013 年开始,大数据技术已开始和云计算技术紧密结合,预计未来两者关系将更为密切。除此之外,物联网、移动互联网等新兴计算形态,也将一齐助力大数据革命,让大数据营销发挥出更大的影响力。

　　③ 科学理论的突破。

　　随着大数据的快速发展,就像计算机和互联网一样,大数据很有可能是新一轮的技术革命。随之兴起的数据挖掘、机器学习和人工智能等相关技术,可能会改变数据世界里的很多算法和基础理论,实现科学技术上的突破。

　　④ 数据科学和数据联盟的成立。

　　未来,数据科学将成为一门专门的学科,被越来越多的人所认知。各大高校将设立专门的数据科学类专业,也会催生一批与之相关的新的就业岗位。与此同时,基于数据这个基础平台,也将建立起跨领域的数据共享平台,之后,数据共享将扩展到企业层面,并且成为未来产业的核心一环。

　　⑤ 数据泄露泛滥。

　　未来几年数据泄露事件的增长率也许会达到 100%,除非数据在其源头就能够得到安全保障。可以说,在未来,每个财富 500 强企业都会面临数据攻击,无论他们是否已经做好安全防范。而所有企业,无论规模大小,都需要重新审视今天的安全定义。在财富 500 强企业中,超过 50% 将会设置首席信息安全官这一职位。企业需要从新的角度来确保自身以及客户数据,所有数据在创建之初便需要获得安全保障,而并非在数据保存的最后一个环节,仅仅加强后者的安全措施已被证明于事无补。

　　⑥ 数据管理成为核心竞争力。

　　数据管理成为核心竞争力,直接影响财务表现。当"数据资产是企业核心资产"的概念深入人心之后,企业对于数据管理便有了更清晰的界定,将数据管理作为企业核心竞争力,持续发展,战略性规划与运用数据资产,成为企业数据管理的核心。数据资产管理效率与主营业务收入增长率、销售收入增长率显著正相关;此外,对于具有互联网思维的企业而言,数据资产竞争力所占比重为 36.8%,数据资产的管理效果将直接影响企业的财务表现。

⑦ 数据质量是 BI(商业智能)成功的关键。

采用自助式商业智能工具进行大数据处理的企业将会脱颖而出。其中要面临的一个挑战是,很多数据源会带来大量低质量数据。想要成功,企业需要理解原始数据与数据分析之间的差距,从而消除低质量数据并通过 BI 获得更佳决策。

⑧ 数据生态系统复合化程度加强。

大数据的世界不只是一个单一的、巨大的计算机网络,而是一个由大量活动构件与多元参与者元素所构成的生态系统,终端设备提供商、基础设施提供商、网络服务提供商、网络接入服务提供商、数据服务使能者、数据服务提供商、触点服务、数据服务零售商等一系列的参与者共同构建的生态系统。而今,这样一套数据生态系统的基本雏形已然形成,接下来的发展将趋向于系统内部角色的细分,也就是市场的细分;系统机制的调整,也就是商业模式的创新;系统结构的调整,也就是竞争环境的调整等,从而使得数据生态系统复合化程度逐渐增强。

2. 大数据的相关技术

大数据技术,就是从各种类型的数据中快速获得有价值信息的技术。大数据领域已经涌现出了大量新的技术,它们成为大数据采集、存储、处理和呈现的有力武器。

大数据技术一般包括:大数据采集、大数据预处理、大数据存储及管理、大数据分析及挖掘、大数据展现和应用(大数据检索、大数据可视化、大数据应用、大数据安全等),如图 8-29 所示。

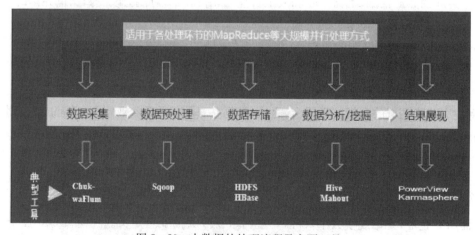

图 8-29 大数据的处理流程及主要工具

(1) 大数据采集技术。

数据是指通过 RFID 射频数据、传感器数据、社交网络交互数据及移动互联网数据等方式获得的各种类型的结构化、半结构化(或称之为弱结构化)及非结构化的海量数据,是大数据知识服务模型的根本。重点要突破分布式高速高可靠数据擦取或采集、高速数据全映像等大数据收集技术;突破高速数据解析、转换与装载等大数据整合技术;设计质量评估模型,开发数据质量技术。

大数据采集一般分为大数据智能感知层和基础支撑层,智能感知层主要包括数据传感体系、网络通信体系、传感适配体系、智能识别体系及软硬件资源接入系统,实现对结构化、半结构化、非结构化的海量数据的智能化识别、定位、跟踪、接入、传输、信号转换、监控、初步处理和管理等。必须着重攻克针对大数据源的智能识别、感知、适配、传输、接入等技术。基础支撑层提供大数据服务平台所需的虚拟服务器,结构化、半结构化及非结构化数据的数据库及物联网络资源等基础支撑环境。重点攻克分布式虚拟存储技术,大数据获取、存储、组织、分析和决策操作的可视化接口技术,大数据的网络传输与压缩技术,大数据隐私保护技术等。

(2) 大数据预处理技术。

大数据预处理技术主要完成对已接收数据的辨析、抽取、清洗等操作。

① 抽取:因获取的数据可能具有多种结构和类型,数据抽取过程可以帮助我们将这些复杂的数据转化为单一的或者便于处理的构型,以达到快速分析处理的目的。

② 清洗:对于大数据,并不全是有价值的,有些数据并不是我们所关心的内容,而另一些数据则是完全错误的干扰项,因此要对数据通过过滤"去噪"从而提取出有效数据。

(3) 大数据存储及管理技术。

大数据存储与管理要用存储器把采集到的数据存储起来,建立相应的数据库,并进行管理和调用。重点解决复杂结构化、半结构化和非结构化大数据管理与处理技术。主要解决大数据的可存储、可表示、可处理、可靠性及有效传输等几个关键问题。开发可靠的分布式文件系统(DFS)、能效优化的存储、计算融入存储、大数据的去冗余及高效低成本的大数据存储技术;突破分布式非关系型大数据管理与处理技术,异构数据的数据融合技术,数据组织技术,研究大数据建模技术;突破大数据索引技术;突破大数据移动、备份、复制等技术。

开发新型数据库技术,数据库分为关系型数据库、非关系型数据库以及数据库缓存系统。其中,非关系型数据库主要指的是 NoSQL 数据库,分为:键值数据库、列存数据库、图存数据库以及文档数据库等类型。关系型数据库包含了传统关系数据库系统以及 NewSQL 数据库。

开发大数据安全技术。改进数据销毁、透明加解密、分布式访问控制、数据审计等技术;突破隐私保护和推理控制、数据真伪识别和取证、数据持有完整性验证等技术。

(4) 大数据分析及挖掘技术。

大数据分析技术。改进已有数据挖掘和机器学习技术;开发数据网络挖掘、特异群组挖掘、图挖掘等新型数据挖掘技术;突破基于对象的数据连接、相似性连接等大数据融合技术;突破用户兴趣分析、网络行为分析、情感语义分析等面向领域的大数据挖掘技术。

数据挖掘就是从大量的、不完全的、有噪声的、模糊的、随机的实际应用数据中,提取隐含在其中的、人们事先不知道的、但又是潜在有用的信息和知识的过程。数据挖掘涉及的技术方法很多,有多种分类法。根据挖掘任务可分为分类或预测模型发现、数据总结、聚类、关联规则发现、序列模式发现、依赖关系或依赖模型发现、异常和趋势发现等;根据挖掘对象可分为关系数据库、面向对象数据库、空间数据库、时态数据库、文本数据源、多媒体数据库、异质数据库、遗产数据库以及环球网 Web;根据挖掘方法分,可粗分为:机器学习方法、统计方法、神经网络方法和数据库方法。机器学习中,可细分为:归纳学习方法(决策树、规则归纳等)、基于范例学习、遗传算法等。统计方法中，可细分为：回归分析（多元回归、自回归等）、判别分析（贝叶斯判别、费歇尔判别、非参数判别等）、聚类分析（系统聚类、动态聚类等）、探索性分析（主元分析法、相关分析法等）等。神经网络方法中，可细分为：前向神经网络（BP算法等）、自组织神经网络（自组织特征映射、竞争学习等）等。数据库方法主要是多维数据分析或OLAP方法，另外还有面向属性的归纳方法。

从挖掘任务和挖掘方法的角度，着重突破：

① 可视化分析。数据可视化无论对于普通用户或是数据分析专家，都是最基本的功能。数据图像化可以让数据自己说话，让用户直观的感受到结果。

② 数据挖掘算法。图像化是将机器语言翻译给人看，而数据挖掘就是机器的母语。分割、集群、孤立点分析还有各种各样五花八门的算法让我们精炼数据，挖掘价值。这些算法一定要能够应付大数据的量，同时还具有很高的处理速度。

③ 预测性分析。预测性分析可以让分析师根据图像化分析和数据挖掘的结果做出一些前瞻性判断。

④ 语义引擎。语义引擎需要设计到有足够的人工智能以足以从数据中主动地提取信息。语言处理技术包括机器翻译、情感分析、舆情分析、智能输入、问答系统等。

⑤ 数据质量和数据管理。数据质量与管理是管理的最佳实践，透过标准化流程和机器对数据进行处理可以确保获得一个预设质量的分析结果。

（5）大数据展现与应用技术。

大数据技术能够将隐藏于海量数据中的信息和知识挖掘出来，为人类的社会经济活动提供依据，从而提高各个领域的运行效率，大大提高整个社会经济的集约化程度。在我国，大数据将重点应用于以下三大领域：商业智能、政府决策、公共服务。例如：商业智能技术，政府决策技术，电信数据信息处理与挖掘技术，电网数据信息处理与挖掘技术，气象信息分析技术，环境监测技术，警务云应用系统（道路监控、视频监控、网络监控、智能交通、反电信诈骗、指挥调度等公安信息系统），大规模基因序列分析比对技术，Web信息挖掘技术，多媒体数据并行化处理技术，影视制作渲染技术，其他各种行业的云计算和海量数据处理应用技术等。

3. 大数据的架构

随着互联网、移动互联网和物联网的发展，谁也无法否认，海量数据的时代已经到来，对这些海量数据的分析已经成为一个非常重要且紧迫的需求。

Hadoop由Apache Software Foundation公司于2005年秋天作为Lucene的子项目Nutch的一部分正式引入。它受到最先由Google Lab开发的Map/Reduce和Google File System（GFS）的启发。Hadoop在可伸缩性、健壮性、计算性能和成本上具有无可替代的优势，事实上已成为当前互联网企业主流的大数据分析平台。

（1）Hadoop概述。

Hadoop主要由两部分组成，分别是分布式文件系统和分布式计算框架MapReduce。其中，分布式文件系统主要用于大规模数据的分布式存储，而MapReduce则构建在分布式文件系统之上，对存储在分布式文件系统中的数据进行分布式计算。

在Hadoop中，MapReduce层的分布式文件系统是独立模块，用户可按照约定的一套接口实现自己的分布式文件系统，然后经过简单的配置后，存储在该文件系统上的数据便可以被

MapReduce 处理。Hadoop 默认使用的分布式文件系统是 HFDS(Hadoop distributed file system,Hadoop 分布式文件系统),它与 MapReduce 框架紧密结合。

(2) Hadoop HDFS 架构。

HDFS 是 Hadoop 分布式文件系统(Hadoop Distributed File System)的缩写,为分布式计算存储提供了底层支持。采用 Java 语言开发,可以部署在多种普通的廉价机器上,以集群处理数量积达到大型主机处理性能。

① HDFS 架构原理。

HDFS 架构如图 8-30 所示,总体上采用了 Master/Slave 架构,一个 HDFS 集群包含一个单独的名称节点(NameNode)和多个数据节点(DataNode)。

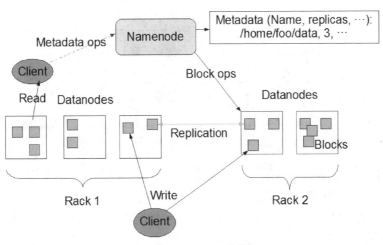

图 8-30　HDFS 架构

NameNode 作为 Master 服务,它负责管理文件系统的命名空间和客户端对文件的访问。NameNode 会保存文件系统的具体信息,包括文件信息、文件被分割成具体 Block 块的信息以及每一个 Block 块归属的 DataNode 的信息。对于整个集群来说,HDFS 通过 NameNode 对用户提供了一个单一的命名空间。

DataNode 作为 Slave 服务,在集群中可以存在多个。通常每一个 DataNode 都对应于一个物理节点。DataNode 负责管理节点上它们拥有的存储,它将存储划分为多个 Block 块,管理 Block 块信息,同时周期性的将其所有的 Block 块信息发送给 NameNode。

文件写入时,Client 向 NameNode 发起文件写入的请求,NameNode 根据文件大小和文件块配置情况,返回给 Client 它所管理部分 DataNode 的信息,Client 将文件划分为多个 Block 块,并根据 DataNode 的地址信息,按顺序写入到每一个 DataNode 块中。

当文件读取,Client 向 NameNode 发起文件读取的请求,NameNode 返回文件存储的 block 块信息及其 Block 块所在 DataNode 的信息,Client 读取文件信息。

② HDFS 数据备份。

HDFS 被设计成一个可以在大集群中、跨机器、可靠的存储海量数据的框架。它将所有文件存储成 Block 块组成的序列,除了最后一个 Block 块,所有的 Block 块大小都是一样的。文件的所有 Block 块都会因为容错而被复制。每个文件的 Block 块大小和容错复制份数都是可配置的。容错复制份数可以在文件创建时配置，后期也可以修改。HDFS 中的文件默认规则是 write one(一次写、多次读)的，并且严格要求在任何时候只有一个 writer。NameNode 负责管理 Block 块的复制，它周期性地接收集群中所有 DataNode 的心跳数据包和 Blockreport。心跳包表示 DataNode 正常工作，Blockreport 描述了该 DataNode 上所有的 Block 组成的列表。

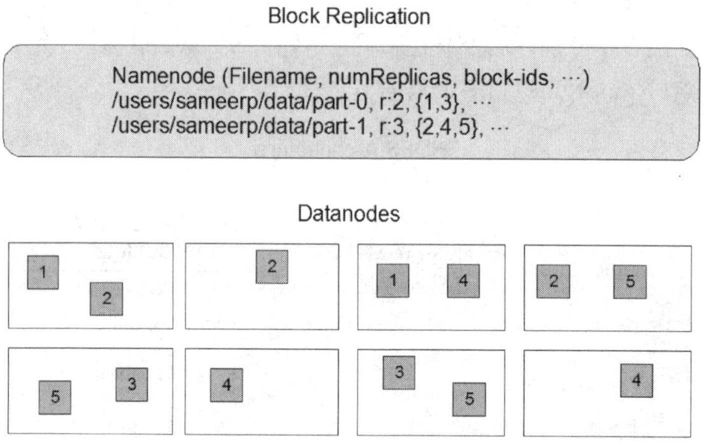

图 8-31　数据块复制

(a) 备份数据的存放。备份数据的存放是 HDFS 可靠性和性能的关键。HDFS 采用一种称为 rack-aware 的策略来决定备份数据的存放。通过一个称为 Rack Awareness 的过程，NameNode 决定每个 DataNode 所属 Rack id。缺省情况下，一个 Block 块会有三个备份，一个在 NameNode 指定的 DataNode 上，一个在指定 DataNode 非同一 Rack 的 DataNode 上，一个在指定 DataNode 同一 Rack 的 DataNode 上。这种策略综合考虑了同一 Rack 失效以及不同 Rack 之间数据复制性能问题。

(b) 副本的选择。为了降低整体的带宽消耗和读取延时，HDFS 会尽量读取最近的副本。如果在同一个 rack 上有一个副本，那么就读该副本。如果一个 HDFS 集群跨越多个数据中心，那么将首先尝试读本地数据中心的副本。

(c) 安全模式。系统启动后先进入安全模式，此时系统中的内容不允许修改和删除，直到安全模式结束。安全模式主要是为了启动检查各个 DataNode 上数据块的安全性。

(3) MapReduce。

① MapReduce 来源。

MapReduce 是由 Google 在一篇论文中提出并广为流传的。它最早是 Google 提出的一个软件架构，用于大规模数据集群分布式运算。任务的分解(Map)与结果的汇总(Reduce)是其主要思想。Map 就是将一个任务分解成多个任务，Reduce 就是将分解后多任务分别处理，并将结果汇总为最终结果。

② MapReduce 架构。

同 HDFS 一样，Hadoop MapReduce 也采用了 Master/Slave 架构，具体如图 8-32 所示。它主要由以下几个组件组成：Client、JobTracker、TaskTracker 和 Task。

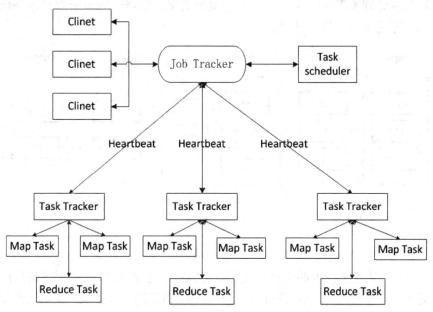

图 8 - 32　Hadoop MapReduce 的 Master/Slave 架构

　　用户编写的 MapReduce 程序通过 Client 提交到 JobTracker 端；同时，用户可通过 Client 提供的一些接口查看作业运行状态。在 Hadoop 内部用"作业"（Job）表示 MapReduce 程序。一个 MapReduce 程序可对应若干个作业，而每个作业会被分解成若干个 MapReduce 任务（Task）。

　　JobTracker 主要负责资源监控和作业调度。JobTracker 监控所有 TaskTracker 与作业的健康状况，一旦发现失败情况后，其会将相应的任务转移到其他节点；同时，JobTracker 会跟踪任务的执行进度、资源使用量等信息，并将这些信息告诉任务调度器，而调度器会在资源出现空闲时，选择合适的任务使用这些资源。在 Hadoop 中，任务调度器是一个可插拔的模块，用户可以根据自己的需要设计相应的调度器。

　　TaskTracker 会周期性地通过 Heartbeat 将本节点上资源的使用情况和任务的运行进度汇报给 JobTracker，同时接收 JobTracker 发送过来的命令并执行相应的操作（如启动新任务、杀死任务等）。TaskTracker 使用"Slot"等量划分本节点上的资源量。"Slot"代表计算资源（CPU、内存等）。一个 Task 获取到一个 Slot 后才有机会运行，而 Hadoop 调度器的作用就是将各个 TaskTracker 上的空闲 Slot 分配给 Task 使用。Slot 分为 Mapslot 和 Reduceslot 两种，分别供 Map Task 和 Reduce Task 使用。TaskTracker 通过 Slot 数目（可配置参数）限定 Task 的并发度。

　　Task 分为 Map Task 和 Reduce Task 两种，均由 TaskTracker 启动。HDFS 以固定大小的 Block 为基本单位存储数据，而对于 MapReduce 而言，其处理单位是 Split。Split 是一个逻辑概念，它只包含一些元数据信息，比如数据起始位置、数据长度、数据所在节点等。它的划分方法完全由用户自己决定。但需要注意的是，split 的多少决定了 Map Task 的数目，因为每个 Split 会交由一个 Map Task 处理。

　　③ MapReduce 处理流程。

MapReduce 处理流程如图 8 - 33 所示,主要分为输入数据→Map 分解任务→执行并返回结果→Reduce 汇总结果→输出结果。

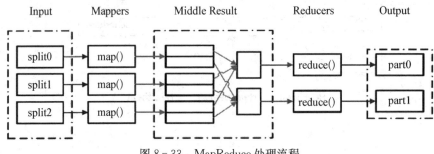

图 8 - 33　MapReduce 处理流程

8.6.3　物联网

物联网是新一代信息技术的重要组成部分,也是"信息化"时代的重要发展阶段。物联网在国际上又称为传感网,这是继计算机、互联网与移动通信网之后的又一次信息产业浪潮。世界上的万事万物,小到手表、钥匙,大到汽车、楼房,只要嵌入一个微型感应芯片,把它变得智能化,这个物体就可以"自动开口说话"。再借助无线网络技术,人们就可以和物体"对话",物体和物体之间也能"交流",这就是物联网。

1. 物联网的概述

物联网其英文名称是:"Internet of Things(IoT)"。顾名思义,物联网就是物物相连的互联网。这有两层意思:其一,物联网的核心和基础仍然是互联网,是在互联网基础上的延伸和扩展的网络;其二,其用户端延伸和扩展到了任何物品与物品之间,进行信息交换和通信,也就是物物相连。

(1) 物联网的定义。

物联网的概念是在 1999 年提出的,它的定义很简单:即通过射频识别(RFID)(RFID+互联网)、红外感应器、全球定位系统、激光扫描器、气体感应器等信息传感设备,按约定的协议,把任何物品与互联网连接起来,进行信息交换和通讯,以实现智能化识别、定位、跟踪、监控和管理的一种网络。简而言之,物联网就是"物物相连的互联网",图 8 - 34 为一个物联网的示意图。

这里的"物"要满足以下条件才能够被纳入"物联网"的范围:

① 要有相应信息的接收器。

② 要有数据传输通路。

③ 要有一定的存储功能。

④ 要有 CPU。

⑤ 要有操作系统。

⑥ 要有专门的应用程序。

⑦ 要有数据发送器。

⑧ 遵循物联网的通信协议。

⑨ 在世界网络中有可被识别的唯一编号。

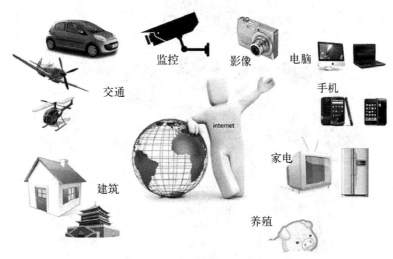

图 8 - 34　物联网示意图

　　2005 年 11 月 17 日, 在突尼斯举行的信息社会世界峰会(WSIS)上, 国际电信联盟(ITU)发布《ITU 互联网报告 2005: 物联网》, 引用了"物联网"的概念, 对物联网做了如下定义: 通过二维码识读设备、射频识别(RFID)装置、红外感应器、全球定位系统和激光扫描器等信息传感设备, 按约定的协议, 把任何物品与互联网相连接, 进行信息交换和通信, 以实现智能化识别、定位、跟踪、监控和管理的一种网络。

　　根据国际电信联盟(ITU)的定义, 物联网主要解决物品与物品(thing to thing, T2T), 人与物品 (human to thing, H2T), 人与人(human to human, H2H)之间的互联。但是与传统互联网不同的是, H2T 是指人利用通用装置与物品之间的连接, 从而使得物品连接更加的简化, 而 H2H 是指人之间不依赖于 PC 而进行的互连。因为互联网并没有考虑到对于任何物品连接的问题, 故我们使用物联网来解决这个传统意义上的问题。物联网顾名思义就是连接物品的网络, 许多学者讨论物联网中, 经常会引入一个 M2M 的概念, 可以解释成为人到人(Man to Man)、人到机器(Man to Machine)、机器到机器, 从本质上而言, 在人与机器、机器与机器的交互, 大部分是为了实现人与人之间的信息交互。

　　(2) 物联网的用途范围及价值。

　　物联网用途广泛, 遍及公共事务管理、公共社会服务和经济发展建设等多个领域, 如图 8 - 35 所示。

　　全球都将物联网视为信息技术的第三次浪潮, 确立未来信息社会竞争优势的关键。据美国独立市场研究机构 Forrester 预测, 物联网所带来的产业价值要比互联网高 30 倍, 物联网将形成下一个上万亿元规模的高科技市场。

　　国际电信联盟于 2005 年的报告曾描绘"物联网"时代的图景: 当司机出现操作失误时汽车会自动报警; 公文包会提醒主人忘带了什么东西; 衣服会"告诉"洗衣机对颜色和水温的要求等。物联网在物流领域内的应用则比如: 一家物流公司应用了物联网系统的货车, 当装载超重时, 汽车会自动告诉你超载了, 并且超载多少, 但空间还有剩余, 告诉轻重货怎样搭配; 当搬运人员卸货时, 一只货物包装可能会大叫"你扔疼我了", 或者说"亲爱的, 请你不要太野蛮, 可以吗?"; 当司机在和别人扯闲话, 货车会装作老板的声音怒吼"笨蛋, 该发

图 8-35 物联网的应用领域

车了!"

物联网把新一代 IT 技术充分运用在各行各业之中,具体地说,就是把感应器嵌入和装备到电网、铁路、桥梁、隧道、公路、建筑、供水系统、大坝、油气管道等各种物体中,然后将"物联网"与现有的互联网整合起来,实现人类社会与物理系统的整合,在这个整合的网络当中,存在能力超级强大的中心计算机群,能够对整合网络内的人员、机器、设备和基础设施实施实时的管理和控制,在此基础上,人类可以以更加精细和动态的方式管理生产和生活,达到"智慧"状态,提高资源利用率和生产力水平,改善人与自然间的关系。

2. 物联网的系统架构

虽然物联网的定义目前没有统一的说法,但物联网的技术体系结构基本得到统一认识,分为感知层、网络层、应用层 3 个大层次,如图 8-36 所示。

感知层是让物品说话的先决条件,主要用于采集物理世界中发生的物理事件和数据,包括各类物理量、身份标识、位置信息、音频、视频数据等。物联网的数据采集涉及传感器、RFID、多媒体信息采集、二维码和实时定位等技术。感知层又分为数据采集与执行、短距离无线通信2个部分。数据采集与执行主要是运用智能传感器技术、身份识别以及其他信息采集技术,对物品进行基础信息采集,同时接收上层网络送来的控制信息,完成相应执行动作。这相当于给物品赋予了嘴巴、耳朵和手,既能向网络表达自己的各种信息,又能接收网络的控制命令,完成相应动作。短距离无线通信能完成小范围内的多个物品的信息集中与互通功能,相当于物品的脚。

网络层完成大范围的信息沟通,主要借助于已有的广域网通信系统(如 PSTN 网络、3G/4G 移动网络、互联网等),把感知层感知到的信息快速、可靠、安全地传送到地球的各个地方,使物品能够进行远距离、大范围的通信,以实现在地球范围内的通信。这相当于人借助火车、

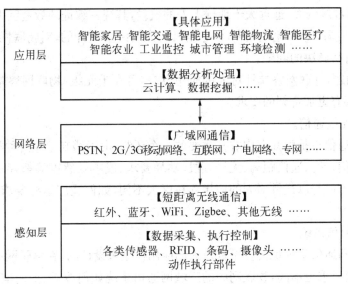

图 8 - 36　物联网的系统架构

飞机等公众交通系统在地球范围内的交流。当然,现有的公众网络是针对人的应用而设计的,当物联网大规模发展之后,能否完全满足物联网数据通信的要求还有待验证。即便如此,在物联网的初期,借助已有公众网络进行广域网通信也是必然的选择,如同 20 世纪 90 年代中期在 ADSL 与小区宽带发展起来之前,用电话线进行拨号上网一样,它也发挥了巨大的作用,完成了其应有的阶段性历史任务。

　　应用层完成物品信息的汇总、协同、共享、互通、分析、决策等功能,相当于物联网的控制层、决策层。物联网的根本还是为人服务,应用层完成物品与人的最终交互,前面两层将物品的信息大范围地收集起来,汇总在应用层进行统一分析、决策,用于支撑跨行业、跨应用、跨系统之间的信息协同、共享、互通,提高信息的综合利用度,最大限度地为人类服务。其具体的应用服务又回归到前面提到的各个行业应用,如智能交通、智能医疗、智能家居、智能物流、智能电力等。

　　3. 物联网的关键技术

　　如图 8 - 37 所示,物联网的关键技术主要涉及信息感知与处理、短距离无线通信、广域网通信系统、云计算、数据融合与挖掘、安全、标准、新型网络模型、如何降低成本等技术。

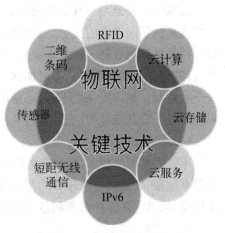

图 8 - 37　物联网的关键技术

　　(1) 信息感知与处理。

　　要让物品说话,人要听懂物品的话,看懂物品的动作,传感器是关键。传感器有三个关键问题:

　　① 是物品的种类繁多、各种各样、千差万别,物联网末端的传感器也就种类繁多,不像电话网、互联网的末端是针对人的,种类可以比较单一。

② 是物品的数量巨大,远远大于地球上人的数量,其统一编址的数量巨大,IPv4 针对人的应用都已经地址枯竭,IPv6 地址众多,但它是针对人用终端设计的,对物联网终端,其复杂度、成本、功耗都是有待解决的问题。

③ 是成本问题,互联网终端针对人的应用,成本可在千元级,物联网终端由于数量巨大,其成本、功耗等都有更加苛刻的要求。

(2) 短距离无线通信。

短距离无线通信也是感知层中非常重要的一个环节,由于感知信息的种类繁多,各类信息的传输对所需通信带宽、通信距离、无线频段、功耗要求、成本敏感度等都存在很大的差别,因此在无线局域网方面与以往针对人的应用存在巨大不同,如何适应这些要求也是物联网的关键技术之一。

(3) 广域网通信系统。

现有的广域网通信系统也主要是针对人的应用模型来设计的,在物联网中,其信息特征不同,对网络的模型要求也不同,物联网中的广域网通信系统如何改进、如何演变是需要在物联网的发展中逐步探索和研究的。

(4) 数据融合与挖掘。

现有网络主要还是信息通道的作用,对信息本身的分析处理并不多,目前各种专业应用系统的后台数据处理也是比较单一的。物联网中的信息种类、数量都成倍增加,其需要分析的数据量成级数增加,同时还涉及多个系统之间各种信息数据的融合问题,如何从海量数据中挖掘隐藏信息等问题,这都给数据计算带来了巨大挑战。云计算是当前能够看到的一个解决方法之一。

(5) 安全。

物联网的安全与现有信息网络的安全问题不同,它不仅包含信息的保密安全,同时还新增了信息真伪鉴别方面的安全。互联网中的信息安全主要是信息保密安全,信息本身的真伪主要是依靠信息接收者——人来鉴别,但在物联网环境和应用中,信息接收者、分析者都是设备本身,其信息源的真伪就显得更加突出和重要。并且信息保密安全的重要性比互联网的信息安全更重要。如果安全性不高,一是用户不敢使用物联网,物联网的推广难;二是整个物质世界容易处于极其混乱的状态,其后果不堪设想。

(6) 标准。

不管哪种网络技术,标准是关键,物联网涉及的环节更多,终端种类更多,其标准也更多。必须有标准,才能使各个环节的技术互通,才能融入更多的技术,才能把这个产业做大。在国家层面,标准更是保护国家利益和信息安全的最佳手段。

(7) 成本。

成本问题,表面上不是技术问题,但实际上成本最终是由技术决定的,是更复杂的技术问题。相同的应用,用不同的技术手段,不同的技术方案,成本千差万别。早期的一些物联网应用,起初想象都很美好,但实际市场推广却不够理想,其中很重要的原因就是受成本的限制。因此,如何降低物联网各个网元和环节的成本至关重要,甚至是决定物联网推广速度的关键,应该作为最重要的关键技术来对待和研究。

习　题

一、单选题

1. 对计算机系统的威胁和攻击主要有两种：一种是对计算机系统实体的威胁和攻击；另一种是对_____的威胁和攻击。

　　A. 语言　　　　　　　B. 硬盘　　　　　　　C. 信息　　　　　　　D. 图像

2. _____是指通过提高相关人员安全意识和制定严格的管理工作措施来保证计算机系统的安全。

　　A. 管理安全　　　　　B. 法律安全　　　　　C. 信息安全　　　　　D. 技术安全

3. 计算机_____主要是指为保证计算机设备和通信线路以及设施、建筑物的安全，预防地震、水灾、火灾、飓风和雷击，满足设备正常运行环境的要求。

　　A. 软件系统安全　　　B. 数据信息安全　　　C. 运行服务安全　　　D. 实体硬件安全

4. 计算机病毒（Computer Virus）是一种_____。

　　A. 程序　　　　　　　B. 生化病毒　　　　　C. 图片　　　　　　　D. 文档

5. 关于计算机病毒以下说法中_____是不正确的。

　　A. 计算机病毒具有传染性　　　　　　　　B. 计算机病毒具有破坏性

　　C. 计算机病毒具有潜伏性　　　　　　　　D. 查病毒软件能查出一切病毒

6. 特洛伊木马是一种_____。

　　A. 真实的马　　　　　　　　　　　　　　B. 木制的马

　　C. 病毒　　　　　　　　　　　　　　　　D. 名字为特洛伊的木马

7. 寄生在_____为扩展名的程序文件的病毒，称为宏病毒。

　　A. EXE　　　　　　　B. COM　　　　　　　C. DLL　　　　　　　D. DOC

8. 以下_____病毒并不专注于感染其他文件，而是专注于网络传播。

　　A. 引导型　　　　　　B. 蠕虫　　　　　　　C. 文件型　　　　　　D. 宏病毒

9. 下列对计算机病毒的预防措施中，_____对防治计算机病毒是无能为力的。

　　A. 不要随意打开来历不明的电子邮件　　　B. 定期使用磁盘清理程序

　　C. 及时升级系统安全漏洞补丁　　　　　　D. 始终打开防火墙

10. 以下关于防火墙的说法中错误的是_____。

　　A. 提供访问控制或能　　　　　　　　　　B. 防火墙是一种确保网络安全的工具

　　C. 可以防止信息泄露　　　　　　　　　　D. 防火墙可以抵挡所有病毒的入侵

11. 以下_____属于软件防火墙。

　　A. 360 木马防火墙　　　　　　　　　　　B. Norton AntiVirus

　　C. 金山毒霸　　　　　　　　　　　　　　D. Checkpoint

12. 360 木马防火墙由八层系统防护及三类应用防护组成，其中_____主要用于防范网页木马导致的账号被盗，网购被欺诈。

　　A. 网页防火墙　　　B. 漏洞防火墙　　　C. U 盘防火墙　　　D. 文件防火墙

13. 微软公司针对某一个具体的系统漏洞或安全问题而发布的专门解决该漏洞或安全问

题的小程序,通常称为_____。

A. 木马　　　　　B. 文档　　　　　C. 漏洞补丁　　　　D. 防火墙

14. Ghost 为 General Hardware Oriented System Transfer 的缩写,是_____公司的 Norton 系列软件之一。

A. 江民　　　　　B. 微软　　　　　C. Adobe　　　　　D. Symantec

15. Ghost 创建的镜像文件扩展名为_____。

A. Gho　　　　　B. Gst　　　　　C. ISO　　　　　D. EXE

16. 1 PB=_____。

A. 1 024 TB　　　B. 1 024 GB　　　C. 1 024 NB　　　D. 1 024 EB

17. 对于大数据,并不全是有价值的,对数据通过过滤"去噪"从而提取出有效数据称作为_____。

A. 清选　　　　　B. 抽取　　　　　C. 辨析　　　　　D. 辨解

18. 当前互联网企业主流的大数据分析平台是_____。

A. Excel　　　　　B. Access　　　　C. Hadoop　　　　D. MySQL

19. _____是 Hadoop 分布式文件系统。

A. HDFS　　　　　B. FATFS　　　　C. NTFS　　　　　D. NFS

20. MapReduce 最早是_____提出的一个软件架构,用于大规模数据集群分布式运算。

A. Google　　　　B. Facebook　　　C. MicroSoft　　　D. IBM

21. 据美国独立市场研究机构 Forrester 预测,物联网所带来的产业价值要比互联网高_____倍,物联网将形成下一个上万亿元规模的高科技市场。

A. 10　　　　　　B. 20　　　　　　C. 30　　　　　　D. 40

22. 物联网的技术体系结构分为_____、网络层、应用层三个大层次。

A. 数据链路层　　B. 感知层　　　　C. 中间层　　　　D. 情感层

二、多选题

1. 被动攻击是指一切窃密的攻击,以下_____是被动攻击的方法。

A. 直接侦收　　　B. 截获信息　　　C. 合法窃取　　　D. 破译分析

2. 计算机犯罪是利用暴力和非暴力形式,故意泄露或破坏系统中的机密信息,以及危害系统实体和信息安全的不法行为,以下_____是计算机犯罪。

A. 炸毁计算机中心建筑　　　　　　B. 摧毁计算机设备

C. 从网上下载软件　　　　　　　　D. 从网上下载电影

3. 关于计算机病毒的破坏性说法中,_____是正确的。

A. 可以破坏计算机中的数据　　　　B. 可以破坏系统功能

C. 损坏打印机　　　　　　　　　　D. 损坏键盘

4. 脚本病毒的病毒程序可寄生在_____为扩展名的程序文件中。

A. VBS　　　　　B. JS　　　　　　C. HTM　　　　　D. DOC

5. 有多种方法对防火墙进行分类,从软、硬件形式上可以把防火墙分为_____。

A. 软件防火墙　　B. 信息防火墙　　C. 硬件防火墙　　D. 芯片级防火墙

6. 以下_____是大数据的特征。

A. Volume　　　　B. Variety　　　　C. Value　　　　D. Velocity

7. 根据国际电信联盟(ITU)的定义,物联网主要解决_____之间的互联。

A. T2T　　　　B. H2T　　　　C. H2H　　　　D. B2C

三、填空题

1. 对计算机系统的威胁和攻击主要有两种:一种是对计算机系统实体的威胁和攻击;另一种是对_____的威胁和攻击。

2. 对信息进行人为的故意破坏或窃取称为_____。根据攻击的方法,可分为被动攻击和主动攻击两类。

3. 计算机_____安全主要是指为保证计算机设备和通信线路以及设施、建筑物的安全,预防地震、水灾、火灾、飓风和雷击,满足设备正常运行环境的要求。

4. 计算机病毒(Computer Virus)是一种人为编制具有特殊功能的计算机_____。

5. _____是一种寄生在 Microsoft Office 文档、电子表格、演示、数据库或模板文件的宏中的计算机病毒。

6. _____是防火墙最基本的功能,通过禁止或允许特定用户访问特定资源,保护网络的内部资源和数据。

7. _____是防火墙的重要功能,根据数据内容进行控制,例如,防火墙可以根据电子邮件的内容识别出垃圾邮件并过滤掉垃圾邮件。

8. 360 木马防火墙是一款针对个人计算机用户的_____软件。

9. 微软 Windows 操作系统中存在的一些不安全组件或应用程序称作为_____。

10. 利用 Ghost 为硬盘或分区制作的镜像文件扩展名为_____。

四、简答题

1. 什么是计算机系统安全?

2. 什么是计算机病毒? 简述其特征。

3. 简述防火墙的主要功能。

4. 有哪几种给系统打漏洞补丁的方法,打补丁时需要注意什么?

5. Ghost 软件的主要功能是什么?

6. 什么是大数据思维? 什么是数据挖掘?

7. 描述一个物联网应用案例(功能,实现过程等)。

附录一 实 验

实验1 Windows 操作与系统维护（课内）

一、实验目的

(1) 掌握文件及文件夹的创建、复制、移动、搜索和属性设置。

(2) 掌握快捷方式、文件打开方式的设置。

(3) 掌握截图工具的使用，字体文件的安装及使用。

(4) 掌握打印机驱动程序的安装与设置。

(5) 掌握常用磁盘维护工具的使用。

二、相关知识点

1. 文件及文件夹

所有被保存在计算机中的信息和数据、程序都被统称为文件，文件是操作系统信息存储最基本的存储单位。为了区分不同的文件，必须给每个文件命名，计算机对文件实行按名存取的操作方式。文件名的格式是：主文件名.扩展名，主文件名表示文件的名称，扩展名表明文件的类型。

文件夹是系统用于存放程序和文件的容器。用户使用文件夹可以方便地对文件进行管理，需要注意的是，同一个文件夹中不能存放相同名称的文件或子文件夹。

在对文件操作时，可以使用文件通配符 * 和?，* 表示匹配多个任意字符，? 表示匹配一个任意字符。

2. 快捷方式

快捷方式是指向计算机上某个对象的链接。快捷方式本身也是一种文件，文件扩展名为 lnk。这个文件包含了打开对象所需要的全部信息，这些对象包括：文件、可执行程序、网络文件夹、控制面板工具、磁盘驱动器等。一个文件或对象可以有多个快捷方式，删除或移动任一个快捷方式，对原始文件都没有影响。双击快捷方式等同于双击该快捷方式所指向的文件或对象。

3. 文件类型与程序关联

默认程序是打开某种类型的文件（例如音乐文件、图像或网页）时 Windows 所使用的程序。例如，记事本、写字板都可以打开扩展名为 txt 的文件，则可以选择其中之一作为默认程序。

将文件类型与程序关联就是根据文件类型选定默认程序。例如,扩展名为 txt 文件的默认程序是记事本,双击时,系统会自动运行记事本程序来打开扩展名为 txt 的文档,通过将文件类型与程序关联设置,也可以将该类文件的默认程序修改为写字板。

4. 截图工具

截图工具是 Windows 7 新带的实用性很强的工具之一,用户可以利用该工具抓取当前界面中的任何图片。

用户也可通过按住键盘上的 Print Screen 键完成截取全屏操作,或者同时按住键盘上的 Alt 和 Print Screen 键可完成当前窗口截取工作。此时不打开截图窗口,被截信息自动存放于剪贴板中。

5. 字体文件

字体文件可以简单地理解为字符和字形的对照表,网上很多达人都制作了很多漂亮的字体,保存为扩展名 ttf 的文件。安装字体就是将扩展名为 ttf 的文件复制到 C:\Windows\Fonts 文件夹中。

6. 设备驱动程序

驱动程序是直接工作在各种硬件设备上的软件,其"驱动"这个名称也十分形象的指明了它的功能。正是通过驱动程序,各种硬件设备才能正常运行,达到既定的工作效果。

从理论上讲,所有的硬件设备都需要安装相应的驱动程序才能正常工作。但像 CPU、内存、主板、软驱、键盘、显示器等设备却并不需要安装驱动程序也可以正常工作,而显卡、声卡、网卡等一定要安装驱动程序,否则便无法正常工作。

这主要是由于这些硬件对于一台个人电脑来说是必需的,所以早期的设计人员将这些硬件列为 BIOS 能直接支持的硬件。换句话说,上述硬件安装后就可以被 BIOS 和操作系统直接支持,不再需要安装驱动程序。从这个角度来说,BIOS 也是一种驱动程序。但是对于其他的硬件,例如:网卡、声卡、显卡等必须要安装驱动程序,不然这些硬件就无法正常工作。

7. 磁盘维护工具

用户需要经常进行磁盘维护来提高计算机性能。磁盘维护的操作一般包括磁盘清理、磁盘碎片整理和磁盘检查,通过这些操作可以方便地对硬盘空间进行整理,提高系统运行速度。

使用计算机时会产生许多临时文件,这些临时文件长期存在会占用磁盘空间影响系统运行,使用"磁盘清理"程序能将多余临时文件删除。

磁盘中存储文件的最小单位是簇,就像是一个个小方格被均匀地分布在磁盘上,而文件被分散放置在不同的簇里。磁盘碎片整理的功能就是尽可能将原来存放在不同簇中的文件集中存放,从而提高系统访问文件的速度,改进文件系统性能。

当计算机系统运行速度明显变慢或出现死机、蓝屏等现象时,可能是因为磁盘上出现了逻辑错误,这时可以使用 Windows 7 自带的磁盘检查程序检查系统中是否存在逻辑错误,当检测到错误时,也可以用此程序对错误进行修复。

三、实验内容

文件及文件夹的操作、快捷方式、文件打开方式的设置、截图工具的使用、字体文件的安装及使用、打印机驱动程序的安装与设置、常用磁盘维护工具的使用。

四、操作步骤

1. 文件及文件夹的操作

(1) 创建文件夹。

在 E:\ 建立一个存放实验结果的文件夹,该文件夹名由学生本人学号和姓名组成,如:15123456 张大伟,其操作步骤如下:

在资源管理器左窗格中选定 E:\为当前文件夹,在右窗格空白处右击,在弹出的快捷菜单中选择"新建|文件夹"命令,输入由学号及姓名组成的文件夹名即可创建存放实验结果的文件夹。

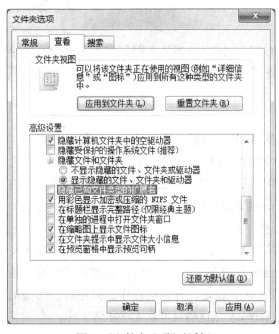

图1 "文件夹选项"对话框

(2) 复制文件。

默认情况下,已知类型的文件扩展名是隐藏的,为了便于文件的选择,在资源管理器左窗格中选择"组织|文件夹和搜索选项"命令,打开"文件夹选项"对话框,在"查看"选项卡中单击"隐藏已知文件类型的扩展名",使其处于非选中状态,如图1所示,即可使已知类型的文件扩展名显示出来。

将 C:\Windows\Win.ini 文件,复制到实验结果文件夹,其操作步骤如下:

打开 C:\Windows 文件夹,右击 Win.ini 文件,在弹出的快捷菜单中选择"复制"命令,选择 E 盘中的实验结果文件夹,在窗格空白处右击,在弹出的快捷菜单中选择"粘贴"命令,完成文件的复制。

对于文件或文件夹的复制除了可以使用快捷菜单中的选项以外,还可以使用快捷键,其中 Ctrl+C 为复制选择的项目,Ctrl+X 为剪切选择的项目,Ctrl+V 为粘贴选择的项目。

(3) 设置文件的属性。

将实验结果文件夹中的 Win.ini 文件的属性设置为只读,其操作步骤如下:

右击 Win.ini 文件,在弹出的快捷菜单中选择"属性"命令,打开该文件的属性对话框,勾选"常规"选项卡中的"只读"复选框,单击"确定"按钮,完成该文件只读属性的设置。

(4) 文件更名。

将实验结果文件夹中的 Win.ini 文件的更名为 Win.txt,其操作步骤如下:

右击 Win.ini 文件,在弹出的快捷菜单中选择"重命名"命令,输入新文件名后按回车键,打开"重命名"确认对话框,单击"是"命令按钮,完成文件名的更名。

(5) 搜索文件。

当忘记了文件的保存位置或记不清文件或文件夹全名时,使用操作系统的搜索功能可以快速地查找到所需的文件或文件夹。通常只要在资源管理器的搜索框中输入搜索关键字即可达到目的。

在实验结果文件夹下建立一个名为 Test 的文件夹,在 C 盘中搜索文件名扩展名 txt 的所有文件,并将搜索结果中的第一个 Readme.txt 文件移动到 Test 文件夹中,其操作步骤如下:

在资源管理器的左窗格中选择 C 盘,在右上角搜索框中,输入"＊.txt"。当关键字输入时,搜索就已经开始。随着输入的关键字符增多,搜索的结果会反复筛选,直到搜索完成显示满足条件的结果。选中右窗格中的 Readme.txt 文件,按快捷键 Ctrl＋X,在实验结果文件夹中新建一个名为 Test 的文件夹,打开该文件夹,按快捷键 Ctrl＋V,完成将 Readme.txt 文件移动到 Test 文件夹中。

（6）删除文件夹。

将实验结果文件夹中的 Test 文件夹删除,其操作步骤如下:

选中 Test 文件夹,按 Delete 键,打开"删除文件夹"确认对话框,单击"是"按钮,确认删除。实际上将 Test 文件夹移到了"回收站"中,并没有真正删除。

双击桌面上的"回收站"图标打开回收站窗口,选中 Test 文件夹,执行"文件|还原"命令,恢复前面被删除的 Test 文件夹。

选中 Test 文件夹,按快捷键 Shift＋Delete,则将 Test 文件夹永久删除。

2. 快捷方式

在实验结果文件夹中为系统应用程序 Calc.exe 创建名为"计算器"的快捷方式,其操作步骤如下:

① 单击"开始"菜单,在搜索框中输入 Calc.exe,在显示搜索结果的程序组中已经显示有 Calc.exe。

② 右击搜索结果 Calc.exe,在弹出的快捷菜单中选择"复制"命令,打开实验结果文件夹,右击空白处,在弹出的快捷菜单中选择"粘贴快捷方式"命令。

③ 右击"Calc.exe"快捷方式,在弹出的快捷菜单中选择"重命名"命令,输入"计算器"完成快捷方式的重命名。

3. 文件打开方式的设置

在实验结果文件夹中创建名为 Test.txt 的文本文件,通过设置默认程序,用"写字板"打开扩展名为 txt 的文本文件,其操作步骤如下:

① 在实验结果文件夹的空白处右击,在弹出的快捷菜单中选择"新建|文本文档"命令,在文件名框中输入文件名 Test,按回车键,完成 Test.txt 文本文件的创建。

② 右击 Test.txt 文本文件,在弹出的快捷菜单中选择"打开方式|选择默认程序"命令,打开"打开方式"对话框,如图 2 所示。

③ 在推荐的程序框中选择"写字板",单击"确定"按钮。

④ 双击 Test.txt 文件,系统会运行"写字板"程序来打开该文本文件。

4. 设置程序关联

通过设置默认程序,将 jpg 文件与"画图"程序关联,即双击此类文件时,系统运行"画图"程序来打开此类文件,其操作步骤如下:

① 单击"开始"菜单右侧列表下方的"默认程序",在打开的控制面板默认程序界面中选择"将文件类型或协议与程序关联"选项。

② 在管理界面上先选中".jpg"行,然后单击右上角的"更改程序"按钮,打开"打开方式"对

图 2 "打开方式"对话框

话框。

③ 在打开的"打开方式"对话框中选择"画图"程序,单击"确定"按钮,完成程序的关联操作。

④ 利用搜索功能,在 C 盘寻找一个扩展名为 jpg 的图像文件,双击观察系统变化。

5. 截图工具的使用

利用"截图工具",将桌面上的回收站图标 截图以 Exp1 - 1.png 文件名保存到实验结果文件夹中,其操作步骤如下:

① 选择"开始|所有程序|附件|截图工具"命令,打开截图工具窗口。

② 在"截图工具"窗口中,单击"新建"按钮右侧的下拉按钮,选择"矩形截图"选项。

③ 拖曳鼠标截取桌面上的回收站图标矩形区域,此时,回收站图标自动进入截图工具窗口。

④ 选择"文件|另存为"命令,打开保存文件对话框,选择保存路径并输入文件名,即可保存截图文件。

⑤ 单击"新建"按钮右侧的下拉按钮,弹出的列表中显示除了"矩形截图"方式外,还有"任意格式截图""窗口截图""全屏幕截图"三种方式。

⑥ 选中"任意格式截图",用户在当前桌面进入半透明状态时,可按住并任意不规则拖曳鼠标选取所需图片区域,然后单击确定截图。选中"窗口截图",此时当前窗口周围将出现红色边框,表示该窗口为截图窗口,单击确定截图。选中"全屏幕截图",程序会理解将选中那一刻的窗口信息放入截图编辑窗口。

6. 字体文件的安装及使用

下载并安装方正喵呜体字体文件,并在 Word 中使用新安装的字体,其操作步骤如下:

① 在百度、360 搜索等平台中搜索"方正喵呜体字体文件",找到相应网站下载字体压缩文

件，释放后将其中的 ttf 文件拷贝到 C:\Windows\Fonts 文件夹中即可完成字体文件的安装（实验室里实验时为了节约下载时间，可直接从 ftp://ftp.cc.shu.edu.cn/pub/Class/中下载）。

② 在实验结果文件夹中创建名为 Exp1－2.docx 文件，输入文字，并将字体设置为方正喵呜体字体，标题为一号字，正文为三号字，结果如图 3 所示，最后使用截图工具将该实验结果以 Exp1－2.jpg 为文件名保存。

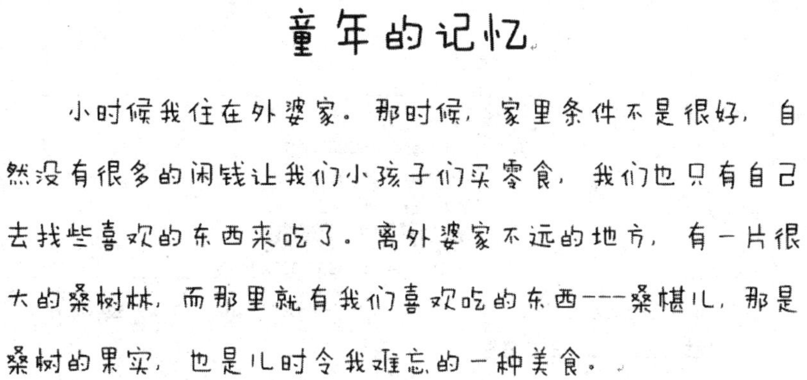
童年的记忆

小时候我住在外婆家。那时候，家里条件不是很好，自然没有很多的闲钱让我们小孩子们买零食，我们也只有自己去找些喜欢的东西来吃了。离外婆家不远的地方，有一片很大的桑树林，而那里就有我们喜欢吃的东西---桑椹儿，那是桑树的果实，也是儿时令我难忘的一种美食。

图 3 安装字体文件应用

7. 打印机驱动程序的安装与设置

通常有两种方法安装打印机驱动程序，第一种方法是使用打印机附带的软件进行安装，一般方法是双击安装盘中 Setup.exe(或 Install.exe)文件，然后按提示步骤执行，直到完成安装。第二种方法是使用 Windows 自带的安装功能进行安装，下面介绍第二种方法。

安装一台名为“HP LaserJet 3055 PCL”的打印机，并设置该打印机为默认打印机，将实验结果文件夹中名为 Exp1－2.docx 文件横向打印输出到实验结果文件夹中，打印文件名为 Printest.prn，其操作步骤如下：

① 选择“开始|设备和打印机”命令，打开“设备和打印机”界面。

② 单击“添加打印机”按钮，打开“添加打印机”窗口的询问安装何种类型的打印机界面，单击“添加本地打印机”选项。

③ 由于实验中安装的是虚拟打印机，所以在选择打印机端口界面中选择默认的 FILE 端口，即将内容打印到文件。

④ 单击“下一步”按钮，进入“安装打印机驱动程序”界面，如图 4 所示，选择所使用打印机的厂商和型号，选择厂商为 HP，打印机为 HP LaserJet 3055 PCL5。

⑤ 单击“下一步”按钮，打开“键入打印机名称”界面，默认打印机名。单击“下一步”按钮，系统开始安装打印机的驱动程序。

⑥ 驱动程序安装完成后，将打开“打印机共享”界面，选择“不共享这台打印机”选项，依次单击“下一步”及“完成”按钮，完成打印机驱动程序的安装。

⑦ 打开实验结果文件夹中名为 Exp1－2.docx 文件，选择“文件|打印”命令，打开“打印”设置界面，选择“横向”，如图 5 所示。

⑧ 单击“打印”按钮，打开“打印到文件”对话框，选择路径，输入文件名后，单击“确认”按钮，完成文件的打印。

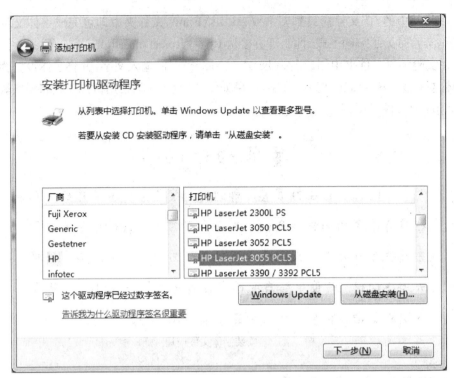

图 4 选择厂商与打印机

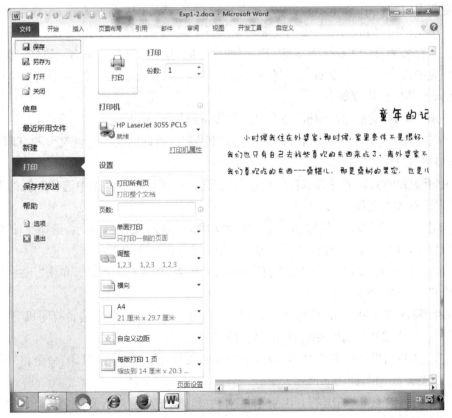

图 5 打印设置界面

8. 常用磁盘维护工具

① 磁盘清理。

使用"磁盘清理"程序对 C 盘进行清理,把该盘中多余临时文件删除,其操作步骤如下:

选择"开始|所有程序|附件|系统工具|磁盘清理"命令,打开"磁盘清理:驱动器选择"对话框,在驱动器下拉列表中选择 C 盘,单击"确定"按钮,程序开始计算清理后能释放的磁盘空间。计算完成后,将会弹出一个对话框,列出所有"要删除的文件",如图 6 所示,用户选中列表框中需要删除的文件,依次单击"确定""删除文件"按钮后,程序将自动开始删除多余临时文件。

图 6　"(C:)的磁盘清理"对话框

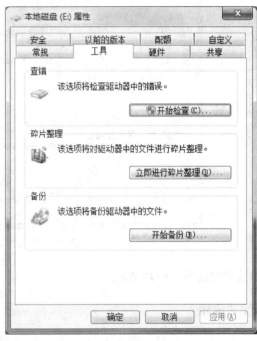

图 7　"本地磁盘(E:)属性"对话框

② 磁盘检查。

使用磁盘检查程序检查 E 盘中是否存在文件系统错误,如有,则用此程序对错误进行修复,其操作步骤如下:

打开"计算机"窗口,右击 E 盘图标,在弹出的快捷菜单中选择"属性"命令,打开"本地磁盘(E:)属性"对话框,如图 7 所示。选择"工具"选项卡,单击"开始检查"按钮。打开"检查磁盘 本地磁盘(E:)"对话框,勾选"自动修复文件系统错误"复选框,单击"开始"按钮,程序将自动检查 E 盘的文件系统错误,检查完成后弹出提示框提示用户扫描完毕。

③ 磁盘碎片整理。

使用"磁盘碎片整理"程序对 E 盘中的碎片进行整理,其操作步骤如下:

选择"开始|所有程序|附件|系统工具|磁盘碎片整理程序"命令,打开"磁盘碎片整理程序"对话框,如图 8 所示。选择 E 盘,单击"磁盘碎片整理"按钮,系统即开始

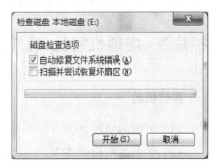

图 8　"检查磁盘"对话框

图 9 "磁盘碎片整理程序"对话框

对选中磁盘进行碎片整理。

五、思考题

1. 什么是文件扩展名？什么是已知类型文件？为什么要显示已知文件类型的扩展名？要怎样设置才能显示？

2. 在"默认程序"控制面板窗口中，设置默认程序与将默认类型或协议与特定程序关联的区别是什么？

六、操作要求

下载两个以上的字体文件，并安装，将上述两个思考题答案用 Word 排版（必须使用所安装的字体文件，使用截图工具将上述两思考题答案以 Exp1-3.jpg 为文件名保存。）

实验 2 虚拟机实验（课外）

一、实验目的

（1）了解虚拟机概念。

（2）学会虚拟机软件 VirtualBox 的安装及设置。

（3）利用 VirtualBox 虚拟机软件新建虚拟机，为虚拟机安装 Windows 或 Linux 操作系统,并能在虚拟机里访问物理主机的资源。

二、相关知识点

1. 虚拟机概念

虚拟机(Virtual Machine)指通过软件模拟的具有完整硬件系统功能的、运行在一个完全隔离环境中的完整计算机系统。

通过虚拟机软件,用户可以在一台物理计算机上模拟出一台或多台虚拟的计算机,这些虚拟机完全就像真正的计算机那样进行工作,例如可以在虚拟机上安装操作系统、安装应用程序、访问网络资源等。对于用户而言,它只是运行在物理计算机上的一个应用程序,但是对于在虚拟机中运行的应用程序而言,它就是一台真正的计算机。

虚拟机在学习技术方面能够发挥很大的作用,用户可以在虚拟机上练习组网技术、学习操作不同的操作系统、测试开发的软件在各个操作系统平台下的效果和可靠性、安装不可靠的软件、测试病毒等。在虚拟系统崩溃之后可直接删除而不影响物理主机系统,同样,物理主机系统崩溃后也不影响虚拟系统,重装物理主机系统后可再加入以前的虚拟系统。

2. VirtualBox 介绍

VirtualBox 是由美国 Oracle 公司出品的一款针对企业和家庭的实用型虚拟机软件,它不仅具有丰富的特色,而且性能也很优异,中文界面操作简单,加上它基于 GNU Public License (GPL)条款之上的开放、免费特性,深受使用者的喜爱。与其他的虚拟软件(如 VMware、Virtual PC 等)相比,VirtualBox 具有以下特色:

① 使用主机资源少,寄宿系统运行速度非常快,安装文件相比其他的虚拟机要小得多。

② 使用 XML 语言描述虚拟机,方便移植到其他电脑上。

③ 无需在 Host 上安装驱动就可以在虚拟机中使用 USB 设备。

④ 不同于任何其他虚拟软件,VirtualBox 完全支持标准远程桌面协议。

⑤ 作为 RDP(Remote Desktop Protocol,远程桌面协议)服务器的虚拟机仍然可以访问 RDP 客户端插入的 USB 设备。

⑥ 在虚拟机和宿主机之间可以通过共享文件夹方便地交流、共享文件。

⑦ 具有极强的模块化设计,有界定明确的内部编程接口和一个客户机/服务器设计。

三、实验内容

VirtualBox 虚拟机软件的使用。

四、实验步骤

1. VirtualBox 的下载及安装

(1) 下载。

ftp://cc.shu.edu.cn/pub/class 上有最新的 VirtualBox 安装包(VirtualBox-4.3.28.exe),可以用 ftp 客户端软件(如 FlashFXP、LeapFTP、Filezilla 等软件下载到本地进行安装)也可以到官网:http://www.virtualbox.org/wiki/Downloads 或 http://www.oracle.com/technetwork/server-storage/virtualbox/downloads/index.html 下载对应系统平台的安装包。

（2）安装。

双击安装包，按图1选择"Next"按钮即可开始安装，之后的安装路径可以选择默认设置，安装过程中会出现一个警告，提示安装过程中会进行一次断网操作，断网后会自动恢复，点击"Yes"按钮即可继续安装。安装完成后在"开始"菜单里执行"所有程序 | Oracle VM VirtualBox | VirtualBox"命令或者双击桌面上的快捷方式（名称是 Oracle VM VirtualBox），启动 VirtualBox，启动后的主界面如图2所示。

图1　VirtualBox 安装向导图

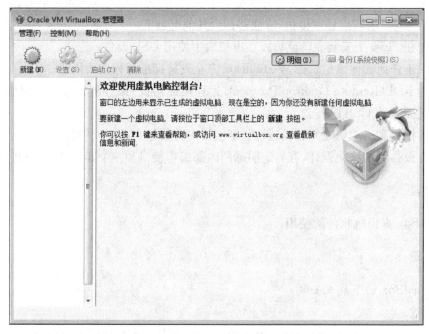

图2　"Oracle VM VirtualBox 管理器"主界面

2. 新建虚拟机

新建虚拟机的操作步骤如下：

① "开始"菜单里执行"所有程序｜Oracle VM VirtualBox｜VirtualBox"命令或者双击桌面上的快捷方式(名称是 Oracle VM VirtualBox),启动 VirtualBox,出现图 2 所示的界面。

② 单击"新建" 按钮,打开图 3 所示对话框,输入要新建的虚拟机名称(本实验要安装 Windows XP 系统,如图示输入 WinXP(注：学生实验时,请在 WinXP 前添加本人的学号),如果要在一台物理计算机上建立多个虚拟机,注意多个虚拟机的名称不能重复),VirtualBox 会根据输入名称的关键字自动识别出要安装的操作系统类型,用户也可以根据需要安装的系统选择对应的类型和版本。

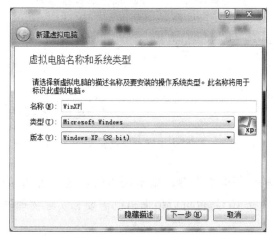

图 3 "虚拟电脑名称和系统类型"设置对话框　　　图 4 选择"内存大小"对话框

③ 单击"下一步"按钮,打开"内存分配"对话框(见图 4)为虚拟机分配内存,系统会有一个推荐值,一般可以设置为小于或等于物理主机内存的一半即可(由于 Windows XP 系统需要 512 MB 的内存才能够流畅运行,所以这里选择 512 MB)。

④ 单击"下一步"按钮,打开"虚拟硬盘配置"对话框(见图 5),第一次使用就以缺省配置来做,选择"现在创建虚拟硬盘",单击"创建"按钮,出现图 6 所示的对话框,这里虚拟硬盘文件类型可以选择默认的"VDI"(即 Virtual Desktop Infrastructure,虚拟桌面基础架构)格式。

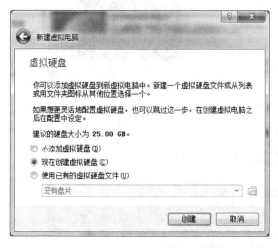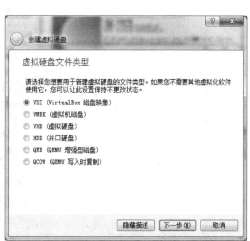

图 5 选择"虚拟硬盘配置"对话框　　　图 6 选择"虚拟硬盘文件类型"对话框

⑤ 单击"下一步"按钮,打开"选择虚拟硬盘存储类型"的对话框(见图7),这里最好选择"动态分配"型的虚拟硬盘,可以很好地节省硬盘空间。

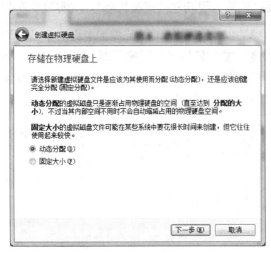

图 7 选择"虚拟硬盘存储类型"对话框　　　　图 8 选择"虚拟硬盘位置和大小"对话框

⑥ 单击"下一步"按钮,单击图 8 中的  按钮,浏览选择存放虚拟硬盘的位置和名称,如图 8 选择 D 盘根目录放置 VDI 文件,硬盘大小选择 10 G,也可以根据自己需要和实际物理硬盘大小决定存放的位置和大小。

⑦ 单击"创建"按钮,新建虚拟硬盘成功。

虚拟机建立成功后,会在图 9 左边的栏中显示,右边显示了当前选择虚拟机的设置情况。可

图 9 "Oracle VM VirtualBox 管理器"主界面

以选择左边栏中的一个虚拟机,单击上面工具栏内的  按钮进行此虚拟机设置的更改和启动。

3. 安装 Windows XP 系统

物理系统指真正物理主机安装的系统,一般是 Windows 操作系统,也可以是其他系统。虚拟机系统是你建好虚拟机后,虚拟机上安装的操作系统。下面我们在刚才创建的虚拟机里安装 Windows XP 系统,具体操作步骤如下:

① 准备系统安装光盘映像文件:登录 ftp://cc.shu.edu.cn/pub/class 下载 Windows XP 系统安装文件,如将 SHU – XPSP3 – Cn.iso 下载并保存到 D 盘根目录。

② 新建好 Windows XP 虚拟机后,在图 9 所示的主界面中单击工具栏中的"设置" 按钮,出现如图 10 所示的"虚拟机设置"对话框,选择左边的"存储"栏,在"存储树"域中选择"没有盘片",在对应的"属性"域中单击右边光盘图标,选择"选择一个虚拟光盘"(如图 11 所

图 10　"虚拟机设置"对话框

图 11　"选择虚拟光盘"界面

示），打开选择文件对话框，选择要安装的系统 ISO 文件"D：\ SHU－XPSP3－Cn.iso"，单击"确定"按钮，回到主界面。

③ 单击"启动"按钮 ，启动 Windows XP 系统的安装，如图 12 所示。在如图 13 所示的界面按"回车"键，选择在"未划分的空间"上安装 Windows XP，然后进入如图 14 所示的安装界面，用键盘向上键选择"用 NTFS 文件系统格式化磁盘分区（快）"，可以加快格式化的速度，

图 12　Windows Setup 界面

图 13　选择安装分区界面

然后出现如图 15 所示的格式化界面,格式化完后安装过程就进入文件复制阶段,之后是图 16 所示的安装 Windows 界面,约 20 分钟后,系统安装完成并自动启动。注意,在安装过程中可以随时按键盘的右"Ctrl"键使鼠标退出虚拟机控制模式回到物理主机。

图 14 选择文件系统界面

图 15 格式化界面

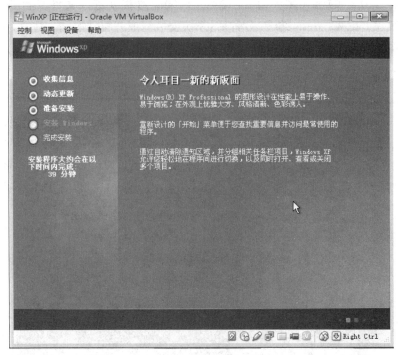

图 16　安装 Windows 界面

4. 共享主机文件

(1) 安装增强功能。

VirtualBox 自带了一个增强工具 Sun VirtualBox Guest Additions,这是实现虚拟机与物理主机共享文件的关键。VirtualBox 的增强功能如下:

① 安装了 VBox 的显卡驱动,可以在物理系统上全屏/任意大小显示虚拟机系统。

② 物理系统可以和虚拟系统完成粘贴板内容的交换,比如在物理系统上复制的内容可以在虚拟机系统里进行粘贴,反之亦然。注意这里粘贴的只是内容不是文件。

③ 启用"共享文件夹"功能,可以让虚拟系统和物理系统共享同一文件夹,使两种系统都能读写这个文件夹中的文件。

虚拟机系统安装完成后会自动启动,出现如图 17 所示的界面,执行"设备|安装增强功能"命令,启动如图 18 所示的程序安装界面。按照提示,依次单击"Next""Next""Install"勾选"Reboot now"并单击"Finish"按钮,完成增强功能的安装。

(2) 分配共享文件夹。

接下来,设置物理主机中与虚拟机共享的文件夹。执行"设备|共享文件夹"命令,进入图 19 所示的对话框后,先单击"添加一个新的共享文件夹定义"按钮 📄,出现如图 20 所示的对话框,单击"共享文件夹路径"右面的下拉箭头,选择"其他"后浏览找到物理主机中需要共享的文件夹并返回(如图 20 所示选择了 D 盘),并勾选"固定分配"。现在在图 21 的"共享文件夹列表"下就可以看到共享的物理主机文件夹了,单击"确定"按钮完成共享文件夹的分配。

图 17　虚拟机系统界面

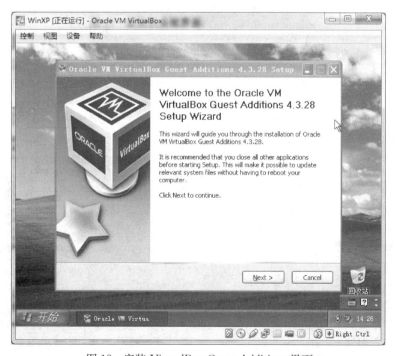

图 18　安装 VirtualBox Guest Additions 界面

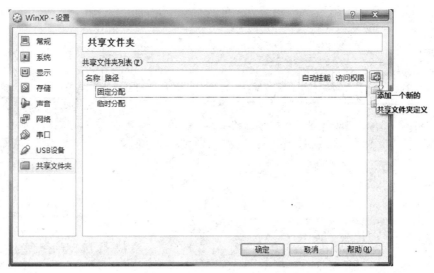

图 19 "共享文件夹"对话框

图 20 "添加共享文件夹"对话框

图 21 "共享文件夹"对话框

（3）映射网络驱动器。

现在用户已经可以通过"网上邻居"的形式访问主机共享的那个文件夹了，不过这样的操作比较麻烦，可以采用"映射网络驱动器"的形式来进行快速访问。在虚拟机中打开"我的电脑"（方法是选择虚拟机的"开始|我的电脑"，如图 22 所示），进入后选择"我的电脑"工具栏中的"工具|映射网络驱动器"命令，进入图 23 的对话框后先指定驱动器号，如图 23 所示指定了用虚拟机的 E 盘驱动器来访问物理主机的共享文件夹，接下来，单击"文件夹"右边的"浏览"按钮，在图 24 的"整个网络"树状列表中找到"VirtualBox Shared Folders"，单击展开，在该文件夹树下选择上一节"共享文件夹"中设置的物理主机共享文件夹（如图 24 所示选择 d_drive）。

图 22　打开虚拟机"我的电脑"示意图

选择需要映射的文件夹（如图 24 所示选择共享文件夹 d_drive）后单击"确定"返回。映射完成后，再次访问虚拟机的"我的电脑"，就可以看到映射的网络驱动器 E:，可单击"我的电脑"工具栏上的"文件夹"按钮得到图 25 所示的界面，此时若访问虚拟机的 E 盘就是访问物理主机的 D 盘。通过共享文件夹用户就能快速访问物理主机中的文件夹了，让 VirtualBox 打造的虚拟系统真正实现与物理主机的互动联通。

得到图 25 所示的界面后，请截图保存为 Exp3 - 1.jpg 文件并上传到自己的 ftp 作业空间内。

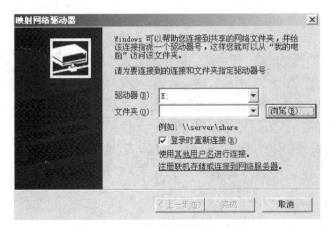

图 23 "映射网络驱动器"对话框

图 24 浏览"网上邻居"对话框

图 25 "映射网络驱动器"操作后"我的电脑"界面

5. 其他功能介绍(可选实验)

(1) 介质管理。

介质管理主要包括虚拟硬盘的管理和虚拟光驱的管理。在建虚拟机的时候,就新建了虚拟硬盘,虚拟硬盘上存储的就是要安装的操作系统和应用软件了。当需要多个虚拟硬盘来进行扩容时,可以在介质管理界面上添加、删除、更换虚拟硬盘。在图 9 所示的"VirtualBox 管理器主界面"中选择一个虚拟机,单击工具栏中的"设置"按钮 ![设置图标]设置(S),打开如图 26 所示的对话框,选择"存储"栏,可以对虚拟硬盘和虚拟光驱进行管理操作了(见图 27)。

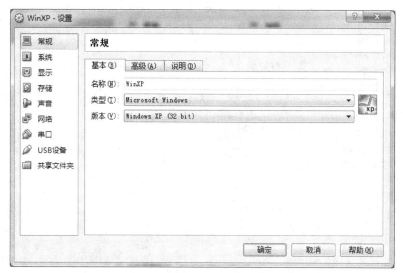

图 26　"虚拟机设置"对话框

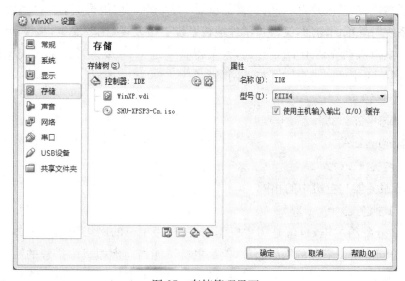

图 27　存储管理界面

（2）网络管理。

在图 9 所示的"VirtualBox 管理器主界面"中选择一个虚拟机，单击工具栏中的"设置"按钮 ，出现图 26 所示的对话框，选择"网络"栏，打开如图 28 所示的"网络设置"对话框。

VirtualBox 创建的虚拟机最多可以使用 4 张网卡（见图 28），这在一般的应用中够用了，即使是防火墙应用也够用了。虚拟机缺省只启用了一张网卡，可以按需要进行启用。

每张网卡都有 4 种连接方式，默认是选择 NAT 方式，由于缺省状态是启用了一张 NAT 连接方式的网卡，因此即使不做更改，虚拟机也已经可以上网了。下面介绍一下具体连接方式的差别。

① NAT（虚拟机的默认设置）：NAT 的中文意思是"网络地址软换"，它的特点是和物理网卡使用不同的 IP 段，在虚拟机经过 NAT 软换，虚拟机上的操作系统可以访问到物理网卡

图 28 "网络设置"对话框

所能访问的任意机器,甚至是互联网,但其他机器不能访问到虚拟机上的操作系统。这样既实现了虚拟机系统与外部的沟通,又保护了虚拟机系统不被发现,比较安全,是 VirtualBox 缺省的连接方式。虚拟机系统采用 DHCP 时,一般得到的是 10.0.2 网段。VirtualBox 虚拟出一个路由器,为虚拟机中的网卡分配了如下网络参数:

  IP 地址 10.0.2.15

  子网掩码 255.255.255.0

  广播地址 10.0.2.255

  默认网关 10.0.2.2

  DNS 服务器与主机中的相同

  DHCP 服务器 10.0.2.2

其中 10.0.2.2 分配给主机,也就是用主机作网关,利用主机的网络访问 Inertnet。虚拟机通过 10.0.2.2 访问主机中搭建的网络服务,但是主机不能访问虚拟机中搭建的网络服务(需要用端口转接才能访问)。同时,使用 NAT 网络环境的各个虚拟机之间也不能相互访问,因为它们的 IP 地址都是 10.0.2.15。

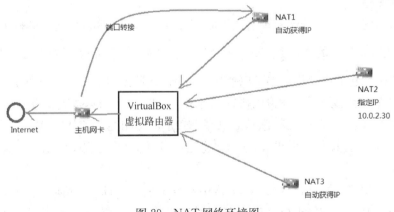

图 29 NAT 网络环境图

NAT方式虽然很好,但还是有个缺点,就是当物理主机或和物理主机同一网段的主机需要访问时,NAT就无能为力了。这时可以使用下面的Bridged Adapter连接方式。

② Bridged Adapter:Bridged Adapter是绑定适配器,即直接绑定到物理网卡上,在物理网卡再建一个IP。这就相当于虚拟机系统和一台真的设备一样,虚拟机系统既能访问和物理主机在同一网段的机器(甚至互联网),又能被物理主机和物理主机在同一网段的机器(甚至互联网上的机器)访问到。

这种方式适合应用在企业的生产系统中,虚拟机系统对外发布服务时。一些在局域网中使用的服务可以通过这种方式发布。

③ Internal:Internal 即内部连接方式,这种方式只能在一台物理主机上的各个虚拟机系统间进行通信,一般很少使用。

Internal networking 网络环境为设置了 Internal networking 网路环境的各个虚拟网卡提供了一个与主机隔绝的虚拟局域

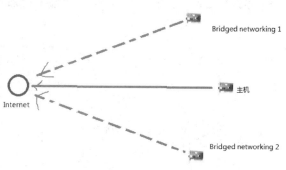

图 30　Bridged 网络环境图

网。在 Internal networking 中的网卡不能自动获得任何参数,除非手动设置或者在 Internal networking 网络环境中的另一台虚拟机中架设 DHCP 服务器。在 Internal networking 中,各个设置为 Internal networking 网络环境的虚拟机之间可以任意访问(虚拟机防火墙允许条件下),但不能访问主机的网络服务。

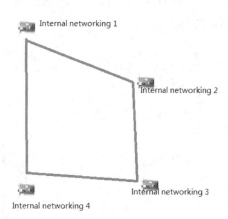

图 31　Internal 网络环境

④ Host-only Adapter:Host-only Adapter 是只与物理主机进行通信的方式,即虚拟机系统只能访问物理主机,物理主机不能访问到虚拟机系统。这种方式适合单机版本的软件运行。

默认情况下 Host-only networking 网络环境利用 VirtualBox 虚拟出的 DHCP 服务器,为在 Host-only networking 中的虚拟网卡分配参数:

IP 地址 192.168.56.101 --- 254

子网掩码 255.255.255.0

广播地址 192.168.56.255

默认网关 无

DNS 服务器 无

DHCP 服务器 192.168.56.100

其中 192.168.56.1 分配给主机,主机能 ping 通各个 Host-only networking 下的虚拟机,但虚拟机不能 ping 通主机。在 Host-only networking 网络环境中,主机网卡与各个 Host-only networking 虚拟网卡构成一个局域网,主机能访问各个虚拟机(虚拟机防火墙允许条件下),各个虚拟机之间也能相互访问,但各个虚拟机都不能访问 Internet。

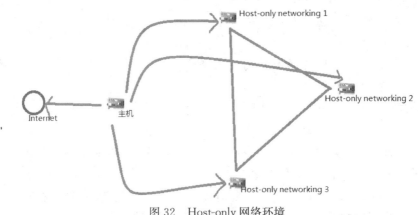

图 32　Host-only 网络环境

(3) 使用 USB 设备。

在图 26 的对话框中选择"USB 设备"栏,勾选"启用 USB 控制器"(也是缺省就勾选了的),如图 33(a)所示。

(a) 设置USB设备

(b) 分配USB

图 33　USB 设置示意图

启动虚拟机,并且插入 USB 设备。如图 33(b)所示,在"设置|分配 USB 设备"勾选"Generic Mass Storage"。接下来,虚拟机的 XP 系统会自动安装 USB 设备驱动,安装结束后虚拟机找到新设备,虚拟机"我的电脑"中就会出现 USB 的卷标,就可以像平常一样使用 USB 设备了。

6. 新建虚拟机并安装 Linux Ubuntu 系统

① 开始菜单里执行"所有程序｜Oracle VM VirtualBox｜VirtualBox"命令或者桌面上双击快捷方式,启动 VirtualBox。单击"新建"按钮,打开图 34 所示对话框,输入要新建的虚拟机名称(学生实验时,请在 Ubuntu 前添加本人的学号),用自动识别出的操作系统类型和版本就可以。

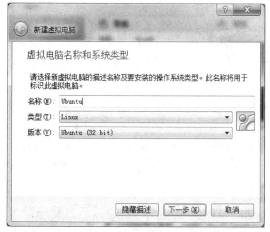

图 34 "虚拟电脑名称和系统类型"设置对话框

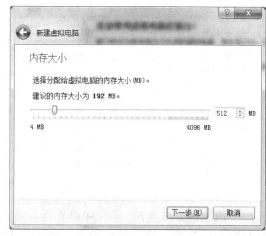

图 35 选择"内存大小"对话框

② 单击"下一步"按钮,打开"内存分配"对话框(见图 35),Linux Ubuntu 系统的最小配置是 256 MB,这里选择 512 MB。

③ 单击"下一步"按钮,打开"虚拟硬盘配置"对话框(见图 36),第一次使用就以缺省配置来做,创建新的虚拟硬盘。虚拟硬盘文件类型可以选择默认的"VDI"格式(virtual desktop infrastructure,虚拟桌面基础架构),如图 37 所示。

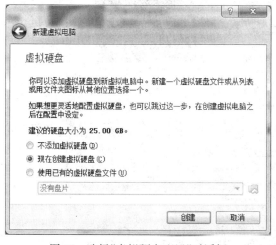

图 36 选择"虚拟硬盘配置"对话框

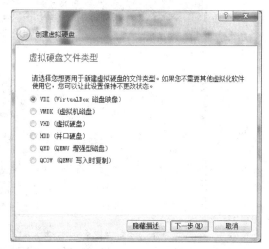

图 37 选择"虚拟硬盘文件类型"对话框

④ 单击"下一步"按钮,打开"选择虚拟硬盘存储类型"对话框(见图 38),最好选择"动态扩展",可以很好地节省硬盘空间。

⑤ 单击"下一步"按钮,选择虚拟硬盘的位置和大小,如图 39 所示选择 D 盘根目录放置 VDI 文件,硬盘大小选择 8 G,也可以根据自己需要和实际物理硬盘大小决定位置和大小。

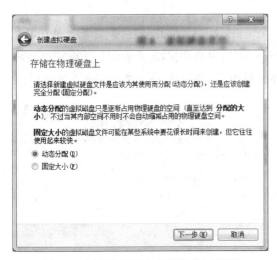

图 38　选择"虚拟硬盘存储类型"对话框

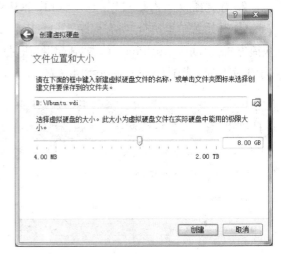

图 39　选择"虚拟硬盘位置和大小"对话框

⑥ 单击"创建"按钮,新建虚拟硬盘成功。

虚拟机建立成功后,会在弹出界面左边的栏中显示,如图 40 所示,右边显示当前选择虚拟机的设置情况。可以选择 Ubuntu 虚拟机,单击上面工具栏的"设置"按钮进行设置的更改和启动。

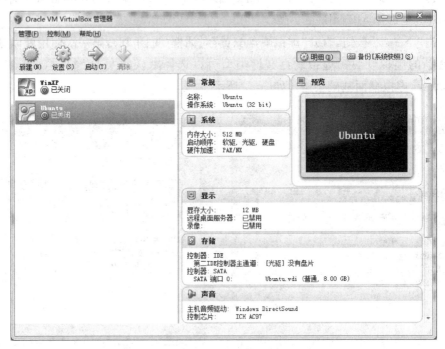

图 40　"Oracle VM VirtualBox 管理器"主界面

⑦ 准备系统安装光盘映像文件:登录 ftp://cc.shu.edu.cn/pub/class 或官网 http://www.ubuntu.com/download/desktop 上下载 Linux Ubuntu 系统安装文件,将 ubuntu-14.04.2-desktop-i386.iso 保存到 D 盘根目录。

在图 40 所示的界面中,单击选中 Ubuntu 虚拟机,单击工具栏中的"设置"按钮，选择

"存储"栏,在"存储树"域中选择"没有盘片",在对应的"属性"域中单击右边光盘图标 ,选择"选择一个虚拟光盘",打开选择文件对话框,选择所要安装系统的 ISO 文件"D:\ubuntu-14.04.2-desktop-i386.iso",如图 41 所示,单击"确定"按钮,回到主界面。

⑧ 在图 40 所示的界面中,单击选中 Ubuntu 虚拟机,单击"启动"按钮 启动(T),启动 Linux Ubuntu 系统的安装,进

图 41　"选择虚拟光盘"界面

入如图 42 所示的欢迎界面。如果选择"Try Ubuntu",那么就可以出现如图 43 所示的 Ubuntu 界面进行试用;如果选择"Install Ubuntu",那么会出现如图 44 所示的准备安装界面。单击"Continue"按钮继续,选择"Erase disk and install Ubuntu"并选择"Install Now"按钮。安装系统会询问是否按照默认的方式进行磁盘分区,单击"Continue"按钮继续,如图 46 所示。

图 42　安装欢迎界面

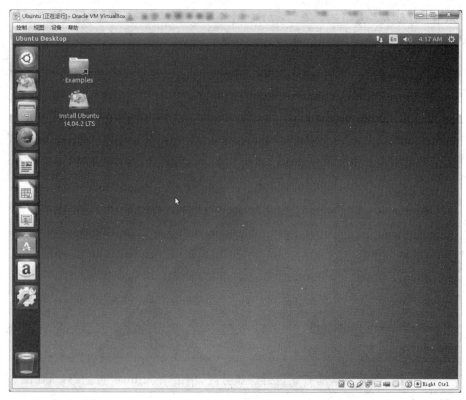

图 43　Ubuntu 试用界面

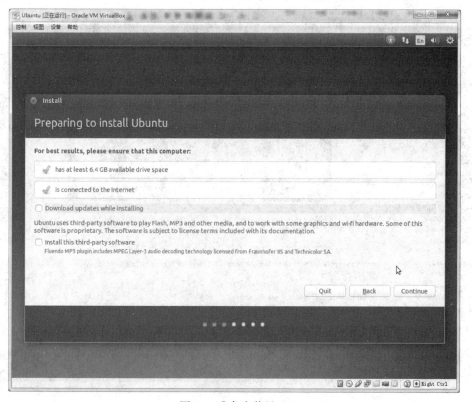

图 44　准备安装界面

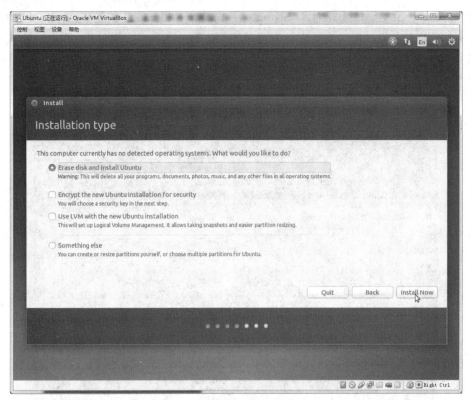

图 45　安装类型选择界面

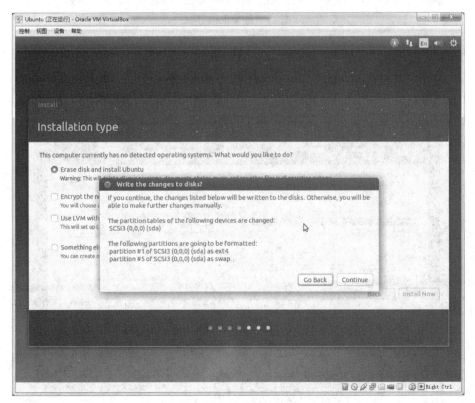

图 46　分区格式化确认界面

⑨ 如图 47~52 所示,选择地区"Shanghai",选择键盘"English(US)",输入自己的用户名和密码,接着进入安装过程。安装完毕需要单击"Restart Now"按钮重启,重启后输入刚才设置的用户名和密码进入系统。

图 47　选择地区界面

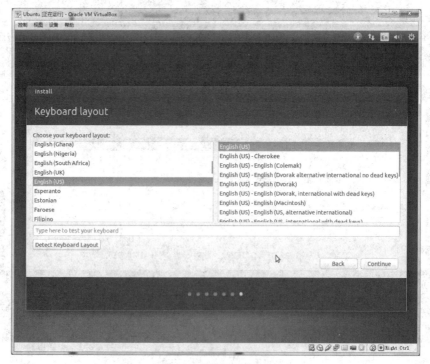

图 48　选择键盘界面

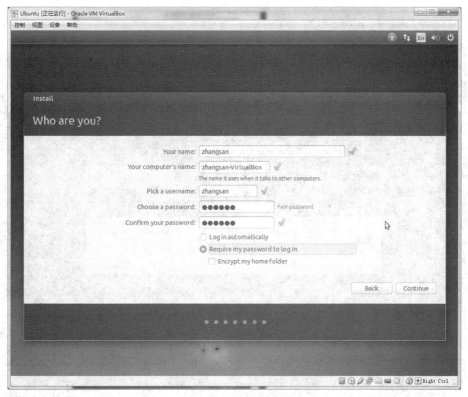

图 49 输入用户信息界面

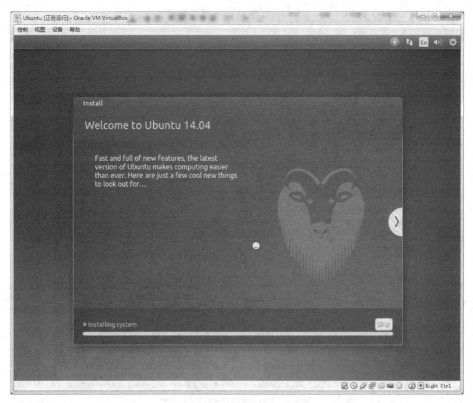

图 50 开始安装界面

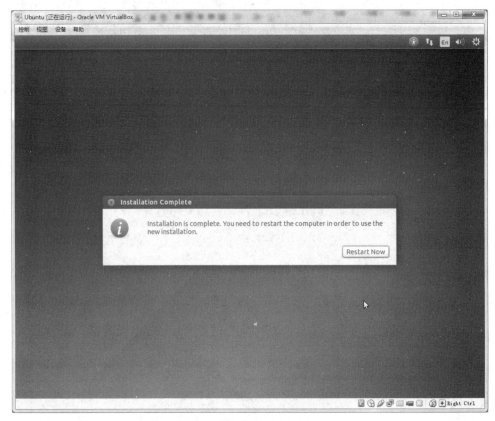

图 51　安装完提示重启界面

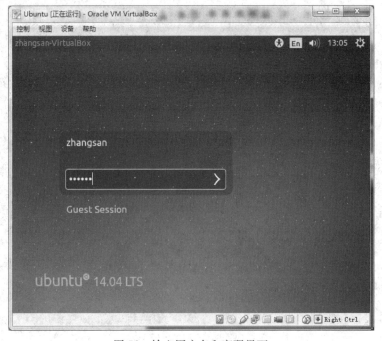

图 52　输入用户名和密码界面

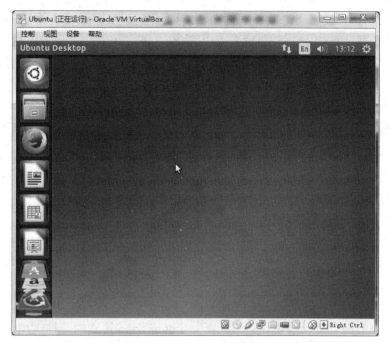

图 53　Linux Ubuntu 系统界面

请将安装完毕的 Ubuntu 系统，截图保存为 Exp3－2.jpg 文件并上传到自己的 ftp 作业空间内。

五、思考题

1. 什么是虚拟计算机？
2. 简述虚拟计算机与物理计算机的关系。
3. 描述在虚拟机里访问物理主机资源的步骤。

六、操作要求

本实验需上传到作业服务器的文件如下：Exp3－1.jpg、Exp3－2.jpg。

实验 3　云主机体验及 Linux 系统使用(课外)

一、实验目的

(1) 了解并体验云主机。
(2) 了解 Linux 系统及常用命令。

二、相关知识点

1. 云主机

首先需要了解一下什么是云计算。

云计算(Cloud Computing)是基于互联网的相关服务的增加、使用和交付模式，通常涉及通过互联网来提供动态易扩展且经常是虚拟化的资源。云是网络、互联网的一种比喻说法。过去在图中往往用云来表示电信网，后来也用来表示互联网和底层基础设施的抽象。因此，云计算可以让用户通过电脑、笔记本、手机等方式接入数据中心，按自己的需求进行运算。

对云计算的定义有多种说法。美国国家标准与技术研究院（NIST）定义：云计算是一种按使用量付费的模式，这种模式提供可用的、便捷的、按需的网络访问，进入可配置的计算资源共享池（资源包括网络、服务器、存储、应用软件、服务），这些资源能够被快速提供，只需投入很少的管理工作，或与服务供应商进行很少的交互。

云计算可以认为包括以下几个层次的服务：基础设施级服务（IaaS），平台级服务（PaaS）和软件级服务（SaaS）。这里所谓的层次，是分层体系架构意义上的"层次"。IaaS、PaaS、SaaS 分别在基础设施层，软件开放运行平台层，应用软件层实现。

IaaS(Infrastructure-as-a-Service)：基础设施级服务，消费者通过 Internet 可以从完善的计算机基础设施获得服务。IaaS 是把数据中心、基础设施等硬件资源通过 Web 分配给用户的商业模式。

PaaS(Platform-as-a-Service)：平台级服务。PaaS 实际上是指将软件研发的平台作为一种服务，以 SaaS 的模式提交给用户。因此，PaaS 也是 SaaS 模式的一种应用。但是，PaaS 的出现可以加快 SaaS 的发展，尤其是加快 SaaS 应用的开发速度。PaaS 服务使得软件开发人员可以不购买服务器等设备环境的情况下开发新的应用程序。

SaaS(Software-as-a-Service)：软件级服务。它是一种通过 Internet 提供软件的模式，用户无需购买软件，而是向提供商租用基于 Web 的软件，来管理企业经营活动。

云主机就是一种典型的 IaaS 服务类型。云主机是整合了计算、存储与网络资源的 IT 基础设施能力租用服务，能提供基于云计算模式的按需使用和按需付费能力的服务器租用服务。客户可以通过 web 界面的自助服务平台，部署所需的服务器环境。

上海大学教育云平台（www.hoc.ccshu.net）是由上海大学计算中心教育云联合实验室主导建设、基于云计算、以 IT 资源自由分享为核心功能的教学、办公辅助平台。希望借此将云计算技术导入高校教育领域，从而在教学工具、教学环境、教学方法上得以创新性提高，进而为高校教学质量的稳步提升提供更好的技术和资源保障。

为配合计算机基础课程中云计算部分授课内容，让更多的同学体验典型的云计算服务-云主机，基于上海大学教育云平台的云计算 IaaS 体验平台（excloud.hoc.ccshu.net）应运而生。

2. Linux 系统及常用命令

Linux 是一种自由开源的操作系统内核，采用 Linux 内核再加上各种 GNU 软件，组合成能用的且完全自由开源的类 Unix 操作系统，这类操作系统被称为 GNU/Linux，简称为 Linux。

Linux 操作系统具有 Unix 的特性，如多用户、多任务、可移植、网络功能丰富，安全机制强大。而且，它性能出色、稳定可靠。同时，Linux 操作系统完全开放源代码，降低了对封闭软件潜在安全性的忧虑。因此，Linux 操作系统具有广泛的应用领域，如桌面应用、高端服务器、嵌入式应用等。

Linux 的发行版本是不同公司或者组织为许多不同目的而制作的，包括对不同计算机结构的支持、对一个具体区域或语言的本地化、对特殊应用环境的支持，甚至很多发行版本只选择那些开源的软件。Linux 有超过三百个发行版本,比较常用的发行版本有 CentOS、Ubuntu、Debian 等。

三、实验内容

1. 体验云平台

(1) 访问上海大学云计算 IaaS 体验平台,预约体验日期。

打开 IE 浏览器(要求 IE10 版本以上)或 Firefox、Chrome 等浏览器(请确保更新至最新版本),在地址栏中输入"excloud.hoc.ccshu.net"后按"回车"键,打开登录界面,使用上海大学一卡通账号登录。登录或使用过程中碰到问题,请点击页面右上角的 QQ"在线咨询"与系统维护人员直接联系,如图 1 所示。

图 1　登录界面和在线咨询按钮

登录成功后点击预约,预约界面说明如图 2 所示。切换到准备预约月份(一般在每学期第三周开始开放预约体验),点击可预计日期(对应日期显示绿色"预约"即为可预约,显示红色

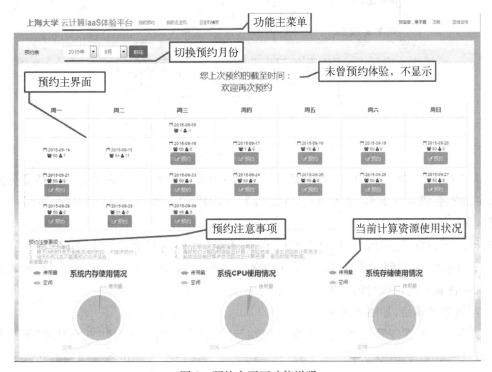

图 2　预约主页面功能说明

"已满"为预约满员,其他为过期日或未开放日)。预约成功后,请及时在预约日体验,体验时长为每日 1:00 整到 24:00 整,共 23 个小时,24:00 至 1:00 为系统自维护时间。

具体预约注意事项如下:

预约以天为单位;

预约日期当天不能取消预约或再预约;

预约非当日,可以取消预约,并在开放时间重新预约;

每天 0 点到 1 点为系统自维护时段,不提供预约;

当天 18 点以后不能再预约当天体验;

请在预约日期及时体验云计算,体验完成,请主动回收计算资源;

系统设定每日零点自动回收云计算资源,请及时保存数据。

(2) 在"我的预约"当日,可以登录体验平台,点击"我的云主机",进入云主机开通界面。先在系统预置的操作系统模板中选择,然后点击"创建云主机",在短暂提示"云主机创建中请稍候"的提示后,系统自动进入云主机自动部署和管理界面。

云主机创建界面说明如图 3 所示:

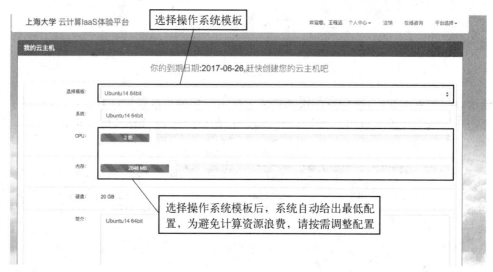

图 3　云主机创建界面说明

(3) 自动部署时间在 1 分钟以内,部署后启动时间在 1 分钟左右,因此需要等待 2 分钟左右,云主机才会进入正常运行状态,正常运行后运行状态显示"正在运行中"。期间可以用 F5 键盘快捷键刷新页面。

在确认云主机"正在运行中"的情况下,点击"获取密码",系统显示云主机创建时预先注入的密码。Windows 系列云主机默认登录用户名为 Administrator,Linux 系列云主机默认用户名为 root,查看并记录该初始密码。

云主机管理界面,如图 4 所示。

(4) 在云主机管理界面中,可以对云主机执行"启动""关闭""重启""更换系统"等常规操作,类似对一台物理主机的操作。"更换系统"功能允许用户按照选定系统模板重新部署云主机。云主机管理界面如图 5 所示。

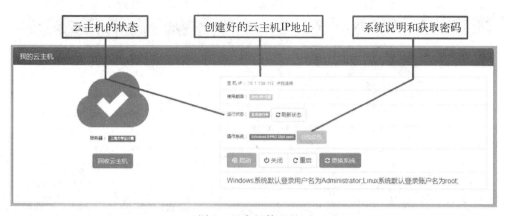

图 4　云主机管理界面

图 5　云主机管理操作界面

（5）连接云主机。

如图 6 所示，点击云主机 IP"点我连接"，下载用于连接云主机的文件。

图 6　下载连接文件

Windows 系列云主机采用 Windows 自带的"远程桌面连接程序"登录云主机。运行下载好的配置文件，点击"打开，通过"，然后点击"确定"，再在出现的远程桌面连接界面中点击"连接"，如图 7 所示。

需要特别说明的是：上海大学计算机中心建设的云计算 IaaS 体验平台上的云主机配置的 IP 地址都是上海大学内网 IP 地址。因此，只能在校内网访问。如期望在校外访问，请通过

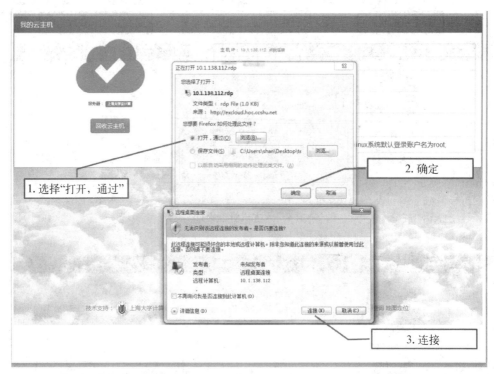

图 7　云主机登录界面

上海大学 VPN 网络连接，连接网址为 http://vpn.shu.edu.cn。

　　在 Windows 登录界面中输入获取到的密码，点击"确定"，开始连接，如图 8 所示。

图 8　云主机登录界面说明

　　(6) 在随后出现的询问页面中选择"是"，接入云主机系统桌面，如图 9 所示。

　　至此，就可以按照自己的计划使用云主机了。

　　使用完毕，关闭该远程桌面即可。

　　如果远程云主机出现故障等，可以在如图 5 所示的云主机管理界面中执行"重启""关机"等常规操作即可。待云主机重启，正常运行后，可以再次按照前述方法登录云主机操作。

设置是否全屏显示远程云主机桌面

图 9　云主机远程桌面

（7）更换云主机系统。

如果需要为云主机更换不同的操作系统,可在云主机管理界面中执行"更换系统"即可,如图 10 所示。

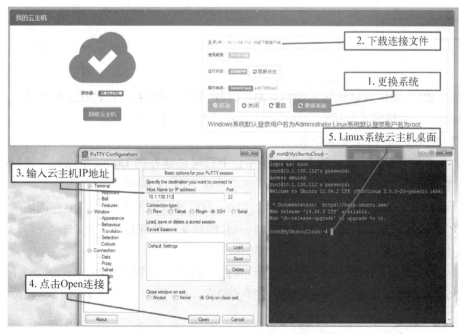

图 10　云主机远程桌面更换操作系统

如果更换的云主机操作系统是 Linux 系列（如 CentOS、Debian、Ubuntu 等），必须使用远程终端登录工具连接云主机，如 Putty、Xshell 等软件。如连接 Linux 云主机的是 MacOSX 系统，可以直接在终端中输入命令 ssh user@hostname（user 为云主机用户名，hostname 为云主机 IP）进行连接。

为便于后续实验，此时请选择更换为 CentOS 系统，更换操作系统的时间约为 2 分钟。

操作系统更换成功后，管理页面会自动刷新。在如图 10 所示点击云主机 IP"点我连接"时下载的用于连接云主机的文件是 Putty 软件。

运行 Putty，输入云主机 IP，选择 SSH 类型连接，点击"Open"。

在 Putty 连接终端中输入用户名 root，确定后继续输入获取到的密码，即可登录 Linux 系统，完成后续实验。

注意：在输入密码时，终端窗口命令行中并没有任何回显，这么做的目的是为了避免暴露密码长度，最大程度上保证系统安全。密码的输入可以是键盘直接键入，也可以是使用组合键或者鼠标功能键复制后粘贴。

（8）回收云主机。

云主机体验结束后，为避免计算资源浪费，请及时执行"回收云主机"命令，如图 11 所示。

图 11　回收云主机

回收完成后，系统自动跳转到预约页面，在规定时间区间内，可以再次预约体验。

请注意：云主机的回收请在完成后续 Linux 实验后执行。

2. 了解 Linux 系统及常用命令

（1）登录在上海大学云计算 IaaS 体验平台上已经创建好的 Linux 系统云主机，本实验以 CentOS 系统为例。登录 CentOS 云主机后终端连接如图 12 所示。

（2）输入 echo ＄0，然后回车，查看执行结果；根据显示结果在互联网上查询该 shell 的描述和评价，进一步理解 Linux 系统中内核与 shell 的概念以及其相互关系。

（3）输入 exit，然后回车，既可退出当前 shell。

（4）输入 man ps，然后回车，此时显示 ps 命令的联机使用手册。man 命令实际是调用 less 来显示手册的，less 是一个分页显示文件的程序，可以使用 PageDown 和 PageUp 翻页，按 q 退出。

另一种查看帮助的方法是使用"＜命令＞ --help"，这种方法适用于大部分程序，如要查看

图 12　登录 CentOS 云主机

ps 命令可以输入 ps –help，一般包含常用的参数和简易的解释。

（5）再次登录该云主机，输入 yum install ksh，然后回车，yum 命令开始为系统安装名为 ksh 的 shell 程序。安装完毕后，输入 ksh，然后回车，此时从 bash 进入 ksh 的 shell 界面。此时，再次输入 echo $0，然后回车，查看执行结果为 ksh。验证在一个 shell 下也可以运行另外一个 shell。同时，不同的用户登录系统后也是运行不同的 shell 进程，因此，相互并不影响，shell 很好地体现了 Linux 的并发多用户多任务的特性。

（6）输入 exit，然后回车，既可退出当前 ksh shell，重新回到原来的 bash shell，如图 13 所示。

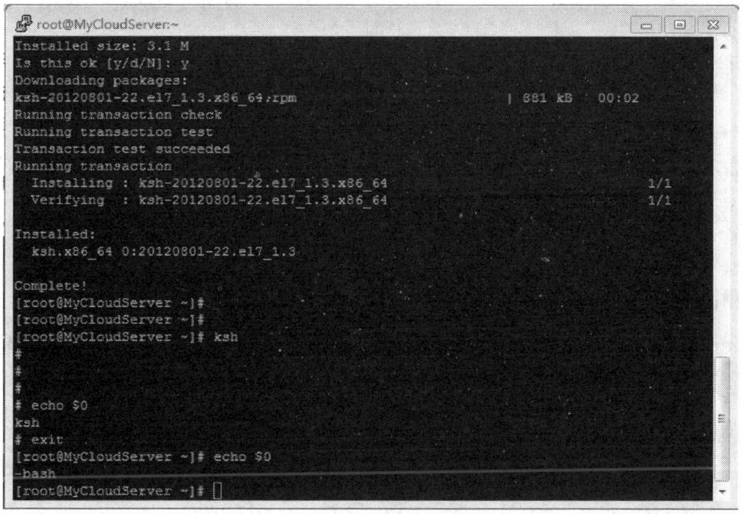

图 13　shell 的安装、运行和退出

（7）输入 yum remove ksh，然后回车，此时系统通过 yum 命令卸载了 ksh shell 软件。

（8）输入 who，然后回车，此时系统显示的是当前用户名、登录的终端编号、登录时间及其登录 IP。

（9）输入 adduser username（请用个人姓名全拼代替，如 shanzipeng），然后回车，此时系统创建了 username 用户（默认情况下该用户为一般用户，无根权限）。

（10）输入 passwd username，然后回车，此时系统要求为该用户设置密码，验证正确后设置成功。

（11）另外运行一个 Putty 连接到该云主机，并用新的用户名和密码登录。

（12）在当前 root 用户 shell 下，输入 who，即可查看到当前系统存在两个并发用户连接，如图 14 所示。

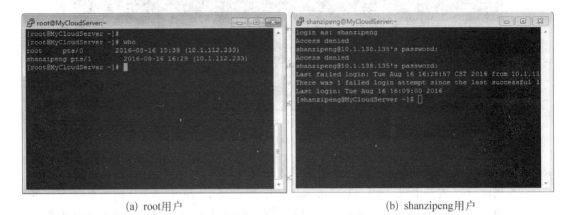

(a) root用户　　　　　　　　　　　　　　(b) shanzipeng用户

图 14　多用户登录

（13）在 username 用户登录的 shell 下，输入 exit，然后回车，关闭当前用户连接终端。

（14）在 root 用户登录的 shell 下，输入 su username，然后回车，即可在 root 用户 shell 下运行 username 用户的 shell，即为用户切换。此时再输入 exit，即可退出 username 用户的 shell，再次返回到 root 用户的 shell。一般情况下，从 root 用户进入一般用户无须输入密码，反之则必须输入密码。

（15）输入 last，然后回车，查看当前 linux 系统的历史登录信息，如果登录信息太多可以使用 last｜less，进行分页查看，使用 PageDown 和 PageUp 翻页，按 q 退出。

（16）输入 uptime，然后回车，查看当前系统的运行时间、登录用户数量、运行负载等情况。

（17）输入 top，然后回车，查看系统资源和进程，按 q 退出。

（18）输入 ps aux｜grep cron，然后回车，查看当前的计划任务服务进程 cron 是否正在运行。（cron 是 linux 系统中执行计划任务的一个 service 服务，默认安装并运行）

（19）记录 cron 服务进程的 ID 号，输入 kill－9 进程 ID 号，然后回车，强制终止该服务进程。

（20）输入 ps aux｜grep cron，然后回车，查看当前的计划任务服务进程 cron 是否已经被终止运行。

（21）输入 systemctl start crond.service，然后回车，重新启动计划任务服务进程 cron；或者输入 systemctl stop crond.service，然后回车，再次关闭计划任务服务进程 cron。Systemctl 是一个 systemd 工具，主要负责控制 systemd 系统和服务管理器。Systemd 是一个系统管理守护进程、工具和库的集合，用于取代 System V 初始进程。Systemd 的功能是用于集中管理和配置类 UNIX 系统。

以上关于进程管理的操作如图 15 所示。

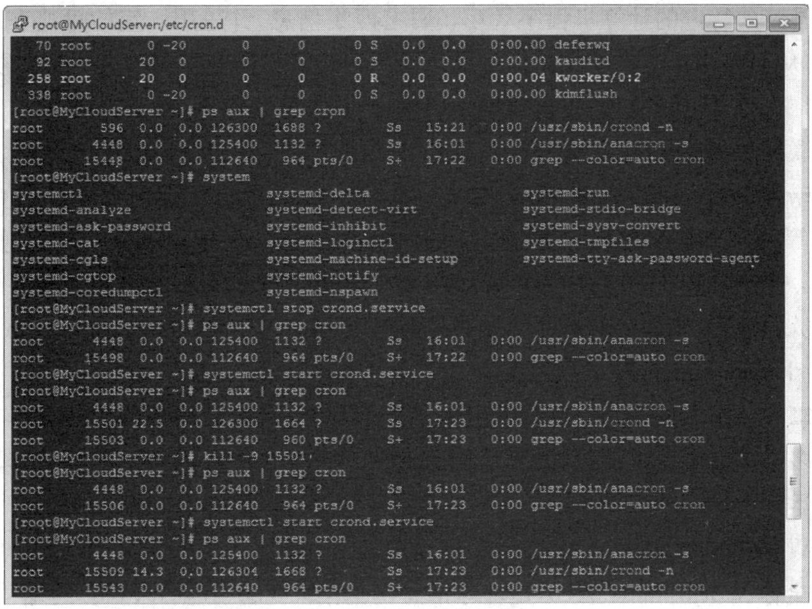

图 15　进程管理

对于常用的 reboot、halt 等系统命令,ls、mkdir、rmdir、cp、touch、rm、mv、cat 等文件管理命令,请同学们自行操作练习。

四、思考题

1. 尝试多次预约体验校内云主机,并查询云主机、云计算相关资料。

2. 比较国内、国际市场上不同云计算实现方案。思考到底什么是云主机、云计算? 云主机可以用在哪些方面? 哪些领域已经用到了云计算?

3. 结合自己的专业及其研究兴趣,思考如何利用好学校的云计算平台?

4. 结合学过的 linux 知识,思考、研究、测试如何在一台 linux 云主机中构建 ftp 或者 www服务器?

实验 4　网络应用(课内)

一、实验目的

(1) 掌握搜索引擎的简单使用。

(2) 掌握常用浏览器的基本操作和简单设置。

(3) 掌握 FTP 服务的架设与客户端软件的使用。

(4) 掌握远程桌面软件的使用。

二、相关知识点

1. 搜索引擎

搜索引擎是一种互联网的检索服务,用户可以通过搜索引擎在网络中查找所需的信息,搜索引擎通常是某些特定的计算机程序从互联网上搜集信息,并采用一定的策略在对信息进行组织和处理,从而将用户检索的相关信息提供给用户。常见的搜索引擎包括全文索引、目录索引、元搜索引擎、垂直搜索引擎、集合式搜索引擎、门户搜索引擎等。

目前互联网中常用的搜索引擎有:谷歌 Google(http://www.google.com)、百度 Baidu(http://www.baidu.com)、微软 Bing(http://www.bing.com)、雅虎 Yahoo(http://www.yahoo.com)等,对于国内搜索市场来说 360 搜索——2015 年已改名为"好搜"(http://www.haosou.com)和搜狗(http://www.sogou.com)也占据了不小的份额。很多搜索引擎还提供特定人员的搜索,比如针对科研人员的谷歌学术(http://scholar.google.com)、百度学术(http://xueshu.baidu.com)。

搜索引擎的使用方法在相应的搜索引擎主页上都有介绍,最简单的用法就是在搜索栏中用空格隔开多个关键字后直接点搜索,也可以使用表示"与 AND""或 OR"和"非 NOT"逻辑关系的逻辑运算符。

2. WWW 服务与浏览器

WWW 全称 World Wide Web,是环球信息网(亦作 Web、WWW、W3)的缩写,中文名字为"万维网""环球网"等,常简称为 Web。运行 WWW 服务软件的主机可以为用户提供浏览网页的服务。Apache 自由软件基金会的 Apache HTTP Server 和微软的 Internet Information Services(简称 IIS)是常见的 WWW 服务软件。

3. FTP 服务与 FTP 客户端软件

FTP 是 File Transfer Protocol(文件传输协议)的简称,它是 Internet 基本服务之一,其历史比 WWW 要悠久。运行 FTP 服务软件的主机叫 FTP 服务器,可提供 Internet 上的文件的双向传输功能,提交文件到服务器叫上传(Upload),反之从服务器上获取文件叫下载(Download)。FTP 服务器分为匿名 FTP 服务器和命名 FTP 服务器两类,匿名 FTP 服务器供公众自由访问,通常提供一些公共的文件资料;而命名 FTP 服务器需要提供用户名和账号才能访问,其服务器空间属于私有。

FTP 协议提供主动(PORT)模式和被动(PASV)模式二种数据访问模式,主动模式是指用户连接到 FTP 服务器的时候会在本地开启一个数据连接用的端口,供服务器连接;被动模式是指用户连接到 FTP 服务器的时候,服务器开启一个数据连接用的端口,供用户连接。对于现有网络环境,用户一般都处于家用宽带网路由器内部(内网),公网中的服务器通过网络是不可能直接连接到用户的计算机上的,因而目前大多数 FTP 服务器都支持被动模式访问。

4. 远程桌面服务与远程控制

远程登录、远程控制、远程桌面其实是相似网络服务的不同说法,其实质都是提供了一种远程访问的方式。

远程登录通常指 Telnet——最古老的 Internet 服务之一,可以让用户通过 Internet 登录到远程服务器上,像在本地操作一样完成对远程服务器的一些操作,因其采用明文形式通信,所以目前已基本不在公网使用该远程登录方式,但因其实现相对简单,故在对安全性要求较低的内网中还有应用——比如管理内网的某些网络设备,而在公网中取而代之的是采用 AES 强加密的 SSH 等服务。

远程控制就是用户可以在远程实现对主机的管理或操作。比如大家经常听到的黑客攻击了某个网站,窃取了很多机密资料,篡改了服务器上的主页等,这些黑客所做的操作都是远程完成的,黑客接管了服务器的控制权。当然远程控制更多的时候是用户为了管理方便开开启的服务,只要在有网络的地方管理员就可以实现对服务器的管理。很多软件都能提供远程控制的功能,如 Unix 服务器上的 X Windows 或 VNC Server,微软主机上的远程桌面服务、Team Viewer 等,甚至大家很喜欢的即时聊天软件 QQ 都提供远程控制的功能。

远程桌面多指微软 Windows 主机上的 RDP 服务,通过 Windows 主机上的"远程桌面连接"软件可实现对远程主机的操作。

三、实验内容

搜索引擎的简单使用、浏览器的设置、FTP 服务的架设、用 FTP 客户端工具上传下载文件、远程桌面登录与远程控制、云主机开放实验体验。

四、实验步骤

1. 搜索引擎的使用

(1) 搜索并下载软件。

(实验室里实验时为了节约下载时间,可直接从 ftp://ftp.cc.shu.edu.cn/pub/Class 下载)

打开 IE 浏览器,在地址栏中输入"www.baidu.com"后按"回车"键,打开百度搜索引擎,在搜索文本框中输入"FireFox＋华军软件园",从 "华军软件园"下载 FireFox 火狐浏览器软件并安装。

同样的方法搜索 Google Chrome 浏览器,并在"百度软件中心"中下载 Google Chrome 浏览器软件并安装。

(2) 搜索并下载文章。

在百度搜索引擎中搜索"Chrome＋FireFox＋性能比较",找到"开源社区"中关于此关键字的文章并执行"页面/另存为"命令,将该文章保存为 Exp2 - 1.mht。

(3) 搜索并下载图片。

在百度图片中搜索上海大学校徽并右击该图片,在打开的快捷菜单中执行"图片另存为"命令下载如图 1 所示的图片,图片另存为 Exp2 - 2.jpg。

2. 浏览器的设置

依次以 IE、FireFox、Chrome 为例,示例版本如图 2、图 3 和图 4 所示,其他版本可能稍有差异,其中 FireFox 必做,IE 和 Chrome 选做。

图 1 上海大学 Logo

图 2 Internet Explorer 版本

图 3　FireFox 火狐浏览器版本

图 4　Google Chrome 版本

（1）设置浏览器的默认主页。

打开 IE 浏览器，单击右上角的"工具"按钮，在如图 5 所示的弹出菜单中单击"Internet 选项"。

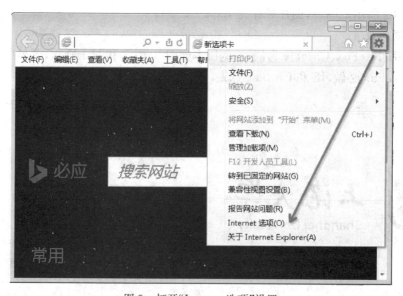

图 5　打开"Internet 选项"设置

在如图6所示的"Internet 选项"窗口中的"常规"选项卡的"主页"栏中,输入上海大学计算中心课程资源网站的网址"http://class.ccshu.net",然后单击"确定"按钮,这样当每次打开IE浏览器时默认都会打开上海大学计算中心课程资源网站。

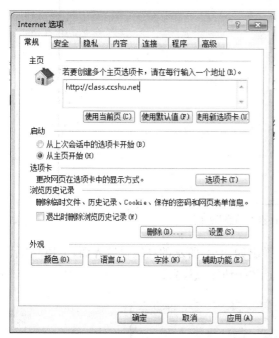

图6　"Internet 选项"窗口"常规"选项卡

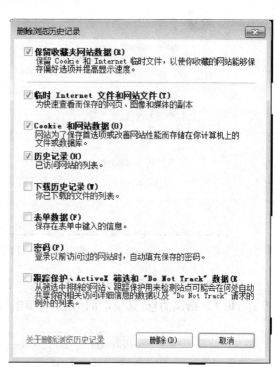

图7　"删除浏览历史记录"窗口

（2）清理 IE 浏览历史记录。

在图6所示窗口中单击"删除"按钮,弹出如图7所示的"删除浏览历史记录"窗口,可以在该窗口中勾选需清理的历史记录,然后单击"删除"按钮完成历史记录的清理。

（3）设置 Internet 临时文件占用磁盘空间大小。

在如图6所示窗口中单击"设置"按钮,弹出如图8所示的"网站数据设置"窗口,在该窗口中把"使用的磁盘空间"改为 50 M,从而减少浏览网页时花在查找本地临时文件上的时间。

（4）"Internet 选项"的高级设置。

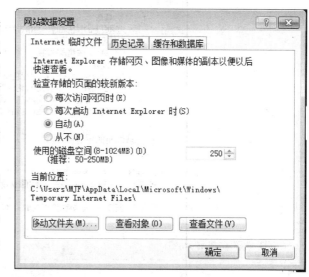

图8　"网站数据设置"窗口

在 IE 浏览器地址栏中输入 http://www.cc.shu.edu.cn/kkk.jpg 后按回车键访问网页,浏览器窗口中将显示默认以"友好 HTTP 错误消息"方式显示的"无法找到网页"界面,如图9所示。

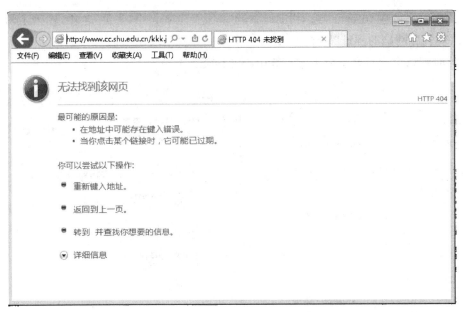

图 9 "友好 HTTP 错误消息"界面

在如图 6 所示的窗口中单击"高级"选项卡,弹出如图 10 所示的高级设置界面,去掉"显示友好 HTTP 错误消息"选项前的勾选,并单击"确定"按钮完成设置。

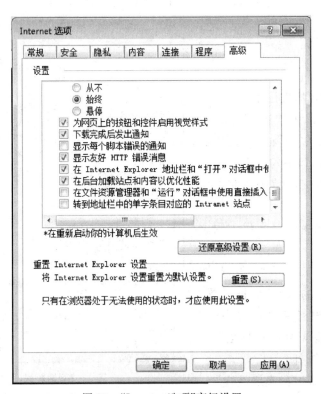

图 10 "Internet 选项"高级设置

回到 IE 浏览器窗口,在地址栏右侧单击"刷新"按钮或者直接按键盘上"F5"功能键,再次访问 http://www.cc.shu.edu.cn/kkk.jpg,图 9 所示的"友好 HTTP 错误消息"界面将变成如

图 11 所示的界面。这种方式可以查看到详细的 HTTP 错误消息，当需要知道 HTTP 的详细错误信息或者做网站调试时可以如这般设置。

图 11　非"友好 HTTP 错误消息"界面

在地址栏中输入"http：//home.ccshu.net/你的学号"并访问网页，将形如图 11 所示的出错页面截图并保存为 Exp2 - 3.png。

（5）FireFox 火狐浏览器中设置默认主页。

单击 FireFox 火狐浏览器右上角的"打开菜单"按钮，在如图 12 所示的弹出菜单中单击

图 12　FireFox 火狐浏览器中设置默认主页

"选项"打开 FireFox 设置界面,在"启动"栏中的"主页"文本框中输入"http://class.ccshu. net/"完成设置。

把设置好默认主页的界面(形如图 12 所示)截图保存为 Exp2-4.png。

(6) Google Chrome 浏览器中设置默认主页。

单击 Chrome 浏览器右上角的"自定义及控制"按钮,如图 13 所示,在弹出菜单中选择"设置"打开 Chrome 的设置界面,在"外观"栏中"显示'主页'按钮"下单击"更改"链接,在弹出的"主页"窗口(见图 14)中"打开此页:"文本框中输入"http://class.ccshu.net/"完成设置。

图 13　Chrome 设置界面

图 14　Chrome 设置主页窗口

3. FTP 客户端工具上传下载文件

(1) 客户端软件 FlashFXP 的安装使用(必做)。

在 IE 浏览器中访问"http://home.ccshu.net/help/DeleteBadFiles/",下载并安装 FlashFXP(或者从 ftp://ftp.cc.shu.edu.cn/pub/Class/中下载),安装软件时如图 15 所示点击

"下一步",并同意软件许可协议。（安装前先确认系统中是否已经安装有 FlashFXP，如已安装，请先卸载）

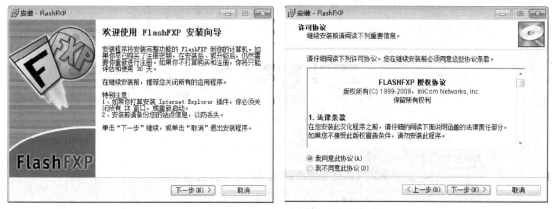

(a) 安装向导   (b) 软件许可协议

图 15   FlashFXP 安装界面

安装完成时如图 16 所示默认勾选"立即运行 FlashFXP"，单击"完成"按钮后需要输入软件授权密钥，或者也可选择试用 30 天。

(a) 完成安装   (b) 软件试用

图 16   完成安装并输入软件授权密钥

运行安装好的 FlashFXP 软件后可以看到如图 18 所示的主界面，主要分为菜单、快捷按钮、本地窗格、远程服务器窗格、队列窗格和命令窗格共 6 个部分。

下面以提交作业到作业服务器为例，讲解 FTP 客户端软件的使用。详细帮助请参考上海大学计算中心学生作业服务器主页 http://home.ccshu.net 上关于"如何提交作业到服务器"的帮助。

首先，用自己的一卡通信息登录上海大学计算中心学生作业服务器——作业系统【学生平台 http://home.ccshu.net/】，在某门课程的【对应 FTP 用户名】栏上右击，在弹出菜单中选"复制快捷方式"备用如图 17 所示。

点击图中的"电脑"按钮，并单击"快速连接"选项或直接按"F8"功能键可打开如图 19 所示的登录窗口，在"地址或 URL"栏中输入 FTP 服务器地址，"用户名称"栏中输入 FTP 用户

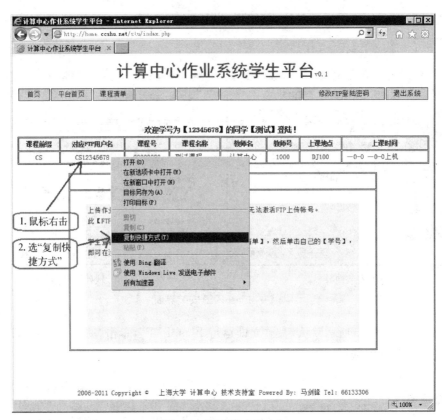

图 17　登录"学生平台"

图 18　FlashFXP 主界面

名,"密码"栏中输入 FTP 登录密码,然后单击"连接"按钮登录 FTP 服务器。如已在图 17 中做过"复制快捷方式"操作,那么登录 FTP 服务器将变得非常简单,右击"地址或 URL"栏,在弹出菜单中选"粘贴"(见图 19),然后单击"连接"按钮即可。

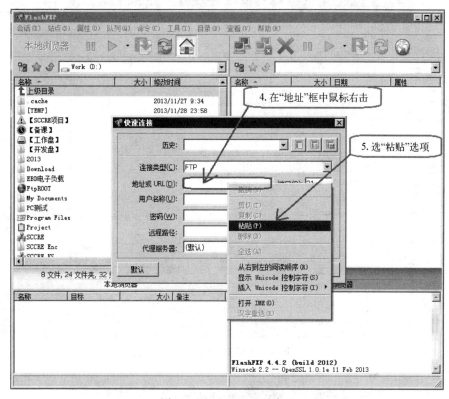

图 19　FlashFXP 登录窗口

图 20　登录 FTP 服务器

　　FlashXP 可能会跳出类似图 21 所示的"欢迎消息",有些版本可能默认不弹出该登录成功的"欢迎消息"窗口,在该"欢迎消息"窗口底部可以看到磁盘配额信息。

　　如图 22 所示,可看到该 FTP 服务器允许用户上传 15 360 KB 数据到服务器上,已经上传了 759.50 KB。对于没有弹出"欢迎消息"窗口的时候也可以在主界面右下角的命令窗格中查看到上述"欢迎消息"窗口里的信息。

图21 FTP登录成功弹出的"欢迎消息"

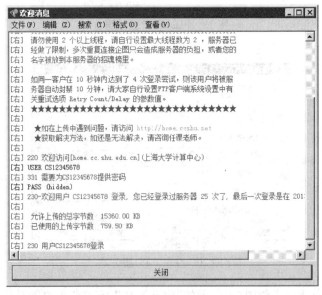

图22 FTP"欢迎消息"

如图23所示,上传文件到服务器时只需要在主界面左边的"本地浏览器"窗格中选取需上传的文件内容,可使用Ctrl、Shift复合键或者鼠标拖曳,然后把选中的文件内容拉到右边的"远程服务器"窗格中即完成上传操作,反之即下载操作(见图24)。

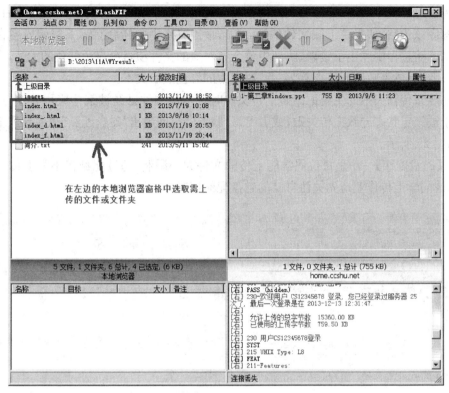

图 23 选择上传的文件

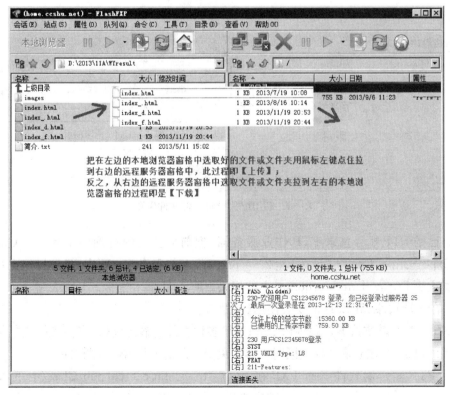

图 24 文件的上传

在传输过程中,所有需传输的文件均在左下角的"队列"窗格中排队,传输完成后,"队列"窗格内容应该为空,如果是下载文件的话,在"队列"窗格中同样会有需下载的内容在那里排队。如果传输过程中发生了错误,队列中就会有对应的文件项目会显示红色的大叉,表示该文件传输失败,具体失败原因可查看"命令"窗格中的红色显示文本。

目前导致传输失败的主要原因是上传文件时该本地文件已经被某些应用软件打开了,该文件出于被锁定状态导致上传失败;或者 FTP 服务器空间超出"磁盘配额"也会导致上传文件失败,如图 25 所示。

注:【磁盘配额】——是每位同学能上传的文件大小限制,超过配额将不能上传文件到服务器上,请同学上传作业请先关注自己的磁盘配额情况。

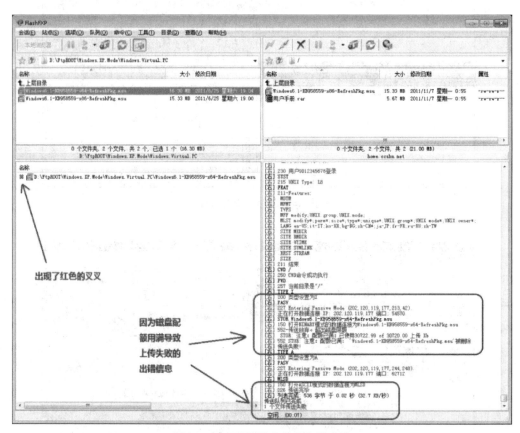

图 25　超出配额导致上传文件失败

用自己的 FTP 账号登录 FTP 作业服务器,把前面实验中得到的结果文件(如 Exp2 - 1.mht、Exp2 - 2.jpg、Exp2 - 3png、Exp2 - 4.png 等)上传到作业空间中,具体操作也可参考作业服务器主页 http://home.ccshu.net 上的相关帮助。

(2) 客户端软件 FileZilla 的安装使用(选做)。

FileZilla 是一款支持 FTP、FTPS、SFTP 等多种文件传输协议,并完美支持包括简体中文在内的多国语言,可建立多个标签同时工作的免费开源的 FTP 客户端软件。

利用 FTP 客户端软件 FlashFXP 在 ftp://ftp.cc.shu.edu.cn/pub/Class/中下载并安装 FileZilla_3.13.1_win32-setup.exe,安装完成后运行 FileZilla FTP 客户端软件。运行 FileZilla

后得到如图 26 所示的主界面,可以看到该界面比其他任何一款 FTP 软件都要简单。不仅如此,该软件还自带了功能强大的站点管理和传输队列管理,并具有远程查找文件的功能。

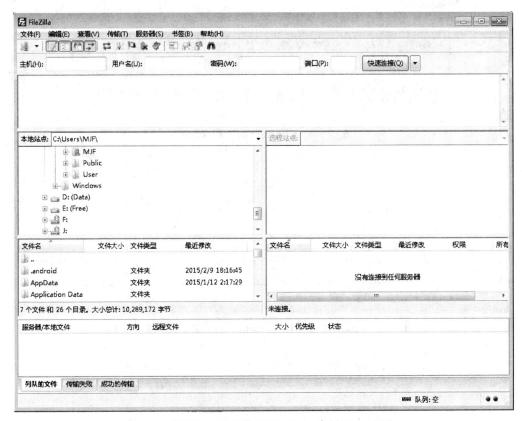

图 26 FileZilla FTP Client 主界面

参考前面介绍的 FlashFXP FTP 客户端软件的使用方法,利用 FileZilla FTP 客户端软件从服务器 ftp://ftp.cc.shu.edu.cn/pub/Class/中下载 Serv-U FTP 服务器软件和 FileZilla Server 软件。

4. FTP 服务的架设

(1) 用 Serv-U 架设 FTP 服务(必做)。

双击压缩包中的 Serv-U_FTP_Server.exe 完成程序的安装,安装完成后默认会启动 Serv-U 管理员程序并启动设置向导,如图 27 所示。

安装时默认勾选了完成后依照设置向导的提示逐步完成相关参数的设置,单击"下一步"打开向导窗口,在需要提供 IP 地址的地方将本机 IP 地址填充进去,也可以不填,Serv U 会自动确定 IP 地址。需要使用域名的话就输入域名,否则就随便填。

如果允许匿名访问,匿名访问是以 anonymous 为用户名称登录的,无须密码,则选"是",如图 28 所示,允许建立匿名登录账号,然后设置匿名用户登录到电脑时的主目录(即文件夹),可以自己指定一个硬盘上已存在的文件夹(如没有,请在资源管理器中新建),如图 29 所示指定"D:\temp\学号"文件夹。

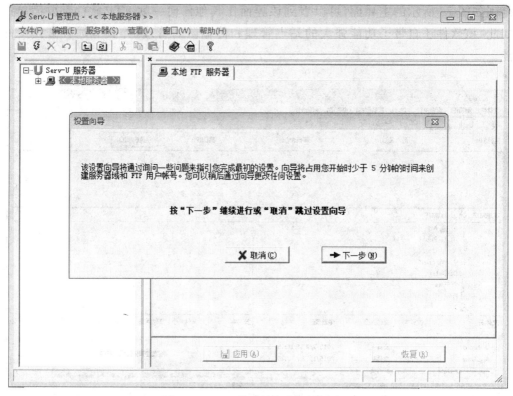

图 27　Serv-U 管理员程序与设置向导

图 28　允许匿名访问

在锁定于主目录对话框中的"是否锁定匿名用户在他们的主目录?"提示下选"是",把匿名登录的用户锁定在指定的文件夹"D:\temp\学号"下,使该用户只能访问这个文件夹下的文件和子文件夹,不能访问这个文件夹之外的文件夹。

接下来可以创建注册用户的账号(命名账号),即指定用户以特定的用户名和密码访问FTP,这是十分有用的,我们可以为每个用户创建一个账号,每个账号的权限不同,就可以不同程度地限制每个人的权限,设置方法基本同匿名账号的设置,只是会增加一个询问密码的对话框,并且在配置最后需要设置命名账号是否有管理服务器的权限。

至此,FTP 服务器基本完成配置。以后运行 Serve-U 软件将不再出现上述设置向导,直接进入如图 31 所示的"Serv-U 管理员"界面,也可以在此界面中进行服务器参数的重新配置。

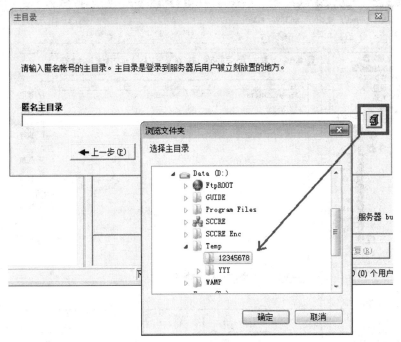

图 29 指定匿名主目录

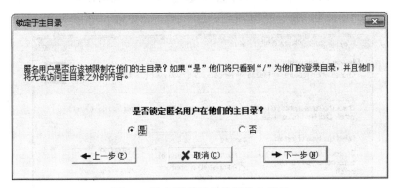

图 30 锁定匿名用户访问的主目录

接下来可以对账号进行目录访问权限方面的设置,以实现对不同账号给予不同权限的目的,"读取"权限表示可以下载,"写入"权限表示可以上传,"追加"和"删除"权限应该比较好理解,执行权限一般指的是远程用户访问时是否允许进入该文件夹。可在同学之间多人合作进行权限设置和文件传输操作的测试。

把形如图 31 所示设置好的 Serv-U 管理员界面,截图保存为 Exp2 - 5.png。

(2) FilcZilla Server 架设 FTP 服务(选做)。

双击 FileZilla_Server.exe 程序,单击"下一步"完成软件的安装,安装时无需选择安装源代码,如图 32 所示。

如果想要研究 FileZilla Server 是如何实现的,那么可以安装源代码,可以修改源码后用 Visual Studio 软件对其进行编译得到自己的 FileZilla Server 版本。

FileZilla Server 目前没有中文版本,设置稍微烦琐,如已经安装了 Serv-U 或 IIS 等提供

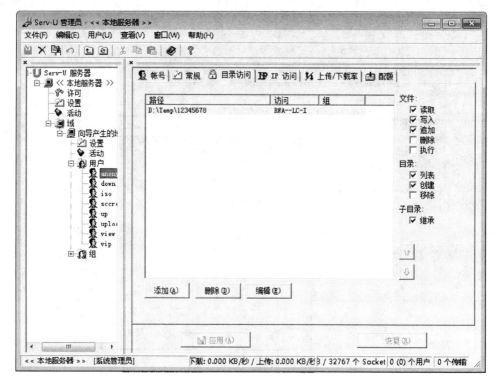

图 31　用"Serv-U 管理员"进行 FTP 服务器的管理

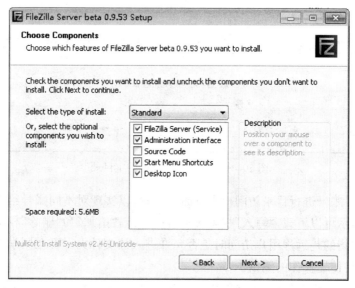

图 32　FileZilla Server 安装

FTP 服务的软件占用了 TCP21 端口,那么还需要更改 FileZilla Server 的 FTP 服务端口。如图 33 所示,在 Listen on these ports 项中已经改为 2121 端口,当使用客户端访问 FileZilla Server 提供的 FTP 服务时需要指定端口号为 2121。

　　如图 34 所示,添加一个匿名(anonymous)FTP 账户。单击工具栏上单个"人像"按钮添加用户,多个"人像"按钮用于添加组,在弹出的"Users"窗口中单击"Add"按钮可弹出"Add user

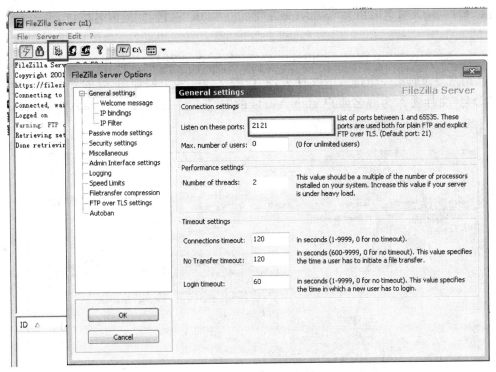

图 33　FileZilla Server 系统设置

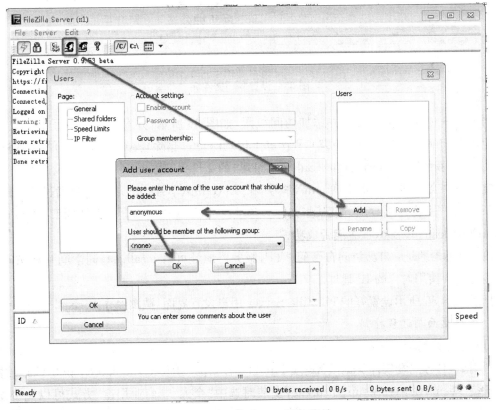

图 34　FileZilla Server 添加账号

account"窗口,输入匿名账户名"anonymous"后单击"OK"按钮,完成匿名账户 anonymous 的添加。

单击左侧"Page"栏中的"Shared folders"项,单击"Add"按钮,添加用户"家"文件夹(home 文件夹,用户登录时第一个进入的文件夹,亦作根文件夹),类似如图 35 的界面中选择"D:\temp\学号"文件夹作为匿名账户 anonymous 的"家"文件夹,并设置 Read(下载)、List(列表)和+Subdirs(继承)的文件夹权限。

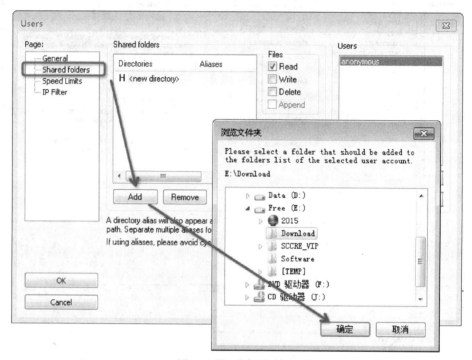

图 35　设置"家"文件夹

再添加一个 upload 文件夹并添加访问权限,如图 36 所示,并对新添加的子文件夹 E:\temp\学号\upload 设置 Read(下载)、Write(上传)、Delete(删除)、Append(添加)的文件权限,以及 Create(新建)、List(列表)和+Subdirs(继承)的文件夹权限。

复制一些文件到文件夹"E:\temp\学号"和"E:\temp\学号\upload",分别通过 FlashFXP 或 FileZilla FTP 客户端尝试下载某些文件。尝试在 FTP 客户端中上传文件到 E:\Download 和 E:\Download\upload,看看能否成功。

注:服务器地址:自己访问自己的 FTP,服务器地址可写 localhost,同学间互相访问,服务器地址需要使用对方的 IP 地址。

把形如图 36 所示设置好的 FileZilla Server 用户设置界面,截图保存为 Exp2‐6.png。

5.远程桌面与远程控制

(1)远程控制软件 TeamViewer。

利用 FTP 客户端软件 FlashFXP 或 FileZilla 在 ftp://ftp.cc.shu.edu.cn/pub/Class/中下载并安装 TeamVoewer_Setup_zhcn.exe,安装时选中"个人/非商业用途"方式可以免费使用 TeamViewer。

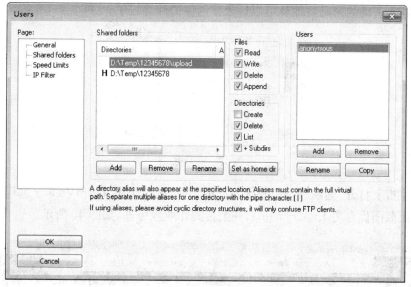

图 36 权限设置

安装完成之后会自动运行程序,连接到 TeamViewer 远程服务器之后,左下角的绿灯表示状态正常,可以进行远程控制或者被远程控制,如图 38 所示。

如果你的计算机要被别人控制,只要把"您的 ID"和"密码"告诉对方,对方获取到你的 ID 和你的密码后,可在他的 TeamViewer 主界面的"控制远程计算机"栏中的"伙伴 ID"处输入你的 ID,然后单击"连接到伙伴"按钮,正常连接到你的主机后会弹出如图 39 所示的"TeamViewer 验

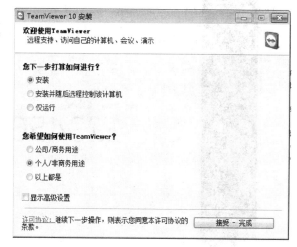

图 37 TeamViewer 安装

图 38 TeamViewer 主界面

证"对话框,输入正确的密码后他就可以远程控制你的计算机了。

图 39 密码框

在远程主机上打开"画图"软件,写上自己的学号,把这个用 TeamViewer 远程控制相邻同学主机的界面截图保存为 Exp2 - 7.png,并上传到作业服务器,如图 40 所示。

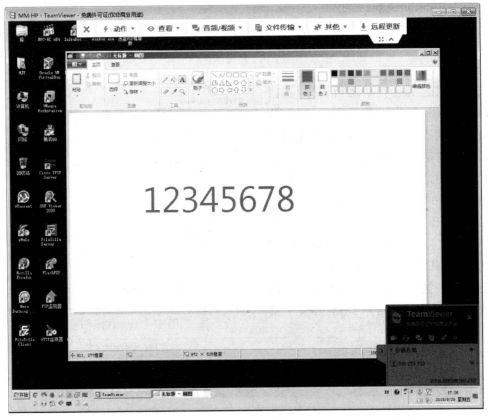

图 40 TeamViewer 控制操作远程主机

(2) 远程桌面 RDP。

RDP 是 Remote Desktop Protocol 远程桌面协议的缩写,大部分 Windows 主机都内置了该服务并提供访问 RDP 服务的客户端。"远程桌面连接"即 mstsc.exe 程序。

RDP 服务通常都由 Windows 服务器版操作系统提供,如 Windows 2003 Server、Windows 2008 Server 等,对于 Windows XP、Windows 7 等客户端操作系统来说,微软也提供了远程桌面访问方式,但系统默认安装完成后远程桌面服务并没有被启用,Windows XP、Windows 7 等操作系统需要做一些简单配置才能提供远程桌面服务。

① 配置启用远程桌面服务。

首先,要保证给 Windows XP、Windows 7 等操作系统允许被远程桌面连接的用户账户设置一个密码,Windows 安全策略中对于没有设置密码的用户账户是不允许远程连接的。

其次,需要右击 Windows 7 桌面上的"计算机",选择"属性"打开"系统"窗口,单击窗口左上角的"远程设置"打开如图 41 所示的"系统属性"窗口,在"远程"选项卡中启用"远程桌面",如果需要 Windows XP 也能远程连接上该计算机,请勾选"允许运行任意版本远程桌面的计算机连接(较不安全)"。

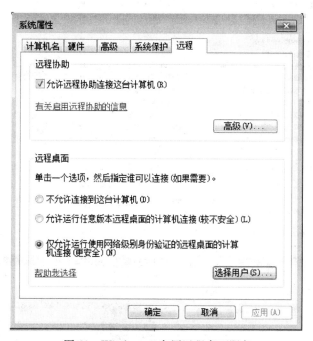

图 41　Windows 7 启用远程桌面服务

再次,Windows 7 系统经过上述设置后,如想不重启操作系统就能直接提供远程桌面服务,则需确保 Remote Desktop Services 服务已经正常启动,可在"控制面板"→"管理工具"→"服务"中找到并启用"Remote Desktop Services"服务,在该项上鼠标右击,可在右键弹出菜单中进行对该服务的管理,如"启动""停止""重新启动"等。

此外,还需要确保在防火墙中对远程桌面服务放行(允许连接)。设置方法是打开"控制面板"中的"网络和共享中心",在"网络和共享中心"窗口左下角单击"Windows 防火墙",打开如图 42 所示的"Windows 防火墙"窗口中启用"远程桌面(TCP-In)"项。

② 用"远程桌面连接"登录远程桌面服务。

登录远程桌面的方法很简单,连上一台远程主机的桌面只需如图 43 所示的简单 4 步即可,可在"开始菜单"→"所有程序"→"附件"中运行"远程桌面连接",或者直接搜索并运行"mstsc.exe"程序。

打开第 1 个窗口后,在"计算机"文件框中输入远程主机的域名或 IP 地址(相邻同学间互相实验),默认使用 TCP 3389 端口连接,如果服务器管理员出于安全考虑修改过该端口的话请使用管理员提供的端口(域名或 IP 地址后面跟上":端口号")。

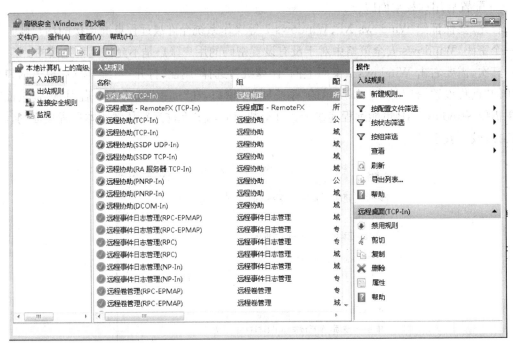

图 42　RDP 防火墙设置

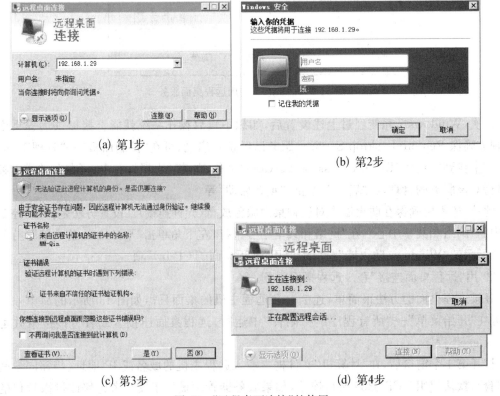

(a) 第1步

(b) 第2步

(c) 第3步

(d) 第4步

图 43　"远程桌面连接"的使用

连上远程服务器后弹出第 2 个窗口,按要求输入"用户名"和"密码",然后通常会弹出第 3 个窗口要求同意证书,可以勾选下方的"不再询问我是否连接到此计算机",再次连接时就不再弹出此窗口了,第 4 个窗口的响应速度一般取决于网络速度,最后连接成功后得到如图 44 所示的远程桌面窗口,实现对远程主机的控制。

图 44 远程桌面

在该远程主机上打开"画图"软件,写上自己的学号,把这个"远程桌面连接"上相邻同学主机的远程桌面连接窗口截图保存为 Exp2-8.PNG,并上传到作业服务器上。

五、思考题

1. 这样复制某些网站上的锁鼠标右键(即在该网页上右击鼠标不会弹出快捷菜单)的网页中的文字到记事本中保存?

2. 大部分浏览器都提供给专业人员使用的"开发者模式""开发人员工具"或"调试模式",你能把它调出来吗?

3. 试用 FileZilla Server 做 FTP 服务器,用 FlashFXP 和 FileZilla FTP 客户端分别上传英文文件名和中文文件名的文件到服务器上,发现什么问题?

4. 用搜索引擎搜索下产生上述问题的原因和解决办法。

5. 尝试同学之间用 QQ 实现远程桌面查看和远程控制。

六、操作要求

本实验必须上传到作业服务器的文件如下:Exp2-1.mht、Exp2-2.jpg、Exp2-4.png、Exp2-5.png、Exp2-7.PNG、Exp2-8.PNG。

选做实验结果文件如下:Exp2-3.png、Exp2-6.png。

实验 5 常用应用程序安装及使用(课外)

一、实验目的

(1) 掌握文件压缩软件的安装和使用。

(2) 掌握虚拟光驱的安装和使用。

(3) 掌握中文输入法的安装和使用。

(4) 掌握 Office 办公软件的安装和使用。

(5) 掌握光盘刻录软件的安装和使用。

二、相关知识点

(1) 文件压缩软件——WinRAR。

WinRAR 是一款功能强大的压缩包管理器,它提供了 RAR 和 ZIP 文件的完整支持,能解压 ARJ、CAB、LZH、ACE、TAR、GZ、UUE、BZ2、JAR、ISO 格式文件。

(2) 中文输入法——搜狗拼音输入法。

中文输入法,又称为汉字输入法,是指为了将汉字输入计算机或手机等电子设备而采用的编码方法,是中文信息处理的重要技术。中文操作系统中一般提供了多种中文输入法软件,当需要输入中文时,必须调入一种输入法。

(3) 光盘刻录软件——Nero Burning ROM。

Nero Burning ROM 是一款非常出色的刻录软件,支持数据光盘、音频光盘、视频光盘、启动光盘、硬盘备份以及混合模式光盘刻录,操作简便并提供多种可以定义的刻录选项。

(4) 虚拟光驱软件——Daemon Tools Lite。

Daemon Tools Lite 是一款模拟(CD/DVD‐ROM)工作的虚拟光驱软件,它支持 ps,支持加密光盘,是一个先进的模拟备份并且合并保护盘的软件,可以备份 SafeDisc 保护的软件,可以打开 CUE、ISO、CCD、BWT、CDI、MDS 等这些虚拟光驱的镜像文件。

(5) 办公软件——Microsoft Office。

Microsoft Office 是微软公司开发的一套基于 Windows 操作系统的办公软件套装。常用组件有 Word、Excel、PowerPoint 等。

三、实验内容

文件压缩软件、中文输入法、光盘刻录软件、虚拟光驱软件、Office 办公软件的安装和使用。

四、实验步骤

1. 应用程序下载

利用 ftp 客户端软件将 ftp://cc.shu.edu.cn/pub/class 上与本实验相关的应用程序 DAEMON_Tools_Lite.exe、nero.exe、office_2010.ISO、sogou_pinyin.exe、VirtualBox-

4.3.28.exe、WinRAR.exe、WinXP.vdi 下载到本地 D\software 文件夹中，如果 D 盘中没有 software 文件夹，可以自行创建。

2. VirtualBox 安装、新建、共享文件夹和映射网络驱动器

（1）如实验二的"安装"虚拟机步骤所示，安装 VirtualBox 并运行该软件。

（2）如实验二的"新建虚拟机"步骤所示，新建一个名为 WinXP 的虚拟机，设置内存大小为 512 MB。

在如图 1 所示"新建虚拟电脑"对话框中，选择"使用已有的虚拟硬盘文件"单选框，单击"选择一个虚拟硬盘"按钮 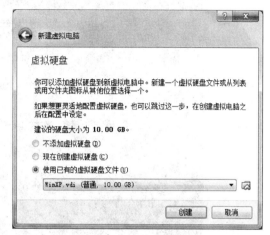，在打开的"选择一个虚拟盘"对话框中，利用已有的虚拟硬盘文件 WinXP.vdi 文件新建虚拟电脑。最后，单击"创建"按钮，出现如图 2 所示的虚拟机管理器主界面，完成新建虚拟机的操作。

（3）在图 2 所示的界面中单击"启动"按钮 ，打开 Windows XP 虚拟机环境，如图 3 所示。

图 1　"新建虚拟电脑"对话框

图 2　VirtualBox 管理器主界面

（4）如实验二的"共享主机文件|分配共享文件夹"步骤所示，设置物理主机中与虚拟机共享的文件夹为 D:\software，设置完成后的共享文件夹列表如图 4 所示。

（5）如实验二的"共享主机文件|映射网络驱动器"步骤所示，将物理主机中的共享文件夹

图 3　虚拟机系统界面

图 4　"共享文件夹"对话框

D:\software 映射为虚拟主机的 E 盘,如图 5 所示。映射完成后,结果如图 6 所示。

　3. 文件压缩软件的安装和使用

　(1) 打开虚拟主机的 E:\,双击 WinRAR.exe 文件,打开压缩软件 WinRAR 的安装向导,单击"安装"按钮,完成软件的安装。

　(2) 执行"开始|所有程序|WinRAR|WinRAR"命令,启动 WinRAR,如图 7 所示。

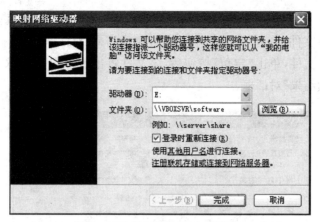

图 5 "映射网络驱动器"对话框

图 6 映射的网络驱动器列表窗口

图 7 WinRAR 主界面

（3）单击"查找"按钮，在打开的"查找文件"对话框中，如图 8 所示填写相关内容，查找 C 盘中的 notepad.exe 文件，单击"确定"按钮，打开"搜索结果"对话框，如图 9 所示。选择一个搜索到的、需要压缩的文件，单击"定位"按钮后，该文件将出现在 WinRAR 主界面中，单击"关闭"按钮，关闭"搜索结果"对话框。

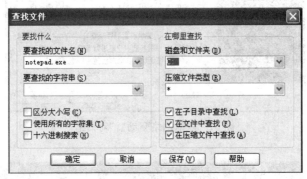

图 8　"查找文件"对话框

图 9　"搜索结果"对话框

（4）在 WinRAR 主界面中选择 notepad.exe 文件，单击"添加"按钮，打开"压缩文件名和参数"对话框，单击"浏览"按钮，打开"查找压缩文件"对话框，如图 10 所示。设置压缩文件保存的文件夹为虚拟机的 E 盘根目录，在"文件名"文本框中输入 Exp5‑1，单击"打开"按钮，完成压缩文件的名称和保存文件夹的设置。

（5）在"高级"选项卡中，单击"设置密码"按钮，打开"输入密码"对话框，为压缩文件设置密码保护。本例中将密码设置为 123。

（6）单击两次"确定"按钮，在虚拟机的 E:\中生成一个名为 Exp5‑1.rar 的压缩文件。

（7）在 WinRAR 主界面中执行"文件|打开压缩文件"命令，在打开的"查找压缩文件"对话框中，打开新建的 Exp5‑1.rar 压缩文件。单击"添加"按钮，打开"请选择要添加的文件"对话框，选择 C:\Windows\bootstat.dat 文件，单击两次"确定"按钮，将该文件添加到 Exp5‑1.rar 压缩文件中。新建的压缩文件内容如图 11 所示。

图 10　新建压缩文件界面

图 11　压缩文件界面

　　(8) 利用 WinRAR 主界面中的下拉列表框,将当前文件夹定位在 E:\下。选择 Exp5-1.rar 文件,单击"解压到"按钮,打开"解压路径和选项"对话框,如图 12 所示,单击"确定"按钮,将压缩文件以 Exp5-1 为文件夹名解压到 E:\。

　　(9) 单击"关闭"按钮,关闭该软件窗口。

图 12　解压文件界面

4. 中文输入法的安装和使用

① 打开虚拟主机的 E:\,双击 sogou_pinyin.exe 文件,进入输入法安装向导,如图 13 所示。在"安装位置"文本框中可以修改程序安装目标文件夹。

图 13　输入法安装向导

② 单击"立即安装"按钮,进行输入法的安装。单击"完成"按钮,完成输入法的安装。可以根据个人爱好,进行输入法的个性化设置。

③ 单击任务栏右侧的"中文(中国)"按钮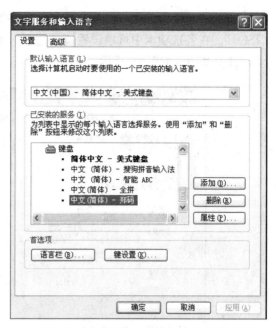,显示虚拟机中已经安装的各种输入法。

④ 右击 按钮,执行快捷菜单中的"设置"命令,在打开的"文字服务和输入语言"对话框中,如图14所示,选择"中文(简体)-郑码"选项,单击"删除"按钮,删除郑码输入法。

⑤ 在图14对话框中单击"添加"按钮,打开"添加输入语言"对话框,在此对话框中选择"中文(简体)-郑码"选项,单击两次"确定"按钮,完成输入法的添加。

⑥ 在虚拟机环境中,利用组合键 Ctrl+空格,查看中英文快速切换方法。

图14 "文字服务和输入语言"对话框

⑦ 在虚拟机环境中,利用组合键 Ctrl+Shift,查看虚拟机中已安装的各种输入法之间快速切换方法。

5.光盘刻录软件的安装和使用

① 打开虚拟主机的 E:\,双击 nero.exe 文件,进入光盘刻录软件的安装向导,单击"下一步"按钮,进入安装目标文件夹选择对话框,单击"浏览"按钮,可以修改安装目标文件夹,单击"安装"按钮,进入软件的安装。单击"完成"按钮,完成软件的安装并运行该软件,如图15所示。

图15 光盘刻录软件"新编辑"界面

② 在图 15"新编辑"界面中,选择光盘类型为"DVD",选择编辑类型为"DVD - ROM (ISO)"。在各选项卡中可以设置所需选项。例如,单击"标签"选项卡,设置"光盘名称"为"大学计算机基础",如图 16 所示。

图 16 刻录光盘信息设置界面

③ 单击"新建"按钮,关闭"新编辑"界面,打开编辑界面,如图 17 所示。

④ 从浏览器区域中,选择虚拟主机 E:\中需刻录的文件,例如选择 Exp5 - 1.rar 文件,将其拖动到左侧"名称"编辑区域中,如图 17 所示。

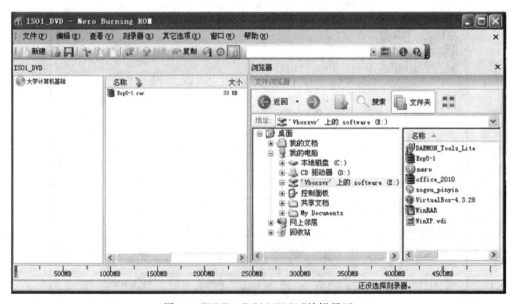

图 17 "DVD - ROM(ISO)"编辑界面

⑤ 执行"刻录器|选择刻录器"命令,在打开的"选择刻录器"对话框中,选择"Image Recorder"选项,单击"确定"按钮,返回到编辑界面。

⑥ 执行"刻录器|刻录编译"命令,打开"刻录编译"对话框。单击"刻录"按钮,打开"保存映像文件"对话框,在"文件名"文本框中输入 Exp5-2,在"保存类型"下拉列表框中选择"ISO映像文件(* .iso)"选项,保存文件夹为虚拟主机的 E:\,如图 18 所示。单击"保存"按钮,进入刻录操作。

图 18　"保存映像文件"对话框

⑦ 单击"确定"按钮,完成将文件刻录到光盘映像文件的操作。

⑧ 单击"关闭"按钮,关闭该软件窗口。

6. 虚拟光驱软件的安装

① 打开虚拟主机的 E:\,双击 DAEMON_Tools_Lite.exe 文件,进入虚拟光驱软件安装向导,单击"下一步"按钮,在"许可类型"中选择"免费许可"单选框,如图 19 所示。

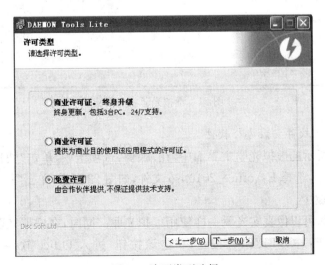

图 19　许可类型选择

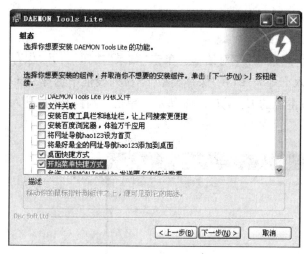

图20 安装组件选择

② 单击"下一步"按钮,在软件功能选择对话框中,根据个人爱好勾选相关选项,如图20所示。

③ 单击"下一步"按钮,进入安装目标文件夹选择对话框。单击"浏览"按钮,可以修改安装目标文件夹。单击"安装"按钮,进入软件的安装,单击"完成"按钮,完成软件的安装并运行该软件,如图21所示。

注:在软件安装过程中需要安装.NET Framework 4.0组件,单击"Yes"按钮,即可根据安装向导提示进行安装。

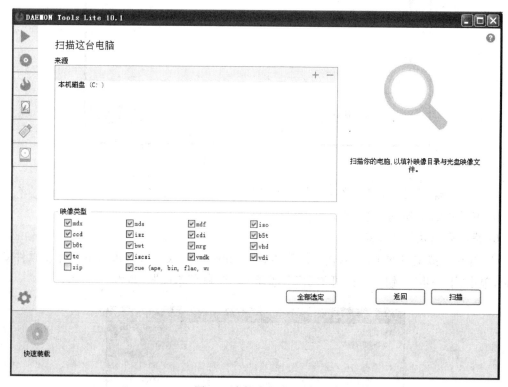

图21 虚拟光驱主界面

7.利用虚拟光驱软件安装办公软件

① 在如图21所示的虚拟光驱主界面中,在"映像"选项卡中,单击"快速装载"按钮,在打开的"打开"对话框中,选择 E:\office_2010.iso 文件,如图22所示,单击"打开"按钮,将该映像文件装载到虚拟光驱中。

② 装载完成后,可以像真实光驱一样使用虚拟光驱。同时,在虚拟光驱运行界面的左下角增加一个名为"(F:)OFFICE14"按钮,单击该按钮,进入 Office 软件的安装界面,如图23所示。

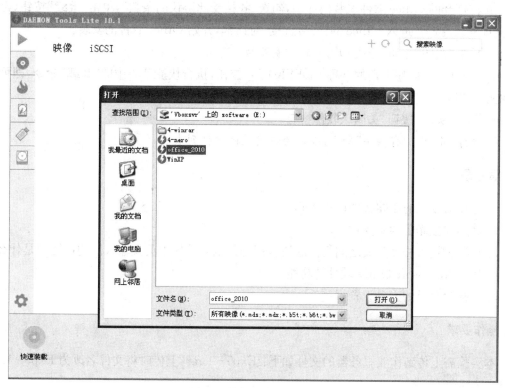

图 22 装载映像文件界面

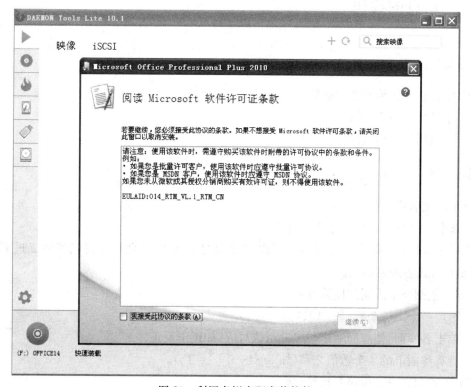

图 23 利用虚拟光驱安装软件

③ 在打开的 Office 软件安装向导中,勾选"我接受此协议的条款",单击"继续"按钮,再单击"立即安装"按钮,进入 Office 的"安装进度"对话框,开始 Office 软件的安装。

④ 单击"关闭"按钮,完成 Office 软件的安装。

⑤ 右击图 23 中左下角的"(F:) OFFICE14"按钮,执行快捷菜单中的"卸载"命令,即可将映像文件卸载。

⑥ 单击"关闭"按钮,关闭该软件窗口。

8. 执行"开始|所有程序"命令,查看所有安装的软件列表。

五、思考题

1. 怎样对创建的压缩文件设置密码?

2. 简述虚拟光驱的主要功能。

3. 在各种输入法和英文之间切换的快捷键是什么? 转换中英文输入法的快捷键是什么?

4. 简述 Microsoft Office 软件的功能。

5. 怎样为刻录的光盘设置标签?

六、操作要求

本实验需上传到作业服务器的文件如下:Exp5－1.rar(上传时将文件名改为 Exp5－1.r)、Exp5－2.iso。

实验 6　信息的编码

一、实验目的

(1) 掌握进制转换和进制运算。

(2) 了解字符造字方法。

(3) 二维码制作与应用。

二、实验内容

(一) 进制转换

1. 程序一(4 位二进制→十进制转换)

图 1 表示 4 张游戏牌,单击游戏牌可以翻转牌的正反面,由此可以得到各种二进制数,第 2 行同步计算出各进制数值。

(1) 二进制→十进制的换算过程。

① 给定一个二进制数(如 1101)。

② 单击各牌面,使牌面顺序与二进制数对应(如正正反正)。

③ 计算牌面上的 4 个数值之和(如 8＋4＋0＋1＝13)。

(2) 十进制数→二进制的换算过程。

① 给定一个十进制数,如 13。

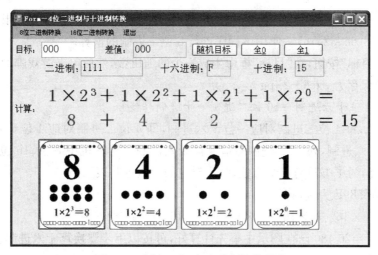

图 1　二进制（4 位）与十进制换算程序

② 在图示第 1 行的目标文本框中输入十进制数并回车。

③ 所有游戏牌自动翻为反面，显示当前数值为 0，差值为 13。

④ 由 13≥8，单击牌面 8，使之翻到正面，差值框自动计算 13－8＝5。

⑤ 由差值框 5≥4，单击牌面 4，使之翻到正面，差值框自动计算 5－4＝1。

⑥ 由差值框 1＜2，第 3 张牌保持反面。

⑦ 由差值框 1＝1，单击牌面 1，使之翻到正面，差值框自动计算 1－1＝0。

⑧ 得到牌面顺序"正正反正"，对应二进制数"1101"。

单击"随机目标"按钮，在"目标"框中生成一个 0 到 15 的随机数，然后单击游戏牌面将其换算为二进制数，并截图保存为 exp6－1.jpg。

2. 程序二（8 位二进制→十进制转换）

8 位二进制数可以表示 0 到 255 的整数，练习程序如图 2 所示，包含 8 张游戏牌，以 4 张游

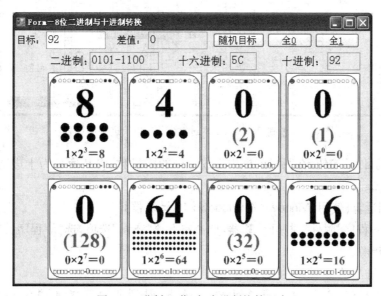

图 2　二进制（8 位）与十进制换算程序

戏牌为一组,第 1 排的 4 张牌对应低 4 位二进制(权重 8、4、2、1),第 2 排的 4 张牌对应高 4 位二进制(权重 128、64、32、16)。使用该程序进行 8 位二进制的换算。

单击"随机目标"按钮,在"目标"框中生成一个的随机数,然后单击游戏牌面将其换算为十进制数,并截图保存为 exp6 - 2.jpg。

3. 程序三(4 位十六进制→16 位二进制→十进制转换)

由于 $16=2^4$,每 4 位二进制对应一位十六进制,即 4 位二进制对应 1 位十六进制,8 位二进制对应 2 位十六进制,16 位二进制对应 4 位十六进制。计算机中 8 位、16 位、32 位二进制的使用频率较高,为了书写与记忆方便,常用对应的十六进制表示。

以十六进制 589F 为例,有:

$(589F)_{16}=5\times16^3+8\times16^2+9\times16^1+15\times16^0=(22\,687)_{10}$

其中 $5\times16^3=20\,480$ 已在图示中事先计算好,可按以下步骤换算十六进制。

① 给定一个 4 位的十六进制,如 589F。

② 最高位框中选择 5,次高位选择 8,次低位选择 9,最低位选择 F。

③ 将选中位置的数值相加($20\,480+2\,048+144+15=22\,687$),得到对应 10 进制数。

参考前述程序,从十进制到十六进制或二进制的换算可以类似进行。

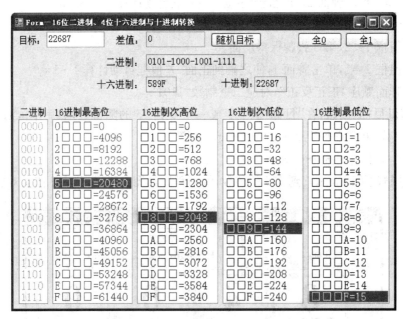

图 3　二进制(16 位)、十六进制(4 位)与十进制换算程序

单击"随机目标"按钮,在"目标"框中生成一个的随机数,将其换算为十进制数,并截图保存为 exp6 - 3.jpg。

(二) 进制运算(使用 Windows 7/ Windows 10 计算器)

单击"开始-程序-附件",打开计算器,点击左上角"查看"选项,选择"程序员"型。

(1) 进制转换。

例:将 16 进制 A58 转换为八进制。

选择 16 进制(HEX),在计算器上输入 A58,得到所对应的十进制(DEC)、八进制

(OCT)和二进制(BIN)值,其中 Windows 7 系统下需要选择"十进制",Windows 10 系统下直接给出各进制结果,如图 4 所示。

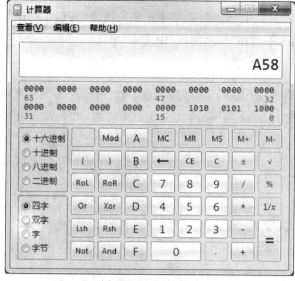

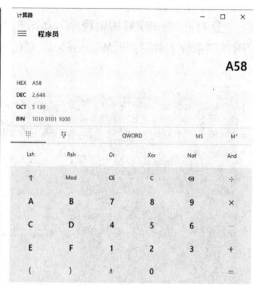

(a) Windows 7系统　　　　　　　　(b) Windows 10系统

图 4　进制转换

实验:将十进制 12 345 转换为十六进制和八进制,并将转换结果截图保存为 exp6 -4 - 1.jpg 和 exp6 - 4 - 2.jpg。

(2)逻辑运算。

例:与操作计算,求二进制 10111001 And 10001100 的结果。

二进制中输入 10111001,选择"And",再输入 10001100,按"="号,得到的结果如图 5 所示。

(a) Windows 7系统　　　　　　　　(b) Windows 10系统

图 5　逻辑运算

实验：异或操作计算，求二进制 10111001 Xor 10001100，将实验结果截图保存为 exp6 - 5.jpg。

(三) 字符造字

① 打开"专用字符编辑程序"，如图 6 所示。其中 Windows 7 系统依次点击"开始""程序""附件""系统工具"打开，Windows 10 系统情况下可在"控制面板"中搜索"字"。

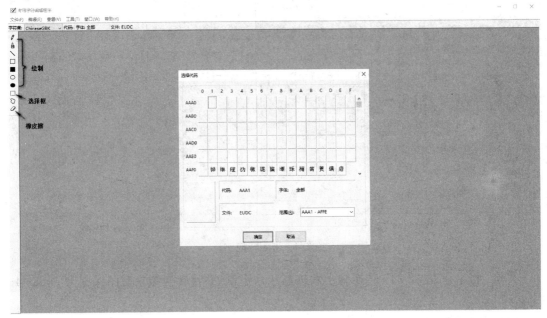

图 6　专用字符编辑程序

② 在"专用字符编辑程序"窗口中，选择 AAA1 代码，通常情况下为默认，然后点击"确定"。

③ 依次选择"窗口""参照"，在参照界面输入字符或者汉字，如输入"你"，然后点击"确定"，如图 7 所示。

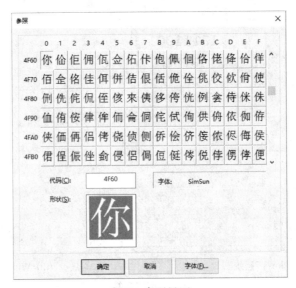

图 7　参照界面

④ 使用选择工具，将参照界面中"你"的右半部分"尔"，移动到左侧，多余部分可用橡皮擦擦除，如图 8 所示。

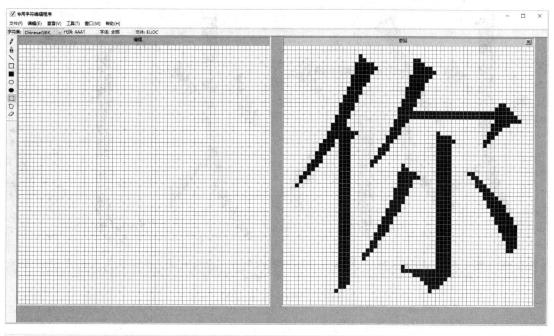

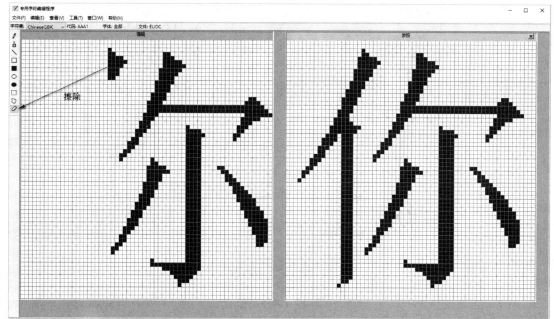

图 8 字符"你"的移动和部分擦除

⑤ 类似操作，在参照界面中输入"火"字，选择"灯"字左半部分，移动到所造字的左侧，如图 9 所示。

⑥ 选择字符集为"Unicode"，然后点击"编辑|将字符另存为"，选择代码保存，如"E000"。

⑦ 选择"编辑|复制字符"，在代码中输入刚才设定的代码"E000"，调出所造字，形状中复

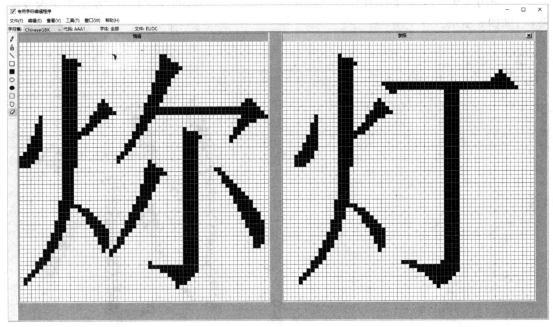

图 9 字符"火"的移动

图 10 保存字符

制该字,如图 11 所示。

⑧ 打开记事本,选择粘贴,将所造字粘贴到记事本文档,如图 12 所示。截图记事本文档,保存为 exp6 - 6.jpg。

(四) 制作二维码

打开二维码制作软件,如图 13 所示。使用该软件将以下内容生成二维码。

① 网址:http://www.shu.edu.cn

② 个人名片

将所生成的二维码分别保存为 exp6－7.jpg 和 exp6－8.jpg。

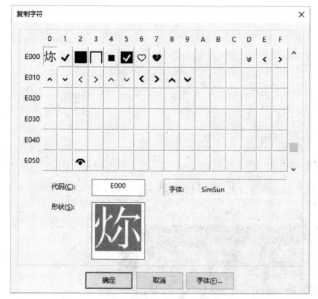

<table><tr><td>图 11　复制字符</td><td>图 12　新建记事本文档</td></tr></table>

图 13　二维码制作

实验 7　微型计算机的安装与设置(课外)

一、实验目的

(1) 掌握计算机硬件系统的组成。

(2) 掌握组装计算机各个部件的方法。

(3) 掌握计算机常用外设的安装方法。

二、相关知识点

1. 微型计算机主板图解

一块微型计算机主板主要由线路板和它上面的各种元器件组成,如图 1 所示。

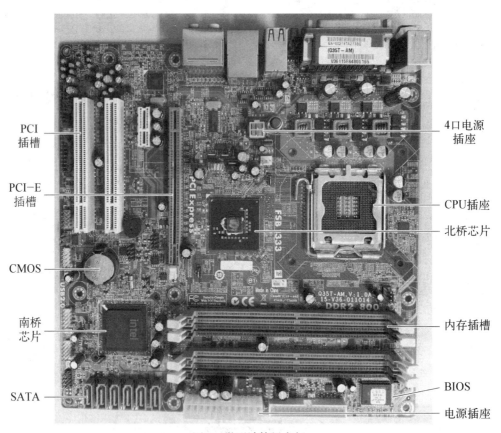

图 1　微型计算机主板

(1) 线路板。

PCB 印制电路板是所有计算机板卡所不可缺少的组成部分。它实际是由几层树脂材料粘合在一起的,内部采用铜箔走线。一般的 PCB 线路板分有四层,最上和最下的两层是信号层,中间两层是接地层和电源层,将接地和电源层放在中间,这样便可容易地对信号线作出修正。而一些要求较高的主板的线路板可达到6～8层或更多。

（2）北桥芯片。

芯片组（Chipset）是主板的核心组成部分，按照在主板上的排列位置的不同，通常分为北桥芯片和南桥芯片，其中北桥芯片是主桥，一般可以和不同的南桥芯片进行搭配使用以实现不同的功能与性能。

北桥芯片一般提供对CPU的类型和主频、内存的类型和最大容量、ISA/PCI/AGP插槽、ECC纠错等支持，通常在主板上靠近CPU插槽的位置，由于此类芯片的发热量一般较高，所以在此芯片上装有散热片。图2所示为北桥芯片。

（3）南桥芯片。

南桥芯片主要用来与I/O设备及ISA设备相连，并负责管理中断及DMA通道，让设备工作得更顺畅，提供对KBC（键盘控制器）、RTC（实时时钟控制器）、USB（通用串行总线）、Ultra DMA/33（66）EIDE数据传输方式和ACPI（高级能源管理）等的支持，在靠近PCI槽的位置。图3所示为南桥芯片。

图2　北桥芯片

图3　南桥芯片

图4　CPU插座

（4）CPU插座

CPU插座就是主板上安装处理器的地方。主流的CPU插座主要有Socket370、Socket478、Socket 423和Socket A共4种。图4所示为CPU插座。

（5）内存插槽。

内存插槽是主板上用来安装内存的地方。目前常见的内存插槽为SDRAM内存、DDR内存插槽，其他的还有早期的EDO和非主流的RDRAM内存插槽。需要说明的是不同的内存插槽它们的引脚，电压，性能功能都是不尽相同的，不同的内存在不同的内存插槽上不能互换使用。对于168线的SDRAM内存和184线的DDR SDRAM内存，其主要外观区别在于SDRAM内存金手指上有两个缺口，而DDR SDRAM内存只有一个。图5所示为DDR内存插槽。

（6）PCI插槽。

PCI（Peripheral Component Interconnect）总线插槽是由Intel公司推出的一种局部总线。定义了32位数据总线，且可扩展为64位。为显卡、声卡、网卡、电视卡、保护卡等设备提供了连接接口，基本工作频率为33 MHz，最大传输速率可达132 MB/s。图6所示为PCI总线插槽。

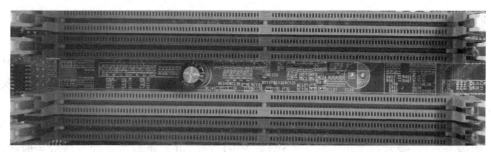

图 5 内存插槽

图 6 PCI 总线插槽

（7）PCI-E 插槽。

PCI-Express 简称 PCI-E 接口，是 Intel 公司为了提高显卡总线速率发明，用于替换原来的 AGP 3.0 规范接口。

PCI-Express 是最新的总线和接口标准，由 Intel 公司提出。这个新标准将全面取代现行的 PCI 和 AGP，最终实现总线标准的统一。它的最大优势就是数据传输速率高，目前最高可达到 10 GB/s 以上，而且还有相当大的发展潜力。图 7 所示为 PCI-E 插槽。

图 7 PCI-E 插槽

（8）ATA 接口。

ATA 接口是用来连接硬盘和光驱等设备而设的，可分为并行 ATA 和串行 ATA。并行 ATA（Parallel ATA）接口采用并行方式进行数据通信，串行 ATA（Serial ATA）采用串行方式进行数据传输。并行 ATA 接口现已被淘汰，目前主要采用串行 ATA 接口。

图 8 ATA 接口

（9）电源插口及主板供电部分。

电源插座主要有 AT 电源插座和 ATX 电源插座两种，有的主板上同时具备这两种插座。AT 插座应用已久现已淘汰。而 20 口的 ATX 电源插座，采用了防插反设计，不会像 AT 电源一样因为插反而烧坏主板。除此之外，在电源插座附近一般还有主板的供电及稳压电路。

主板的供电及稳压电路也是主板的重要组成部分，一般由电容、稳压块或三极管场效应管、滤波线圈、稳压控制集成电路块等元器件组成。此外，P4 主板上一般还有一个 4 口专用 12 V 电源插座。如图 9 所示，图（a）是一个 24 口 ATX 电源插座，图（b）是 4 口电源插座。

(a) 24口　　　　　　　　　　　(b) 4口

图 9　主板电源插口

（10）BIOS 及电池。

BIOS(Basic Input/Output System)基本输入输出系统是一块装入了启动和自检程序的 EPROM 或 EEPROM 集成块。实际上是被固化在计算机 ROM(只读存储器)芯片上的一组程序，为计算机提供最低级的、最直接的硬件控制与支持。图 10所示为 BIOS 芯片。

（11）机箱前置面板接头。

图 10　BIOS 芯片

机箱前置面板接头如图 11 所示，是主板用来连接机箱上的电源开关、系统复位、硬盘电源指示灯等排线的地方。一般来说，ATX 结构的机箱上有一个总电源的开关接线(Power SW)，它和 Reset 的接头一样，按下时短路，松开时开路，按一下，电脑的总电源就被接通了，再按一下就关闭。

硬盘指示灯，当电脑在读写硬盘时，机箱上的硬盘的灯会亮。

耳机、麦克风接头　　　　　　　　USB接头　　　　　　　　电源开关
硬盘指示灯
电源指示灯
系统复位

图 11　机箱前置面板接头

电源指示灯电脑一打开，电源灯就一直亮着，指示电源已经打开了。而复位接头(Reset)要接到主板上 Reset 插针上。主板上 Reset 针的作用是这样的：当它们短路时，电脑就重新启动。

电源开关、硬盘指示灯、电源指示灯和系统复位是 9 芯插头，连接时注意连接线右上角缺孔对准主板插座右上角缺针位置、红线在左下方。

USB 接口也是 9 芯插头，连接时注意连接线左上角缺孔对准主板插座左上角缺针位置，红线在右下方。

耳机、麦克风接口也是 9 芯的插头，连接时也请注意连接线缺孔对准主板插座缺针位置、红线在左下方。

（12）外部接口。

ATX 主板的外部接口都是统一集成在主板后半部的。现在的主板一般都符合 PC'99 规范，也就是用不同的颜色表示不同的接口，以免搞错。一般键盘和鼠标都是采用 PS/2 圆口，只是键盘接口一般为蓝色，鼠标接口一般为绿色，便于区别。而 USB 接口为扁平状，可接鼠标、键盘、光驱、扫描仪等 USB 接口的外设。而串口可连接 Modem 和方口鼠标等,并口一般连接打印机。

图 12 显示的是机箱后的外部接口,其中"1"号位置是键盘和鼠标接口,键盘和鼠标接口的外观结构是一样的,但是不能用错。为了便于识别,通常以不同的颜色来区分,绿色的这个接口为鼠标接口,而紫色的这个为键盘接口。

"2"号位置为串行 COM 口,主要是用于以前的扁口鼠标、Modem 以及其他串口通信设备,不足之处也是数据传输速率低,也将被 USB 或 IEEE 1394 接口所取代。

"3"号位置是并行接口,通常用于老式的并行打印机连接,也有一些老式游戏设备采用这种接口,目前比较少用,主要是因为传输速率较慢,不适合当今数据传输发展需求,正在被 USB 或 IEEE 1394 接口所取代。

"4"号位置是显示器接口,用来连接 VGA 显示器。

"5"号位置是 USB 接口,也是一种串行接口。目前许多上设都采用这种设备接口,如 Modem、打印机、扫描仪、数码相机等。其优点就是数据传输速率高、支持即插即用、支持热拔插、无需专用电源、支持多设备无 PC 独立连接等。

"6"号位置是指双绞以太网线接口,也称之为"RJ‐45 接口"。这需主板集成了网卡才能提供,用于网络连接的双绞网线与主板中集成的网卡进行连接。

"7"号位置是指声卡输入/输出接口,这也需主板集成了声卡后才能提供,不过现在的主板一般都集成声卡,所以通常在主板上都可以看到这 3 个接口。常用的只有 2 个,那就是输入和输出接口。通常也是用颜色来区分,最下面红色的那个为输出接口,接音箱、耳机等音频输入设备,而最上面的那个浅蓝色的为音频输入接口,用于连接麦克风、话筒之类音频外设。

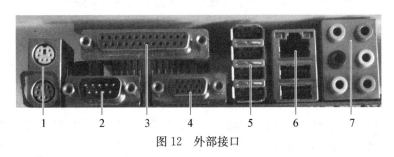

图 12　外部接口

2. 微型计算机的主要部件

除了上面介绍的主板以外,微型计算机的组成部件还包括:中央处理器(CPU)、内存、硬盘、光驱、显卡与显示器、声卡与音箱、键盘与鼠标、电源与机箱等。

(1) 中央处理器(CPU)。

中央处理器全称为 Central Processing Unit(CPU),在计算机中主要负责数据的运算及处理,对指令译码。CPU 包括逻辑单元、存储单元和控制单元,是整个系统的核心。图 13 所示为 Intel 奔腾 4640 处理器。

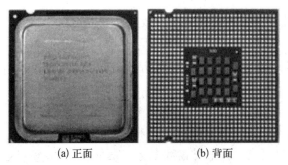

(a) 正面　　　　(b) 背面

图 13　Intel 奔腾 4640 处理器

（2）内存。

内存是计算机中重要的部件之一，是与CPU进行沟通的桥梁。计算机中所有程序的运行都是在内存中进行的，因此内存的性能对计算机的影响非常大。内存（Memory）也被称为内存储器，其作用是用于暂时存放CPU中的运算数据，以及与硬盘等外部存储器交换的数据。只要计算机在运行中，CPU就会把需要运算的数据调到内存中进行运算，当运算完成后CPU再将结果传送出来，内存的运行也决定了计算机的稳定运行。内存是由内存芯片、电路板、金手指等部分组成的。

内存一般采用半导体存储单元，包括随机存储器（RAM）、只读存储器（ROM），以及高速缓存（Cache）。目前普遍使用的DDR（Double Data Rate）RAM是SDRAM的更新换代产品，该类型的内存允许在时钟脉冲的上升沿和下降沿传输数据，这样不需要提高时钟的频率就能加倍提高SDRAM的速度。图14所示为DDR内存条。

　　　　　　　　　　　　　　　　　　　　　　　　　　　　　　内存芯片

　　　　　　　　　　　　　　　　　　　　　　　　　　　　　　金手指

图14　DDR内存条

（3）硬盘。

硬盘（Hard Disc Drive，HDD），由于采用温彻斯（Winchester）技术所以也称为"温盘"。硬盘是电脑主要的存储媒介之一，由一个或者多个铝制或者玻璃制的碟片组成。这些碟片外覆盖有铁磁性材料。绝大多数硬盘都是固定硬盘，被永久性地密封固定在硬盘驱动器中。

目前硬盘的大小主要有3.5英寸、2.5英寸和1.8英寸。3.5英寸台式机硬盘广泛用于各种台式计算机。2.5英寸笔记本硬盘广泛用于笔记本电脑、桌面一体机、移动硬盘及便携式硬盘播放器。1.8英寸微型硬盘广泛用于超薄笔记本电脑、移动硬盘及苹果播放器。

硬盘按其接口类型，主要有SATA和SCSI两种。使用SATA（Serial ATA）口的硬盘又叫串口硬盘，当前台式机中使用的硬盘主要是串口硬盘。

串口硬盘是一种完全不同于并行ATA的新型硬盘接口类型，由于采用串行方式传输数据而知名。相对于并行ATA来说，就具有非常多的优势。首先，Serial ATA以连续串行的方式传送数据，一次只会传送1位数据。这样能减少SATA接口的针脚数目，使连接电缆数目变少，效率也会更高。实际上，Serial ATA仅用四支针脚就能完成所有的工作，分别用于连接电缆、连接地线、发送数据和接收数据，同时这样的架构还能降低系统能耗和减小系统复杂性。其次，Serial ATA的起点更高、发展潜力更大，Serial ATA 1.0定义的数据传输率可达150 MB/s，这比目前最新的并行ATA（即ATA/133）所能达到133 MB/s的最高数据传输率还高，而在Serial ATA 2.0的数据传输率将达到300 MB/s，最终SATA将实现600 MB/s的最高数据传输率。图15所示为3.5英寸台式机硬盘。

图15　3.5英寸台式机硬盘

图 16　台式机光驱

（4）光驱。

光盘驱动器又称光驱。顾名思义是光盘的驱动器，功能是读/写光盘信息。硬盘驱动器是驱动器和盘片合二为一的设备，光盘驱动器则是盘片可移动的驱动设备。图 16 所示为台式机光盘驱动器。

光驱的种类比较多，按光盘的存储技术来分类，光驱可分为 CD‐ROM（只读光盘）驱动器、CD‐R（可写光盘）驱动器、CD‐RW（可复写光盘）驱动器、DVD‐ROM（DVD 只读光盘）驱动器、Combo 光盘驱动器（兼容 DVD‐ROM 和 CD‐RW）、DVD 刻录机（兼容 DVD‐ROM、CD‐R、CD‐RW、CD‐ROM）等。

（5）显卡与显示器。

显卡又称为显示卡或显示适配器，负责把 CPU 送来的图像数据经过处理后送到显示器形成图像。目前，显卡成为继 CPU 之后发展最快的部件，图像性能已经成为决定多媒体微型计算机整体性能的一个重要因素。显卡和显示器构成了微型计算机的显示系统。

如图 17 所示，显卡是一块独立的电路板，安装在主板的显卡插槽中。集成显卡直接整合在主板或主板的北桥芯片中。

图 17　显卡

显示器是计算机必不可少的输出设备，显示卡必须与显示器配合起来才能进行画面输出。

显示器按其工作原理可分为多种类型，比较常见的是阴极射线管显示器（CRT）、液晶显示器（LCD）两种。相对传统的 CRT 显示器，LCD 显示器具有体积小、功耗低、发热小、辐射低等特性，目前 LCD 显示器已取代 CRT 显示器，成为市场的主流显示器。

（6）声卡与音箱。

音频系统是多媒体系统中必不可少的组成部分，包括声卡和音箱等。声卡的主要功能是处理声音信号，并把信号传输给音箱或耳机。

声卡有板载（集成）声卡和独立声卡两种。在板载音效芯片处理能力不断提升、主流处理器频率在 2 GHz 以上配置的情况下，板载声卡和独立声卡之间的性能差异越来越小。对于大部分的非专业用户来说,板载声卡已经绰绰有余。图18所示为板载声卡。

图18　板载声卡

板载声卡上一般都标有 AC'97 字样,这是一个由英特尔、雅玛哈等多家厂商联合研发并制定的一个音频电路系统标准。它并不是一个实实在在的声卡种类,只是一个标准。目前最新的版本已经达到了 2.3。现在市场上能看到的声卡大部分的 CODEC 都是符合 AC'97 标准。厂商也习惯用符合 CODEC 的标准来衡量声卡,因此很多的主板产品,不管采用何种声卡芯片或声卡类型,都称为 AC'97 声卡。

音箱是整个音响系统的终端,其作用是把音频电能转换成相应的声能,并把它辐射到空间去。

目前音箱大致可分为有源音箱和无源音箱两种。有源音箱就是把音频功率放大器装在音箱里面,用音频信号推动音箱就行了。无源音箱是针对有源而言的,是没有装功率放大器的音箱,需要由外接的功率放大器以功率信号推动它。

(7) 键盘与鼠标。

键盘是最常用也是最主要的输入设备。通过键盘,可以将英文字母、数字、标点符号等输入到计算机中,从而向计算机发出命令、输入数据等。

图19　PS/2接口键盘

目前的标准键盘主要有 104 键和 107 键(增加了睡眠、唤醒和开机键)。键盘的接口经历了串口、PS/2、USB 和无线几个阶段,目前串口基本上已经被淘汰,PS/2 虽然还占据着一定的市场,但是 USB 正在逐步取代 PS/2,成为市场主流产品,无线产品价格比较昂贵。图19 所示为 PS/2 接口键盘。

鼠标首先应用于苹果电脑,随着 Windows 操作系统的流行,鼠标变成了必需品,更有些软件必须要安装鼠标才能运行,简直是无鼠标寸步难行。

鼠标按接口类型可分为串行鼠标、PS/2 鼠标、总线鼠标、USB 鼠标(多为光电鼠标)四种。串行鼠标是通过串行口与计算机相连,有 9 针接口和 25 针接口两种;PS/2 鼠标通过一个六针微型 DIN 接口与计算机相连,它与键盘的接口非常相似,使用时注意区分;总线鼠标的接口在总线接口卡上;USB 鼠标通过一个 USB 接口,直接插在计算机的 USB 口上。

(8) 电源与机箱。

主板上的各部件要正常工作,就必须提供各种直流电源。电源的提供是由交流电源经过整流、滤波后,由各路分离电路提供,然后经过相应的插头插入到计算机主板电源插座和各设备电源接口。

目前电源从规格上主要分为 4 大类:AT 电源、ATX 电源、Micro ATX 电源和 BTX 电源。图20 所示为 BTX 电源。

机箱是计算机主机的"房子",起到容纳和保护 CPU

图20　BTX 电源

等计算机内部配件的重要作用。机箱包括外壳、支架、面板上的各种开关、指示灯等。

三、实验内容

(1) 拆卸台式计算机。

(2) 组装台式计算机。

四、硬件拆装前的准备

拆装台式计算前,必须准备好必要的工具,熟悉拆装计算机的一般原则,这样才能在拆装过程中做到有条不紊。

1. 拆装工具

(1) 十字螺丝刀。一般来说,计算机中大部分配件的拆装都需要用到十字螺丝刀,最好选带磁性的十字螺丝刀,这样可以降低安装的难度,因为机箱内空间狭小,用手扶螺丝不方便。

(2) 器皿。在拆装过程中,有许多螺丝及小零件需要随时取用。所以应该准备一个小器皿,用来放置这些东西,以防止丢失。

(3) 镊子。用来镊取细小物品,夹出掉进缝隙中的螺丝。

2. 拆装过程中的注意事项

为了保证顺利完成拆装任务,在拆装过程中需要注意如下事项:

(1) 防止静电。

人体的静电有可能将 CPU、内存等芯片电路击穿造成器件损坏,所以在拆装计算机前最好用自来水冲洗手或触摸金属物体,消除人体的静电。

(2) 仔细阅读拆装说明书。

打开机箱后,必须认真阅读相关知识点,熟悉微型计算机的各组成部件,特别是主板中的各元器件位置、各部件之间的连线,这对顺利完成拆装计算机十分重要。

必须认真阅读拆装操作流程,以便在操作时严格遵守拆装操作流程。

(3) 注意拆装技巧。

在拆装过程中一定要注意正确的拆装方法,不要强行安装,插拔各种板卡时切忌盲目用力。用力不当可能使引脚折断或变形。对安装后位置不到位的板卡不要强行使用螺丝钉固定,因为这样容易使板卡变形,日后容易发生断裂或接触不良的情况。对配件要轻拿轻放,不要碰撞。不要先连接电源线,通电后不要触摸机箱内的部件。在拧螺丝时要用力适度,避免损坏主板或其他部件。

(4) 最小系统测试。

最小系统就是一套能运行起来的最简单的配置,通常包括主板、CPU、内存、显卡和显示器。在装机过程中搭建最小系统通电,如果显示器有显示,说明上述配件正常。在确定最小系统没有问题后,再安装其他部件。

五、实验步骤

下面以方正文祥 E350 为样本,介绍台式计算机的拆装方法。

1. 拆卸台式计算机

拆卸台式计算机的操作步骤如下:

① 先关闭计算机并切断电源,拔去所有与主机的连接线,包括电源、显示器、键盘、鼠标等连接线,如图 21 所示。

拔去主机
所有的连接线

图 21　拔去主机背部的连接线

② 卸下机箱固定螺丝,打开机箱,看清机箱内各部件接线的方向、颜色和位置等,并用纸记录下来。螺丝等放入小器皿中。

③ 拔去硬盘、主板等电源线、数据线以及主板上的各种连接线。在拔之前要记住各种连接线位置,如图 22 所示。

硬盘电源线

硬盘信号线

主板电源线

电源开关
硬盘指示灯
电源指示灯
系统复位

USB接口线

主板电源线
4口

耳机、麦克
风接口线

图 22　拔去主机机箱内部的连接线

④ 卸下主板上的显卡、保护卡,放入小器皿中。

卸下主板上的板卡时,先要将后置面板中板卡压条卸下,然后再取出板卡,如图 23 所示。

(a) 卸下板卡压条

(b) 取出板卡

图 23　主机板卡的卸载

⑤ 卸下内存条,并记住内存条的插入方向,如图 24 所示。

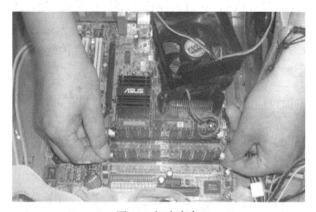

图 24　卸内存条

⑥ 卸下主板上的 8 颗螺丝(注意要对角卸下螺丝),并移掉主板,如图 25 所示。

图 25　卸主板螺丝

⑦ 卸下 CPU 风扇及 CPU,并放入小器皿中。

卸下 CPU 散热器时,先要卸下 CPU 散热器上的 4 颗螺丝,然后移掉 CPU 散热器,如图 26 所示。

图 26　卸下 CPU 风扇

卸下 CPU 时,先扳开 CPU 插槽拉杆,打开 CPU 保护盖,然后取出 CPU,必须记住 CPU 的方向位置,如图 27 所示。至此整个计算机的拆卸就完成了。

(a) 扳开CPU插槽拉杆　　　　　　　　　　　(b) 打开CPU保护盖

图 27　CPU 的拆卸

2. 安装台式计算机

(1) 安装 CPU 和 CPU 散热器。

① 扳开 CPU 插槽拉杆,打开 CPU 保护盖。

② 把 CPU 平放在 CPU 插槽中。CPU 上的金色三角对准 CPU 插槽中缺少针脚的这条边,如果放置方向不正确是放不进去的,如图 28 所示。

放入后的 CPU 应该是很平整的,如果不能顺利放入,则可能是 CPU 安放的方向错误,应该重新正确放好,千万不能用力按,以防止弄断 CPU 上的针脚。

③ 盖住 CPU 保护盖,并扣上 CPU 插槽拉杆,CPU 的安装就完成了。

④ 为了保证 CPU 散热器与 CPU 的良好接触,确保 CPU 能稳定地工作,一般需在 CPU 芯片上均匀地涂抹一层传热硅脂,如图 29 所示。

金色三角

图 28　安装 CPU

图 29　在 CPU 芯片上涂传热硅脂

⑤ 先将 CPU 散热器固定金属片放在主板反面,对准主板上的 4 个固定孔位并向主板推,使散热器固定金属片的 4 个螺帽嵌入主板中,如图 30(a)所示。然后将 CPU 散热器扣在 CPU 上面(注意 CPU 散热器的放置方向,CPU 散热风扇的电源线靠近内存条插槽),将 CPU 散热器的 4 个螺丝对准主板上的 4 个固定孔位,拧紧 CPU 散热器上的 4 颗螺丝,如图 30(b)所示。

(a) 固定金属片

(b) 固定散热器

图 30　CPU 散热器和固定金属片

⑥ 将 4 针的风扇电源线插在主板的 CPU 风扇插座中,CPU 及 CPU 散热器的安装就完成了。

(2) 安装主板。

① 把主板放在以铜柱构成的支架上,将主板上的输出端口对准机箱后盖挡片上预留的孔,如图 31 所示。因为挡片上还有一些弹簧片,需要把主板用力向外推,这样才能将主板上螺丝孔的位置与铜柱支架上的螺丝孔对齐。

② 确认各种端口都与挡板孔对齐后,将主板与铜柱之间用螺丝固定,即完成了主板的安装。

图 31 挡板孔

（3）安装内存条。

① 将内存条插槽两侧的固定扣向外扳到底，比对内存条上的缺口是否与插槽上的相符，并将内存条垂直置于插槽上，如图 32 所示。

图 32 安装内存条

② 将内存条的缺口和插槽的缺口对准，双手拇指在内存顶部两边，并垂直、平均施力将内存条压下。此时插槽两侧的固定扣会向内靠拢，并卡住内存条，当确实卡住内存条两侧的缺口时安装就完成了。

（4）硬盘连线。

① 将 SATA 数据连线的一端插在主板 SATA 接口中，另一端插在硬盘接口中。由于 SATA 数据线是有方向的，易操作，一般不会插反。

② 将 SATA 电源线插在硬盘电源接口中，如图 33 所示。

(a) SATA数据线   (b) SATA电源线

图 33 硬盘连线

（5）连接机箱内部指示线路。

机箱前置面板接头是主板用来连接机箱上的电源开关、系统复位、硬盘电源指示灯、前置 USB 接头、耳机麦克风接头的地方，如图 34 所示。

耳机、麦克风接头　　　　　　　USB接头　　　　　　　电源开关
　　　　　　　　　　　　　　　　　　　　　　　　　　硬盘指示灯
　　　　　　　　　　　　　　　　　　　　　　　　　　电源指示灯
　　　　　　　　　　　　　　　　　　　　　　　　　　系统复位

图 34　机箱前置面板接头

① 连接电源开关、硬盘指示灯、电源指示灯和系统复位线。电源开关、硬盘指示灯、电源指示灯和系统复位连接线是一根花色的扁平线，连接时注意连接线右上角缺孔对准插座右上角缺针位置、红线在左下方。

② 连接 USB 接口线。USB 接口线是一根黑色的圆线，连接主板的是一个 9 芯插头，左上角缺一个孔，连接时注意连接线左上角缺孔对准主板插座左上角缺针位置，红线在右下方。

③ 连接耳机、麦克风接口线。耳机、麦克风接口也是一根黑色的圆线，连接主板的也是一个 9 芯的插头，右边第二排上方有一个缺孔，连接时也请注意连接线缺孔对准主板插座缺针位置、红线在左下方。

连接完成后结果如图 35 所示。

耳机、　　　　　　　　　　　　　　　　　　　　　　电源开关
麦克风　　　　　　　　　　　　　　　　　　　　　　硬盘指示灯
接头　　　　　　　　　　　　　　　　　　　　　　　电源指示灯

USB接头

图 35　连接完成后的机箱前置面板接头

（6）连接主板电源线。

① 将 20 口电源线插在主板电源插座中，如果方向不对，将无法插入。

② 将 4 口电源线插在主板电源插座中，黄线在左侧，如图 36 所示。

（7）安装显卡和保护卡。

① 将 PCI－E 显卡金手指对准 PCI－E 插槽相对应位置（显示卡上的缺口对准插槽上的缺口），如图 37 所示，然后轻轻用力向下按一下，如果听到咔嗒一声，表示显卡已被安装到 PCI－E 插槽里了。

② 用与步骤 1 类似的方法，将保护卡安装在 PCI 插槽（白色）中。

③ 将后置面板中板卡压条装上，用来固定板卡，如图 38 所示。

（8）关闭机箱盖。

机箱内部线路连接完成后，机箱内部的操作就基本安装完毕了。为了防止通电后发生故障，应仔细检查机箱内各部件，看有没有安装不牢固、容易松动的。另外再检查各个接头和连

(a) 4口电源线

(b) 24口电源线

图36 主板电源连接

图37 安装显卡

图38 固定板卡

线,看是否都接上,有没有接反。

确认无误后就可以关闭机箱盖,再将面盖螺丝拧上了。

(9) 连接机箱外部插头、连线。

主机安装成功后,就可连接键盘、鼠标、显示器等外部设备,进行上电测试了。机箱外部连线结果如图39所示。

① 连接键盘:将键盘接头插在机箱后面的键盘插座上,一般键盘插头和插座都是紫色的,只要照着相同颜色来连接就可以了。

② 连接鼠标：通常鼠标的插头和插座都是绿色的，只要照着相同颜色来连接就可以了。USB 接口鼠标只要接在主机中的任何一个 USB 接口上。

③ 连接显示器：将显示器信号线插头插在显卡输出插座上，并将插头两边的固定螺丝拧上，以防止松脱。

电源插座
键盘插座
显示器插座
鼠标插座

图 39　机箱外部连线

至此，计算机组装基本完成，接上电源，按下计算机电源开关，就可以看到电源指示灯亮起，硬盘指示灯闪动，显示器出现开机画面，系统开始自检。

六、思考题

1. 目前市场主流台式计算机配置与实验所组装的台式计算机配置有何区别？

2. 在组装计算机前需要做好哪些准备工作？

实验 8　可视化程序设计（课内）

一、实验目的

（1）了解程序设计的基本概念。

（2）了解 RAPTOR 软件的安装与基本使用。

（3）掌握 RAPTOR 环境中控制结构的使用。

（4）利用 RAPTOR 进行基本程序设计。

二、相关知识点

1. 程序设计的基本概念

程序设计是给出解决特定问题程序的过程，是软件构造活动中的重要组成部分。程序设计往往以某种程序设计语言为工具，给出这种语言下的程序。程序设计过程应当包括分析、设计、编码、测试、排错等不同阶段。专业的程序设计人员常被称为程序员。

程序设计主要步骤如下。

① 分析问题：对于接受的任务要进行认真的分析，研究所给定的条件，分析最后应达到的目标，找出解决问题的规律，选择解题的方法，完成实际问题。

② 设计算法：即设计出解题的方法和具体步骤。

③ 编写程序：将算法翻译成计算机程序设计语言，对源程序进行编辑、编译和连接。

④ 运行程序,分析结果:运行可执行程序,得到运行结果。能得到运行结果并不意味着程序正确,要对结果进行分析,看它是否合理。不合理要对程序进行调试,即通过上机发现和排除程序中的故障的过程。

⑤ 编写程序文档:许多程序是提供给别人使用的,如同正式的产品应当提供产品说明书一样,正式提供给用户使用的程序,必须向用户提供程序说明书。内容应包括:程序名称、程序功能、运行环境、程序的装入和启动、需要输入的数据,以及使用注意事项等。

程序设计是一门技术,也是算法设计的基本工具,需要相应的理论、技术、方法和工具来支持。程序设计主要涉及以下 3 个问题。

① 做什么:就是程序需要实现的功能。

② 怎么做:就是如何实现程序的功能,在编程中,称为逻辑,即实现的步骤。

③ 如何描述:就是把怎么做用程序语言的格式描述出来。

程序设计主要经历了结构化程序设计和面向对象程序设计的发展阶段,程序设计环境则经历了文本化到可视化的发展过程。

2. RAPTOR 简介

(1) RAPTOR 概述。

RAPTOR(the Rapid Algorithmic Prototyping Tool for Ordered Reasoning,用于有序推理的快速算法原型工具)是一款基于流程图的高级程序语言算法工具。它是一种可视化的程序设计环境,为程序和算法设计的基础课程的教学提供实验环境。使用 RAPTOR 设计的程序和算法可以直接转换成 C++、C#和 Java 等高级程序语言,这就为程序和算法的初学者架起了一条平缓、自然的学习阶梯。

(2) RAPTOR 安装。

RAPTOR 是一款开源工具,可以从 RAPTOR 官方网站 http://raptor.martincarlisle.com 下载,也可从 ftp://ftp.cc.shu.edu.cn/pub/class 下载,当前最新版本是 2014 版,文件名称为 raptor_2014.msi。双击运行该文件,出现如图 1 所示的安装界面,按提示选择默认选项

图 1　RAPTOR 安装主页面

完成安装。

安装完成后,在程序菜单中就会出现 RAPTOR,单击启动,出现 RAPTOR 界面,主要包含两部分:程序设计界面(Raptor)和主控制台界面(Master Console),分别如图 2 和图 3 所示。程序设计界面主要用来进行程序设计;主控制台界面用于显示程序的运行结果和错误信息等。

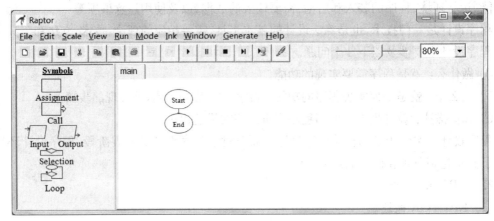

图 2　程序设计窗口

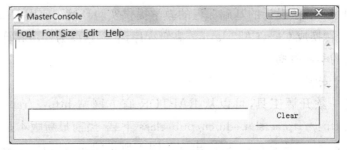

图 3　主控制台窗台

3. RAPTOR 基本语句

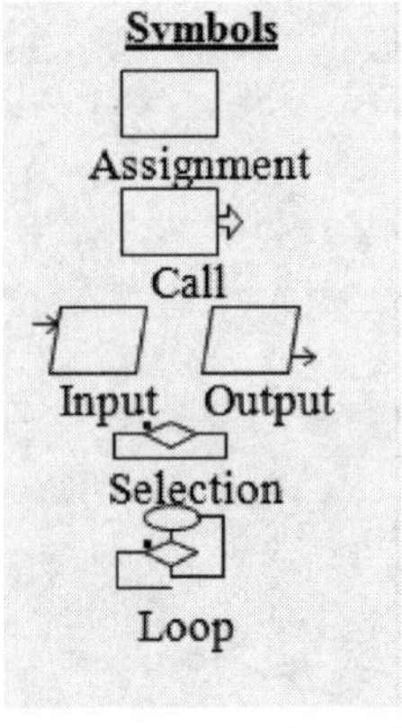

为了能实现更复杂、更有趣的程序设计,需要先学习 RAPTOR 的基本语句。RAPTOR 有 6 种基本符号,如图 4 所示,每个符号代表一个独特的指令(语句)类型。

(1) 输入(Input)语句。

输入语句允许用户在程序执行过程中输入变量的数据值。在定义一个输入语句时,一定要在提示文本框(Enter Prompt Here)中说明所需要的输入,让用户明白当前程序中需要什么类型的数据及其值的大小。提示应尽可能明确,如预期值所需要的单位或量纲(如英尺、米或英里)等,如图 5 所示。

"Enter Input"界面对话框中的输入语句在运行时(run-time)将显示一个输入对话框,如图 6 所示。在用户输入一个值,并按下 Enter 键(或单击 OK 按钮),用户输入的值由输入语句赋给变量。

图 4　RAPTOR 的
6 种基本符号

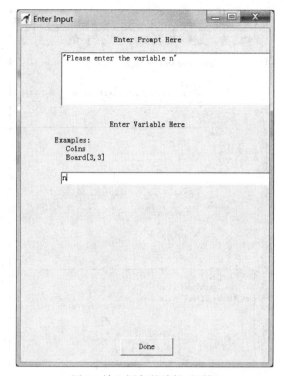

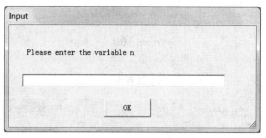

图 6　输入语句在运行时的对话框

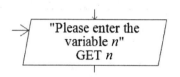

图 5　输入语句的编辑对话框

图 7　输入语句编辑完成后在
流程图中显示的状态

此外,已经编辑完毕的输入语句在流程图中的显示形式也会发生变化,如图 7 所示。注意,图 7 所示输入语句符号中的"GET"字样是系统自动给定的,无需用户在编辑中输入。

(2) 赋值(Assignment)语句。

赋值符号用于执行计算,然后将其结果存储在变量中。赋值语句的定义使用如图 8 所示的对话框。需要赋值的变量名须输入到 Set 文本框中,需要执行的计算输入到 to 文本框中。图 8 的示例是将变量赋值为 100。

RAPTOR 使用的赋值语句语法如下：Variable◄——Expression(变量◄——表达式)。图 8 所示对话框中的创建语句在 RAPTOR 的流程图如图 8 所示。

一个赋值语句只能改变一个变量的值,也就是箭头左边所指的变量。如果这个变量在先前的语句中未曾出现过,则 RAPTOR 会创建一个新的变量;如果这个变量在先前的语句已经出现,那么先前的值将被目前所执行的计算所得的值所取代。而位于箭头右侧(即表达式)中的变量值则不会被赋值语句改变。

(3) 过程调用(Call)语句。

一个过程是一些编程语句的命名集合,用来完成某项任务。调用过程时,首先暂停当前程序的执行,再执行过程中的程序指令,然后在先前暂停的程序下一语句恢复执行原来的程序。

RAPTOR 设计中,在过程调用的编辑对话框 Enter Call 中,会随用户的输入,按部分匹配原则提示过程名称。例如,输入 set 三个字母后,窗口的下部会列出所有以 set 开头的内置的过程及所需的参数,如图 9 所示。

当一个过程调用显示在 RAPTOR 程序中时,可以看到被调用过程的名称和参数值,如图 10 所示。

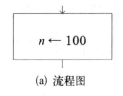

(a) 流程图

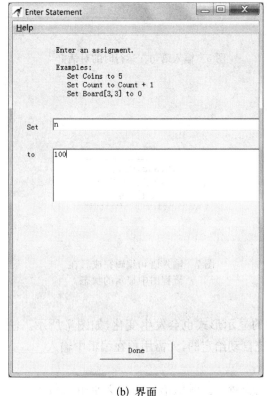

(b) 界面

图 8　赋值语句的编辑对话框

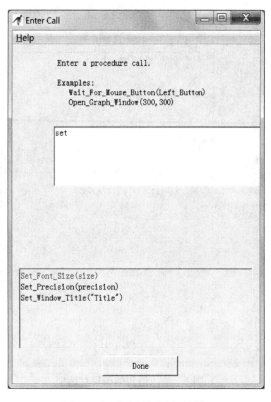

图 9　过程调用的编辑对话框

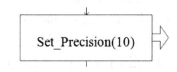

图 10　设置完毕的过程调用显示

（4）输出（Output）语句。

RAPTOR 环境中，执行输出语句将在主控（Master Console）窗口显示输出结果。当定义一个输出语句时，需要使用 Enter Output 对话框进行编辑，如图 11 所示，如果 sum 的值为 5 050，则输出语句把文本内容"The sum is 5 050"输出到主控窗口上，并另起一行。这是由于 End current line 复选框被选中，该输出语句以后的输出内容将从新的一行开始显示。

可以使用字符串和连接（＋）运算符，将两个或多个字符串构成一个单一的输出语句。字符串必须包含在双引号中以区分字符串和变量，而双引号本身不会显示在输出窗口中。

已经编辑完毕的输出语句在流程图中的显示形式如图 12 所示，"PUT"字样由系统自动给定。

（5）选择（Selection）语句。

一般情况下，程序需要根据数据的一些条件来决定是否执行某些语句，RAPTOR 的选择控制语句用一个菱形的符号表示，用"Yes/No"表示对问题的决策结果以及决策后程序语句的执行指向，如图 13 所示。当程序执行时，如果决策的结果是 Yes(True)，则执行左侧分支；如果结果是 No(False)，则执行右侧分支。

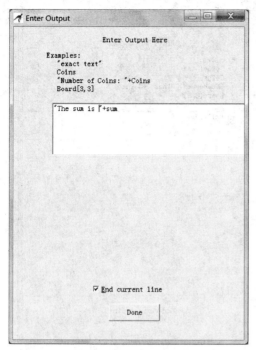

图 11　输出编辑对话框

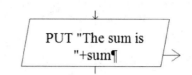

图 12　输出语句在流程图中显示状态

图 13　选择控制语句

决策表达式(Decision Expressions)是一组值(常量或变量)和运算符的结合,而运算符主要由关系运算符和逻辑运算符组成,如表 1 所示。

表 1　运　算　符

运算符类别	运　算　符	说　明
关系运算符	==	等　于
	! = 或/=	不等于
	<	小　于
	<=	小于或等于
	>	大　于
	>=	大于或等于
逻辑运算符	and	与
	or	或
	xor	异或
	not	非

(6) 循环(Loop)语句。

一个循环控制语句允许重复执行一个或多个语句,直到某些条件变为真值(True)。在 RAPTOR 中一个椭圆和一个菱形符号组合在一起被用来表示一个循环过程,循环执行的次数由菱形符号中的决策表达式来控制。在执行过程中,菱形符号中的表达式结果为 False,则执行 No 的分支,这将导致循环语句和重复。要重复执行的语句可以放在菱形符号上方或下方,如图 14 所示。

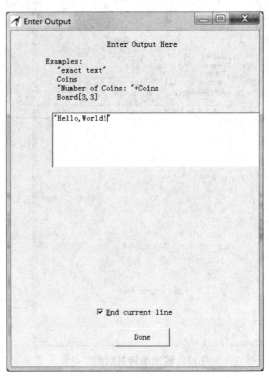

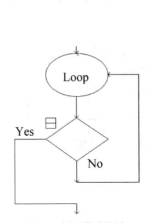

图14 循环控制语句

图15 RAPTOR 的输出语句编辑窗口

三、实验内容及步骤

RAPTOR 程序是一组连接的符号，表示要执行的一系列动作。符号间的连接箭头确定所有操作的执行顺序。程序执行时，从开始(Start)符号起步，并按照箭头所指方向执行程序。程序执行到结束(End)符号时停止。在开始和结束符号之间插入一系列 RAPTOR 符号，就可以创建有意义的程序了。

(1) 编写程序，输出"Hello,World!"。

这是一个最简单的 RAPTOR 程序，只需要在开始符号 Start 和结束符号 End 之间添加输出语句，完成题目所要求的字符串"Hello,World!"的输出即可。RAPTOR 中有专门的输出语句，并配有输出提示，如图15所示。编辑以后的程序流程如图16所示，运行结果如图17所示。

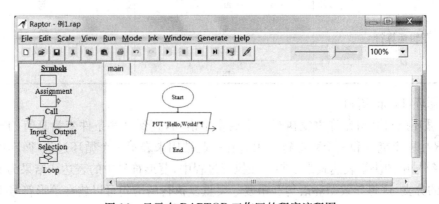

图16 显示在 RAPTOR 工作区的程序流程图

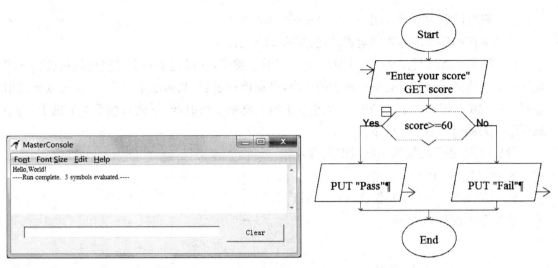

图 17　显示在主控制台(MasterConsole)的程序输出结果　　　图 18　两分支选择结构示例

（2）编写程序，输入一个分数，判断该分数是否大于等于 60，若是，输出"Pass"；否则输出"Fail"。

该题是典型的两分支选择运算，算法如图 18 所示。

（3）编写程序，输入一个分数，输出其对应的等级。分数 90～100 输出等级"A"，80～89 输出等级"B"，70～79 输出等级"C"，60～69 输出等级"D"，60 分以下输出等级"F"。

该题为多分支的选择结构，算法如图 19 所示。

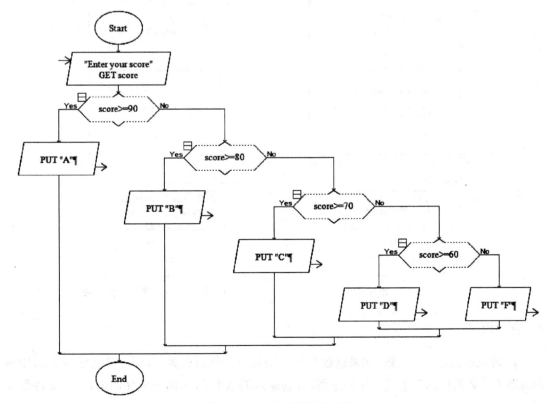

图 19　多分支选择结构示例

（4）编写程序，求解并输出 $1+2+3+\cdots+100$ 的和。

该题为用循环实现的累加运算，算法如图 20 所示。

（5）猴子吃桃问题。有一天小猴子摘了若干个桃子，立即吃了一半，还觉得不过瘾，又多吃了一个。第二天接着吃剩下的桃子的一半，仍觉得不过瘾，又多吃了一个，以后小猴子都市吃剩下的桃子一半多一个。到第 10 天小猴子再去吃桃子的时候，看到只剩下 1 个桃子，问小猴子第一天共摘了多少个桃子？

分析可知，猴子吃桃问题的递推关系为

$S_n=1$（当 $n=10$ 时）

$S_n=2\times(S_{n+1}+1)$ （当 $1\leqslant n<10$ 时）

递推算法如图 21 所示。

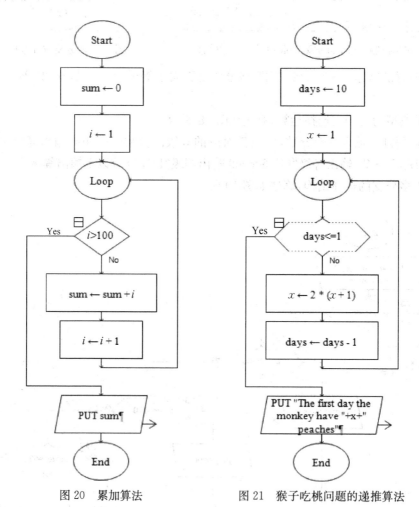

图 20　累加算法　　　　图 21　猴子吃桃问题的递推算法

四、练习题

1. 请从键盘输入一个数，如果该数大于 0，则输出此数为正数的信息；若该数小于 0，则输出此数为负数的信息。重复这样的过程，直到输入的数为 0，则结束程序的运行。（文件保存为 Exp8‐1.rap）

2. 计算 1～100 之间的奇数和及偶数和。（文件保存为 Exp8‐2.rap）

3. 计算 $1×2×3×\cdots×10$ 的结果。（文件保存为 Exp8‐3.rap）

4. 编写程序，输入圆半径，计算并输出圆的周长。（文件保存为 Exp8‐4.rap）

5. 编写程序，输入三角形三边长，计算并输出三角形面积。（文件保存为 Exp8‐5.rap）

提示：海伦公式：$S=\sqrt{p(p-a)(p-b)(p-c)}$，公式中 S 为三角形面积，a、b、c 分别为三角形边长，p 为 $(a+b+c)/2$。

6. 输入某人体重（公斤）和体重（米），根据身体质量指数（body mass index，BMI）判定人体胖瘦程度以及是否健康。如果 BMI 小于 18.5，显示"Under Weight"；如果 BMI 大于等于 18.5 并小于 24，显示"Health"；如果 BMI 大于等于 24 并小于 28，显示"Overweight"；如果 BMI 大于等于 28，显示"Adiposity"。（文件保存为 Exp8‐6.rap）

7. 输入 3 个整数，求解并输出其中最大值。（文件保存为 Exp8‐7.rap）

8. 为了加强程序的交互性，请修改本实验中的"猴子吃桃问题"，增加输入语句，可以输入不同的天数进行递推。（文件保存为 Exp8‐8.rap）

实验9　工具软件安装及使用（人文类）

一、实验目的

（1）掌握电子阅读器 Adobe Reader、Foxit Reader 和 CAJViewer 的使用。

（2）掌握美图看看的使用。

（3）掌握格式工厂的使用。

二、相关知识点

（1）电子阅读器。

Adobe Reader 是 Adobe 公司开发的一款优秀的免费 PDF 文档阅读器，使用 Adobe Reader 可以查看、打印和管理 PDF 文档。摘录内容和添加批注是户经常使用的功能。

Foxit Reader，即福昕阅读器，与 Adobe Reader 相比，它具有体积小巧、速度快捷、使用更加方便等优点。

CAJViewer，又称 CAJ 全文浏览器，是中国期刊网的专用全文格式阅读器，支持 CAJ、NH、KGH 和 PDF 格式文件。

（2）美图看看。

美图看看是美图秀秀团队推出的图片浏览器，兼容所有主流图片格式。它采用了独创的缓存技术，即使低配置的电脑也能流畅使用。

（3）格式工厂。

格式工厂是一款免费的全能视频格式转换器，可以实现各种视频、音频和图片格式之间的相互转换，还支持各种手机视频格式转换。

三、实验内容

电子阅读器、美图看看及格式工厂的基本使用。

四、实验步骤

（1）Adobe Reader 的基本使用。

① 从 ftp.cc.shu.edu.cn/pub/class 下载 reader11_cn_ha_install.exe，双击即可安装。

② 打开 PDF 文档。

启动 Adobe Reader，单击"打开"按钮，打开计算机技术基础教学包中的"云计算.PDF"文档。

③ 摘录内容。

右击浏览区，执行快捷菜单中的"选择工具"命令，选择如图 3 所示的文本。右击选择的文本，执行快捷菜单中的"复制"命令，将文本复制到新建 Word 文档中。

右击选择的图像，执行快捷菜单中的"复制图像"命令，将图像复制到刚才新建的 Word 文档中。最终 Word 文档内容如图 1 所示。以 Exp9－1.docx 为文件名保存到 E:\。

图 1　Word 文档内容

④ 添加批注。

执行"视图|注释|批注"命令，打开"批注"任务窗格，如图 2 所示，可以利用窗格中的工具给 PDF 文档添加附注、设置高亮文本和划线等。

图 2　批注任务窗格

（2）Foxit Reader 的基本使用。

① 从 ftp.cc.shu.edu.cn/pub/class 下载 FoxitReader714.330_zh_cn_Setup.exe，双击该文件即可安装。

② 启动 Foxit Reader，打开如图 3 所示的主界面。单击"打开"按钮，打开 PDF 文档。

图 3 Foxit Reader 主界面

③ 摘录内容。在"主页"选项卡的"工具"组中，使用"手型工具"和"选择文本"工具摘录文本，使用"截图"工具以图片方式摘录文本和图片。

④ 添加注释。在"主页"选项卡的"注释"组中，"高亮"按钮用于突出显示文本；"删除线"按钮用于为文本添加删除线；"下划线"按钮，可以为文本添加下划线；"备注"按钮用于添加备注。

（3）CAJViewer 的基本使用。

① 从 ftp.cc.shu.edu.cn/pub/class 下载 CAJViewer 7.2.self.exe。双击即可安装。

② 启动 CAJViewer，打开 CAJ 文档，主界面如图 4 所示。

③ 摘录内容。使用"选择文本"工具摘录文本，使用"选择图像"工具以图片方式摘录文本和图片。

④ 添加标注。使用"注释工具"添加注释，使用"直线工具"划线，使用"曲线工具"划不规则形状。

（4）美图看看的基本使用。

① 从 ftp.cc.shu.edu.cn/pub/class 下载 KanKan_kk360Setup.exe。双击即可安装。

图 4 "CAJViewer"主界面

② 启动美图看看。主界面如图 5 所示。

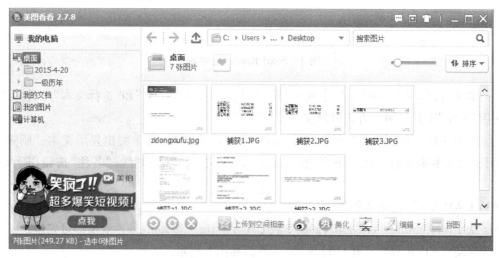

图 5 "美图看看"主界面

③ 批量修改图片格式。选择计算机技术基础学包四季变换文件夹中的所有图片,右击选中的图片,打开快捷菜单,执行"编辑图片|批量转换格式"命令,打开编辑图片对话框,在"转换格式"选项卡中,选择 GIF 选项按钮,单击"浏览"按钮,设置输出路径为 E:\,如图 6 所示。选择"修改尺寸"选项卡,单击复选框"保持原图的比例"取消选择该复选框,设置宽度为 320,高度为 240。单击"确定"按钮,完成图片格式和尺寸的改变。

图 6 "编辑图片"主界面

④ 简单拼图。选择 E:\下转换好格式的所有图片,单击"拼图"按钮,打开拼图,选择"圆角"复选框,如图 7 所示,单击"确定"按钮,以 Exp9‑2.jpg 为文件名保存在 E:\下,完成图片的拼接。

图 7 "拼图"主界面

　　至于高级拼图可以使用美图秀秀完成。从网上下载并安装美图秀秀,学会自由拼图、模板拼图等多种拼图模式以及磨皮祛痘、美白等人像美容功能等常用的图片处理方法。

　　⑤ 浏览长图片。打开刚才的拼图,通过上下滑动鼠标滚动按钮可以方便地缩放图片,按住鼠标左键可以上下拖动图片。

　　⑥ 幻灯片播放。选择计算机技术基础教学包四季变换文件夹中的任意图片,单击"播放幻灯"按钮,即可以幻灯片播放该文件夹下所有图片,在播放时,可以设置播放效果,如马赛克,淡入淡出等效果。还可设置幻灯片播放间隔时间。单击"退出"按钮退出播放。

　　(5) 格式工厂的基本使用。

　　① 从 ftp.cc.shu.edu.cn\pub\class 下载 FormatFactory_setup.exe。双击该文件即可安装。

　　② 启动格式工厂,格式工厂主界面如图 8 所示。

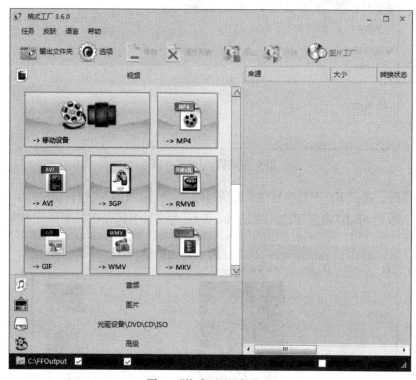

图 8　"格式工厂"主界面

　　③ 将 AVI 格式转换为 MP4 格式。在"视频"列表框中,单击"->MP4",打开"->MP4"对话框。在该对话框中,单击"添加文件"按钮,添加计算机技术基础教学包中的视频.avi 文件;在"输出文件夹"下拉列表框中,单击"添加文件夹"命令,设置输出文件存放的位置为 E:\下,如图 9 所示。单击"确定"按钮,回到格式工厂主界面。最后单击"开始"按钮,即开始格式转换,转换完成后,转换状态显示"完成"字样。

五、思考题

　　1. 比较各种电子阅读器的使用。

　　2. 如何使用图片处理软件美图秀秀对图片进行处理?

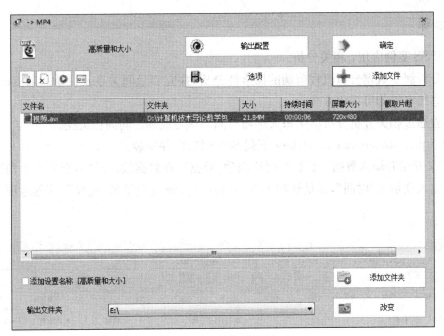

图 9　MP4 转换设置窗口

实验 10　统计分析软件

一、实验目的

（1）了解 SPSS 软件的安装与基本使用。

（2）了解 MATLAB 软件的安装与基本使用。

二、相关知识点

（1）SPSS。

SPSS（Statistical Product and Service Solutions），"统计产品与服务解决方案"软件，是 IBM 公司推出的一系列用于统计学分析运算、数据挖掘、预测分析和决策支持任务的软件产品及相关服务的总称，有 Windows 和 Mac OS X 等版本，能够应用于自然科学、技术科学、社会科学的各个领域。

（2）MATLAB。

MATLAB 是美国 MathWorks 公司出品的商业数学软件，用于算法开发、数据可视化、数据分析以及数值计算的高级技术计算语言和交互式环境，主要包括 MATLAB 和 Simulink 两大部分。

三、实验内容

（1）SPSS 软件安装与使用。

（2）MATLAB 软件安装与使用。

四、实验步骤

（1）SPSS 案例应用：相关分析。

相关分析属于数据分析流程前端的探索性分析，探究变量间关系及性质。散点图是相关分析的最直接有效的可视化方法。

本实验通过相关分析分析学生每天学习时间与学习成绩之间的相关性。

① 从 ftp.cc.shu.edu.cn/pub/class 下载 SPSS 软件，并安装。

② 定义变量并输入数据。执行"文件|新建|数据"，在数据编辑器中，选中左下角菜单"变量视图"，输入变量名"时间"，其他选项不变，另起一行，输入变量名"成绩"，其他选项不变，如图 1 所示。

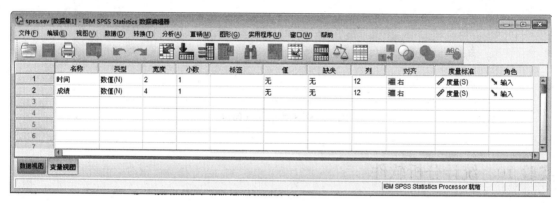

图 1　SPSS 变量视图

切换到"数据视图"，将"SPSS 案例数据.xlsx"数据复制到 SPSS 数据编辑器，如图 2 所示。

	时间	成绩	变量	变量	变量	变量	变量	变量	变量	变量
1	1.1	54.0								
2	1.5	60.0								
3	2.2	62.0								
4	3.0	70.1								
5	3.4	74.0								
6	4.0	74.5								
7	4.2	77.0								
8	5.5	81.5								
9	5.9	85.0								
10	6.0	85.5								
11	6.5	86.2								
12	8.0	90.0								
13										

图 2　SPSS 数据视图

③ 进行数据分析：在菜单中选择"分析|相关|双变量"，将源变量框中的时间和成绩选进分析变量框待分析，相关系数选择"Pearson"，如图3所示。

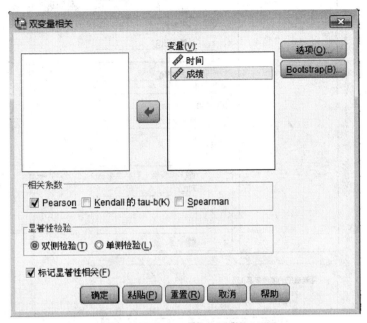

图3 SPSS"双变量相关"对话框

单击"确定"按钮，输出结果如表1所示。

表1 相关性分析结果

相关系数	时 间	成 绩
Pearson 相关性	1	.975**
显著性（双侧）	—	.000
N	12	12

注：**表示在.01水平（双侧）上显著相关

④ 分析。相关系数为0.975，显著性 $p=0.000<0.01$，有统计学意义。即证明学习时间与学习成绩之间具有正相关性，随着学习时间的增多，学习成绩也提高。

⑤ 绘制散点图。执行"图形|旧对话框|散点/点状"，在弹出的对话框中选择"简单分布"，然后单击"定义"按钮，如图4所示。

在简单散点图对话框中，Y轴选择成绩，X轴选择时间，单击"确定"按钮，如图5所示。

得到散点图如图6所示。可以发现，随着学习时间增多，学习成绩也在提高。

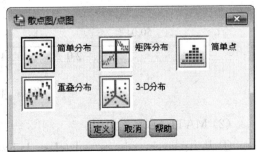

图4 "散点图/点图"对话框

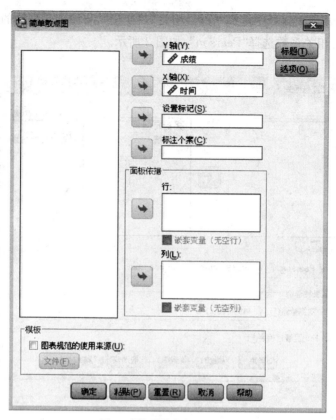

图 5　"简单散点图"对话框

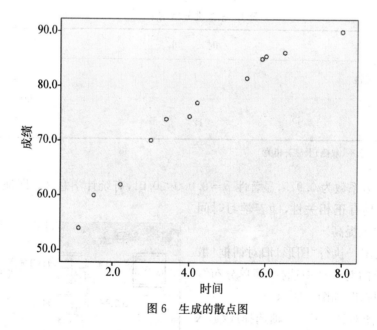

图 6　生成的散点图

（2）MATLAB 案例应用。

① 从 ftp.cc.shu.edu.cn/pub/class 上下载 MATLAB 软件，并安装。

② 随机数实验。在命令窗口输入以下命令，如图 7 所示。

$>>$ rd＝normrnd(0,1,1,500)；　　　％产生 500 个服从 $N(0,1)$正态分布的随机数。

$>>$ plot(rd,'o')；　　　　　　　　％画出这些随机点,如图 8 所示。

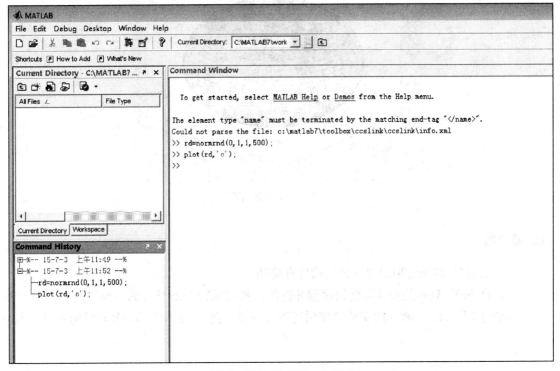

图 7　"MATLAB"工作界面

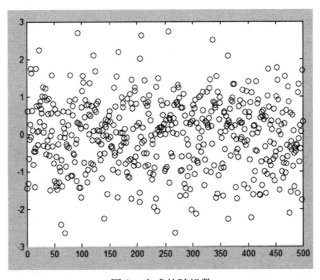

图 8　生成的随机数

③ 绘制一个球面。在命令窗口输入以下命令,绘制球面,如图 9 所示。

$>>$[x,y,z]＝sphere(40)；

$>>$surf(x,y,z)

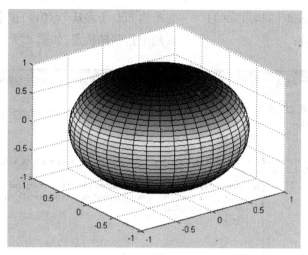

图 9　生成的球面图

五、思考题

1. 查阅资料,总结常用的统计分析软件有哪些?

2. 结合 SPSS 软件的安装与使用过程并查阅资料,总结 SPSS 软件的主要特点。

3. 结合 MATLAB 软件的安装与使用过程并查阅资料,总结 MATLAB 软件的主要特点。

附录二 参考答案

第1章 计算机基础课程体系

略

第2章 计算机系统概述

一、单选题

1. C 2. B 3. B 4. D 5. B 6. C 7. B 8. C 9. A 10. A 11. D 12. A 13. C
14. B 15. C 16. B 17. A 18. A 19. D 20. A 21. C 22. C 23. C 24. C 25. C
26. D 27. A 28. C 29. B 30. D 31. B 32. D 33. D 34. C 35. B 36. C 37. D
38. B 39. A 40. A 41. C 42. D 43. B 44. C 45. C 46. A 47. D 48. C 49. B
50. D 51. A 52. D 53. B 54. A 55. B 56. C 57. D 58. D

二、多选题

1. ABD 2. CD 3. AC 4. ABD 5. ABCD 6. ABCD 7. BC 8. ABD 9. AD
10. BD 11. ABCD 12. AB 13. ABCD 14. AD 15. ABCD 16. BC 17. ABC 18. AD
19. AC 20. ABC 21. CD 22. ABC 23. ABD 24. BC 25. ABC

三、填空题

1. 软件系统 2. 图形界面 3. CPU 管理 4. 语言处理程序 5. 应用软件包 6. Linux
7. 汇编 8. 解释 9. 应用软件 10. 操作系统 11. 多道程序系统 12. 信息处理 13. 网络
14. 智能卡 15. 进程 16. 内存扩充 17. 文件共享 18. 缓冲管理 19. F1 20. 消除
21. Txt 22. ENIAC 23. 指令 24. 总线/BUS 25. 指令寄存器/IR 26. 地址 27. 1024
28. CACHE 29. CMOS 30. SATA 31. 点距

四、简答题

略

第3章 网络基础应用

略

第4章 计算思维

一、单选题

1. C 2. A 3. B 4. A 5. D 6. C 7. A 8. D 9. A 10. A 11. B 12. A 13. B
14. A 15. B 16. D 17. B 18. A 19. C 20. B 21. A 22. A 23. B 24. C 25. A
26. B 27. C 28. D 29. D 30. C 31. B 32. A 33. B

二、多选题

1. ABCD 2. ABC 3. CD 4. ABC 5. ABC 6. ABC 7. ABCD 8. AC 9. ABD
10. BCD 11. ABCD

三、填空题

1. 1000.111 2. 14341 3. 512 4. 计算机科学 5. 可解 6. 指令 7. 关键词 8. 死锁
9. 路由 10. QR Code

四、简答题

略

第5章 程序设计初步

一、简答题

略

二、编程题

略

第6章 数据统计与分析

一、单选题

1. C 2. B 3. B

二、多选题

1. ACD 2. ACDEF

三、填空题

1. 推断统计 2. 相关强度 3. EXCEL

四、简答题

略

第7章 工 具 软 件

一、单选题

1. A 2. D 3. C 4. B 5. C

二、多选题

1. ABD 2. BC

三、填空题

1. Adobe Reader 2. 光盘刻录 3. 本地目录

四、简答题

略

第8章 信息安全与计算机新技术

一、单选题

1. C 2. A 3. D 4. A 5. D 6. C 7. D 8. B 9. B 10. D 11. D 12. A 13. C
14. D 15. A 16. A 17. A 18. C 19. A 20. A 21. C 22. B

二、多选题

1. ABCD 2. AB 3. AB 4. ABC 5. ACD 6. ABCD 7. ABC

三、填空题

1. 信息 2. 攻击 3. 实体硬件 4. 程序 5. 宏病毒 6. 访问控制 7. 内容控制 8. 安全 9. 系统漏洞 10. GHO

四、简答题

略